EDA 设计智汇馆高手速成系列

Mentor Xpedition 从零开始做工程之高速 PCB 设计

（配视频教程）

林超文　王子瑜　郭素娟　编著

卡斯旦电子科技有限公司　组编

U0275267

電子工業出版社

Publishing House of Electronics Industry

北京·BEIJING

内 容 简 介

本书依据 Mentor Graphics 公司最新推出的 Mentor Xpedition EEVX.1.2 中的 xDM Library Tools、xDX Designer、xPCB Layout、Constraint Manager、xPCB Team Layout 为基础，详细介绍了利用 Mentor Xpedition 软件实现原理图与 PCB 设计的方法和技巧。本书综合了众多初学者的反馈，结合设计实例，配合大量的示意图，以实用易懂的方式介绍印制电路板设计流程和高速电路的 PCB 处理方法。

本书注重实践和应用技巧的分享。全书共 21 章，主要内容包括：中心库建立与管理，工程文件管理，原理图设计，PCB 布局、布线设计，Gerber 及相关生产文件输出，Team Layout（Xtreme）协同设计，HDTV 播放器设计实例，多片存储器 DDR2 设计实例，ODBC 数据库设计与 PCB 文件格式转换等。随书配套光盘提供了书中实例的源文件及部分实例操作的视频演示文件，读者可以参考使用。

本书适合从事电路原理图与 PCB 设计相关的技术人员阅读，也可作为高等学校相关专业的教学参考书。

图书在版编目（CIP）数据

Mentor Xpedition 从零开始做工程之高速 PCB 设计：配视频教程/林超文，王子瑜，郭素娟编著；卡斯旦电子科技有限公司组编. —北京：电子工业出版社，2016.6

（EDA 设计智汇馆高手速成系列）

ISBN 978 – 7 – 121 – 28972 – 9

Ⅰ. ①M… Ⅱ. ①林… ②王… ③郭… ④卡… Ⅲ. ①印刷电路 – 计算机辅助设计 Ⅳ. ①TN410.2

中国版本图书馆 CIP 数据核字（2016）第 124602 号

策划编辑：王敬栋（wangjd@ phei. com. cn）

责任编辑：张　迪

印　　刷：北京盛通数码印刷有限公司

装　　订：北京盛通数码印刷有限公司

出版发行：电子工业出版社

　　　　　北京市海淀区万寿路 173 信箱　邮编　100036

开　　本：787×1092　印张：28.5　字数：730 千字

版　　次：2016 年 6 月第 1 版

印　　次：2024 年 6 月第 14 次印刷

定　　价：88.00 元（含 DVD 光盘 1 张）

个 人 简 介

林超文：

——深圳市英达维诺电路科技有限公司创始人兼技术总监。

——EDA365 论坛荣誉版主，目前负责 EDA365 论坛 PADS 版块的管理与维护。

——EDA 设计智汇馆金牌讲师。

——曾任职兴森科技 CAD 事业部二部经理，十余年高速 PCB 设计与 EDA 培训经验。

——长期专注于军用和民用产品的 PCB 设计及培训工作，具备丰富的 PCB 设计实践和工程经验，擅长航空电子类，医疗工控类，数码电子类的产品设计。

——曾在北京、上海、深圳等地主讲多场关于高速 PCB 设计方法和印制板设计技术的公益培训和讲座。

——系列书籍被业内人士评为"PCB 设计师成长之路实战经典"，"高速 PCB 设计的宝典"。

王子瑜：

——EDA 设计智汇馆金牌讲师。

——毕业于南京理工大学自动化专业，先后就职于某兵器装备研究所与某跨国通讯企业。

——从事车载光通信硬件、智能手机的 PCB 设计工作，具有丰富的 PCB 设计经验和 EDA 培训经验。

郭素娟：

——卡斯旦电子首席 EDA 专家顾问。

——迈格诺科技特约顾问。

——曾任外企 PCB 经理，创维集团 EDA 经理。

——创维数字，雅图集团，武汉中治，苏州大学文正学院等多家公司担任讲师。

——2014 年出版《Mentor Expedition 实战攻略与 PCB 设计》一书（电子工业出版社）。

推荐序1

市场竞争的日益激烈，对产品设计的快速、高质量交付愈加严苛。现在一个项目设计常常需要多个硬件工程师、多个 PCB Layout 工程师共同设计完成。同时，电子设计的复杂度也逐年提高，无疑给整个电子系统设计带来新的挑战，给广大设计工程师造成越来越大的压力。一个电子设计师不仅需要具有基本的电子设计能力和工具技能，还需要具有高速设计、高密度设计及可制造性设计等多维度设计知识和技能，无疑对设计平台提出更高的要求和期盼。

因此，优秀的 EDA（电子设计自动化）系统不仅需要不断提升设计工具的性能，完善设计功能，更需要帮助设计团队建立多人协同、跨领域协作，无缝集成的设计环境；面向全球化多产品线、多地研发/生产分布的大型电子公司，还需要提供从总体设计到可制造性设计完整的设计流程，提供高效、安全的复杂设计数据管理架构。Mentor Graphics 推出的 Xpedition 设计系统代表最新一代设计理念，为全球许许多多的电子设计公司和广大设计师提供了完整的解决方案和大量顶尖的设计技术，成为众多航空航天、通信、汽车电子、工业控制和自动化到消费类电子公司的首选平台。

《Mentor Xpedition 从零开始做工程之高速 PCB 设计》系统介绍了 Mentor Xpedition 从原理图设计、高速规则管理、设计库管理、PCB Layout 到生产数据输出完整的设计流程，着重介绍了面向复杂高速 PCB 的设计方法和技巧。该书采用了大量的设计实例，结合编者丰富的高速 PCB 设计经验，生动展现 Xpedition 的易用性、灵活性，详细介绍了先进的模块化布局技术、布线推挤技术、业界最智能的 Sketch 布线技术、高速 PCB 设计中的自动/手动 Tune 线技术、动态覆铜技术，并以 DDR II 设计为实际设计用例，从整个流程详尽介绍如何综合使用上述先进技术提高整体设计效率。

本书的编者郭素娟、林超文、王子瑜长年工作在 EDA 设计及服务第一线，设计、指导过大量不同类型的 PCB 电路，具有丰富的实战经验和宝贵心得。相信此书可以帮助广大设计师全面掌握 Mentor Xpedition 设计功能和具体操作，尤其是在高速 PCB 设计方面的应用，并可帮助大家快速提升使用 Xpedition 的应用水平。在此对他们的辛勤付出表示衷心感谢！

刘雪峰

WTO 亚太区技术经理

Mentor Graphics 明导公司

推荐序 2

随着电子产品功能的日益复杂和性能的提高，印制电路板的密度及其相关器件的频率都在不断攀升，对于 PCB 设计人员的要求也越来越高，对于 PCB 设计师来说，掌握一个先进高端的 PCB 设计工具来提高设计效率显得非常重要。Mentor Graphics 的 EDA 设计软件能满足于 IP/ASIC/SoC 设计与仿真分析及验证技术、DFT 可测性设计技术、全流程定制 IC 设计技术，以及深亚微米、亚波长和纳米技术中的可测性技术与物理验证技术、PCB/FPGA 设计技术、HDI（高密度互联）PCB 设计加工技术，精准于高密度小型的器件封装制作，实现高密度互联工艺支持的微过孔技术、埋盲孔技术等都可以迅速提升设计 PCB 的密度，缩小产品的面积、体积和功耗。为系统设计工程解决重要问题，提高电路板的设计质量，并能高效率地完成各种领域专业性设计，缩短开始周期，快速完成产品设计。Xpedition 完善的集成设计和强大的功能成为 PCB 设计方面的优秀代表。在很多工程师眼中，Mentor Xpedition 就是 EDA 工具类中高富帅的代表。目前比较系统讲解 Mentor Graphic 和最新版本 Xpedition 的高速 PCB 设计实战书籍相对较少，《Mentor Xpedition 从零开始做工程之高速 PCB 设计》这本书，为中国 EDA 设计行业填补了很大一块资源空白，也给应用 Mentor Expedition 工具软件的工程师带来了福音。

本书作者有着丰富的 PCB 设计实践能力，围绕高速 PCB 的设计流程和 EDA 软件主要功能模块，以工程实例为基础，系统地讲解了 Mentor Xpedition 的实战应用和高速 PCB 设计方法，为广大读者提供了非常实用的 EE 实战书籍。

我很欣喜地通过朋友认识了本书的作者郭素娟、林超文、王子瑜，他们在电子设计方面做出的努力与尝试。十年如一日浸淫于 PCB 行业，摸爬滚打在 EDA 论坛及培训行业，积淀成每一个项目、每一行文字，其中付出的艰辛我感同身受，那涅槃的历程难以言表。厚厚的一本书，带给我们的不仅是专业的学习参考，更诉说着这一行从业者的艰辛与付出，同时也为刚入行的年轻人带来鼓舞与希望。

通过阅读此书，读者们不仅可以掌握 Mentor Graphic 公司最新工具软件的应用，还可以让读者了解整体的硬件电子设计自动化的过程。书中还编入了很多通用的高速 PCB 设计方法，这些都是经过验证的实际设计经验，非常适合于广大硬件开发工程师、PCB 设计工程师、信号完整性工程师及相关工艺工程师阅读、学习应用和借鉴。

亚太区 AE 经理

Mentor Graphics 明导公司

前　　言

随着电子产品功能的日益复杂和性能的提高，印制电路板的密度及其相关器件的频率都在不断攀升，PCB 设计师面临高速高密度 PCB 设计所带来的各种挑战也在不断增加。在万兆以太网、高性能传输网络等技术的推动下，电路的设计趋于高速化，同时市场上也出现了多种优秀的 EDA 软件，如 Mentor Graphics 公司推出的 PADS 软件。电子领域的发展日新月异，电子产品设计师正面临着比以往更艰巨的挑战：客户要求产品尺寸更小、高度集成化带来的高密度 PCB 设计、信号频率越来越高。如何更快地设计功能复杂、体积小巧、性价比更高、能够最大限度满足客户需求的产品成为电子设计师努力追求的目标。

目前高速电路设计业已成为了电子工程技术发展的主流。而 Mentor Xpedition 系列软件以其强大的功能和高级的绘图效果，逐渐成为 PCB 设计行业中的主导软件之一。Xpedition 提供了优秀的无网格布线器与最新的智能技术，以及强大的设计复用工具、改进的微孔检查及功能管理的参数化设计能力等，以增强设计的可制造性，并能够大幅缩短设计周期，提高产品的竞争力。该系列工具采用业界领先的 Auto Active 布局布线技术、草图布线、抱线布线等智能布线技术，可基于形状、路径等进行自动布线与智能交互式布线，将原本需要几周时间布线的复杂 PCB 设计，缩短到几个小时即可自动布线完成。

Xpedition 完善的集成设计和强大的功能符合高速电路设计的速度快、容量大、精度高等要求，使其成为 PCB 设计方面的优秀代表。

本书作者长期在业界著名设计公司从事第一线的高速电路设计开发工作，积累了大量的设计经验，并长期活跃在各大 PCB 设计论坛，多次将自己的研究成果制作成图文或视频教程共享于网络和论坛，得到了业界人士的一致好评和认可。

这是一本真正由第一线 PCB 设计师编写的、立足于实践、结合实际工作中的案例，并加以辅助分析的书籍，同时附送了大量的设计视频教程。作者希望本书能成为读者学习 Xpedition 入门必备的一本秘籍。

全书共 21 章。

第 1 章介绍了 Mentor Graphics 公司与 Xpedition 设计流程的特点，以及本书与视频课程的使用方法。

第 2 章介绍了本书教学工程使用的原理图。

第 3 章介绍了如何使用中心库管理工具新建中心库。

第 4 章介绍了手工建立复杂封装的详细步骤。

第 5 章介绍了如何使用快捷工具辅助建立大型复杂芯片，使用 CSV 文件导入 Symbol 的 Pin 脚，以及使用 LP – Wizard 工具查找并生成标准的 Cell。

第 6 章介绍了中心库中各种分立器件与特殊符号的建库方法与注意事项。

第 7 章介绍了工程完整性概念，包括工程文件的构成、新建、管理、修复与备份。

第 8 章介绍了原理图绘制的所有要点，包括原理图参数设置、器件调用方法、电气连接方法、备注、交叉参考、检查与打包、归档文件、BOM 生成等内容。

第 9 章介绍了 PCB 文件的设计数据导入，包括与原理图的前标同步、参数修改、外形的新建与导入、模板的使用等内容。

第 10 章介绍了 PCB 的布局设计相关内容，使用新的分组功能与模块化布局方式，能够快速完成复杂 PCB 的布局。

第 11 章介绍了 CM 约束管理器的设置方法，并针对高速 PCB 的特性，重点讲解高速信号的等长约束、差分约束与 Z 轴约束。

第 12 章介绍了 PCB 的布线设计相关内容，是本书最重要的部分，详细讲解了基础布线的所有设置与操作技巧，以及高速信号的差分与等长方法、智能布线工具的使用。

第 13 章介绍了 PCB 的动态、静态铺铜设置与铺铜方法。

第 14 章介绍了 PCB 设计完毕后的设计规则检查方法。

第 15 章介绍了完整的工程出图步骤，以及各种生产文件的制作方法。

第 16 章介绍了多人协同设计（实时与非实时）的设置与使用方法、注意事项。

第 17 章介绍了 HDTV PCB 设计的整个流程，并且详细讲解了本例的各个电路模块的 PCB 设计原则。

第 18 章详细讲解两片 DDRII 的设计思路、布局、布线和等长的全过程。

第 19 章详细讲解四片 DDRII 的设计思路、布局、布线和等长的全过程。

第 20 章介绍了大型企业使用 ODBC 数据库实现中心库管理的配置方法。

第 21 章介绍了多个实用技巧，以及主流 EDA 平台与 Xpedition 平台的转换方法。

高速 PCB 设计领域不断发展，同时作者也在不断学习的过程中，由于作者技术水平和实践能力有限，书中错漏之处在所难免，也可能会有一些新技术无法反映在本书中，敬请读者批评指正。本书售后读者 QQ 群：201353302。

由于日常工作繁忙，本书的编写只能利用业余时间完成，在编写过程中，得到电子工业出版社王敬栋先生和美国 Mentor Graphics 明导公司在亚太区的唯一服务外包商卡斯旦电子科技有限公司（www. costdown – tech. com）的大力支持。在生活上，父母和爱人给予了充分的理解和大力支持。同时，在作者技术领域的成长过程中，得到了众多同事、朋友的大力帮助，在此特别感谢 TCL 通讯科技有限公司（上海）EDA 部门，在刘香女士的领导下，作者和同事们多年来对 Mentor Expedition 软件做了大量的实践与检验，积累下来的经验也在书中无私分享给了读者，希望以此能促进 Mentor Expedition/Xpedition 软件在中国的蓬勃发展；另外，还要特别感谢 TCL 通讯的杨秀娟女士，其严谨的作风与设计技巧让作者受益匪浅；最后，作者要感谢叶科兵、张超、姚兰萍、唐芸、尹协邦、邓金等同事的协助，能够在一个团队里共事并成长，作者深感荣幸。

编　者

2015 年 9 月 18 日

目　　录

第1章 概　　述

1.1　Mentor Graphics 公司介绍

Mentor Graphics 是电子设计自动化技术的领导厂商，提供完整的软件和硬件设计解决方案，让客户能在短时间内，以最低的成本，在市场上推出功能强大的电子产品。当今电路板与半导体元件变得更加复杂，并随着深亚微米工艺技术在系统单芯片设计的深入应用，要把一个具有创意的想法转换成市场上的产品，其中的困难程度已大幅增加。为此 Mentor Graphics 提供了技术创新的产品与完整解决方案，让工程师得以克服他们所面临的设计挑战。

Mentor Graphics 于 1989 年进驻中国，并将中国总部设于上海，并且在北京和深圳设有办事处，拥有世界级的研发部门，在全球有 76 个办事处，与世界知名的电子产品制造商、供应商及半导体厂商结成战略联盟，开发新的设计解决方案服务于现代高科技产业。

公司网址：www. mentor. com

中文网址：www. mentorg. com. cn

技术服务支持网址：www. mentor. com/supportnet

1.2　Mentor Xpedition 设计流程简介

Mentor Xpedition 系列软件是 Mentor Graphics 公司针对高端企业用户开发的 Windows 平台高性能 PCB 设计工具，由原 Mentor Expedition 版本升级而来，并全面支持 64 位操作系统（Win7/Win8/Win10）。该系列 PCB 设计工具功能强大，又易于使用，并涵盖了从设计创建、PCB 布局布线、产品加工、生产数据检查与输出全过程，同时又能让设计师在设计的任何阶段进行高速电路分析（Hyperlynx SI/PI）、板级热分析（Flotherm），以及进行复杂库的开发与管理等，充分满足了企业对复杂高性能 PCB 系统设计的需求。

Xpedition 提供了优秀的无网格布线器与最新的智能技术，以及强大的设计复用工具、改进的微孔检查及功能管理的参数化设计能力等，以增强设计的可制造性，并能够大幅度缩短设计周期，提高产品的竞争力。该系列工具采用业界领先的 Auto Active 布局布线技术、草图布线、抱线布线等智能布线技术，可基于形状、路径等进行自动布线与智能交互式布线，将原本需要几周时间布线的复杂 PCB 设计，缩短到几个小时即可自动布线完成。

Xpedition 的设计环境还可以通过 I/O Designer 实现与 Mentor 公司高性能 FPGA 设计环境之间的双向动态交互，确保 FPGA 与 PCB 之间设计的一致及最佳的系统性能。

本书将重点介绍 Mentor Xpedition 设计流程中的 5 个关键组成部分。

➢ xDM Library Tools：中心库管理工具，可以在单一集成环境中，由库管理员创建、修改、维护原理图符号库（Symbol）、PCB 封装库（Cell）、焊盘栈库（Padstacks）、I-BIS 库，以及包括板型在内的设计工艺库

1

➤ xDX Designer：原理图设计输入工具，可以进行设计创建与复用，支持 PCB 网表的自动转换，并能与中心库管理工具一起实现强大的器件管理功能，以及支持原理图的协同设计、层次化设计、模块化设计等，并能通过实时保存与自动备份等功能，极大地保证设计完整性

➤ xPCB Layout：强大的企业级高端 PCB 设计工具，将交互式设计与自动布线有机地整合到一个设计环境中，能够与原理图工具、中心库管理工具、约束管理工具进行紧密交互，以极高的效率完成 PCB 设计的整个流程

➤ Constraint Manager：表单式约束管理工具，可以在一个统一的设置环境中，实现对所有高速信号、电源、器件的各种约束规则设置

➤ xPCB Team Layout：PCB 团队协同设计工具，可以多人异地实时协同进行 PCB 设计，每一个设计师的操作都将实时显示在所有终端上

完全掌握以上 5 个部分的内容后，就能独立地使用 Mentor Xpedition 软件完成复杂的 PCB 设计了。

除了上述的 5 个部分外，还有众多的功能，如 Hyperlynx 的信号完整性与电源仿真、FPGA IO Designer、热仿真 Flotherm 等，本书由于篇幅有限而不做介绍，读者可自行前往 Mentor 公司官网或 EDA365 论坛（www.eda365.com）获取相关资料。

1.3　本书简介

本书作者林超文著有《Mentor Expedition 实战攻略与高速 PCB 设计》一书，并通过该书的 QQ 讨论群（群号：201353302）与读者进行互动，解决读者学习软件的诸多问题。在近两年的交流讨论中，群管理团队对初学者普遍关心的问题与易出现误操作的地方做了总结，并以群管理员王子瑜在 EDA365 论坛"EDA 学堂"中发布的 Mentor Xpedition 视频教程为雏形，重新编辑并整理出版了本书。

本书的重点在"工程实例"4 个字上，书中不会对 Mentor Xpedition 软件进行肤浅的逐级菜单翻译，而是详细讲解在工程实践中，可能会遇到的各种问题，同时也是被初学者问的最多的问题。所以请读者按捺下探索软件"高级"功能的好奇心，先跟着本书从零开始，掌握 Xpedition 软件最基本的**"中心库—原理图—PCB"**设计流程。

另外，读者需要了解的是，Xpedition 作为原 Expedition 软件的升级版，虽然软件版本一直在迭代更新，但是本书要介绍的**"中心库—原理图—PCB"**设计流程所涉及的各项功能，均未有本质变化，甚至本书介绍的绝大多数使用方法与技巧，都可以完全套用至 Expedition 版本中，读者可以参考《Mentor Expedition 实战攻略与高速 PCB 设计》一书，来对比二者之间的差异。所以，本书内容完全兼容 Mentor Xpedition 的 EEVX.1、EEVX.1.1、EEVX.1.2、EEVX.2 版本。

1.4　本书使用方法

本书随书光盘中附赠了主要章节的视频课程，以及参考工程与中心库。编者建议读者根据视频课程的内容，循序渐进，逐步掌握软件的使用方法。

视频课程主要分为 8 个部分。

（1）介绍软件的安装与授权方法，以及各工具的打开方式、中/英文语言设置，并了解 Mentor 公司不同系列的 PCB 设计软件的流程切换方法。

（2）介绍参考工程使用的原理图，以及"从零开始"的准备步骤，即只通过一张 PDF 格式的原理图，如何系统地开展工程设计。

（3）介绍中心库的组成与新建方法，如何手工建库与使用自动化工具（LP – Wizard）建库，并介绍库的导入导出方法，可以帮助读者快速完成个人中心库的建立。

（4）介绍工程的新建与管理方法，帮助读者建立工程完整性的概念。

（5）介绍原理图的绘制方法与绘制技巧，以及自动备份、归档文件与物料清单的生成。

（6）介绍 PCB 的新建、规则设置、布局布线技巧、智能布线工具与高速信号设计要点，以及完整的制板文件、生产文件输出与管理。

（7）介绍协同设计的实现步骤与注意事项。

（8）介绍企业级 ODBC 数据库的实现方法。

另外，书中还包含有 HDTV、DDR 布线的完整设计实例，以及诸多的建库与设计技巧，由于时间关系未能收录在光盘中，读者完全可以根据书中的详细内容自行学习。

在跟随视频课程的学习与本书的详细讲解后，读者能对 Mentor Xpedition 的设计流程有全局的认识，但是古语说得好："纸上得来终觉浅，绝知此事要躬行"，学习软件最好的方式就是自身的实践，因此读者一定要自己亲自动手，将作者精心准备的学习内容全部实际操作一遍，才会加深对软件的认识。

请读者一定要牢记一点：软件的熟练程度是"用"出来的，不是"学"出来的。

在练习过程中，难免会遇到一些疑难问题，在苦思不得其解时，读者可前往 EDA365 论坛，在本书的专属讨论区中发帖咨询（作者会亲自答疑），或者加入本书的 QQ 群（群号：201353302），与作者和全国众多的 Xpedition 使用者一起讨论。

请读者朋友坚信："你不是一个人在战斗！"

作者（林超文）QQ：26005192　　微信：jimmy_eda365

作者（王子瑜）QQ：343414521

读者 QQ 群：201353302

第2章 教学工程原理图简介

2.1 教学工程原理图简介

本书的示例工程是一块相对简单但涵盖了当今主流 PCB 设计要点的通信电路，其功能是使用千兆以太网的物理层芯片与接口电路，进行信号的光电转换，然后用光纤来传输网络信号。通过对该工程的研究与设计，可以快速、系统地掌握 Mentor Xpedition 流程。

本书第 17、18、19 三章则介绍相对复杂的高清电视播放机，读者可以学习其 PCB 设计要点，以及两片 DDR2、四片 DDR2 芯片的走线、绕线方法。

另外，工程内未涵盖的高级功能，如多人协同设计、ODBC 配置、建库技巧等，将在单独章节进行讲解。

2.2 原理图第一页：电源输入与转换

示例工程的电路主要分为 3 个部分：电源、物理层接口、光电转换接口。

原理图第一页是整个电路的电源输入与转换，如图 2-1 所示。

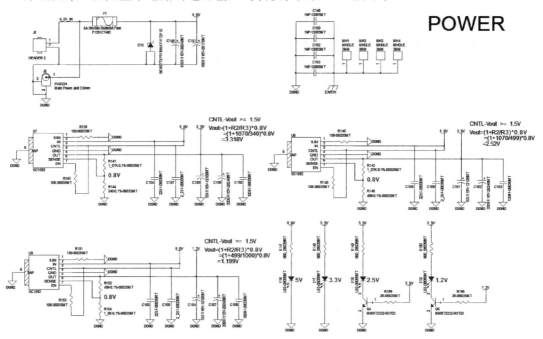

图 2-1 原理图第一页

该页原理图左上角为电源的 5V 输入，串接一个熔丝（可根据实际电流大小来选择），后端并联一个肖特基势垒二极管，起过压保护的作用，最后面是起稳压储能作用的大容量钽电容。右上角为电路板的 4 个安装孔，由于是用导电的螺丝安装到机壳上，所以用了 4 个容值为 1NF（耐压值 2kV）、封装为 1206 的隔离电容，能减小电路传导干扰和辐射干扰，帮助通过 EMC 实验。

该页含有 3 个几乎相同的 LDO 模块，采用的电源转换芯片为 SC1592，输入电压为 5V，输出电压可以通过精密电阻自行调节，输出最大电流为 3A。本设计总共需要 3 种电压：3.3V、2.5V 和 1.2V，因此需要用 3 个 SC1592 将 5V 输入电源进行转换。电压转换的计算可以参考 SC1592 的芯片手册，此处不做赘述。

另外关于电源芯片的选择，因为本电路是从一块大型通信板卡上裁剪出来的一个小型功能模块，而原板卡的电流需求比较大，所以使用的是最大电流为 3A 的 LDO 电源芯片。本篇教学实例仅出于教学目的，并没有根据电路性能来做成本优化（去选择更合适的 LDO），因此请各位读者对此处不要产生误解。

右下角是 PCB 的电源指示，每种电源都有一个单独的指示灯。关于指示灯，本书的讨论群内有朋友提出过疑问，认为该处的设计不够合理，编者给出的解释如下：该电路在设计时并没有成本压力，仅从功能实现的角度来完成电路；由于设计需要采用绿色或蓝色的 LED 灯，并非红色，所以如果不用三极管的话，低电压 1.2V 的 LED 几乎亮不起来；使用三极管的目的一是为了让低电压也能正常指示，二是为了让低电压和高电压的 LED 灯亮度尽量保持一致。读者也可计算出准确的电流大小来对亮度进行控制，编者在此就不再示例了。

2.3　原理图第二页：以太网物理层接口电路

原理图第二页为物理层芯片 88E1111 的配置及 RJ45 网口的连接，如图 2-2 所示。

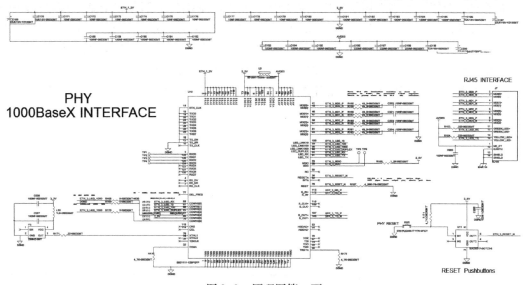

图 2-2　原理图第二页

图中上方为 88E1111 芯片供电引脚的三组去耦电容，10nF 和 100nF 成对使用进行滤波，并每组配 1 个 22μF 的极性钽电容与非极性 1μF 的电容进行储能稳压。

图中左侧为 25MHz 有源晶振；图中右侧是 RJ45 网口，内置了两个通信指示灯；右侧下方是复位开关，并用 MAX6817 芯片进行消颤处理，避免开关按压时产生错误信号。

2.4　原理图第三页：光电接口电路

原理图第三页为 SFP 光电转换模块，如图 2-3 所示。

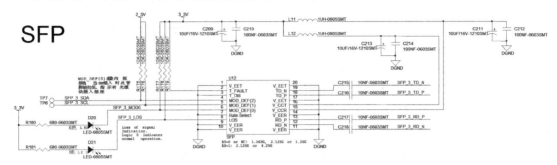

图 2-3　原理图第三页

SFP 模块采用的是菲尼萨公司的标准产品，相关的接口电路也是 SFP 的标准配置，感兴趣的读者朋友可以自行检索，在此就不多做赘述。

值得关注的是 SFP 与 88E1111 相连的两对差分线 TD_N/P、RD_N/P，它们是 1.25GHz 的高速信号，因此在走线时需要按照高速差分线进行处理，以保证信号的质量。

2.5　本章小结

本章详细介绍了示例工程所使用的原理图，本书的基础教学部分完全基于该原理图来进行。编者将模拟工程师们常常面对的场景，即手中仅有这份 PDF 原理图，以及一台刚刚装好 Mentor Xpedition 的电脑，那么此时该如何进行工程设计？编者请读者朋友们不要着急，跟着编者一步步来拆解困难，循序渐进，从零开始完成我们的教学工程。

随书光盘附送有 PDF 格式的原理图。读者可以参考学习绘制。也可以联系编者索取，读者 QQ 群：201353302。

第3章　新建工程的中心库

在 Mentor Xpedition 设计流程中，中心库（Central Library）是沟通原理图与 PCB 的桥梁，乃工程项目的基石，重要性不亚于设计本身。原理图在绘制时，需要从中心库调用元器件（Part），将其符号（Symbol）放入原理图，然后才能进行电气连接；原理图绘制完毕后，PCB 根据原理图从中心库调用元器件对应的焊盘栈（Padstacks）、封装（Cell），才能进行下一步的 Layout 设计。

Mentor Xpedition 中心库与 xDX Designer、xPCB Layout 的设计流程关系如图 3-1 所示。

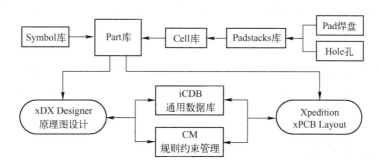

图 3-1　中心库与原理图、PCB 的设计流程关系

其中通用数据库（iCDB）和规则约束管理（Constraint Manager）是 Xpedition 软件的独特之处。工程设计的所有数据都实时存放在 iCDB 通用数据库中，并通过 CM 约束管理器，最大程度地保证项目设计数据的完整性与一致性。

Mentor Xpedition 的中心库同之前 Mentor Expedition 7.9.x 版本的中心库相比，各项功能与操作基本保持一致，仅元器件符号（Symbol）的绘制界面更换为 xDX Designer 风格，提高了绘制界面的一致性。

3.1　Xpedition 中心库的组成结构介绍

Mentor Xpedition 的中心库由下面部分构成。

➢ Symbol：原理图的逻辑符号，含有逻辑引脚，供绘制原理图时作电气连接指示

➢ Cell：元器件的封装，是元器件的二维实体几何形状，指示元器件在 PCB 上的焊接位置与方向，一般包括不同类型的焊盘栈（Padstacks）、丝印、安装孔或基准点

➢ Padstacks：焊盘栈，由一系列的焊盘（Pad）和孔（Hole）堆叠而成。一般可分为表贴和通孔两种，表贴焊盘栈包括安装焊盘（Pad）、阻焊盘（SolderMask）及钢网焊盘（SolderPaste），通孔焊盘栈包括安装焊盘（Pad）、阻焊盘（SolderMask）及钻孔（Hole）

➢ Part：元器件，由 Symbol 和 Cell 经过一定规则的引脚映射组合而成，连接二者，并附

加一定的特殊属性，如器件高度、厂家、功耗等

➤ Reusable Blocks：复用模块，可以把常用的电路原理图（如 DDR 部分的原理图）和 PCB（如已完成布局布线的 DDR 部分 PCB）做成模块。在后续设计中用到这部分电路时可以直接从库里调用这个模块，省时省力，提高效率

➤ Models、Model Mapping：器件的仿真模型

中心库可以被多个项目同时使用，一般整个公司都共用一个中心库。高级的分布式中心库甚至可以被分布在全球的客户端通过互联网访问。

请读者注意，一个项目同一时间只能对应一个中心库。

在工程中指定好中心库路径后，就可以在原理图中内放置 Part 的 Symbol 了。放置好的 Symbol 通过电气线连接起来，即完成了原理图设计。

原理图设计好后，通过打包（Package）功能即可生成与 PCB 同步的本地库，再在 PCB 中通过前向标注（Forward Annotation）功能，即可将中心库内的相关 Parts、Cell、Padstacks 导入到 PCB 中，除了在 PCB 中显示出来外，这些 Parts、Cell、Padstacks 还组成了 PCB 的"本地库"。

本地库的数据提取自中心库，在 Package 和 Forward Annotation 过程中，可选择本地库的生成方式。一般建议选择"删除本地数据库并从中心库重新提取"，如此可以最大程度上保证本地库数据与中心库的统一。另外，不推荐直接修改本地库的数据。

3.2　新建中心库

中心库的建立和管理需要用到 xDM Library Tools VX.1.1（中心库管理工具），该程序快捷方式位于【开始菜单】-【程序】-【Xpedition Enterprise X - ENTP VX.1.1（64-bit）】-【Data Management】，如图 3-2 所示。

运行程序后，弹出许可选择对话框，如图 3-3 所示。

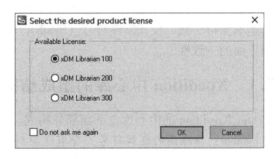

图 3-2　Data Management 文件夹　　　　图 3-3　中心库许可选择

此处选择"xDM Librarian 100"即可，并勾选"Do not ask me again"，即不再提示。

Librarian 100/200/300 的区别在于是否可以进行更高级的中心库管理，比如基于网页或库服务器的中心库管理流程，此处我们不做赘述，相关功能读者可以自行查阅软件说明。

中心库管理工具打开后如图 3-4 所示。

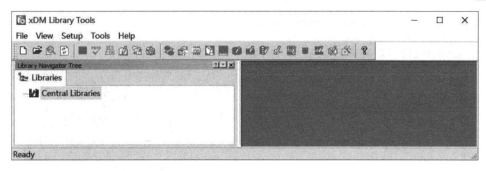

图 3-4　中心库管理界面

执行菜单命令【File】-【New】，弹出如图 3-5 所示对话框，选择一个新的文件夹作为库的保存目录，左下角 Flow Type 如图所示保持默认，单击【OK】按钮即可建立一个全新的中心库。

图 3-5　选择中心库的位置

注意，中心库一旦建立，就不要再随意改变其路径与文件夹的名称。另外，为了稳定运行软件，中心库的路径与名称中（如 D:\Central_Lib_EEVX\Central_Lib_EEVX.lmc）请勿包含任何中文字符或空格，可参照编者的命名，将空格用下画线代替。

如果要建公司用的共享中心库，则需在公共盘中建立中心库，并在每台电脑上将其映射为相同的盘符（如都为 D 盘，库路径为 **D:\Central_Lib_EEVX\Central_Lib_EEVX.lmc**）。

双击中心库路径下的 Central_Lib_EEVX.lmc 文件即可打开中心库。新建的中心库如图 3-6 所示。

中心库管理软件的界面分为 4 块区域，上面是菜单栏与快捷图标，左侧为目录图，可逐级展开，右侧为预览区域，当单击左侧目录中的 Symbol 或 Cell 时，能够提供窗口预览。

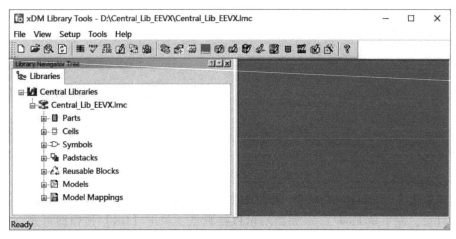

图 3-6　新建好的中心库

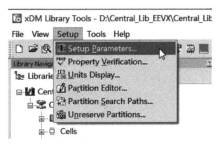

图 3-7　设置中心库的参数

新建库后，还需要对默认单位进行设置，将其从英制的 th（毫英寸）改为公制的 millimeters（毫米）。执行菜单命令【Setup】–【Setup Parameters】（如图 3-7 所示），在弹出的对话框右侧的下拉菜单中，选中"Millimeters"即可，如图 3-8 所示。

新建好的中心库文件夹如图 3-9 所示，可以通过双击 *.lmc 文件直接进入中心库管理。注意：SymbolLibs 文件夹内会给正在编辑的 Symbol 同步生成一个 lck 锁定文件，当遇到 Symbol 意外关闭时，再次编辑前需将这个 lck 文件删除；否则会显示器件已被锁定的提示。

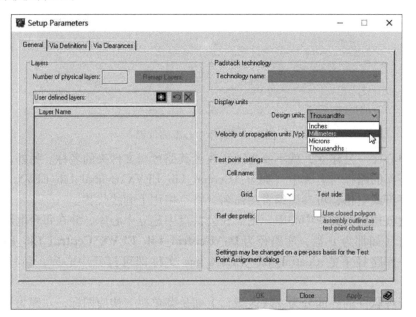

图 3-8　设置中心库的单位为毫米

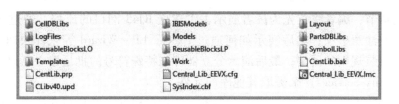

图 3-9　新建完成的中心库文件夹

3.3　建库清单

在对中心库中具体器件的建库前，我们首先需要根据原理图，整理出建库器件的清单，如下所示。

- 主芯片：Marvell 88E1111（TFBGA 封装）。
- 电源芯片：SC1592（TO-263-7L 封装）。
- 消颤开关：MAX6817（SOT23-6 封装）。
- 晶振：25MHz 的 4 脚晶振（5X7 规格）。
- 三极管：MMBT2222（SOT23 封装）。
- 连接器：
  千兆网口（标准 RJ45 封装、带 LED 灯）
  光模块（菲尼萨标准 SFP 封装）
  2 脚电源插座（5.08 间距）
- 分立器件：
  贴片电阻（0603 封装）
  贴片无极性电容（0603 封装、0805 封装、1206 封装、1210 封装）
  贴片极性电容（1210 封装、2917 封装、2924 封装）
  贴片磁珠（1806 封装）
  贴片电感（0805 封装、1806 封装）
  贴片熔丝（2410 封装）
  贴片保护二极管
  贴片 LED 灯（0805 封装）
- 测试点：表贴直径 1.5mm 圆形测试点、表贴直径 3mm 圆形测试点。
- 安装孔：金属化直径 3.3mm 安装孔。

除了一些分立器件可以共用原理图符号（Symbol）外，其他的器件均要单独建立 Symbol 与 Cell。另外原理图用到的特殊符号（如电源、连接符等）的 Symbol 也需要单独建立。

3.4　本章小结

本节介绍了 Mentor Xpedition 的中心库与新建步骤，内容相对简单，重点在对中心库的结构理解，以及中心库与其他 EDA 软件的库的区别。

接下来的章节，编者将首先为读者演示手工建立 RJ45 网口的流程，通过该流程熟悉建库的通用步骤及注意事项；然后演示如何通过 Excel、LP – Wizard 等软件快速建立 88E1111 这类多引脚但封装规则的器件；最后演示分立器件与特殊符号的批量建立，以及如何通过库服务工具（Library Services）来提取其他库的元件。

随书课程会附上已经建好的库供读者参考，读者可根据需要自行建库或提取。

第4章 手工建立封装示例

RJ45 的千兆网口是标准封装，然而不同的厂商会为了加强连接器的可靠性，在网口上增加起固定作用的焊脚，焊脚的形状与大小不尽相同，如此一来，我们就需要对封装做出相应的改变。因此本教程会按对待"异形封装"的态度，完全手工建立一个带 LED 与固定焊脚的 RJ45 网口，以此来帮助大家熟悉建库的基本流程。

本章内容重点在于"手工"二字，即用软件最基础的功能，逐步建立封装，而不是用批量或其他辅助工具，这些辅助工具留在下一章节再做介绍。

4.1 新建中心库分区

在依次新建 RJ45 网口的 Symbol、Cell、Part 前，需先在中心库里建立 Symbol、Cell、Part 所属的分区（Partition）。

RJ45 网口属于连接器，因此 Part 里我们将其归于 Connector 分区。

原理图符号 Symbol 可用器件类型进行分区，但根据编者多年工程经验，此处按照厂家名称进行分区更利于后期管理。根据 Spec（器件详细说明书），我们将 RJ45 网口的 Symbol 命名为 HY911130A，并归入 Symbol 下面的 HANRUN（厂家英文名）分区。

Cell 分区与 Symbol 分区不同，按照封装的标准分类更利于后期管理，因此我们将 RJ45 网口的 Cell 命名为 RJ45-HY911130A，并归于 Cell 下面的 Connector 分区。

根据上述描述，开始新建所需分区。打开中心库后，执行菜单命令【Setup】-【Partition Editor】，如图 4-1 所示。

弹出的分区管理器如图 4-2 所示。单击右上角的新建图标，依次在 Symbol 分区中新建 HANRUN，在 Cell 分区中新建 Connector，在 Part 分区中新建 Connector，然后单击【OK】按钮，分区建立完毕。

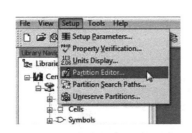

图 4-1 使用分区管理器新建分区

图 4-2 在分区管理窗口新建分区

建好后的分区在中心库中如图 4-3 所示，可以看到新建好的分区下面没有任何数据，显示为 None。请特别注意，分区命名中不要包含空格，否则很可能出现无法将器件同步至 PCB 的错误。

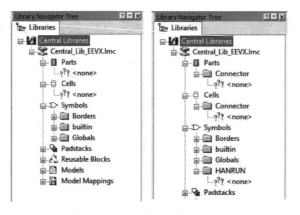

图 4-3　新建分区的前后对比

注意：1. 分区管理器可以用来重命名分区。如果要删除分区，需保证该分区不包含任何器件时才能执行删除命令。

2. 分区的器件在被编辑时，该分区会被锁定，若编辑界面意外退出，会导致分区一直处于锁定状态，必须使用手工解锁：执行菜单命令【Setup】-【Unreserve Partitions】，选择锁定的分区解锁即可。

4.2　新建 RJ45 网口的 Symbol

4.2.1　在分区下新建 Symbol

在 Symbol 的 HANRUN 分区上单击鼠标右键，在弹出的快捷菜单中选择【New Symbol】命令，并在弹出对话框中输入 Symbol 名 HY911130A，单击【OK】按钮，如图 4-4 所示。图中【Symbol Wizard】命令使用向导快速建立多引脚芯片，详见本书下一章介绍。【Import Symbols】命令用于从单独的文件中导入 Symbol。单独的 Symbol 一般位于库文件夹的 SymbolLibs 文件夹中，可以单独复制出来。

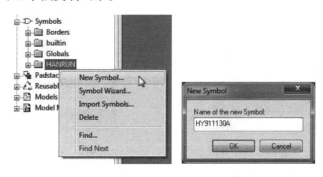

图 4-4　新建 Symbol

4.2.2　Symbol 编辑界面简介

除了按照上述方法进入到 Symbol 编辑窗口外，还可在中心库中双击对应的 Symbol 图标进入编辑界面。Symbol 的编辑窗口如图 4−5 所示。Mentor Xpedition 从 EEVX 版本之后，Symbol 的编辑界面便与原理图的编辑界面统一，使用 xDX Designer 的界面进行设计。

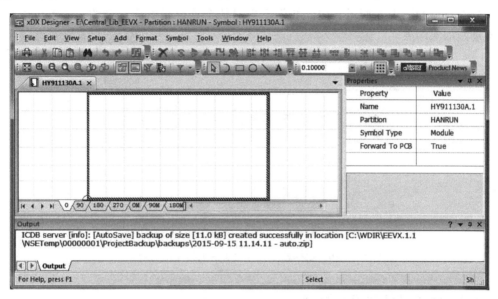

图 4−5　默认的 Symbol 编辑界面

默认编辑界面的左侧是绘制区域。右侧是 Symbol 的属性窗口（Properties），该窗口会动态识别选择对象来显示其属性，当选择为空时显示整个 Symbol 的属性。编辑界面的下方是 Output 输出窗口，显示程序的一些进程的操作结果，如自动备份等。

在绘制界面里，可使用鼠标滚轮对原理图进行缩放定位，也可按住鼠标中键进行平移，配合 View 菜单中的 Zoom 选项可以很方便地查看编辑区域。

> 注意：在绘制区域按住鼠标右键从右下往左上画一条斜线，即可实现【View】−【Fit All】功能（也可按【Home】键），按住鼠标右键从左上往右下滑动，即可实现区域放大，放大区域为鼠标滑过的路径。

Symbol 的属性中，Symbol Type 为符号的类型，在 Mentor Xpedition 中，原理图符号共有 4 种类型：Module、Composite、Annotate、Pin。

- **Module**：默认的基础原理图符号类型，不包含层次概念。绝大多数器件都选此类型。在原理图中，**Module** 型元器件的鼠标右键菜单中只有"**Symbol**"选项可用，而"**Schematic**"选项不可用。
- **Composite**：含有层次原理图的复杂型元器件，用于层次原理图设计。
- **Annotate**：标注符号，没有电气属性，如图纸外框、公司 **LOGO**、**NC** 符号、页面转跳符号、网络转跳符号等。

- **Pin**：一般用作特殊符号中的电源和地，并带有"**Global Signal Name**"属性。注意，任何网络只要连接到含有"**Global Signal Name**"属性的 **Pin** 符号上，该网络都会被强制指定为该符号的全局网络。

Mentor Xpedition 一个新的特色功能是当鼠标悬停在某个工具的快捷图标上时，不仅仅显示该快捷图标的文字说明，还会根据悬停时间的长短，自动判断是否演示一段简单的教学动画（Video），如图 4-6 所示。因此我们不再对整个菜单栏做详细介绍，读者可以自行依次观看动画加深印象。

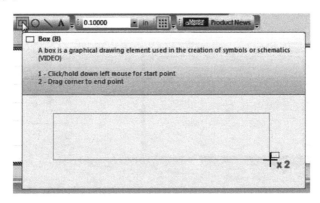

图 4-6　鼠标悬停时自动演示工具使用动画

4.2.3　添加并修改 Pin 引脚

建立 Symbol 前，先在原理图中找到 RJ45 网口，可以看到原理图符号如图 4-7 所示。

由图可知，我们需要在 Symbol 编辑界面添加 16 个引脚（Pin）。首先打开 Pin List 窗口，执行菜单命令【Symbol】–【Pin List】，如图 4-8 所示。

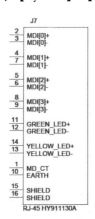

图 4-7　参考原理图的 RJ45 网口符号

图 4-8　打开 Pin List 窗口

然后执行菜单命令【Symbol】–【Add Pin】，如图 4-9 所示，鼠标上会附上一个全新的 Pin 脚，将其放置在绘制区域内。注意，Pin 脚的方向会随着位置自动变化，以保证 Pin 脚朝外，Pin Name 朝内。

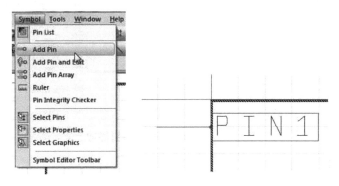

图 4-9 添加引脚到 Symbol

放置好引脚后，可以在 Pin List 窗口内修改引脚名称（Pin Name），也可以双击绘图区域的 Pin Name（如本例的 PIN1 处）重命名，另外也可以选中该 Pin 脚后，在属性栏列表中修改。

> 注意：在引脚名的字符前加入"~"字符可以为引脚名加上画线，如~PIN1 显示为P̄I̅N̅1̅，~P~IN1 显示为P̄IN̅1̅。另外在 Pin 属性 Inverted 改为 Ture 可在引脚上添加圆形的翻转符号。

4.2.4 重新排列编辑界面

为了观察与修改方便，我们需要将 Pin List 的窗口单独拖曳出来，放置在界面的左侧。如图 4-10 和图 4-11 所示。

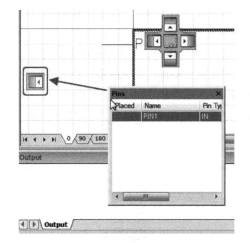

图 4-10 拖曳 Pins 的标签页　　图 4-11 将 Pins 窗口拖曳到界面左侧

设置好的 Symbol 编辑界面如图 4-12 所示。

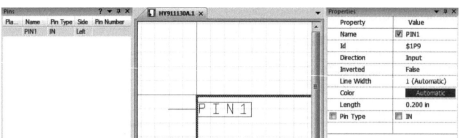

图 4-12 调整完毕后的编辑界面

4.2.5 添加引脚编号

添加引脚编号（Pin Number）的方式有两种：一种是在 Pins 窗口下，单击 Pin Number 栏的空白处添加；二是在选中 Pin 引脚之后，在 Properties 窗口最后一栏空白处单击鼠标左键，在下拉菜单中选择"Pin Number"选项，如图 4-13 所示。

添加引脚名与引脚编号后，Symbol 如图 4-14 所示。

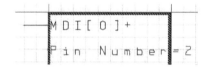

图 4-13 在属性栏窗口添加 Pin Number   图 4-14 添加 Pin Name 与 Number 属性

可以看出，新添加的引脚编号属性出现在 Pin 的正下方，并且"Pin Number"字符也全部显示出来。这时需要选中引脚，在其属性中将"Pin Number"前的勾选项去掉，即取消显示，然后在主界面选中 Pin Number 的"2"，将其属性中的 Origin（原点）由 Middle left 改为 Lower left 或 Lower right，如图 4-15 所示。

如果 Pin 在 Symbol 框的左侧，Origin 则选 Lower right，反之选 Lower left。只有设置好合适的 Origin，才能将引脚编号按照格点（Grid）整齐地摆放在引脚上面。修改好 Origin 后将引脚编号用鼠标拖曳至引脚上方，如图 4-16 所示。

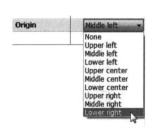

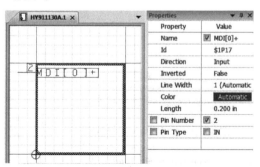

图 4-15 修改引脚编号的 Origin   图 4-16 编辑好的 Pin 引脚

4.2.6　基于工程实践的优化

图 4-16 所示的 Symbol，是根据 Mentor Xpedition 系统默认的格式所建，经过长期使用后，很多公司都发现了这么建库的弊端所在。

第一，Symbol 的字体使用的是 Mentor Xpedition 默认的 Stroke 字体，该字体不仅辨认困难且字体间距过大，Symbol 必须画很大才能避免左右引脚的名称重叠。

第二，默认的引脚是取 2 个格点（Grid）为引脚长度，如本教程设置的格点为 0.1inch，则引脚长度为 0.2inch，而引脚编号的字体大小默认为 0.1inch，所以这样会导致在多于 100 个引脚的器件中（或 BGA 的字母编号引脚），引脚编号超出 Pin 的长度，使原理图的电气连接不便，例如工程师绘图时会选不中端点，如图 4-17 所示。

针对上述情况，需要对绘制环境做一定的优化。

打开 Symbol Editor 界面，执行菜单命令【Setup】-【Settings】，选中左侧窗口的 "Symbol Editor" 栏，修改 "Default length" 为 "3"，如图 4-18 所示，如此以后新建的 Pin 脚默认的长度为 3 个格点。

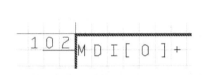

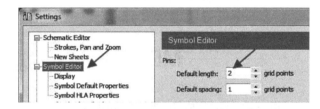

图 4-17　引脚编号过长导致选不中连接点　　　　　图 4-18　修改默认的引脚长度

在左侧窗口 "Display" 下面的 "Font Styles" 栏，将 Fixed 类型的字体，在其右侧下拉菜单中，将 "Stroke" 修改为 Arial 即可，如图 4-19 所示。

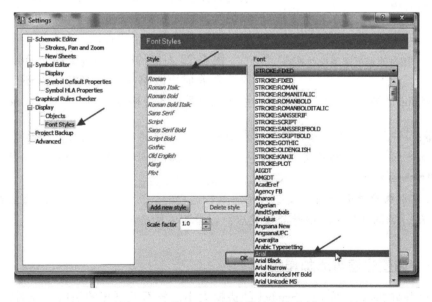

图 4-19　修改 xDX 编辑器的字体映射

注意：这种修改字体映射的方法，本身并没有修改字体的属性，字体在原理图中还是默认的 Fixed 类型。若将工程在另外一台未做字体映射的电脑上打开时，原理图中所有类型为 Fixed 的文字还是会用 Stroke 字体显示。

修改好默认设置后，删除之前的引脚，重新添加一个 Pin 至原理图（会更新引脚长度），可以看到 Pin 的变化，此时的 Pin 更适合工程应用，如图 4-20 所示。哪怕引脚编号是字母和数字的组合（BGA 常用方式），如 AM12，该引脚编号都没有超出 3 个格点，并且右侧的引脚名比之前节省了 4 个格点的长度（对比图 4-17）。

根据图 4-7 的网口符号添加 2、3、4、7 这 4 个引脚。添加后可以发现，引脚名与引脚编号太靠近边框，查看图纸时会带来辨识困难，此时需要将二者各自分开 0.05 inch，以加强图纸可读性。

在菜单栏的格点设置下拉栏中选中 0.05000inch，然后将菜单栏选择过滤器中的 "Select Pins" 与 "Select Graphics" 关掉，只保留 "Select Properties"，即只能选中属性，而 Pin 和边框等元素会无法选中，如图 4-21 所示。

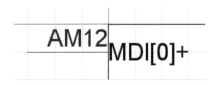

图 4-20　修改字体与引脚长度后的引脚

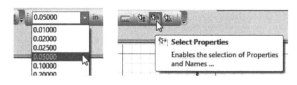

图 4-21　设置选择格点与选择过滤

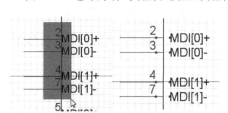

图 4-22　用过滤器框选属性并拖动

可以用鼠标框选一列属性，如引脚编号。注意，软件中对框选的元素是否选中，判别条件是看该元素是否完全被选择框包围。如图 4-22 所示，全选引脚编号，然后左移 1 个格点，同样框选右侧的引脚名，再向右拖动 1 个格点。

图 4-22 右侧的圆点即各属性的 Origin 位置。建议读者养成更改格点后迅速将格点还原的好习惯，否则在 0.05 inch 的格点下新建引脚时，引脚长度默认 3 个格点，即仅有 0.15 inch。

注意：1. 上述的引脚属性调整请在引脚位置全部确定后再进行，因为引脚在拖动时，会自动检测 Symbol 边缘并做相应旋转，此时引脚编号的 Origin 会重置为 Middle left，之前的调整就白费了。

2. 如果引脚编号和引脚名重叠，无法单独选中时，可以在 Pin 的属性栏里先将引脚名的值隐藏，等调整好引脚编号的位置后，再对其恢复显示。

4.2.7　调整边框与添加属性

在添加引脚的时候会发现，Symbol 的边框太小，放不下更多的引脚，此时需要重新绘制边框，或者对原边框进行拉伸。对应的工具栏如图 4-23 所示，可以绘制新的边框后将原边框删除，或者选中原边框后再单击 Stretch（拉伸）工具。

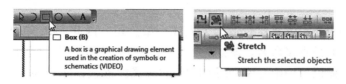

图 4-23　修改 Symbol 边框的工具

添加剩余的引脚时，注意第 15、16 脚的引脚名均为 SHILED，在新建时需要改为 SHILED0 和 SHILED1，因为 Xpedition 不支持同名引脚，请读者特别注意，因此类似的，如 GND 也需要改为 GND0、GND1 等。对于连接壳体的 Pin 脚，读者可参照本书第 21 章第 21.2 节内容进行设置"一对多"的方式进行连接。

添加完毕后的 Symbol 如图 4-24 所示。

Pins				
Placed	Name	Pin Type	Side	Pin Num
	MDI[0]+	IN	Left	2
	MDI[0]-	IN	Left	3
	MDI[1]+	IN	Left	4
	MDI[1]-	IN	Left	7
	MDI[2]+	IN	Left	5
	MDI[2]-	IN	Left	6
	MDI[3]+	IN	Left	8
	MDI[3]-	IN	Left	9
	GREEN_LED+	IN	Left	11
	GREEN_LED-	IN	Left	12
	YELLOW_LED+	IN	Left	14
	YELLOW_LED-	IN	Left	13
	MD_CT	IN	Left	1
	EARTH	IN	Left	10
	SHILED0	IN	Left	15
	SHILED1	IN	Left	16

HY911130A.1

Properties	?
Property	Value
Name	HY911130A.1
Partition	HANRUN
Symbol Type	Module
Forward To PCB	True

（引脚框内容）
2 / 3　MDI[0]+ MDI[0]-
4 / 7　MDI[1]+ MDI[1]-
5 / 6　MDI[2]+ MDI[2]-
8 / 9　MDI[3]+ MDI[3]-
11 / 12　GREEN_LED+ GREEN_LED-
14 / 13　YELLOW_LED+ YELLOW_LED-
1 / 10　MD_CT EARTH
15 / 16　SHILED0 SHILED1

图 4-24　放置好引脚的 Symbol

图 4-24 中，Symbol 最外层的框是 Symbol Outline，可以认为是 Symbol 的大小，器件被调入原理图后，软件根据这个边框来确定该 Symbol 是否在鼠标点选或者框选的范围内。每次在 Symbol 调整好之后，需要【Edit】-【Update Symbol Outline】更新 Symbol 边框。

到这一步时，Symbol 还没有完全建好，还缺两个重要的参数：Part Number 与 Ref Designator，即物料编号和位号标识。

这里需要跟读者说明，Mentor Xpedition 的中心库里，Part 有三个重要属性：Part Number、Part Name 和 Part Label。Part Number 在公司库的用法和本教程是有区别的。公司的 Part Number 是该器件的物料编码，如该网口的编码可能是 CON5424MZ2015H，每个字母都代表不同的含义，根据公司的规范来定，方便公司进行海量的器件数据库管理。而 Part Name 可以是该器件的名称，如该网口就是 HY911130A，Part Label 用作进一步的说明，如器件的精度等额外信息。

本教程采用的中心库方式比较适合个人或小型公司，因此 Part Number 与 Part Name 相同，不采用编码，而是直接命名。该方法在器件总数达到一定规模之前，有一定的优势。若管理的器件过多，建议重构中心库，用 ODBC 的方式配置数据库（Access 或 Oracle），并引入 ERP 物料编码，详见本书第 20 章，有需求的读者可以先看学该章节。

而在本例中，如图 4-25 所示，只需要 Symbol 属性栏中添加 Part Number 与 Ref Designator，其值分别为 "RJ45-HY911130A" 与 "J?"，然后将其放置到 Symbol 的合适位置，最后更新一次 Symbol 外框即可。

至此，RJ45 网口的 Symbol 建立完毕，执行菜单命令【File】-【Save】即可保存。

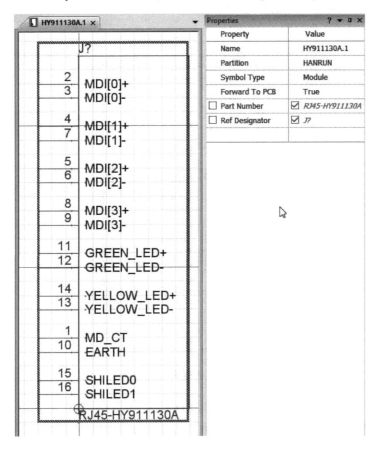

图 4-25　完成的 RJ45 网口 Symbol

最后须说明一点，关于 Pin 的类型，本教程一律采用 IN 或者 BI，即不做引脚类型区分，这样能够降低建库与绘制原理图的难度，同时也不会对工程的电气连接性产生任何影响。如有特殊需求的读者可自行尝试更改 Pin 类型，观察相应变化。

4.3 新建 RJ45 网口的 Padstacks

4.3.1 机械图纸分析

打开 RJ45 网口的器件详细说明书，找到封装的机械图，如图 4-26 所示。

根据图纸分析，我们需要建立 5 种不同的焊盘栈（Padstacks）。

* Pin1：使用正方形焊盘，单边长 1.5mm，孔为 0.9mm（图纸中是 0.89，取 0.9 方便建库），阻焊层单边外扩 0.1 mm，所以为单边 1.7mm 的正方形。

* Pin2 ~ Pin10：使用圆形焊盘，直径为 1.5mm，孔为 0.9mm，阻焊盘为圆形，直径为 1.7mm。

* Pin11 ~ Pin14：使用圆形焊盘，直径为 1.62mm，孔为 1.02mm，阻焊盘为圆形，直径为 1.82mm。

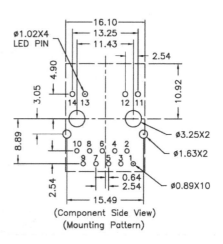

图 4-26 RJ45 网口的机械图纸

* Pin15 ~ Pin16：实物两侧 1.63 的孔径对应引脚，起固定作用。根据实物，此处用槽形孔焊盘更易焊装，因此焊盘采用 1.2mm × 2.23mm 的倒角矩形（Chamfered Rectangle），孔为 0.6mm × 1.63mm 的槽形（Slot），阻焊盘为 1.4mm × 2.43mm 的倒角矩形。

* Mhole：Mounting Hole 是无金属焊盘的安装孔，直径为 3.25mm。

4.3.2 新建焊盘（Pad）

如图 4-27 所示，执行菜单命令【Tools】-【Padstack Editor】。

打开编辑窗口的 "Pads" 标签页，在列表上方单击新建图标，新建焊盘默认为 Round 0，然后将其右侧的单位改为 mm（如果在中心库的参数设置中已经将单位改为 mm，此处就不用再做设置），直径修改为 1.7，如图 4-28 所示，可以发现，当焊盘名称前面的方框被勾选时，焊盘会自动根据焊盘的数据重新命名，如图 4-29 所示，自动变为 Round 1.7。

接下来可以新建 1.5mm 圆形焊盘，可以重复上述步骤，也可以使用列表栏的复制按钮，复制刚刚新建的 Round 1.7 焊盘

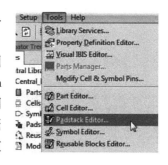

图 4-27 打开
"Padstacks" 编辑器

并修改直径为 1.5。注意，自动命名打开时，所有焊盘不允许重名，系统会自动在重名焊盘后加上数字后缀。另外，由于命名中并未显示单位，因此读者需要特别注意，最好保证单位统一，否则非常容易混淆。

请读者自行完成剩余的圆形与方形焊盘建立。

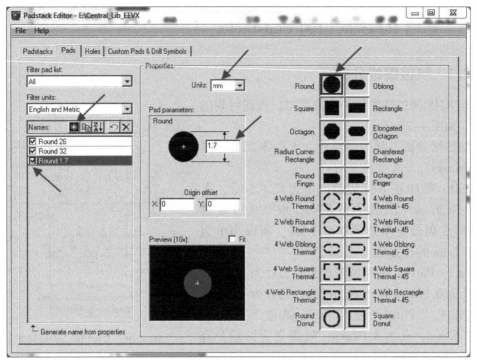

图 4-28　新建圆形焊盘

Chamfer Rectangle 焊盘参照如图 4-29 所示的参数设置进行新建。

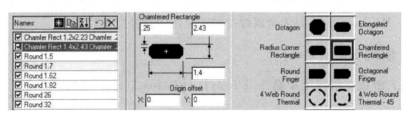

图 4-29　Chamfer Rectangle 焊盘新建

> **注意**：新建的焊盘在执行保存命令前都是以缓存数据的形式存在的，在库中会用黄色标示出来，如图 4-29 所示的 Round 1.7 和两个 Chamfer Rectangle 焊盘。

4.3.3　新建孔（Hole）

新建孔的页面与新建焊盘的页面类似，如图 4-30 所示。

（1）Type：可分为 Drilled（钻孔）和 Punched（冲击孔），后者用于只能使用冲压方式制造的方形孔。

（2）Plated：电镀选项。有电气连接的焊盘都需要电镀，无电气属性的机械孔不需要电镀。

（3）Hole size：可选择孔在成形后的形状与公差。

（4）Drill symbol：统一使用默认的自动分配（Auto Assign）。

请读者根据上述信息自行建立直径为 0.9 和 1.02 的圆孔，尺寸为 0.6mm×1.63mm 的槽形孔（Slot），二者均为 Drill、Plated。最后新建一个直径为 3.25 的非电镀机械孔。

建好的过孔列表如图 4-31 所示。

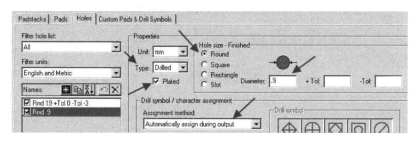

图 4-30　新建孔

图 4-31　建好的
过孔列表

4.3.4　新建焊盘栈（Padstacks）

焊盘栈与焊盘和孔不同，没有自动命名功能，新建的焊盘栈需要自行命名。本教程对焊盘栈的命名方式参照 Mentor LP Wizard 标准封装自动生成器的焊盘栈名称，如焊盘：c150h90m170。

c150：c 代表 circle，圆形焊盘，150 表示直径 1.5mm。首字母表示焊盘的形状。例如，s 是 square（正方形）、r 是 rectangle（矩形）、b 是 oblong（椭圆形）、cr 是 chamfer rectangle（倒角矩形）等。

h90：h 代表 hole，即焊盘上的钻孔，90 代表 0.9mm，即孔的直径。

m170：m 代表 soldermask，阻焊，170 代表 1.7mm，m170 表示阻焊盘的大小为 1.7mm，形状与贴装焊盘一致（但左右两边各扩大 0.1mm）。

根据上述描述，可以在 Padstacks 界面新建 c150h90m170 焊盘，如图 4-32 所示。并在图中按住【Ctrl】键多选 "Top mount" 和 "Bottom mount" 栏，再从右侧的可选焊盘里找到 Round 1.5，使用【<】按钮将其分配给 "Top" 与 "Bottom" 层。注意，此时引脚类型为 Pin – SMD，即表贴焊盘，不包含内层。将 "Type" 改为 "Pin – Through" 后，Internal（内层）被激活，内层也需要赋予 Round 1.5 焊盘。

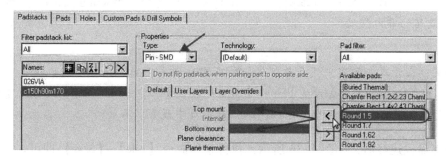

图 4-32　焊盘分配

赋予阻焊层焊盘后，再从界面的下方选择好孔，Padstacks 就建好了，如图 4-33 所示。

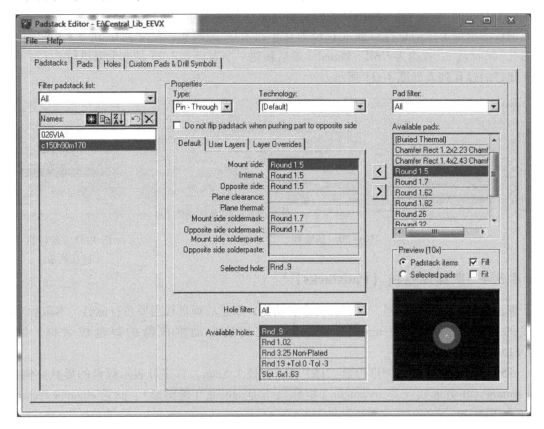

图 4-33　建好的 c150h90m170 焊盘栈

> **注意：** 由于本例建立的是通孔类焊盘，因此无须设置 SolderPaste 层，即助焊层，又叫钢网层，SMT 时给 PCB 均匀刷锡膏用。表贴类器件该层需设置与焊盘等大。

读者可根据上述步骤，自行新建剩下的四个焊盘栈：**s150h90m170、c162h102m182、cr120_223h60_163m140_243、h325**。

> **注意：** 在新建安装孔 h325 时，"Pin Type" 须选择 "Mounting Hole"，然后选择 3.25mm 直径的非电镀孔。

> **注意：** 由于本教程不采用负片铺铜，所有铜皮均采用正片形式，这也是工业上最常采用的方式，如此可以免去设置 Plane Clearance 和 Plane Thermal 的诸多问题。需要负片的同学可自行探索，散热焊盘可在 "Pads" 标签页中设置。

所有焊盘栈建好后，如图 4-34 所示，执行菜单命令【File】-【Save】即可。

图 4-34　RJ45 网口所需焊盘栈

4.4　新建 RJ45 网口的 Cell

4.4.1　新建 Cell

同新建 Symbol 的方式一致，首先在 "Cells" 的 "Connector" 分区下新建 RJ45 - HY911130A，如图 4-35 所示。

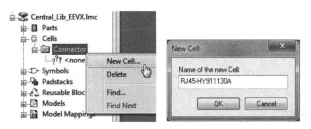

图 4-35　新建 RJ45-HY911130A

新弹出的属性设置框做如图 4-36 所示的设置。

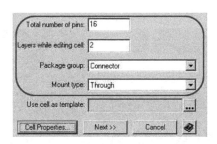

图 4-36　新建 Cell 的参数设置

（1）**Total sumber of pins**：总引脚数，根据原理图，本例的 RJ45 网口一共有 16 个引脚。

（2）**Layers while editing cell**：编辑 Cell 时的 PCB 层数，一般设置为 2 即可。

（3）**Package group**：提供一系列封装组供选择，此处选 "Connector"。对于无法确认分组的器件，可以选 "General"（通用）类型。

（4）**Mount Type**：提供 3 种类型，即 **Through**、**Surface** 和 **Mixed**。注意，Through 型器件的 Cell 只能用通孔焊盘（Pin - Through），Surface 型器件只能用表贴焊盘（Pin - SMD），而 Mixed 型可以使用任意焊盘。

参数设置好后，单击【Next】按钮进入"Cell Editor"封装编辑界面，如图 4-37 所示。

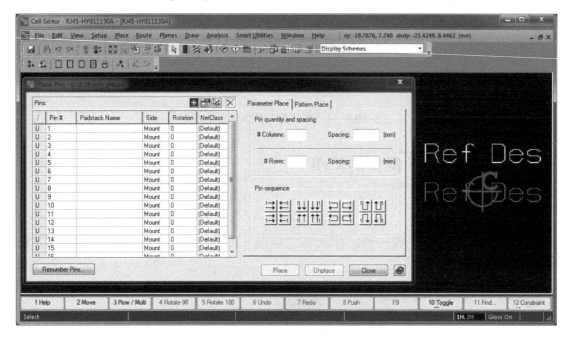

图 4-37 "Cell Editor"封装编辑界面

4.4.2 引脚放置

执行菜单命令【Place】-【Pins】，在弹出的"Place Pins"窗口中，指定 1～16 脚的 Pad-stacks，可以从下拉菜单中选择相应的焊盘栈。按住【Shift】键可以多选，并一次性指定多个引脚的焊盘栈，如图 4-38 所示。

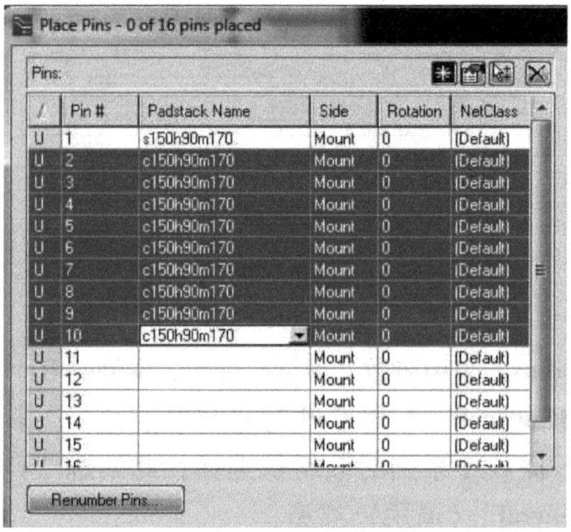

图 4-38 批量指定焊盘栈

按照 4.3.1 节的说明分配好焊盘栈后，先选中 1 脚，单击【Place】按钮，右侧的"Parameter Place"（参数放置）和"Pattern Place"（模式放置）不做任何设置，如图 4-39 所示。

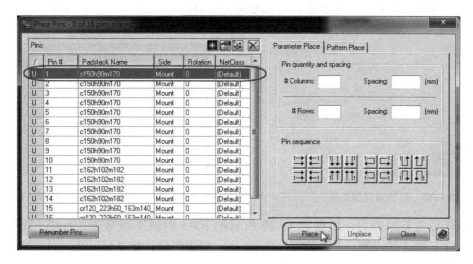

图 4-39　Pin1 的放置

单击【Place】按钮后，"Place Pins"窗口会暂时隐藏，Pin1 粘附在鼠标光标上，此时可以在任意位置单击鼠标左键放置焊盘，如图 4-40 所示。

若要以坐标的形式精确放置该焊盘，可以用两种方式，一是 X - Y Place（坐标放置），其功能键的位置如图 4-41 所示。PCB 中 F1 ~ F12 的快捷键功能均提示在了编辑界面下方。

图 4-40　鼠标放置 Pin1

图 4-41　xPCB 的功能键提示栏

X - Y Place 对应的快捷键为 F3，在放置焊盘时，按【F3】键，可以打开坐标输入框，如图 4-42 所示。在图中输入"x:0、y:0"的坐标值后，单击【OK】按钮或【Apply】按钮，可将焊盘放置在 PCB 的原点（0，0）处。

图 4-42　坐标放置输入框

第二种方式是用属性窗口进行修改，属性窗口快捷键如图 4-43 所示，也可使用鼠标右键菜单中的【Properties】命令，先选中随意放置在 PCB 中的 Pin1 焊盘栈，然后再打开"Padstack Properties"窗口，如图 4-44 所示，在"Padstack Properties"窗口中，可以修改该焊盘栈的坐标，如输入"x:0、y:0"的绝对坐标值（Absolute）后单击【OK】按钮或【Apply】按钮，同样可以将 Pin1 脚放置在原点。若使用 Delta 方式，则可以按照现有坐标进行平移。

> **注意：** xPCB 中每次点开属性窗口时，会智能识别对象，并打开正在被选择的器件（如焊盘、走线、元器件、网络等）的属性对话窗口。

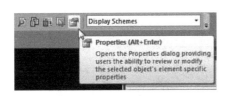

图 4-43　属性窗口快捷键

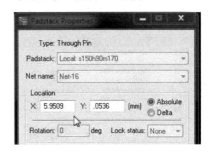

图 4-44　"Padstack Properties" 窗口

将 Pin1 放置在原点后，根据图 4-26 所示的 RJ45 机械图纸分析，Pin3、Pin5、Pin7、Pin9 依次位于 Pin1 的左侧，并且间距为 2.54mm。根据经验，此处可以通过设置格点来快捷放置。如图 4-45 所示，打开"Editor Control"窗口，在"Grids"栏下找到"Route Grids（mm）"，将"Route"一栏改为 2.54。

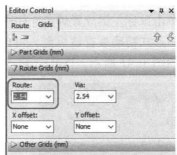

图 4-45　打开"Editor Control"窗口

然后如图 4-46 和图 4-47 所示，打开"Display Control"窗口，激活该窗口后，直接键盘输入"grids"与"pin number"，勾选搜索出的选项，即开启了格点与引脚编号在 PCB 中的显示。单击勾选项旁边的颜色方块可以设置该项目的颜色、透明度、花纹等。

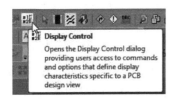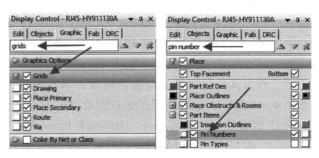

图 4-46　"Display Control"
窗口显示设置快捷键

图 4-47　打开格点 grids 与引脚编号 pin number 显示

设置好格点后，可以很方便地将引脚从执行菜单命令【Place】-【Pin】后弹出的窗口中拖放至正确的位置，如图 4-48 所示。注意，由于设置的是 Route 格点，因此需要将绘图模式切换到 Route 下面才能正常显示格点，模式切换如图 4-49 所示。

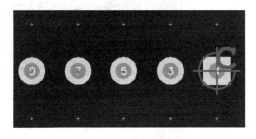

图 4-48　按格点精确放置 Pin

图 4-49　模式切换用来显示对应格点

根据图 4.26 所示械图纸，放置偶数引脚时，需要将格点改为 1.27mm，每隔两个格点放置一个引脚，如图 4-50 所示。

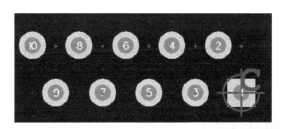

图 4-50　按格点放置好的信号引脚

如果某个引脚在放置时不小心放错了位置，可以用工具栏的"Move Pins"工具来拖动引脚。

> 注意：除了用该工具外，引脚无法用鼠标随意拖动，工具快捷图标如图 4-51 所示。 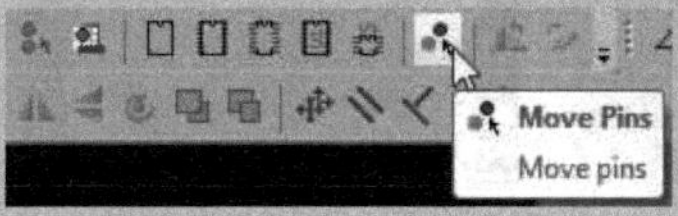
>
> 图 4-51　Move Pin 工具

如果未能找到该工具栏，则需在菜单栏打开工具栏的显示，执行菜单命令【View】-【Toolbars】-【Cell Editor】。

4.4.3　修改 Cell 的原点

根据图 4-26 所示的机械图纸，以及建库常识，需要将 Cell 的原点移回封装的正中心，如此才能方便其他引脚的摆放，以及后续 PCB 设计与器件坐标输出。

根据机械图纸，现在的 Cell 原点在 Pin1 处，需要将其朝左上挪动，即 X 方向挪动 5.715mm、Y 方向挪动 8.89mm。根据标准 XY 坐标的关系，填写坐标数值，如图 4-52 所示，单击【OK】按钮挪动 Cell Origin，挪动后如图 4-53 所示。

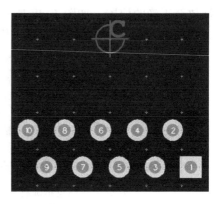

图 4-52　挪动封装原点 Cell Origin

图 4-53　Cell Origin 位于中心

4.4.4　放置安装孔

根据上述章节的内容，将剩余的引脚用坐标或者格点的方式放置好以后，如图 4-54 所示。

此时封装还缺两个 3.25mm 的安装孔。执行菜单命令【Place】-【Mounting Hole】，在弹出的对话框中输入坐标，"Padstack" 选择 "h25"，即可进行安装孔放置，如图 4-55 所示。

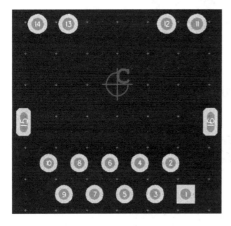

图 4-54　放置剩余的引脚

图 4-55　坐标放置安装孔 Mounting Hole

注意： 安装孔不能用【Move Pin】命令进行移动，需要执行菜单命令【Smart Utilities】-【Move Mounting Hole】，或属性窗口输入坐标栏的方式进行移动，移动安装孔的快捷图标如图 4-56 所示。

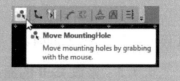

图 4-56　安装孔移动工具

所有引脚与安装孔放置完毕后，如图 4-57 所示。

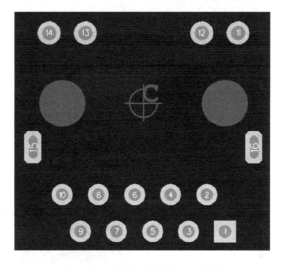

图 4-57　引脚与安装孔放置完毕

4.4.5　编辑装配层与丝印层

根据 RJ45 网口的器件详细说明书，其实体尺寸为 16.1mm×21.3mm。该尺寸即装配层与丝印层的边框大小。

第一，绘制装配层。将 PCB 的编辑模式切换到 Draw Mode（绘图模式），如图 4-58 所示。

执行菜单命令【View】-【Toolbars】-【Draw Create】和【Draw Edit】工具栏，如图 4-59 所示。

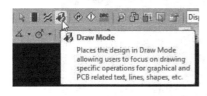

图 4-58　Draw Mode（绘图模式）　　　　　图 4-59　绘图创建与编辑工具栏

执行菜单命令【Draw】-【Assembly Outline】，软件会自动打开属性栏窗口，将当前绘制层切换到 Assembly Outline，并执行【Add Polyline】（添加折线）命令。由于此处需要绘制的是矩形，因此单击 Add Rectangle（添加矩形）快捷工具，如图 4-60 所示，先在绘制区域任意绘制一个矩形。

根据器件规格书的尺寸关系，对绘制的矩形属性进行修改，填入正确的长宽与原点坐标（矩形的左下角为原点），即可将合适的装配层边框放置到正确位置，如图 4-61 所示，矩形的线宽可根据需要填写，如图 4-61 中设置为 0.2mm。

执行菜单命令【Add Polygon】，打开"Angle Lock"角度锁定工具（打开前点击工具的下拉菜单，输入 45 表示按照 45°角锁定），再修改"Draw Grid"为合适值，如图 4-62 所示。

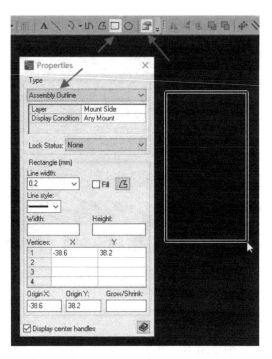

图 4-60　任意绘制一个装配层矩形

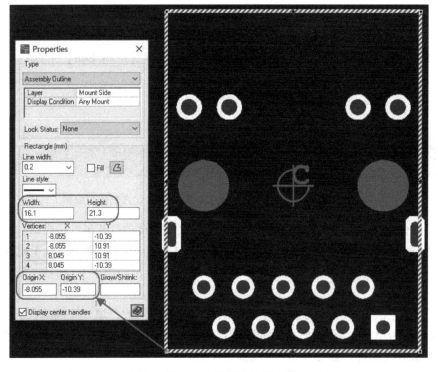

图 4-61　正确放置装配层边框

设置完毕后，即在装配层边框的左上角绘制一个 45°的直角三角形，如图 4-63 所示，勾选其属性窗口中的"Fill"（填充）项。

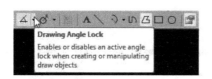

图 4-62　绘制装配层等腰填充三角形前的设置

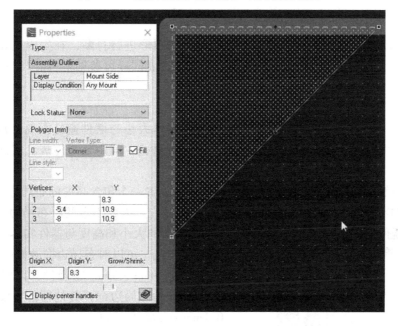

图 4-63　绘制填充等腰三角形

装配层绘制完毕后如图 4-64 所示。

同理，丝印层的绘制读者可以参照装配层的绘制步骤自行绘制，可以执行菜单命令【Draw】-【Silkscreen Outline】，也可以自行从属性窗口栏下拉项中选择"Silkscreen Outline"进行绘制，二者的绘制机制完全相同。

丝印层的边框不能与焊盘重叠，因此需要将重叠的部分断开，如图 4-65 所示。

丝印断开方法：首先选中丝印边框的 Rectangle 形状，使用图 4-66 左侧所示的打散命令，使其分解成为 4 段独立的线段。然后选择需要编辑的线段，使用图 4-66 右侧的线段等分功能，将线段等分后做删除与拉伸调整即可。

丝印绘制好后需要将丝印层的 Ref Des（器件的参考位

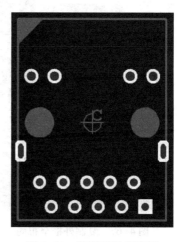

图 4-64　装配层绘制完毕

35

号标识）移动到器件实体外部，装配层的 Ref Des 需要留在器件实体内部，Part No（Part Number）也建议留在实体内部。移动完毕后如图 4-68 所示，注意丝印的字体建议全部改为"Std – Proportional"，具体原因参见本书第 15 章丝印生成相关章节。

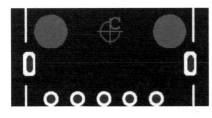

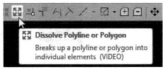

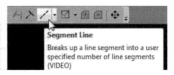

图 4-65　断开丝印与焊盘重叠的部位　　　　图 4-66　断开丝印边框用到的工具

另外，Xpedition 在建库时也可以不对丝印层的图形进行打断，在生成丝印时可以运行自动避让功能，但该功能的使用有一些注意事项，读者同样可参见本书第 15 章相关章节。

4.4.6　放置布局边框

布局边框（Placement outline）用来指示器件实体大小与摆件避让距离。每个器件必须有一个布局边框，PCB 根据布局边框判断器件是否重叠，间距是否违规，因此该边框的设置非常重要。

另外，一般在标准的中心库中，器件内部还会放置一个包含高度的布局边框，用来指示器件实体的 3D 高度，本例由于焊盘完全包含在实体内，因此不做两层布局边框，后续章节介绍的分立器件一般都包含（外围的高度为 0，内部的大小和高度与器件实体一致）。

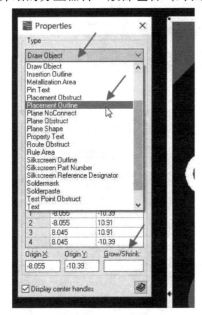

图 4-67　复制外框至布局
边框并外扩 0.6mm

按照工程实践，可以对布局边框做如下规定：

- 对于大于 5mm × 5mm 的器件，以实体单边外扩 0.3mm 作为布局边框，其他器件以实体单边外扩 0.1mm 作为布局边框；
- 对于 Pin 脚在实体内的，以实体框外扩；
- 对于 Pin 脚大于实体框外的，以 pin 脚最外层外扩。

根据以上规则，本例的网口需要以器件实体外扩 0.3mm 作为布局边框。

推荐使用快捷方法，即复制一个布局边框：选中装配层外框后，再按住【Ctrl】键双击该边框复制出一层等大的边框，修改其属性并外扩即可。

如图 4-67 所示，首先在图中选中 Assembly Outline，再按住键盘的【Ctrl】键，然后在"Assembly Outline"上双击，即可原地复制一个绘图对象（Draw Object）出来，在其属性栏中用下拉菜单将其改为"Placement Out-line"，并在"Grow/Shrink"（外扩/内缩）栏填入 0.6

（以实体外的 Pin 外扩 0.6mm，如果想内缩则填负数），然后按【Enter】确认。

将修改好的布局边框宽度改为 0，属性栏里的高度填入 13.5（根据器件手册得知），如图 4-68 所示，至此 RJ45 网口的封装建立完毕，执行菜单命令【File】-【Save】即可。

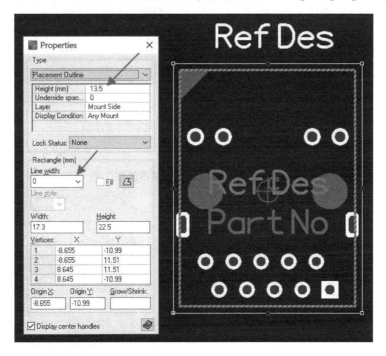

图 4-68　建好的 RJ45 网口 Cell

4.5　新建 RJ45 网口的 Part

Symbol 与 Cell 建好后，需要将二者组合成为 Part，即元器件。原理图与 PCB 是基于器件结合在一起的，而不是基于单独的 Symbol 或 Cell。

Part 的新建步骤与 Symbol 和 Cell 一致，如图 4-69 所示。

在弹出的"Part Editor"窗口中将 Part 的"Type"改为"Connector"，"Reference des prefix"栏填写"J"，即以"J"作为该器件的默认位号首字母。然后单击【Pin Mapping】按钮，如图 4-70 所示。

图 4-69　在 Part 的 Connector 分区下新建 Part

> 注意："Reference des prefix"的值是原理图中打包时对器件进行自动编号的唯一凭证，若在 Symbol 中使用的是"U?"，而在此处填"R"，那么打包时是以此处的"R"为准进行自动编号的，如"R1"、"R2"等。

图 4-70 中，【Pin Mapping】按钮非常重要，其作用是将 Symbol 与 Cell 的引脚一一对应起来。在"Mapping"窗口中，首先需要导入已经做好的 Symbol，如图 4-71 和图 4-72 所示。

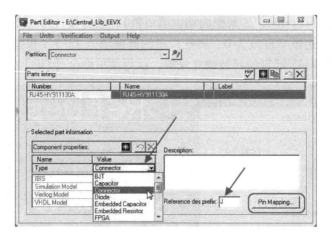

图 4-70　新建 Part 的基本属性

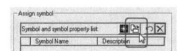

图 4-71　Import Symbol 工具栏图标　　　　图 4-72　Import Symbol 的相关设置

图 4-72 的 "Create new gate information" 中，"Number of slots in component" 选项的含义指该 Symbol 是否为多门器件。这种用法在绘制模拟器件时用处较大，一般的芯片不需要设置多门，所以此处填写 "1" 即可。"Include pin properties" 和 "Include pin number mapping" 项需要勾选，其含义为是否将 Symbol 里定义的引脚号和引脚属性导入 Part 里，若此处不做勾选，则需要用户自行重新在引脚分配页——指定每个信号的引脚编号，此种方法操作不便且极易出错，因此建议采用勾选的方式，即在绘制 Symbol 时定义好引脚编号与引脚名，在此处仅须导入即可。

关于多门 Gate 与引脚交换（Swap Pin）的建库方式，请参见本书第 21 章相关章节。

接着导入 Cell，如图 4-73 和图 4-74 所示，软件会自动读取 Pin 的引脚数并进行匹配，也可以选择分区后自行选择 Cell。

指定好 Symbol 与 Cell 的 Cart 如图 4-75 所示。请注意，若使用【Include…】的方式导入器件的 Symbol，则下方的 Logical 和 Physical 列表的引脚对应数据会自动填充好。

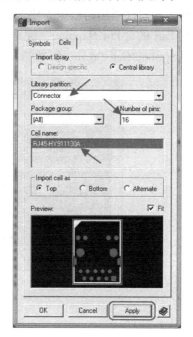

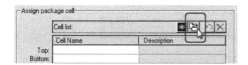

图 4-73 Import Cell 工具栏图标   图 4-74 Import Cell 的相关设置

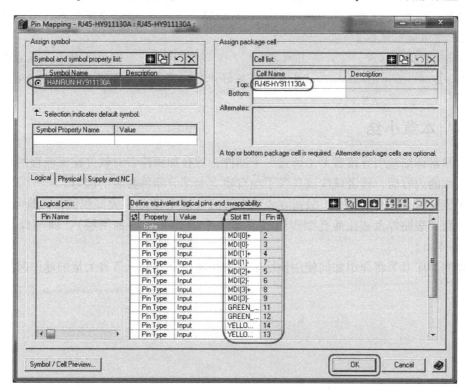

图 4-75 指定好 Symbol 与 Cell 的 Part

在图 4-74 中，导入时若选择 Alternate 则会作为替代封装存入 Part 内。Part 可以有多个替代封装，在器件调用时根据需要让使用者自行选择。

至此 Part 的 "Pin Mapping" 完毕，在单击【OK】按钮确认之前，可以单击图 4-75 左下角的【Symbol/Cell Preview】按钮，预览图形看是否正确，如图 4-76 所示。

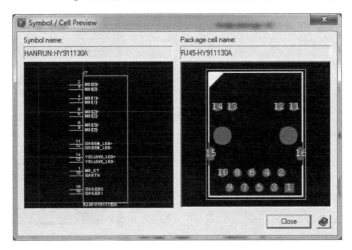

图 4-76　预览新建的 Part

> 🐾 **注意：** 当 Symbol 与 Cell 组成 Part 后，Symbol 与 Cell 即被中心库锁定，无法对引脚等关键元素再进行修改。
>
> 　如果确实需要修改，可以将 Part 删除，即解除了 Symbol 与 Cell 的锁定，或者在原基础上直接复制一个 Symbol 和 Cell 出来，修改好以后再在 Part 中重新做 Pin Mapping。

4.6　本章小结

本章非常详细地引导读者手工新建一个器件，旨在加强读者对软件建库流程的理解。完全掌握本章的内容后，读者就应该具备了独自建立大部分器件封装的能力。

对于表贴或者混合型器件，只需在 4.4.1 节的设置中将 Cell 类型稍做修改即可。另外，请特别注意，表贴焊盘栈比通孔型焊盘栈要多一个助焊层（即钢网层），即与焊盘等大的 Solderpaste Pad。

后续的建库章节将介绍如何使用快捷工具来快速建立器件，节省大量的建库时间。

第5章 快捷建立大型芯片示例

根据器件的详细说明书，本工程所用的主芯片88E1111有3种不同的封装形式：117 – pin TFBGA、96–pin BCC、128 – pin PQFP。3种封装在体积、焊接、调试上各有优势，价格也不尽相同，公司可根据不同的需求做出相应选择。

本章前3节讲解多引脚芯片的快捷建立方法，后两节讲解如何使用LP – Wizard快速建立Cell。通过这些方法进行建库，可以节省大量的建库时间。

5.1 Symbol Wizard 的使用

参照4.2节的内容，新建MARVELL分区后，执行菜单命令［Symbol Wizard］，建立88E1111–TFBGA，如图5–1所示。

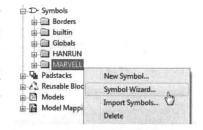

在弹出的对话框中为Symbol命名，然后进入Wizard向导过程。向导过程分为几个不同的步骤，读者可根据步骤依次设置。

图5–1 使用 Symbol Wizard
新建原理图符号

Step1：向导选项。在此步骤中可选择Symbol的类型（Module 或 Composite），以及是否含有多个 Symbol（Fracture Symbol类型，即分离型器件，多见于大型芯片，按功能划分Symbol）。多Symbol器件的建立将在5.3节做详细介绍。此处选择Module与单Symbol类型，即对Symbol不使用分割操作（Do not fracture symbol），如图5–2所示。

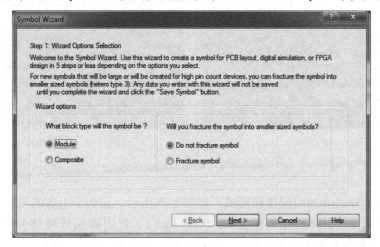

图5–2 选择向导的类型

Step2：命名Symbol并选择分区，如图5–3所示。

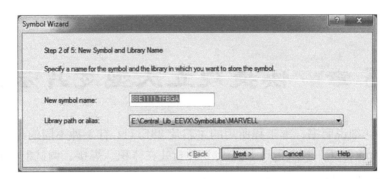

图 5-3　确认 Symbol 的名称与在库中分区的位置

注意：同一 Symbol 可能因为引脚的排列方式不同，而出现几个不同的衍生 Symbol，衍生的 Symbol 与原来的 Symbol 在 Pin 脚的数量、属性上完全一致。衍生 Symbol 的命名与原生 Symbol 命名一致，另需在命名后添加后缀 ".1"、".2" 等用来区分，如 88E1111-TFBGA.1、88E1111-TFBGA.2。如本书第 4 章新建的网口中，可将原 Symbol 用【File】-【Save As】为 HY911130A.2，其在中心库预览界面的变化如图 5-4 所示。注意，二者仅仅改变了管脚排列，Pin Mapping 的关系并不改变。

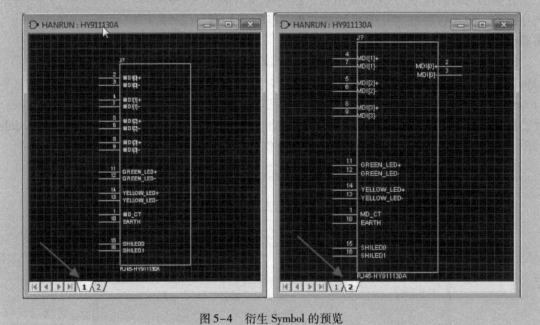

图 5-4　衍生 Symbol 的预览

Step3：选择 Symbol 的引脚排列模式，如图 5-5 所示，如两个引脚的间距调整为 10（即绘制时的 0.1 inch），引脚长度调整为 30（0.3 inch），将引脚编号调整为可见（Visible），以及将编号位置调整为居中（Middle），字体可用默认的 10（0.1 inch）。

Step4：添加 Symbol 的默认属性，如图 5-6 所示，软件会自动添加固定属性。

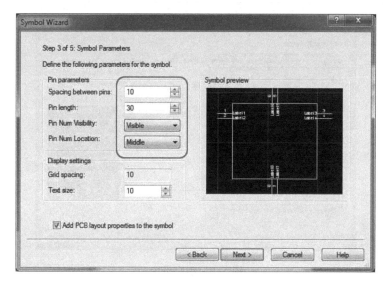

图 5-5　引脚排列模式设置

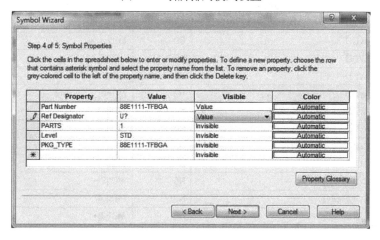

图 5-6　Symbol 的默认属性

注意： 此处需要将 "Part Number" 与 "Ref Designator" 的 "Visible" 栏改为 "Value"，即表示在原理图中显示这两个属性的值。

Step5： 引脚设置。如图 5-7 所示，引脚分配界面，可以按照界面提示一次添加引脚，并填入管引名、编号、类型与方向，同时也可以设置引脚颜色。

88E1111 芯片 TFBGA 封装的引脚在器件详细说明里有列出为表格，如图 5-8 所示。

根据图 5-8 中所示的列表，利用 Microsoft Excel 工具制作如图 5-9 所示的引脚表格。

注意： 表格内纵列的内容需与图 5-7 的纵列顺序一致，可利用 Excel 对表格操作的便利性，批量添加引脚类型（IN、OUT、BI 皆可）与引脚朝向（可根据需要设置）等一系列属性。

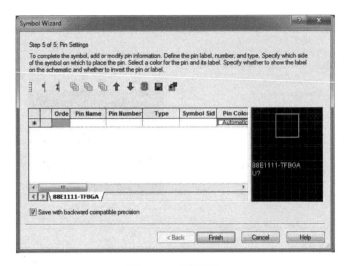

图 5-7　引脚设置

Pin #	Pin Name	Pin #	Pin Name
K2	125CLK	A9	LED_LINK1000
B7	AVDD	C9	LED_RX
M3	AVDD	D9	LED_TX
M4	AVDD	L3	MDC
M7	AVDD	N2	MDI[0]-
M8	AVDD	N1	MDI[0]+
N5	AVDD	N4	MDI[1]-
B6	COL	N3	MDI[1]+
L4	COMA	N7	MDI[2]-
D8	CONFIG[0]	N6	MDI[2]+
E9	CONFIG[1]	N9	MDI[3]-
F8	CONFIG[2]	N8	MDI[3]+

图 5-8　88E1111 117 - Pin TFBGA 引脚分配列表

　　图 5-7 的纵列内共有 11 个引脚属性，需要设置的属性在 Excel 中做一一对应即可。如此处我们只需要建好前 4 列，即 Pin Name（Pin Label）、Pin Number、Pin Type 与 Symbol Side。将这 4 列的内容在 Excel 中框选复制（图 5-9 所示的状态），然后就可以用【Ctrl + V】命令，将引脚复制进图 5-7 所示的列表中。复制完后如图 5-10 所示。对于没有指定的属性，软件会自动添加。

　　图 5-10 中，仅复制了 20 个引脚给读者做示范，请读者根据实际表格建立完整的 Pin 脚列表再进行复制。表中的 Order 表示引脚在该方向上的顺序，如 T3 表示是 Top（上方）的第 3 个引脚，该 Order 由软件根据 Side 和引脚顺序自动生成。

> **注意**：注意：生成的 Excel 表格中，"Pin Label" 的名称不能相同，如多个 GND 的需改为 GND1、GND2 等类似名称。

	A	B	C	D
1	Pin Label	Pin Number	Pin Type	Symbol Side
2	RXD5	A1	IN	Left
3	RXD6	A2	IN	Left
4	S_IN+	A3	IN	Left
5	S_IN-	A4	IN	Left
6	S_CLK+	A5	IN	Right
7	S_CLK-	A6	IN	Right
8	S_OUT+	A7	IN	Right
9	S_OUT-	A8	IN	Right
10	LED_LINK1000	A9	IN	Right
11	RX_DV	B1	IN	Top
12	RXD0	B2	IN	Top
13	RXD3	B3	IN	Top
14	VDDO0	B4	IN	Top
15	CRS	B5	IN	Top
16	COL	B6	IN	Bottom
17	AVDD	B7	IN	Bottom
18	LED_LINK100	B8	IN	Bottom
19	VDDOHO	B9	IN	Bottom
20	RX_CLK	C1	IN	Bottom

图 5-9　利用 Excel 制作引脚表格

	Orde	Pin Name	Pin Number	Type	Symbol Side	Pin Color	Pin
	L3	S_IN+	A3	IN	Left	Automatic	
	L4	S_IN-	A4	IN	Left	Automatic	
	R1	S_CLK+	A5	IN	Right	Automatic	
	R2	S_CLK-	A6	IN	Right	Automatic	
	R3	S_OUT+	A7	IN	Right	Automatic	
	R4	S_OUT-	A8	IN	Right	Automatic	
	R5	LED_LINK10	A9	IN	Right	Automatic	
	T1	RX_DV	B1	IN	Top	Automatic	
	T2	RXD0	B2	IN	Top	Automatic	
	T3	RXD3	B3	IN	Top	Automatic	
	T4	VDDO0	B4	IN	Top	Automatic	
	T5	CRS	B5	IN	Top	Automatic	
	B1	COL	B6	IN	Bottom	Automatic	
	B2	AVDD	B7	IN	Bottom	Automatic	
	B3	LED_LINK10	B8	IN	Bottom	Automatic	
	B4	VDDOH0	B9	IN	Bottom	Automatic	
🖉		RX_CLK	C1	IN	Bottom	Automatic	
＊						Automatic	

88E1111-TFBGA

图 5-10　利用 Excel 批量复制引脚

复制完毕后单击图 5-7 中的【Finish】按钮，即完成 Symbol 的向导建立。软件会自动弹出建好后的"Symbol Editor"界面，读者可根据第 4 章内容继续对 Symbol 进行优化，最后保存即可。

> 🐜 **注意**：对于保护属性的 PDF，我们无法通过复制粘贴的方式将引脚数据提取出来，此时若芯片有上千个引脚时，仅靠手工输入的方式效率会非常低下。此时可以通过对 PDF 进行截图，利用 Photoshop 的通道或者色阶功能去除水印（标准器件详书都有被授权公司的水印），然后再利用 Abbyy finereader 等具有文字与表格识别功能的软件，对图片进行扫描识别，即可得到我们用于复制粘贴的 Excel 文件。

5.2　从 CSV 文件批量导入引脚

5.1 小节演示了使用 Symbol Wizard 的方式建立 Symbol，读者会发现，利用 Wizard 时，需要前期在表格上面花费大量时间，而且对引脚的 Order 顺序调整工作量也不小，不太容易一次性调整到位。因此，在具体建库中，建库工程师更倾向于先将引脚导入 Symbol 的引脚列表中，再根据需要依次摆放 Pin 脚的方向与位置。

Xpedition 的 Symbol Editor 的引脚导入仅支持 CSV 文件，在导入前只需将 Pin Name、Pin Number、Pin Type 三列数据整理好即可，如图 5-11 所示。

另外，对于使用 EE7.9.5 的读者，CSV 文件的格式更加严苛，需要如图 5-12 所示，且表格内所有的内容不能为空。另外，需要指出的是，哪怕在 CSV 文件中指定了 Pin Order 和 Side，在 Symbol Editor 中导入 CSV 时，这两项值并不会起任何作用，并且会根据 Pin 脚摆放的位置自动修正为新的值，因此这两项可以任意填写。

	A	B	C
1	Pin Label	Pin Number	Pin Type
2	RXD5	A1	BI
3	RXD6	A2	BI
4	S_IN+	A3	BI
5	S_IN-	A4	BI

图 5-11　EEVX 的 CSV 文件格式

	A	B	C	D	E	F
1	Pin Order	Pin Label	Pin Number	Pin Type	Side	Inverted
2	B1	NC1	3	BI	1	FALSE
3	B2	NC2	4	BI	1	FALSE
4	B3	NC3	5	BI	1	FALSE

图 5-12　EE7.9.5 版本的 CSV 文件格式

根据第 4 章新建 Symbol 的流程，新建 88E1111-TFBGA 的空白 Symbol 后，执行菜单命令【Symbol】-【Pin List】，打开 "Pins" 窗口，然后在 "Pins" 窗口中单击鼠标右键，执行菜单命令【Import pins…】，如图 5-13 所示，打开制作好的 CSV 文件后，可得到图 5-13 右侧所示的结果。

注意：其中 "Placed" 一栏的 " * " 号代表该引脚未被放置到 Symbol 中。

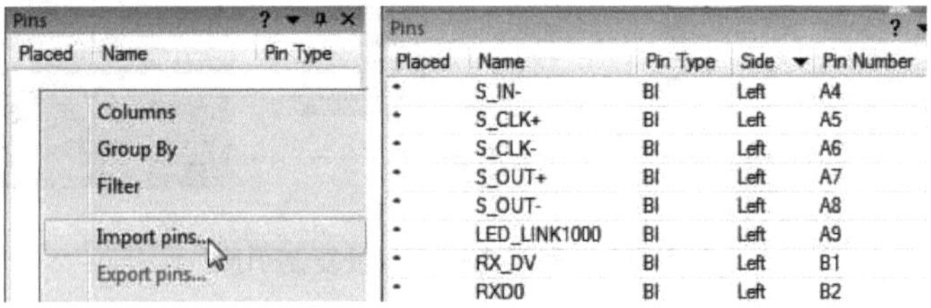

图 5-13　导入 CSV 文件

导入后的列表还是比较杂乱，不利于摆放，因此需要执行菜单命令【Filter】来快捷选择，如图 5-14 所示，在标题栏单击鼠标右键，执行菜单命令【Filter】，在 Filter 区域填写需要的引脚号，可以快速过滤引脚，方便选择。

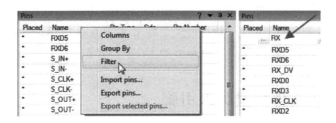

图 5-14　利用 Filter 过滤引脚

在"Place"一栏按住【Ctrl】键，选择需要放置的引脚后，松开【Ctrl】建，直接用鼠标从 Place 处拖动至 Symbol 绘制区域，可以发现选中的引脚粘贴到了鼠标上，将其放置到合适的位置即可，如图 5-15 所示。

> **注意**：EEVX 版本此处有个小 BUG，即在过滤状态下，按住【Shift】键，多选一列引脚时，可能会将不在列表中的引脚也选中（详见视频演示），因此编者建议此处用【Ctrl】+【点选】的方式来选中引脚。

引脚放置完毕后，需要在右侧属性栏打开"Pin Number"的显示，如图 5-16 所示。

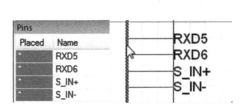

图 5-15　放置引脚

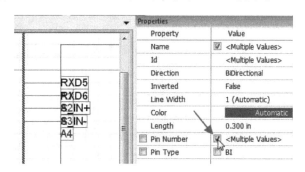

图 5-16　批量显示"Pin Number"

> **注意**：只有在多个 Pin 脚被选中的模式下，该属性才会以"Multiple Values"的形式出现，允许操作者进行是否显示的抉择。另外，显示出来的"Pin Number"默认位于 Pin 脚的下方，需要进行手工调整（参见 4.2.5 节），可以先取消重叠部分"Pin Name"的显示，能够方便选择"Pin Number"，调整好"Pin Number"后再将"Pin Name"的显示打开。

请读者自行根据参考原理图的所有 Pin 脚顺序与位置，调整好 Symbol 并添加"Reference Designator"与"Part Number"属性，然后保存即可。

5.3　多 Symbol 器件的 Part 建立

5.1 节中提到了 Fracture Symbol，即大芯片的 Symbol 通常采用的一种方式，将 Symbol 按功能分割为若干个独立的小块，每个小块单独调用，可以极大地方便原理图的绘制与功能识别。

在如图 5-2 所示的 Step1 中选择"Fracture symbol"，在命名时注意使用后缀来区分多个 Symbol，如 88E1111 – TFBGA – A、88E1111 – TFBGA – B、88E1111 – TFBGA – C，因此在 Step2 中命名为 88E1111 – TFBGA – A，Step3 和 Step4 与 5.1 节一致，Step5 如图 5-17 所示，单击【OK】按钮，为 Symbol 添加分割的 Pin 脚列表。

分割 Symbol 的 Pin 脚添加方式与 5.1 节相同，此处不做赘述。添加完毕后单击【Finish】按钮打开"Symbol Editor"窗口，依次对 Symbol 做优化即可。

使用 CSV 的方式与向导方式大同小异，将 CSV 文件分割后，依次建立 Symbol 并导入即可。建好后的 Symbol 在中心库中如图 5-18 所示。

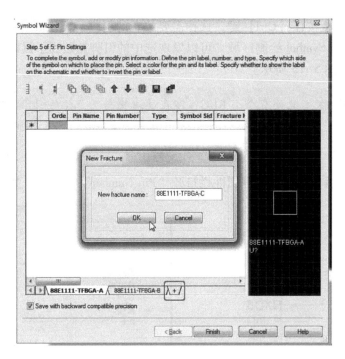

图 5-17　使用向导建立分割 Symbol

多 Symbol 器件的 Part 建立，仅在指定 Symbol 上略有区别。参考 4.5 节的图 4-72，在建立多 Symbol 的 88E1111 时，需要如将多个 Symbol 在 Pin Mapping 步骤中依次调入，如图 5-19 所示。

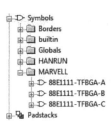

图 5-18　分割 Symbol 的中心库示意

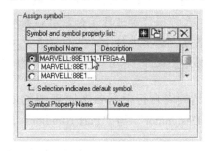

图 5-19　多 Symbol 器件的引脚映射

其他步骤与第 4 章的示例并无区别，读者可以自行尝试上述两种方法新建分割 Symbol 器件。

> **注意**：在调用分割 Symbol 器件时，每个分割 Symbol 的"Ref Designator"需要手动命名一致，如都命名为"U1"。若用软件自动命名为 U1、U2、U3，则同步至 PCB 后会生成 3 个不同的 88E1111 芯片 U1、U2、U3。

5.4　使用 LP – Wizard 的标准库

5.4.1　LP – Wizard 简介

LP – Wizard 基于 IPC7351 标准，即表面贴装设计和焊盘图形标准通用要求的封装自动生成软件。目前最新版本为 10.5（EEVX.1.1 自带的 Land Pattern 版本与 10.5 一致）。通过 LP – Wizard，能够将原来需要大量时间才能精确做好的标准封装，缩短到只要几分钟就能自动生成，而且严格符合 IPC7351 标准，并提供 3 种不同的密度等级来适应复杂的应用环境，如偏向高密度装配还是偏向易于装配与返修。

　　Xpedition 版本已经将 LP – Wizard 集成到软件中，可在安装路径（如 C:\Mentor Graphics\EE-VX.1.1\SDD_HOME\LPWizard）文件夹中找到 LP_Wizard.exe 文件，直接运行即可。Expedition 版本则需要额外单独安装。另外，EEVX.1.2 版本也需要额外安装，不再包含在安装路径中。

　　程序打开后界面如图 5-20 所示，"Library"菜单下为软件自带的海量封装数据库及个人的数据搜索路径；"Calculate"菜单为封装计算器，可以根据封装类型与详细封装数据直接计算生成封装；"Preferences"菜单下面可以设置偏好，如个人数据库路径、搜索顺序、保存路径、CAD 工具等，偏好设置可以节省后期输出时的设置时间。

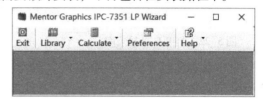

图 5-20　LP – Wizard 开始界面

5.4.2　搜索并修改标准封装

　　根据 88E1111 的器件说明书，该芯片最适合调试的封装为 128 – Pin PQFP，器件手册中封装的尺寸如图 5-21 所示。

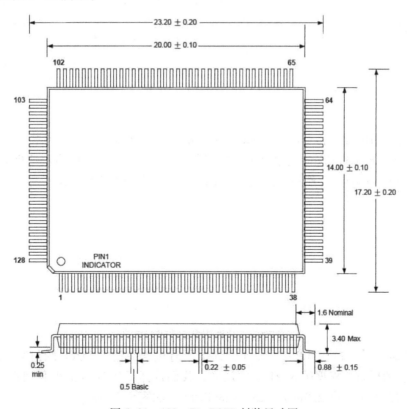

图 5-21　128 – Pin PQFP 封装尺寸图

使用自带的封装数据库搜索，需执行菜单命令【Library】–【Search】，如图 5-22 所示。

在弹出的"Library"路径下拉菜单中，选择第一个，PCBM – STARTER. plb09 文件，即可打开自带封装库，如图 5-23 所示。

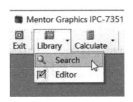

图 5-22　打开自带封装库

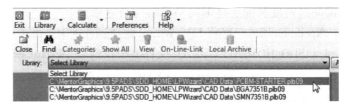

图 5-23　自带封装库路径

自带封装库打开后的界面如图 5-24 所示，"Land Pattern"为封装的名称，根据 LP – Wizard 的自带规则为封装自动命名，其他为封装的相关属性，如封装描述、标准名、厂家、厂家封装名、厂家封装代码等信息。

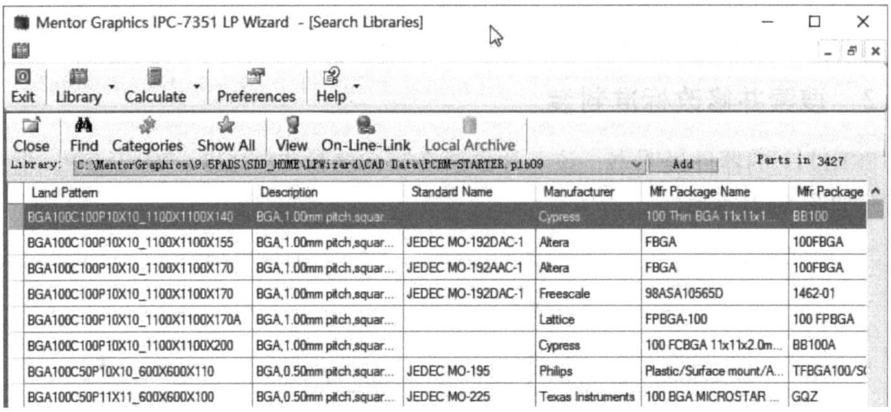

图 5-24　自带封装库

根据器件手册的描述，可以在 Categories（分类）中逐步筛选所需封装，也可以使用图 5-24 中的搜索（Find）功能。单击 Find 图标后，在"Find what"栏输入"PQFP"，查找范围选择"Current Library"，然后单击【List All】按钮，如图 5-25 所示。

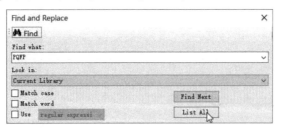

图 5-25　在库中查找 PQFP 封装

单击【List All】按钮，LP – Wizard 会列出所有包含关键字 PQFP 的封装，用高亮显示出包含关键字的栏目。根据图 5-21 中的尺寸，我们选择了 0.5mm 的引脚间距（pitch）、方形 17.2mm×23.2mm、高 2.9mm、128pin 的 PQFP，如图 5-26 所示。

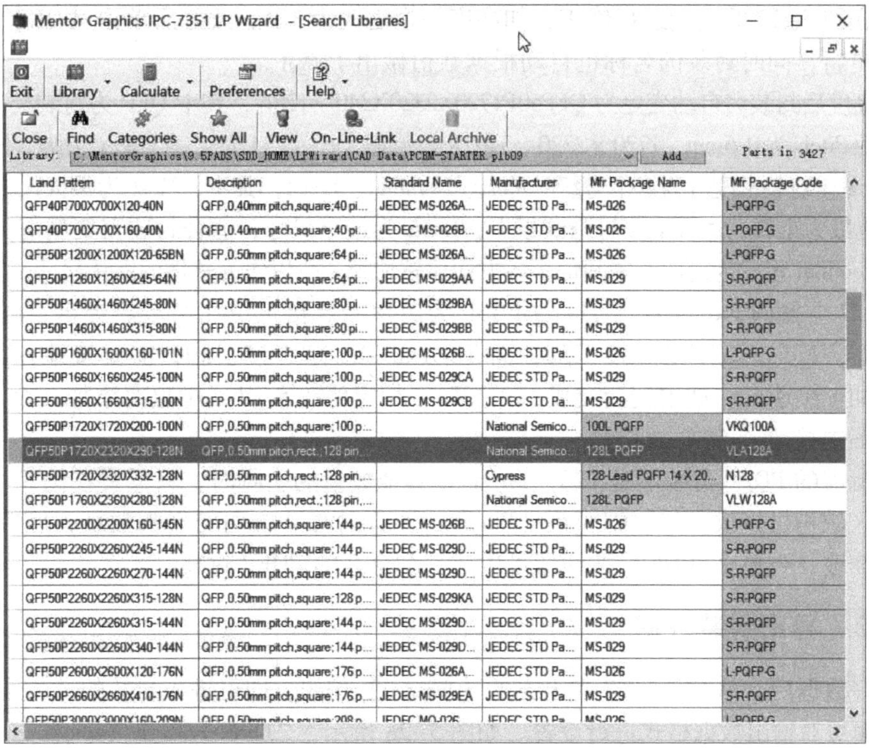

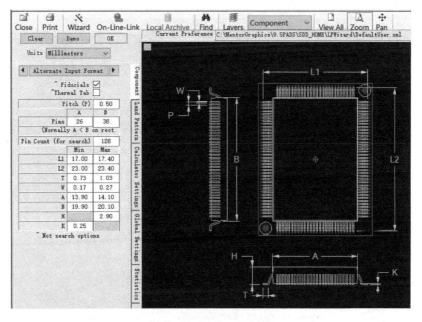

图 5-26　高亮显示所有包含关键字的栏目

双击图 5-26 中选中的封装，即可进入封装的修改编辑界面，如图 5-28 所示。

图 5-27　封装编辑界面

在封装编辑界面中，读者可根据图 5-21 与图 5-27 右侧的尺寸标注进行类比，将不一致的数值在图 5-27 的左侧进行修正,如高度一栏需改为 3.4,改好后单击【OK】按钮即进行了封装更新,同时封装的名称也自动根据数值做出了修正。

修改高度后封装名自动变更为 QFP50P1720X2320X340-128N,其中 QFP 为封装类型,50P 代表引脚间距 Pitch 为 0.5mm,1720×2320×340 为封装最大尺寸,128 代表 128 个引脚,N 代表封装密度 Nominal,封装密度分为三个等级:Most、Nominal、Least,其中,Most 为最大尺寸,方便手工焊装,也最为牢靠,适合工控与调试板卡;Least 为最小尺寸,适合封装密集型电子产品,如手机等;Nominal 尺寸为前两者中间值,各方面比较均衡,所以作为软件的默认尺寸。

图 5-27 左侧的 Fiducials 与 Thermal Tab 为芯片的焊接定位孔与散热焊盘,可根据需要勾选。注意,Fiducials 不是焊接引脚,而 Thermal Tab 是焊接引脚,需要接地,如果使用,封装会增加一个引脚,如本例会变成 129-Pin,相应地在 Symbol 中也要添加一个 129 引脚,并在原理图中接地。

如果所需的 PQFP 封装不是 128-Pin 而是其他数量的引脚时,只需要在图 5-27 左侧上方的引脚区域稍做修改,如引脚间距(Pitch),A 方向与 B 方向的引脚数量,然后再把尺寸做出相应修改,再单击【OK】按钮即可生成一个全新的 PQFP 封装。

5.4.3 导出封装数据

设置好数据后,单击图 5-27 左上方的【Wizard】按钮,即可进入封装的"生成向导"界面,该界面可对输出数据格式进行设置。如图 5-28 所示,"Land Pattern Names"会根据封装的类型与数据自动命名,也可以自行手动修改;"PLB File Options"表示是否将修改好的封装数据保存到一个本地的 LP 库文件中(plb09 文件),或是使用 Outlook 发送出去;"CAD Output

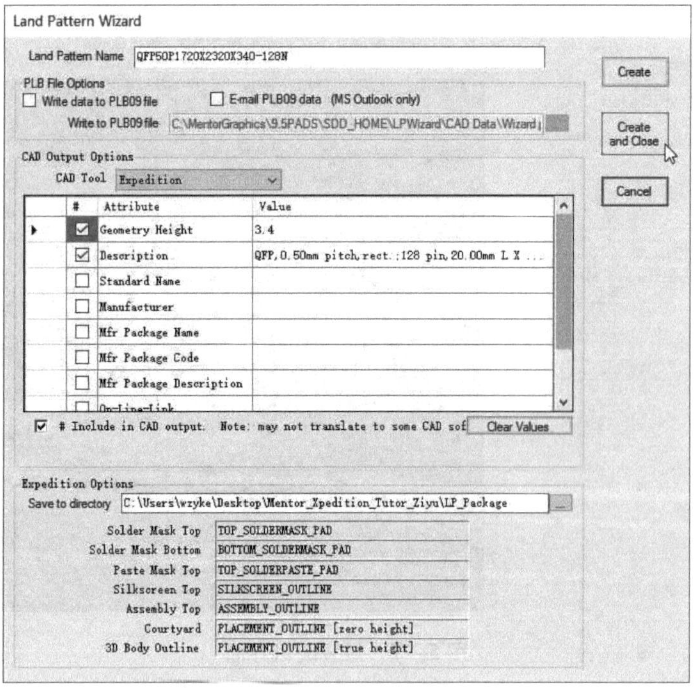

图 5-28 封装数据的导出

Options"可以选择输出的 CAD 工具，如本例我们选择"Expedition"即可（兼容 Xpedition）；若将器件的高度与描述属性勾选，可将这两者直接传递到导出的数据中；图 5-28 最下方可选择导出文件的保存位置。

设置好各项参数后，单击【Create and Close】按钮即可生成 Xpedition 能够使用的 Cell 数据，并关闭向导窗口。导出的数据包含两个文件：Padstack 与 Cell，如图 5-29 所示，均为 hkp 文件格式。

图 5-29　导出的封装数据

5.4.4　导入封装数据至中心库

打开中心库，使用工具的栏 Library Services（库服务）工具，如图 5-30 所示。

在弹出的操作窗口中（见图 5-31），选择"Padstacks"选项卡，依次选择"Import"、"Padstack data file"，再选择导入的文件路径（图 5-29 的焊盘栈 hkp 文件），在路径选择好以后，左侧的"Padstacks in import partition"栏会自动读入文件的焊盘栈，单击中间的【Include All】按钮，可将所有焊盘栈挪动到右侧的待导列表，单击【Apply】按钮应用即可。

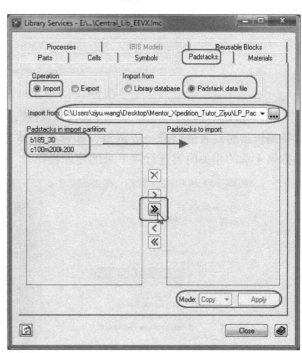

图 5-30　打开 Library Services 工具　　　　图 5-31　导入焊盘栈数据

> 注意：封装的导入必须先导入焊盘栈 Padstacks，然后才能导入封装 Cell，否则导入 Cell 时会报错，告知用户库中不存在 Cell 所需的焊盘栈。另外，导入成功后的焊盘栈会在左侧列表中用蓝色字体标识。

接下来将图 5-31 的选项卡切换到 Cell，用同样的方式导入即可，注意选择导入到合适的分区，如图 5-32 所示，此时若在分区栏输入全新的分区名即可新建分区。

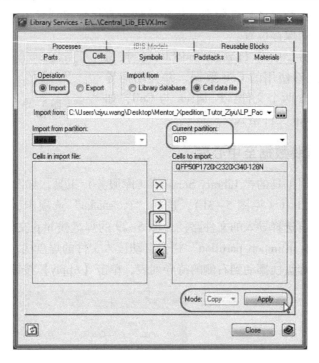

图 5-32　导入 Cell 至 QFP 分区

导入完成后可以在中心库查看和编辑该封装，如图 5-33 所示，双击 Cell 图标可以进入封装编辑器对封装进行进一步调整，如修改字体、调整丝印边框等。将 Cell 调整好后，可根据第 4 章的相关内容进行接下来的建库操作。

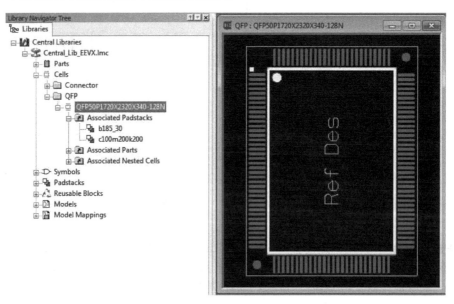

图 5-33　导入后的 Cell 数据

此处仅演示了 128 - Pin PQFP 的制作，工程用到的 117 - Pin TFBGA 留给读者自行练习，可以通过寻找类似的 BGA 再修改参数的方法进行制作，也可以用库服务从本书提供的中心库中直接复制 Part、Symbol 或 Cell 数据，复制时只需在图 5-31 中选择 "Library database"，即可在中心库之间实现导入与导出。

5.5　使用 LP - Wizard 的封装计算器

若自带库中没有合适的封装，则可以使用 LP - Wizard 的封装计算器生成封装。如图 5-34 所示，使用封装计算器可生成表贴或插装等一系列的封装。

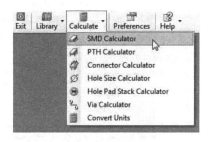

图 5-34　封装计算器

选择 "SMD Calculator"（表贴封装计算器）之后，进入表贴封装类型选择界面，如图 5-36 所示。

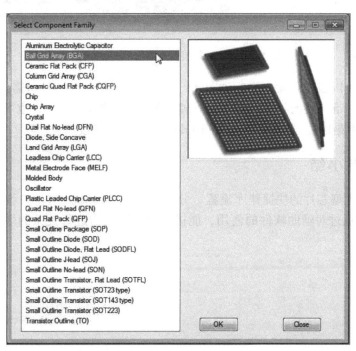

图 5-35　表贴封装类型选择界面

选择需要的封装类型，如 BGA 后，单击【OK】按钮进入封装编辑界面，可对各项参数进行详细设置后，按 5.4.3 节所示的方法进行封装数据输出。在新建封装时，可以随时使用图 5-36 左上方的【Demo】按钮，读取该类型封装的标准参考值，以方便修改。

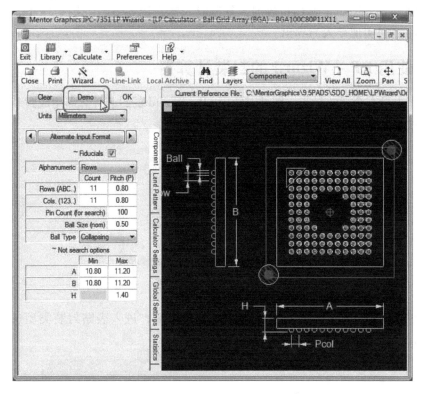

图 5-36　使用封装计算器的 Demo 功能

至此，读者可以根据需要，自行通过 LP – Wizard 搜索或计算出所需的任何标准封装，对于一些脱胎于标准封装的特例（如手机处理器芯片的不规则 BGA），也可以先用 LP – Wizard 进行大致的封装生成，然后再进入 Cell Editor 做进一步修改。

5.6　本章小结

本章详解了大型芯片的快捷建库流程，分别用到了 Xpedition 软件自带的 Symbol Wizard 及 LP – Wizard，通过对辅助软件的使用，能极大地帮助我们进行复杂封装的创建，加快工程的进度。

第6章 分立器件与特殊符号建库

芯片类器件的建库已经在第4章和第5章为读者做了详细说明，接下来讲解的是原理图的分立器件，如各种规格的电阻、电容、电感等器件的建库。另外，还包括对原理图特殊符号（如电源、地、转跳连接符等Symbol）的建立。

6.1 分立器件的分类

将本工程用到的分立器件在中心库中按照"类型_极性_尺寸"的命名方式进行命名，如 BEAD_1806 代表封装尺寸为英制 1806 的表贴磁珠，CAP_POL_1210 代表封装尺寸为英制 1210 的表贴极性电容，DIO 表示二极管，FUSE 为熔断丝，IND 为电感，LED 为发光二极管，RES 为电阻。最终生成的中心库分立器件 Part 如图 6-1 所示。

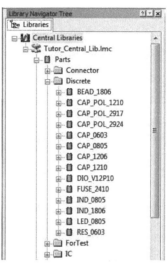

图 6-1 分立器件的 Part 分类

注意：此种 Part Number 的分区与命名办法仅适用于小型工程或个人学习，对于企业级的建库与命名请参照本书第 20 章的相关内容。

6.2 分立器件的 Symbol

根据工程经验，在小型设计或个人学习工程中，电容、电阻、电感的 Symbol 放在一个分区即可，如图 6-2 所示。

图 6-2 分立器件 RLC 分区

根据第 4 章的 Symbol 建立流程，非极性电容 Symbol 可以如图 6-3 所示的样式进行绘制。

电容的两个引脚在图中按上下方向放置，Symbol 中间的两条指示线则使用 Line 工具进行绘制，如图 6-4 所示。

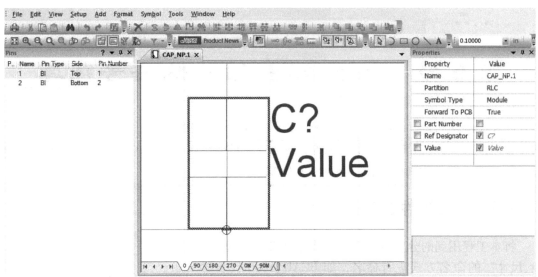

图 6-3   非极性电容 Symbol

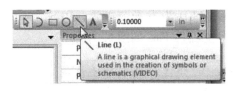

图 6-4   Line 工具

图 6-5   Snap To Grid 工具

注意： 在绘制时，根据需要设置格点大小，绘制完毕后将格点恢复为 0.1 inch。建议将 Symbol 的大小控制在 0.3 inch，即 3 个格点之内，并且引脚的连接端点一定要严格落在格点上。如果图形或引脚不在当前格点上时，可以选中该引脚或图形后，使用 Snap To Grid 工具，将其严格对齐到格点上，如图 6-5 所示。

图形绘制完毕后，按照 4.2.7 节所示，给 Symbol 添加"Part Number"、"Ref Designator"、"Value"值属性。

注意： 将所有属性文字的对齐方式统一改为"Lower Left"，以此保证原理图绘制与打印 PDF 时文字对齐位置的一致。

调整属性完毕后，需要更新 Symbol 外框，手工将其大小调整为仅覆盖 Symbol 的图形，参照图 6-3 所示，否则文字部分后期很难选中。即可完成非极性电容的 Symbol 绘制。

极性电容的 Symbol 可以用复制的方法，将 CAP_NP 复制，重命名为 CAP_POL，在之前已经绘制好的基础上进行修改，可以节省大量的时间。复制方法如图 6-6 所示。

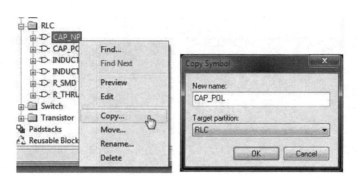

图 6-6　复制并重命名 Symbol

双击复制出来的 Symbol 进入编辑界面进行修改，使用 Line 工具与合适的格点，为 Symbol 右上角添加一个"＋"号，然后删除原电容下方的 Line，使用 Arc 工具绘制一段合适的圆弧，并将其放置在原来 Line 的位置。

关于 Arc（圆弧工具）的使用，如图 6-7 所示，将鼠标在 Arc 工具上停留 3 秒钟后，会自动弹出 Arc 工具的操作视频，可知 Arc 工具的使用有 2 步，第一步单击鼠标确定圆弧的弦的长度，第 2 步按住空格键的同时，拖动鼠标调整弧度。

绘制好的极性电容如图 6-8 所示。

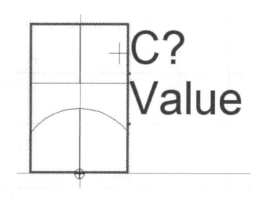

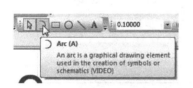

图 6-7　圆弧工具的使用　　　　　　　　图 6-8　极性电容的 Symbol

请读者根据上述方法，自行完成剩下的电阻和电感等 Symbol 的绘制。绘制时需要灵活运用 Line、Arc 工具与格点设置，以及工具栏的其他工具，如绘制矩形、旋转、镜像等，此处留给读者自行探究。另外，绘制时可对绘图对象进行复制操作（使用【Ctrl + C/V】组合键或按住【Ctrl】拖动）。电阻与电感的 Symbol 如图 6-9 所示。

注意：考虑到工程实践中经常对原理图的阻容感进行互相替换，因此建库时最好将阻容感的 Symbol 大小统一，即 Pin 脚两端的连接点落在同一位置，在替换时可以完全对应。

二极管 Diode 分区的三个 Symbol 如图 6-10 所示。

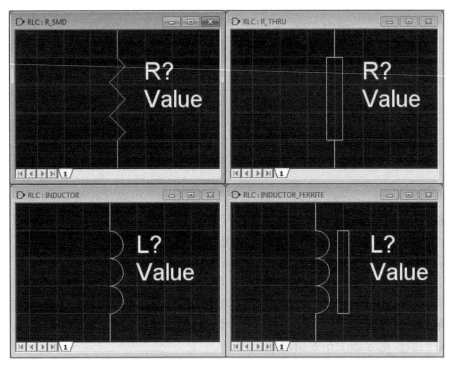

图 6-9　电阻与电感的 Symbol

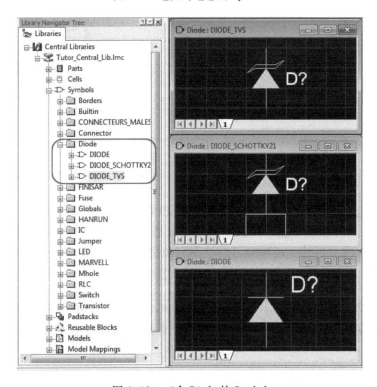

图 6-10　三个 Diode 的 Symbol

> **注意：** Mentor Xpedition 直到 VX.1.1 的版本时，Symbol Editor 都无法绘制可填充多边形（闭合的 Polyline），因此在 Xpedition 中是无法绘制出如图 6-10 所示的填充三角形。若读者对填充图形有需求，可以用 EE7.9.x 的软件版本打开中心库进行绘制填充，中心库可以跨软件版本进行编辑。也可以使用库服务的导入方式，导入在 EE7.9.x 的中心库中绘制的 Symbol。

EE7.9.x 的 Symbol 绘制方法与 Xpedition 基本一致，可参考编者林超文的《Mentor Expedition 实战攻略与高速 PCB 设计》一书。库的 Symbol 导入可参照本书 5.4.4 小节内容，选择从中心库导入即可。

熔断丝、LED 与三极管的 Symbol 如图 6-11 所示。

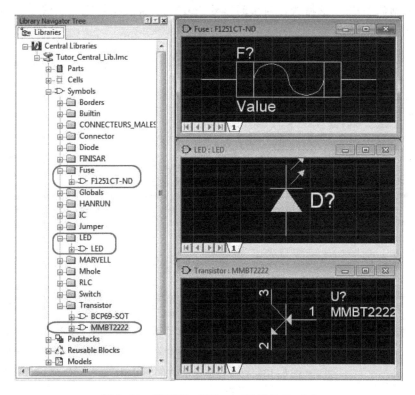

图 6-11　熔断丝、LED、三极管的 Symbol

6.3　分立器件的 Cell 与 Part

由于分立器件都是标准封装，强烈建议读者使用 LP－Wizard 的自带标准库进行搜索匹配，如要查找 0603 的贴片电阻，可在 LP－Wizard 中单击 Find 图标，输入 0603，查找范围选择"Standard Name"（标准名），再单击【List All】按钮，如图 6-12 所示。

软件会列出所有标准名中包含 0603 的器件。

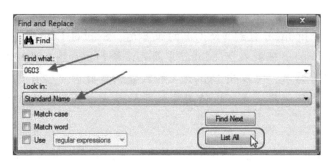

图6-12　在库中搜索标准名 0603

注意：EIA 代表英制，Metric 则是公制，通常我们用的 0603 是英制单位，而英制 0603 对应公制的 1608。根据软件列出的器件，我们可以很轻易地选中需要的 0603 电阻，如图 6-13 所示。

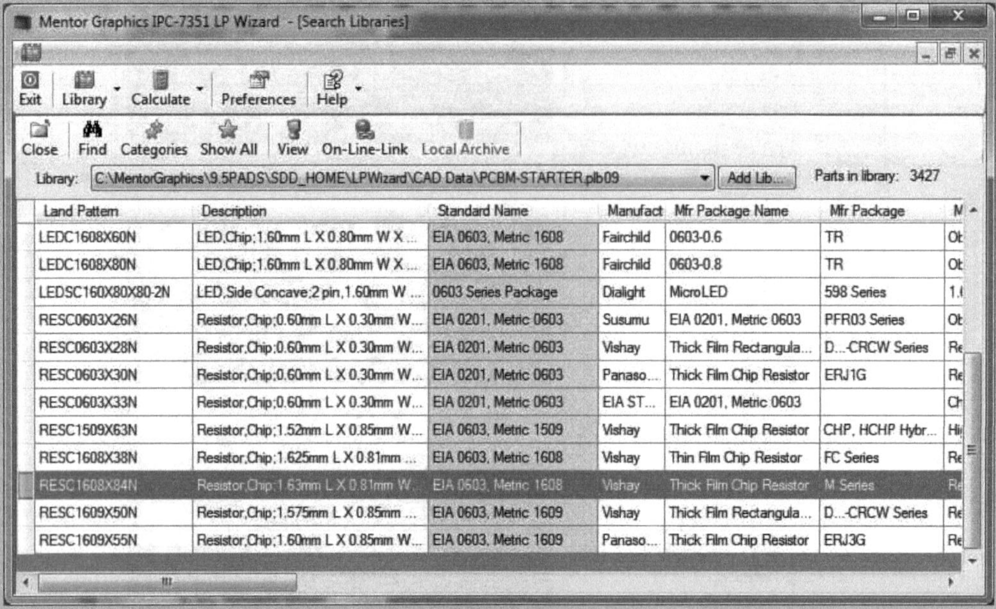

图6-13　查找标准库中的 0603 电阻

　　因为，此处选择不需要做完全精确的匹配，个别有差异的参数可以进入编辑界面再做微调。另外，对于分立器件需要注意焊盘的 SolderMask（阻焊），LP－Wizard 默认的 Solder-Mask 是和焊盘等大的，按照工程一般的做法，是需要将阻焊两边各扩大 0.1mm 的。切换到"Calculator Settings"（封装计算器设置）标签页，如图 6-14 所示，使用 User 自定义后，将图示的 SolderMask 两项填入外扩值 0.1 即可（单位为毫米）。图中下方的环境设置内可以选择封装的密度（详见 5.4.2 节），由于本工程属于功能验证，需要手工焊接的地方很多，因此建议此处选为 Most，即使用最大的封装尺寸进行设计，以提高焊接装配的便利程度。

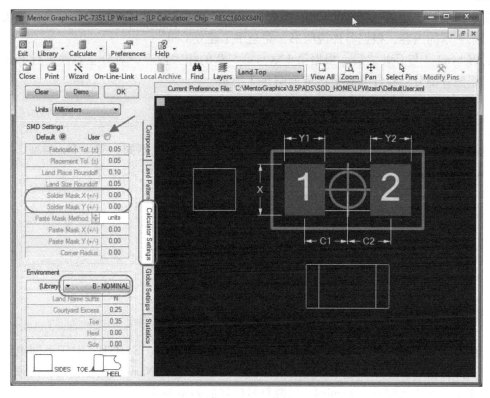

图 6-14　自定义 Cell 的阻焊与封装密度

参数修改完毕后，参照本书 5.4 节内容，将封装进行输出并导入中心库。请读者自行对上述分立器件进行封装制作，制作好后的 Cell 分区应如图 6-15 所示。

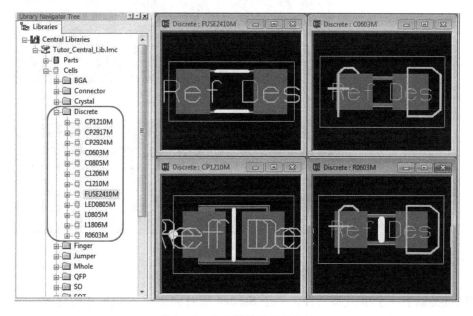

图 6-15　分立器件的 Cell 分区

对于标准封装库中不存在的 Cell，若是在封装计算器中也找不到相应的分类，则需要按照本书第 4 章的内容，根据器件说明书，完全手工建立 Cell。

建好 Symbol 与 Cell 之后，根据第 4 章与第 5 章的相关内容，对分立器件进行 Part 组建即可。组建好的分立器件 Part 分区应如图 6-1 所示。

6.4 电源与测试点的 Symbol

电源是 Xpedition 的特殊符号，其 Symbol 类型与其他器件不同，需为 Pin 类型，并添加"Global Signal Name"属性，并且不用指定 Pin Number，如图 6-16 所示。

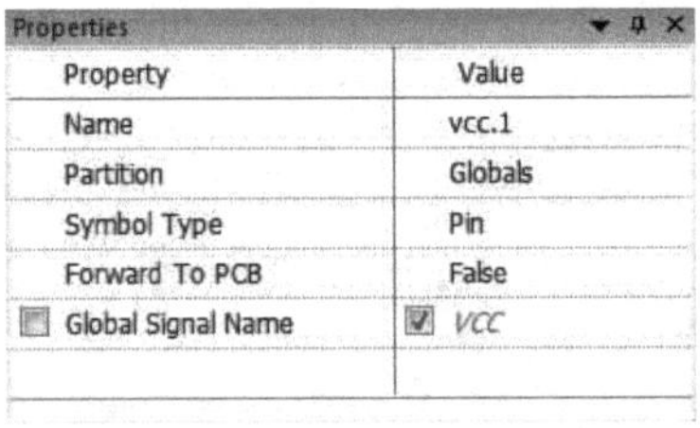

Property	Value
Name	vcc.1
Partition	Globals
Symbol Type	Pin
Forward To PCB	False
☐ Global Signal Name	☑ VCC

图 6-16 全局电源的 Symbol 属性

一般工程只需建 4 种电源符号，即 VCC、DGND、AGND、EARTH，对于不同电压值的电源，只需将电源符号放置进原理图后，修改"Global Signal Name"的值即可，无须为每种电源都在中心库内新建一个 Symbol。电源符号建好后如图 6-17 所示。

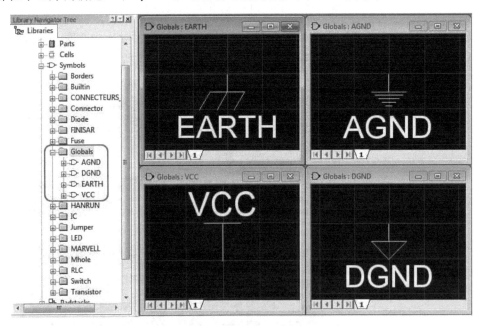

图 6-17 全局电源的 Symbol

测试点类似于一个单引脚器件，一个 Symbol 需对应多个不同尺寸的焊盘，如图 6-18 所示。

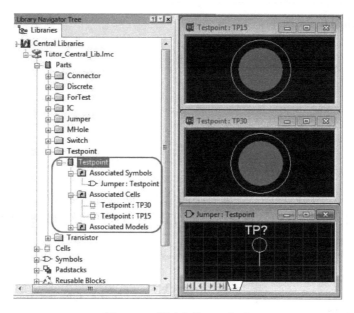

图 6-18　测试点的 Part 组成

注意： 其 "Symbol Type" 需设为 "Module"。

　　一个 Symbol 对应多个可替换 Cell 的方法是在 "Part 的 Pin Mapping" 界面内，为 Part 分配 Alternate Cell，如图 6-19 所示。TP15 是直径为 1.5mm 的圆形焊盘，可以用来替换默认的 TP30，即 3mm 的圆形焊盘。

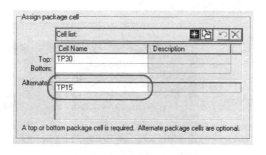

图 6-19　为测试点分配替换封装

6.5　分页连接符与转跳符

　　分页连接符（onsheet, offsheet）与转跳符同属于特殊符号中的 "Link 符号"，与电源不同的是，它们的 "Symbol Type" 为 "Annotate"。

　　分页连接符可以用来指示电路连接的关系，能清晰地看出信号流向。如图 6-20 所示，分页连接符指示信号是流入还是流出，并连接到哪一页，如图 6-20 所示为 4 个信号都连接到原理图第 3 页。

　　在图 6-20 的分页连接符 SFP_RD_N 上按住【Alt】键单击，即可快速转跳到第 3 页该符号所在的位置，如图 6-21 所示。

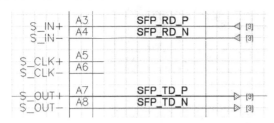

图 6-20　分页连接符

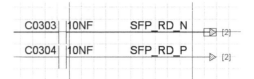

图 6-21　分页连接符的转跳

转跳符可以用在不同原理图页，或者不同位置之间进行快速转跳，如图 6-22 所示，只需在左侧的转跳符上按住【Alt】键单击，即可转跳至右侧的同名转跳符所在原理图页面或位置。

图 6-22　同名转跳符之间的转跳

中心库在新建的过程中已经自动在 Symbols 的 builtin 分区为用户新建了一系列的特殊符号，其中分页连接符与转跳符如图 6-23 所示。

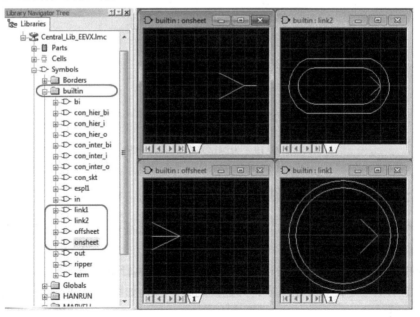

图 6-23　软件自带的分页连接符与转跳符

> **注意**：builtin 中只要是 "Symbol Type" 为 "Annotate" 的符号就可以被指定为分页连接符或者转跳符，是否被指定，使用者自行决定。定义方法在后续原理图绘制章节再做详细介绍，此处仅讲解符号的绘制。

读者可以根据需要，采用自带的 Link 转跳符，复制一个 Symbol 后对其外观图形进行修改。

> **注意**：只需修改图形，不要修改 Symbol 的属性。同时请注意它包含的 0 长度引脚，转跳符中该引脚可以删除也可以保留，但分页连接符内该引脚必须保留，且位于连接位置处。

分页连接符的修改请参照图 6-24 所示，必须区分 onsheet 和 offsheet 的左右。

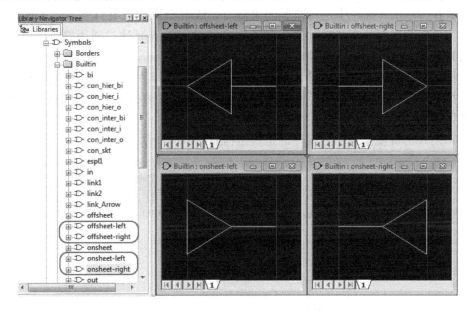

图 6-24　自行绘制的分页连接符

6.6　本章小结

经过本章对分立器件与特殊符号的建库后，整个教学工程所用中心库已基本建立完毕。读者在自行建库的过程中，可以打开本书附带的工程文件，从中找到中心库对照参考。也可以直接使用本书附带的中心库，或使用库管理服务，将数据导入自己的中心库中。

由于本书仅对教学工程建库进行重点讲解，并未对中心库做深入探究，因此许多非常用功能则留给读者自行探索。在掌握本书的中心库建库核心环节后，相信读者能够很快掌握其他的工具用法。

若在建库的过程中还有任何疑问，欢迎读者前往 EDA365 论坛本书的 Mentor Xpedition 分区发帖，或者加入 EDA365 官方 Mentor 群（QQ 群：201353302）进行交流。

第7章 工程的新建与管理

7.1 工程数据库结构

Mentor Xpedition 的工程核心为通用数据库（iCDB）。工程所有的设计数据都以二进制格式存储在工程目录下的 database 文件夹内。

原理图、PCB、规则约束等所有设计数据，通过数据库的形式实时保存并动态更新，可以最大程度地保证工程的一致性与稳定性，这也是 Mentor Xpedition 与其他 EDA 软件的最大区别所在。在 xDX Designer 中进行原理图绘制时，读者会发现没有【保存（Save）】按钮，这正是因为通用数据库一直在实时保存设计数据。xPCB Layout 通过通用数据库同步原理图的网表与封装，并通过唯一的约束管理数据器 Constraint Manager 传递网络和器件的规则约束，以此保证工程的完整性。另外，工程也可以通过自动或手动的方式对整个设计进行备份，默认情况下每4个小时自动备份一次，并保留最近3次的备份压缩包文件，以此保证设计过程的可追溯性。

Mentor Xpedition 基于通用数据库的工程结构如图 7-1 所示。

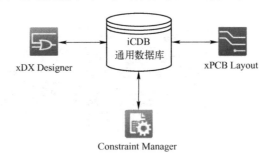

图 7-1　Mentor Xpedition 的工程结构

7.2 新建工程

7.2.1 新建项目

在 Xpedition 的开始菜单目录下，找到 "Design Entry" 目录的 "xDX Designer VX. 1. 1"，如图 7-2 所示，双击打开即可进入原理图编辑工具。读者也可将图中的 "Dashboard VX. 1. 1" 复制快捷方式到桌面，通过该界面访问所有 Xpedition 的工具。

在原理图编辑工具中，执行菜单命令【File】-【New】-【Project】或直接按快捷键【Ctrl + N】新建一个工程。

图 7-2　打开原理图编辑
工具 xDX Designer

新建窗口左侧选择"default"模板，右侧先选择"Location"（位置），如"E:\"，之后再填写工程名"Name"，如"Xpedition_Tutor"，此时"Location"会自动变为"E:\Xpedition_Tutor"，中心库指定为读者根据本教程自行建立的.lmc中心库文件，如图7-3所示。

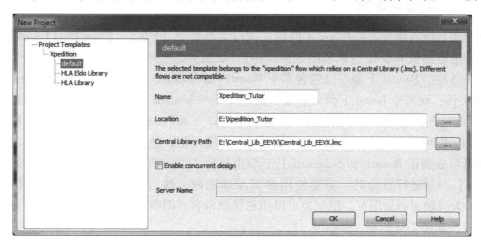

图 7-3　工程新建对话框

"Enable concurrent design"为允许并行设计，即多人协同设计。若开启，则需在"Server Name"中填写开启了协同服务的服务器名或 IP 地址。协同设计的详细介绍请参见本书第16 章。

项目新建好后，在没有新建 PCB 时，工程文件夹如图7-4所示。

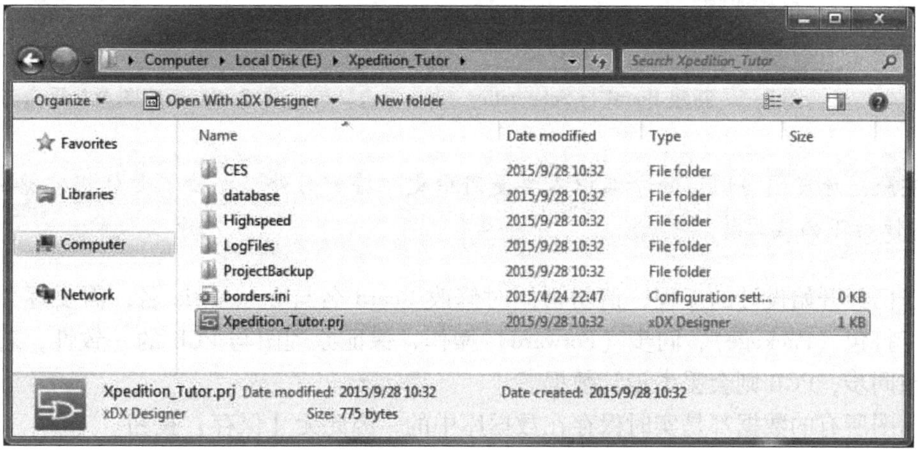

图 7-4　新建的项目文件（无 PCB 时）

与其他 EDA 软件不同，Xpedition 的项目文件（.prj）只是一个指针，如图7-4所示，该.prj 文件仅有 1KB 大小，内部包含指向所有与项目相关的文件的路径，如原理图数据库、PCB Layout 数据库、配置文件和日志文件等，可以使用文本文档工具打开该指针对相应数据进行编辑，一般不建议修改。

此时双击该.prj 文件即可打开 xDX Designer 进行原理图设计。

另外，工程文件中的 ProjectBackup 文件夹用来存放工程自动备份文件，LogFiles 文件夹用于存放工程的日志文件与报错信息。

7.2.2　新建原理图

新建项目或直接双击打开 prj 文件后，执行菜单命令【File】-【New】-【Board】，即新建了工程的电路板 Board1 与原理图 Schematic1，如图 7-5 所示。

图 7-5 中，Boards 下面可以包含多个 Board，如 Board1、Board2 等，每个 Board 对应一个 PCB 文件；而每个 Board 下面只能唯一对应一个 Schematic 原理图，如 Board1 对应 Schematic1，此时再新建的原理图会被自动放置到 Blocks 下面。Blocks 内的原理图不会被工程同步至 PCB，但可作为模块被 Board 下面的层次原理图调用，被调用后才会同步至 PCB。

读者可分别在 Board1 和 Schematic1 上单击鼠标右键，在弹出的菜单中执行菜单命令【Rename】对其进行重命名。需要使用多页原理图时，执行菜单命令【File】-【New】-【Sheet】为原理图添加图页，图页也可以用右键重命名、调整顺序。建议为图页重命名时添加页编号，如图 7-6 所示。

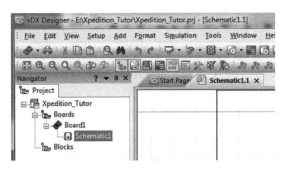

图 7-5　新建 Board 与 Schematic

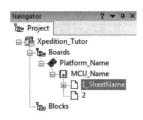

图 7-6　新建图页并重命名

> 注意：原理图与图页的命名中不要使用中文字符。另外，也请不要使用空格或小数点，均使用下画线代替。

对于已经开始设计的工程，请勿再同时修改 Board 名与 Schematic 名，需要逐个修改并立即进行打包（Package）、同步（Forward）操作，保证原理图与 PCB 的一致性，若同时修改后打包同步，PCB 则会丢失设计数据。

原理图所有的数据都是实时保存在数据库中的，因此无【保存】按钮。

xDX Designer 的原理图设计可以分为层次原理图与平面原理图两种方式，本教学工程采用平面原理图的设计方法，即不在原理图页中嵌套其他的原理图页模块。

相较于层次原理图，平面原理图在工程应用上更适合工程出图与归档，以及用于工程交流，所以市面上各芯片厂商提供的参考原理图均为平面化设计。模块化的层次原理图在设计上确实能带来许多便利，但在模块的规范与管理上需投入更多的人力和物力，而目前大多数公司的 EDA 部门都不具备该条件，因此采用平面化设计是当下环境的最佳选择。

层次原理图相关的知识读者可以通过官方帮助文件（按【F1】键），或查阅本书编者林超文《Mentor Expedition 实战攻略与高速 PCB 设计》一书相关章节。

7.2.3　新建 PCB

在 xDX Designer 打开工程文件的情况下，执行菜单命令【Tools】-【xPCB Layout】，弹出的新建对话框会自动根据 Board 的名称，在项目文件夹下新建 PCB 文件目录，新建的模板可以在下拉菜单中随意选择，此处可选"4 Layer Template"，如图 7-7 所示。

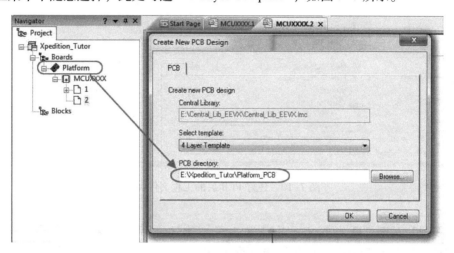

图 7-7　新建 PCB

> 注意：此处指定好 PCB 路径后，PCB 的路径会存至 .prj 文件内。PCB 建好后，在工程中修改 Board 的名称不会对 PCB 路径产生影响。

在图 7-7 所示的图中单击【OK】按钮后，系统会自动从原理图进入 PCB 设计界面，由于此处是新建的工程，PCB 界面会弹出警告，如图 7-8 所示，此处单击【OK】按钮忽略即可，后续进行正常设计后，该警告会自行消失。

另外，在每次打开 PCB 时，PCB 界面会弹出另一条信息，如图 7-9 所示，询问是否进行前向标注（Forward Annotation），即将原理图的修改同步至 PCB 中。每次原理图在修改后，该对话框都会弹出来，读者可以单击【Yes】按钮进行标注，也可单击【No】按钮，在 PCB 里自行决定行前向标注。此处建议单击【No】按钮，并勾选"不再显示该对话框"，使其不再提示。

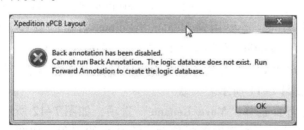

图 7-8　新建 PCB 的警告信息

图 7-9　前向标注提示框

新建好 PCB 的工程文件夹如图 7-10 所示，其中 Platform_PCB 为 PCB 文件保存目录，PCB 文件（.pcb）同.prj 文件一样，仅为指针文件，双击可打开 PCB 进行设计。

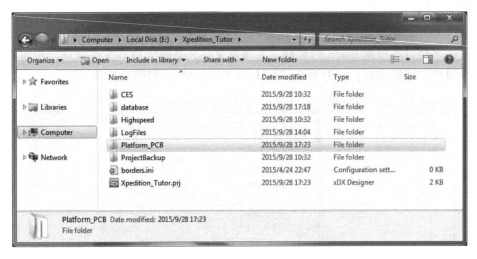

图 7-10　建好 PCB 后的工程文件夹

> **注意：** 千万不要随意重命名或移动工程文件（包括文件夹），否则会导致工程数据失联，无法进行设计。正确的移动和重命名方法请参见 7.3 节"工程管理"相关内容。

7.3　工程管理

7.3.1　工程的复制、移动和重命名

如图 7-10 所示的工程文件夹，可以使用 Windows 操作系统的复制或移动命令，对整个文件夹进行移动，如"E:\Xpedtition_Tutor"可以复制或者移动到"D:\Xpedition_Tutor"，也可以重命名为"D:\Xpedition_Test"等。

> **注意：** 此操作是对项目的根文件夹进行的，对于根文件夹内部的文件，请切勿做任何改动，保持原样即可。

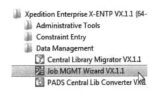

图 7-11　工程管理向导

当工程的 PCB 文件（.pcb）或者项目原理图文件（.prj）需要重新命名时，需要用到 Mentor Xpedition 自带的管理工具，在开始菜单 Xpedition 文件夹下的"Date Management"内，Job MGMT Wizard VX.1.1 工具（工程管理向导，中文版译作"作业向导"），如图 7-11 所示。

在向导界面选择"Move/Rename"选项，如图 7-12 所示。

单击【Next】按钮，进入工程指定界面，找到你需要移动或重命名的工程，如图 7-13 所示。

图7-12 选择向导中的移动/重命名

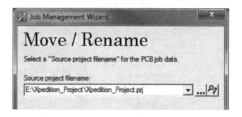

图7-13 选择需要修改的工程

选定后单击【Next】按钮，进入新文件的路径与命名界面，如图7-14所示，请读者注意，PRJ与PCB文件的命名与路径均在此界面进行指定，若路径不变，仅修改文件名，那就是重命名（Rename）操作；如果不重命名，只修改路径，则是移动（Move）操作；图7-14中同时对项目进行了重命名（添加_TEST）与移动操作（移至F盘且路径加_TEST），结果如图7-15所示。

> **注意**：PCB文件夹必须位于项目的根文件夹内（如F:\Xpedition_Test），作为子文件夹存在，否则无法进行路径指定。

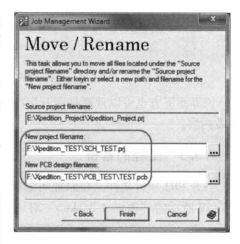

图7-14 修改工程存放路径与重命名

Local Disk (F:) ▸ Xpedition_TEST ▸			Local Disk (F:) ▸ Xpedition_TEST ▸ PCB_TEST ▸		
in library ▾	Share with ▾	New folder	e in library ▾	Share with ▾	New folder
Name	Date modified		Name	Date modified	Type
CES	2015/9/29 10:49		CES	2015/9/29 10:49	File folder
database	2015/9/29 10:49		Config	2015/9/29 10:49	File folder
Generic.gdb	2015/9/29 10:49		Layout	2015/9/29 10:49	File folder
Highspeed	2015/9/29 10:49		LogFiles	2015/9/29 10:49	File folder
Integration	2015/9/29 10:49		Logic	2015/9/29 10:49	File folder
LogFiles	2015/9/29 10:49		Output	2015/9/29 10:49	File folder
PCB_TEST	2015/9/29 10:49		Work	2015/9/29 10:49	File folder
ProjectBackup	2015/9/29 10:49		template.prj	2015/8/15 10:04	xDX Designer
borders.ini	2015/4/24 22:47		TEST.pcb	2015/9/29 10:49	ExpeditionPCB

图7-15 修改后的路径与文件名

同理，工程的复制（COPY）也需要使用Job MGMT Wizard，在图7-12所示的对话框中选择"Copy"项，操作步骤与"Move/Rename"一致，可以对工程进行完整复制。另外，在复制时用户可以选择"是否复制非必要文件"，如去掉选择，则可进行精简复制。

若是在工程文件夹中不小心删除了 PCB 文件夹，可以通过如图 7-12 所示的"Create"项，根据原理图重新新建一个 PCB 文件，读者可以自行尝试，编者在此不再示例。

7.3.2　重新指定中心库

打开 PRJ 文件进入原理图编辑界面后，执行菜单命令【Setup】-【Settings】，在 Project 选项的窗口中，指定中心库位置，如图 7-16 所示。

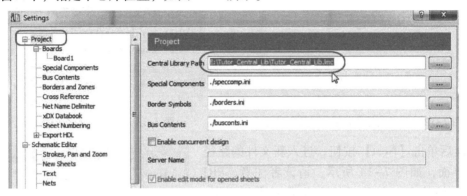

图 7-16　重新指定工程的中心库

该界面下方也可以选择是否开启项目的协同设计。关于协同设计的相关设置详见本书第 16 章内容。

7.3.3　工程的备份

打开 PRJ 项目文件，在原理图编辑界面下，执行菜单命令【Setup】-【Settings】，在如图 7-17 所示的"Project Backup"对话框下，设置项目的自动备份选项。

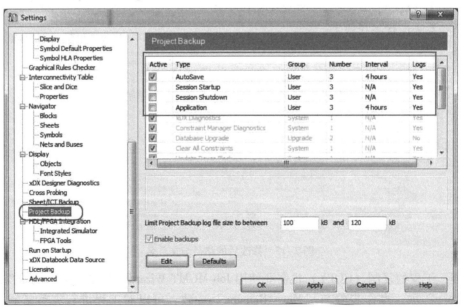

图 7-17　设置工程的自动备份

在图 7-17 中，默认仅激活了 Autosave（自动保存），保存数量为 3，每隔 4 小时保存一次，用户可以根据需要对间隔与数量进行设置。

建议在进行重要的设计时，将自动保存（AutoSave）数量改为 9，保存间隔改为 15 分钟，取消 LOG 备份，并勾选关闭保存（Session Shutdown），即项目在通用数据库完全关闭时再备份一次，数量为 3 即可。如此设置可以最大限度地防止工程崩溃时丢失过多数据，同时也不会因为过于频繁地保存而影响设计（LOG 文件会随着设计越来越大，甚至超过百兆）。设置关闭保存可方便进行设计文件交流，将最新的设计备份发送给需要的工程师。

自动备份出来的工程数据会压缩成 .zip 文件格式，并加上备份的时间戳及备份类型，如 - auto 为自动备份、- close 为关闭工程时的备份，如图 7-18 所示。将压缩包解压至相应文件夹，即可打开备份设计进行查验或者恢复。

图 7-18　自动备份文件夹

另外，Application 备份启用后，在同时打开原理图与 PCB 的情况下，任意关闭二者其一时，会自动产生一个后缀为 - app 的备份，读者可酌情使用。

注意：从备份文件里解压出来的工程很有可能会丢失自定义的配置文件，如自动备份时间设置、高级选项的复制设置等，需要读者自行留意。

7.3.4　工程的修复

当工程出现数据库问题时，系统会提示操作者工程需要进行修复（Repair）。此种情况多发于局域网内，当访问远程设计时如遇网络中断，则再次打开工程时会提示报错。

修复工具位于开始菜单的 System Tools 里，iCDB Project Backup VX.1.1 工具，如图 7-19 所示。

在弹出的窗口中选择项目文件位置，如图 7-20 所示，单击【OK】按钮。

图 7-19　工程备份管理程序

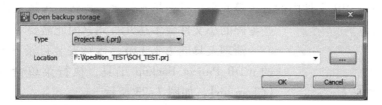

图 7-20　选择 PRJ 文件的位置

打开后窗口如图 7-21 所示，由于本工具是 Xpedition 用来管理工程备份的专用工具，兼带使用备份来修复工程的功能，因此窗口中会列出所有备份的详细信息。

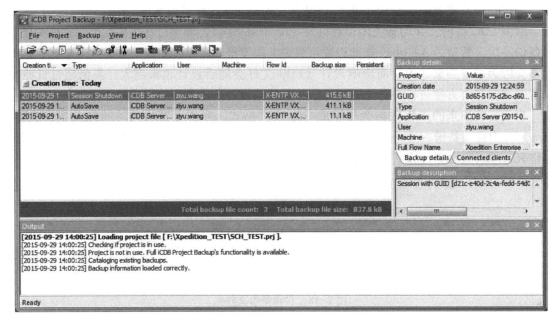

图 7-21　用 iCDB Project Backup 工具管理备份与修复工程

执行菜单命令【Project】-【Repair】，即可对出现问题的工程进行修复，如图 7-22 所示。

图 7-22　修复出现数据库连接问题的工程

工程修复好之后，在备份文件夹里也会额外生成一个 - repair. zip 的修复备份，以便追溯。

7.3.5　工程的清理

一个工程在设计一段时间之后，工程内部累计的日志文件、工程内部的数据库备份，以及设计电脑自身 WDIR 文件内的日志等冗余信息会越来越多，导致工程越来越难以复制，一些零碎的小文件会多达几百兆，因此需要对工程进行清理。

清理工具同 7.3.3 节，运行安装目录下 System Tools 里的 iCDB Project Backup 工具，执行菜单命令【Project】-【Clean up】，如图 7-23 所示。

图 7-23　运行工程清理工具

清理对话框如图 7-24 所示，单击【Select all】按钮，清理全部冗余文件即可。

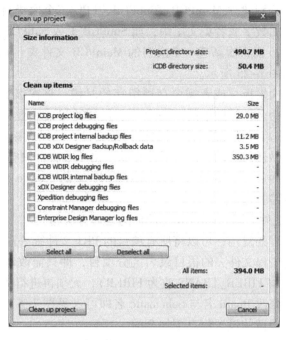

图 7-24　冗余文件过多的工程与系统 WDIR 文件

7.4　工程文件夹结构

通过本章前述章节的学习，相信读者已经对 Xpedition 的文件系统有了一定的了解，能够自行管理工程文件并进行设计。为保证工程的完整性与可追溯性，一个良好有序的文件系统必不可少。根据 Xpedition 的文件系统特点，读者可以自行决定使用何种方式保存工程，图 7-25 为编者推荐的一种文件夹管理结构。

如图 7-25 所示，FIBER_TRANS 为整个工程的根目录，同时也是项目的名称。

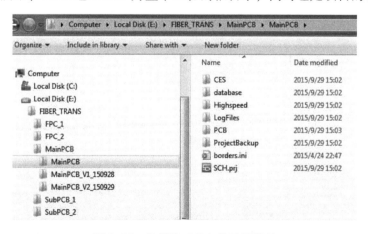

图 7-25　推荐的工程文件目录管理

一般来说，一个完整的项目由若干块 PCB 组成，包括主 PCB、副 PCB、FPC 柔性连接板等，因此在根目录下分别建立 MainPCB、SubPCB、FPC 三个次级目录，并且根据 PCB 数量在文件夹名称后面添加数字或者英文尾缀，如 SubPCB_1 或 SubPCB_Power 等。

在 MainPCB 目录下，需再次新建一个次级的 MainPCB 文件夹，在次级的 MainPCB 中存放设计的工程文件，如图 7-25 所示。

当设计进行到第一次发板，或者需要存档留存的时候，将次级的 MainPCB 文件夹整体复制一个出来，进行重命名，如图中的 MainPCB_V1_150928（企业一般以该 PCB 的物料编码代替），表示这是发出第一板光绘文件时的设计源文件，并以发板时间附作后缀，表示此文件夹就此封存，不再做任何改动，以备后续查验。出于节省存储空间并防止病毒或误操作的原因，该封存文件夹内的设计源元件可以用图 7-18 中的 – close. zip 关闭备份文件代替，或直接对源文件进行压缩打包。

SubPCB 与 FPC 的文件夹同 MainPCB 文件夹的处理方法相同。

另外，为了方便工程的复用，可以将所有项目的 PRJ 文件统一命名为 SCH. prj、将 PCB 命名为 PCB. pcb，仅用工程文件夹的根目录名区分项目，即只需改动根目录文件夹的名称，即改变了项目名称（如将 FIBER_TRANS 改为 FIBER），无须再进行 7.3.1 小节的相关操作，且后续仅需在原理图中修改 Board 名与 Schematic 名即可（见图 7-6），此种复用方法比设置中心库模板更加实用，保留的设置信息更加全面。

7.5 本章小结

本章对 Xpedition 的工程建立与管理步骤进行了详细介绍，请读者按照本章的方法自行建立好工程与原理图、PCB，指定好中心库，然后开始进入下一章原理图绘制的学习。

第8章　原理图的绘制与检查

8.1　参数设置

原理图在进行绘制之前，需要对原理图的一些参数进行设置，这样才能让原理图更加规范、易于辨认与交流。由于 Xpedition 原理图与 PCB 菜单已经默认支持中文，在中文系统下安装软件后会自动显示中文菜单。但考虑软件的通用性及出现问题时查找帮助文档或官网解决方案的便利性，本教程统一使用英文界面进行讲解。请读者在原理图的【设置】菜单 –【设置】的【高级】选项卡内，将【语言】一栏由 Default 改为 English，即使用英文界面。

出于同样的目的，PCB 也需要改为英文菜单，在 Windows 的环境变量中添加一个名为 "MGC_PCB_Language" 的变量，值为 "English" 即可，若要用中文菜单，可将值改为 "Chinese" 或将该变量删除。

8.1.1　设置字体

本书 4.2.6 节，针对 Symbol 制作时对原理图的字体进行过设置。原理图中的字体设置与绘制 Symbol 时一样。执行菜单命令【Setup】–【Setting】，找到 "Font Styles" 选项卡，如图 8-1 所示，将 Fixed 的字体样式映射改为 Arial 字体。

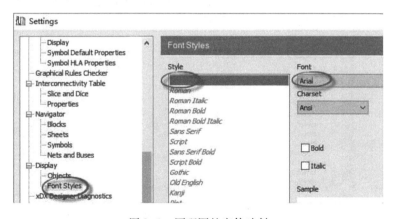

图 8-1　原理图的字体映射

> 注意：此处将 Fixed 字体样式映射为 Arial 是编者给出的建议，读者可以根据自己的需求映射不同的字体。一般工程实践中，过多的映射会给工程交互带来麻烦，因为每台安装 Mentor Xpedition 的电脑都需要单独进行映射，很难做到多样式统一，因此只对 Fixed 样式进行操作是比较简便的，且建库时默认的字体均为 Fixed。

8.1.2 设置图页边框

原理图页的属性包括图纸大小、图纸边框，以及作者和版本等。

首先为原理图定义边框信息。打开 xDX Designer 设计界面，执行菜单命令【Setup】–【Settings】，选择"Borders and Zones"栏，在左侧分别选中最常用的 A1、A2、A3 的"Landscape"项，单击右侧的"first sheet"与"next sheet"的【Change】按钮，如图 8-2 所示，然后再在弹出窗口的 Borders 分区中选择对应的边框，如图 8-3 所示，选中"a1sheet.1"，再单击【OK】按钮即可。

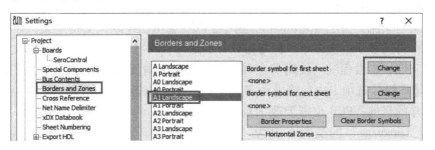

图 8-2 定义图纸边框

如图 8-3 所示的图纸边框，均保存于中心库 Symbol 的"Borders"分区下。在新建中心库时，该分区会自带 Mentor 公司默认的图纸边框，读者可根据这些标准边框进行适当修改，如添加公司 LOGO、调整图页标签等。

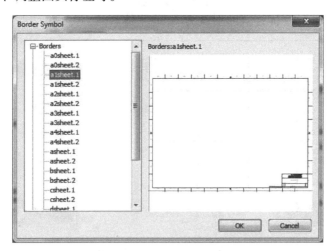

图 8-3 从"Borders"中选择合适的边框

定义好图纸边框后，还需要定义作者（AUTHOR）与版本（REVISION）信息。

当单击如图 8-2 所示的【Border Properties】按钮时，弹出如图 8-4 所示的窗口，可以看出该边框内并没有相关信息。通过中心库打开该边框的 Symbol 后，发现图纸内是有 AUTHOR 与 REVISION 这两个属性的，如图 8-5 所示。图 8-4 中无法定义属性是因为新建的中心库中还未自定义这两个特殊属性。

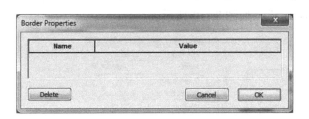

图 8-4　"Border Properties"对话框

图 8-5　中心库中 Borders Symbol 包含的特殊属性

打开中心库，执行菜单命令【Tools】-【Property Definition Editor】（属性定义编辑器），如图 8-6 所示。

属性定义编辑器如图 8-7 所示，用新建按钮添加两个用户属性，分别命名为 AUTHOR 与 REVISION，类型默认为字符型（Character String）。单击【OK】按钮即可。

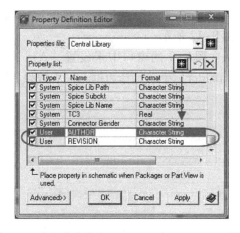

图 8-6　属性定义编辑器

图 8-7　中心库自定义 AUTHOR 与 REVISION 属性

中心库修改好后，回到原理图，由于原理图不会实时监测中心库是否有更新，因此需要执行菜单命令【Tools】-【Update Libraries】更新中心库，如图 8-8 所示。

更新完中心库后，回到图 8-4 所示的地方，可以看到作者与版本信息已经添加进来，并且可以修改其"Value"值，如图 8-9 所示，在图示的"Value"内双击填入信息即可。

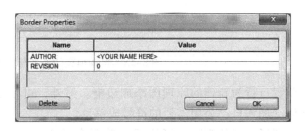

图 8-8　更新中心库

图 8-9　定义作者与版本信息

修改好边框属性后，回到原理图绘制界面，按照本书第 7 章新建工程的相关内容，新建原理图，然后双击图页进入编辑界面，在原理图页任意空白位置双击鼠标左键，打开属性窗口（也可使用工具栏的快捷图标，或使用快捷键【CTRL + ALT + A】），将"Drawing Size"修改为"A3"，"Orientation"保持为"Landscape"，如图 8-10 所示。

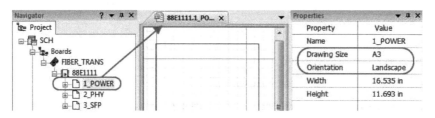

图 8-10　新建图页并修改图纸大小

图纸大小修改完毕后，在图页内的空白处单击鼠标右键，在弹出菜单中执行菜单命令【Insert Border】，即插入图纸边框，如图 8-11 所示。

插入图纸边框命令只有在图 8-2 所示的窗口定义好对应的边界时，命令才会生效，如上述我们定义了"A3"的边框，此处运行插入命令，软件会自动插入设置好的"A3"边框，如图 8-12 所示。

如果在图 8-2 的窗口中未设置"A3"图纸的边框，则在原理图里只能执行菜单命令【Change Border】手动选择边框，二者效果相同，如图 8-12 所示。

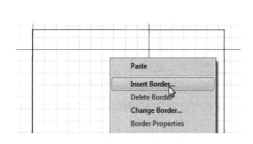

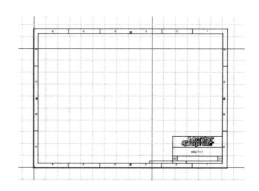

图 8-11　插入图纸边框　　　　　　　　图 8-12　插入图纸边框效果

边框右下角 AUTHOR 与 REVISION 会自动填充为图 8-9 定义的信息，如图 8-13 所示。

图 8-13　自动填充的作者与版本信息

请读者自行为新建的原理图添加边框。另外，可在中心库内，对边框的 Symbol 进行修改与优化，加入自己公司需要的符号或信息。

对于图纸边框的删除，可执行菜单命令【Delete Border】。也可直接选中边框后删除。

请注意，由于边框 Symbol 的 Outline 默认在左下角，是一个大小为 0.1 inch×0.1 inch 的方框，因此只需在如图 8-14 所示的位置用鼠标进行框选，然后再用【Delete】键删除。

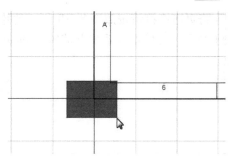

图 8-14　在原点处选中图纸边框的方法

8.1.3　设置特殊符号

在原理图中，电源符号、跨页连接符等 Symbol 被归为特殊符号（Special Components），需要使用如图 8-15 所示的快捷键才能完成正确调用，否则会缺失 LINK 连接属性。

新建的原理图在打开后，特殊符号里面并没有定义任何 Symbol，因此需要使用者自行定义：执行菜单命令【Setup】，找到 "Special Components" 页，如图 8-16 所示，在特殊符号设置页里，从下拉菜单中分别找到 "Link"、"Power"、"Ground" 三项，然后单击右侧的【新建】按钮。分别从 Globals（全局符号）与 Builtin（内建符号）内找到本书第 6 章所建的特殊符号，如图 8-17 与图 8-18 所示。

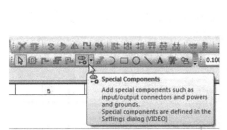

图 8-15　添加特殊符号快捷键

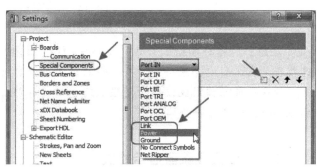

图 8-16　添加特殊符号

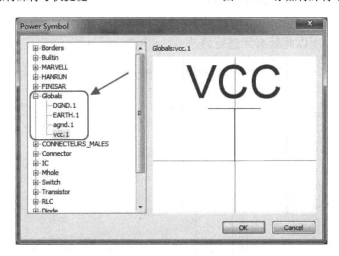

图 8-17　添加电源（Power）和地（Ground）特殊符号

跨页连接符请按照图 8-18 所示的添加 4 种符号，即 onsheet - left/right 与 offsheet - left/right 符号，若只添加系统自带的 onsheet 与 offsheet，则无法根据方向自动在符号后添加转跳的页码。

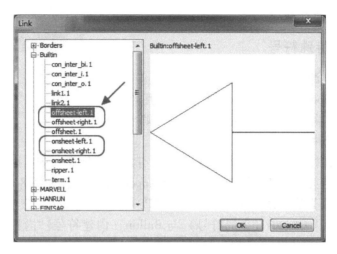

图 8-18　添加转跳连接符

注意：特殊符号除了 Link 与 Power、Ground 外，还有其他如 Port、NC 符号等，由于这些符号在工程内并未用到，有兴趣的读者可以自行探索。

特殊符号的作用仅仅在于增强原理图的可读性，不设置特殊符号并不会影响原理图的正确性，该点望读者牢记。

8.1.4　设置导航器显示格式

xDX Designer 的默认导航器 Navigator 如图 8-19 左侧所示，在原理图页内放置元件后，Symbols 的展开栏里，按照 Symbol 的唯一 ID 进行排列显示，但由于唯一 ID 是系统自动分配的，识别非常困难，所以此处必须进行修改。

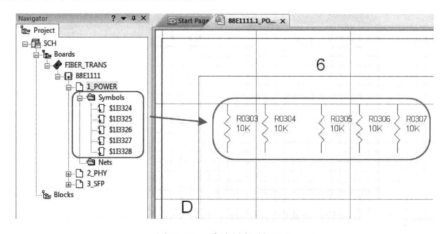

图 8-19　默认导航器显示

执行菜单命令【Setup】–【Settings】，在"Navigator"一栏的"Symbols"下，将"Label format"的"$（Name）"选中，再单击右边的箭头，选中"Property：Ref Designator"，即可将标签样式更改为位号，如图 8-20 和图 8-21 所示。

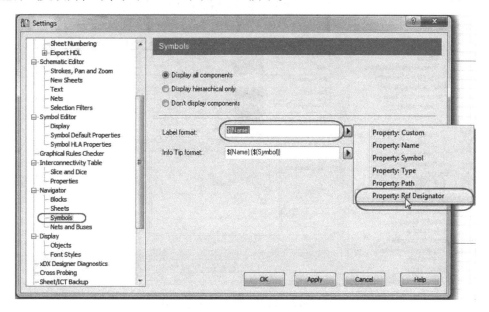

图 8-20　修改导航器的显示

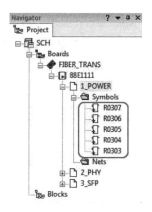

图 8-21　修改之后的导航器界面，Symbol 显示位号

在导航器中双击器件即可进行选择与转跳。在导航器内可按住【Shift】键进行多选。与"Symbols"栏并列的"Nets"栏里可以双击全选特定网络，并转跳显示。

8.1.5　设置原理图配色方案

在"Setup"–"Settings"–"Display"的"Objects"栏目内，可以修改原理图的配色方案，如图 8-22 所示，xDX Designer 默认显示风格是白底黑字，但以往的版本都是黑底，所以读者可以根据各自的习惯对各个显示对象进行颜色分配。

编者建议此处使用默认，有利于文件内部交流的显示一致。

另外，可以单击图 8-22 中的【Load Scheme】按钮，读取软件自带的配置文件，快速将原理图显示切换为 Orcad、PADS 或者老版本的 Expedition 样式。

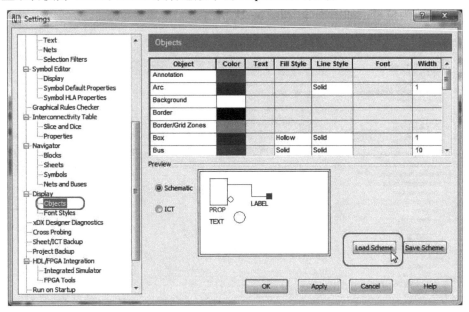

图 8-22　设置原理图的配色方案

8.1.6　高级设置

在"Setup"-"Settings"-"Advanced"栏目内，有 3 个设置需要特别关注。

第一项：如图 8-23 所示，"Automatically synchronize Links and net names"项建议勾选，

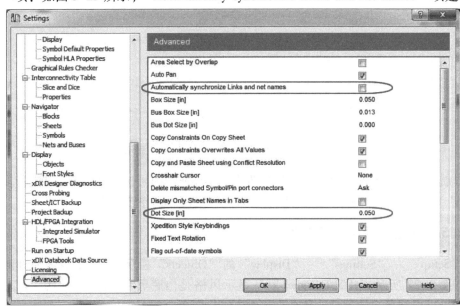

图 8-23　高级设置选项

该项勾选后，在使用特殊符号进行网络连接时，会将网络名传递到 Net 线上，增强原理图的可读性，如图 8-24 所示，其中①为未连接的带网络名的 Link 转跳符，②为未勾选第一项时将转跳符连接到 Net 上，可以看见网络名没有自动生成，Net 名未指定，③为勾选该项后，再将转跳符连接到 Net 上，可以看见，Net 名会自动生成，与转跳符名称一致。

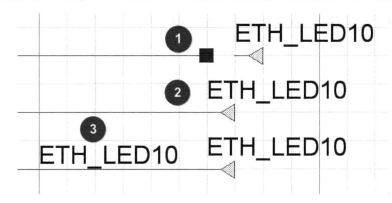

图 8-24　勾选传递网络名后的变化

第二项："Dot Size［in］"项，默认为 0.05 inch，但在工程实践中，将该点改为 0.02 inch 比较合适，如此才不会挡住 Net 线断头处的方框，如图 8-25 所示，断头处的方框大小可通过"Box Size［in］"设置，默认为 0.05 inch，可以不用修改，改小后不易辨认。

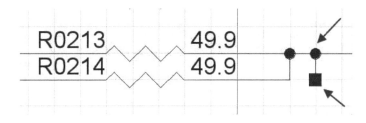

图 8-25　修改连接点"Dot Size"为 0.02 inch 的效果

第三项：如图 8-26 所示，"Preserve packaging info on copy"项，意思是在使用复制电路时是否保留之前的打包信息。打包信息包含器件的位号、供应商、描述等细节，若此处不勾选，复制器件如"R001"的电阻，使用【Ctrl + V】组合键复制出来的器件会自动重置为"R?"，需要重新打包才会重新编号。该操作在工程前期绘制原理图阶段非常实用，因为经常需要复制器件。但在工程后期，如需要从其他工程里复制原理图进行设计，并且不改变位号信息时，就需要将此项勾选。读者可根据需要灵活选择。

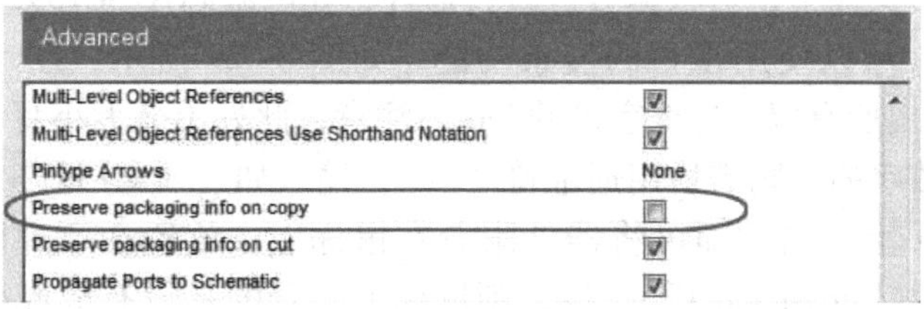

图 8-26　复制器件时保留位号等信息

8.2　器件调用

8.2.1　使用 Databook 调入器件

xDX Designer 通过 Databook 将器件调入原理图。打开"xDX Databook"界面的方式如图 8-27 所示，单击图标或使用快捷键即可，打开后如图 8-28 所示。

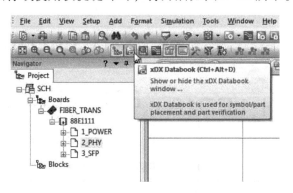

图 8-27　打开"xDX Databook"界面的方式

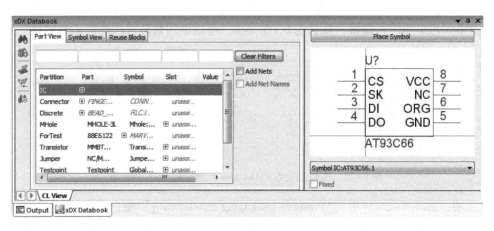

图 8-28　"xDX Databook"界面

在图 8-28 中的 xDX Databook 顶栏，读者可根据中心库的"Part"与"Symbol"分区进行器件查找。但为保证库与原理图的一致性，编者强烈建议读者不要使用"Symbol View"页面进行符号查找，所有的器件均从"Part View"页面调用。

在"Part View"页面中，可根据分区查找器件，如电源芯片 SC1592 位于 IC 分区。当分区包含器件太多时，可以使用顶栏的搜索功能，如图 8-29 所示，在"Part"栏上方输入"s"，即可在表中列出所有以 s 为首字母的 Part。注意，此处不分大小写。若需要查找的 Part 是包含某个字母或数字的，则需使用通配符"*"，输入如"*sc1592*"即可。

在查找到的 Part 上双击，即可将器件附着在鼠标上，放置在原理图页中。但请注意，若双击的是 Slot 中的"unassigned"一栏，则鼠标上附着的是没有分配引脚编号的 Symbol，如图 8-30 左侧所示。这类 Symbol 会在绘制好原理图后执行 Package（打包）操作时，自动

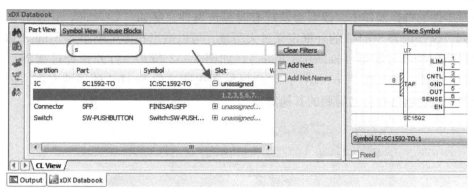

图 8-29　查找并调用 xDX Databook 内的器件

分配引脚编号。但一般绘制原理图时，需要引脚编号信息，因此需要打开"unassigned"前的

"＋"号，如图 8-29 所示，双击 Slot 中分配了引脚号的 Part，这样放置进原理图的器件即会带上引脚编号，如图 8-30 右侧所示。

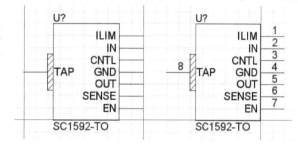

对于没有引脚编号的器件，原理图在进行打包（Package）时会自动对其进行"封装"，封装后会自动添加引脚编号，以及将位号中的问号如"U?"自动编号成"U1"。

图 8-30　调用器件时是否分配引脚标号的区别

另外，单击如图 8-29 右侧所示的【Place Symbol】按钮与双击"Part"栏器件的作用是一致的。不同之处在于，可以在右侧的下拉栏中选择替代封装（Alternate Cell），并可使用"Fixed"项锁定其封装。

8.2.2　修改器件属性

调入器件后，一般按照需要逐个修改参考位号（Ref Designator）。可以用鼠标在绘图区域内"U?"处双击，即可进行修改。另外，可以打开属性（Properties）窗口，在属性栏里直接修改，如图 8-31 所示。

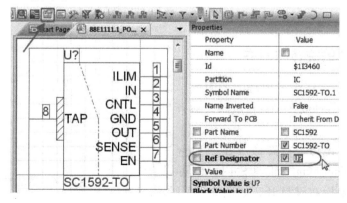

图 8-31　修改器件的位号"Ref Designator"

89

在对器件的选择操作中，读者会发现有时想选属性文字如"U?"时，往往会误选中整个 Symbol，这是因为 Symbol 的外框定义过大所致，可以适当在库中缩小其 Symbol 边框。另外，可以使用选择过滤器（Selection Filter），如图 8-32 所示，打开选择过滤器后，去掉"All"的勾选项，仅单选"Property"，如此鼠标便仅能选中 Symbol 的属性文字。同理，读者可以使用过滤器选择自己需要的其他对象。

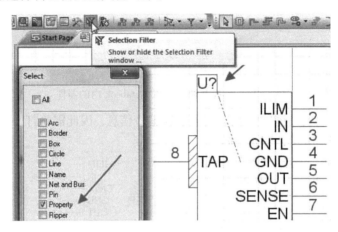

图 8-32 使用原理图的选择过滤器

电阻、电容等分立器件在调入后需要对其"Value"值进行修改，如图 8-33 所示。

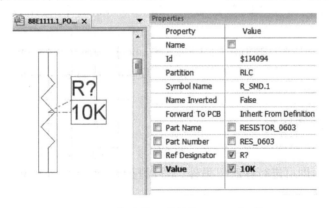

图 8-33 修改分立器件的"Value"值

8.2.3 器件的旋转与对齐

如图 8-34 所示，在绘制原理图的时候，常常需要对散乱放置的器件或文字进行旋转、对齐与等间距排列等操作。

器件的旋转、镜像、对齐命令在"View"－"Toolbars"－"Transform"工具栏内，也可以直接在工具栏单击鼠标右键打开，如图 8-35 所示。

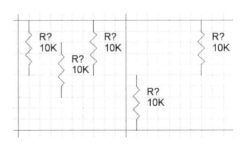

图 8-34 散乱放置的器件

默认情况下"Transform"栏是显示的。

"Transform"工具栏内有旋转、镜像、缩放与对齐等工具，如图 8-36 所示，读者可以根据图示逐一观看示意演示视频（鼠标在图标上停留 3 秒以上），并且注意提示栏括号内的快捷键提示，如图 8-36 所示，旋转功能的快捷键为【Ctrl＋Shift＋R】组合键或只按【F3】键，即可对其进行 90°旋转。

图 8-35　打开"Transform"工具栏

图 8-36　对齐工具栏

全选如图 8-34 所示的电阻，然后使用如图 8-36 所示的中心对齐工具，以及单击如图 8-37 所示的水平等间距排列工具，可以得到如图 8-37 的对齐结果。

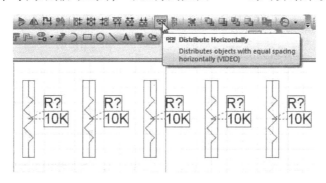

图 8-37　中心对齐与水平等间距排列

另外，xDX Designer 还提供对齐标记，在格点设置旁，如图 8-38 所示。

打开标记后，xDX Designer 会自动检测元件周围的器件，对鼠标正在移动的器件进行对齐与均匀分布提示，简单易用，如图 8-39 所示，读者可以自行尝试。

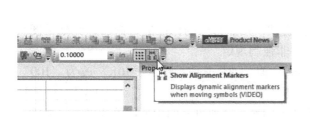

图 8-38　元件对齐标记显示

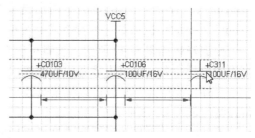

图 8-39　自动对齐标记

8.2.4　批量添加属性

排列好的器件可以通过如图 8-40 所示的"Add Properties mode"工具为电阻批量添加属性，或者为网络批量添加网络名。

在单击图标弹出对话框后，再在导航器里按住【Shift】键多选所有的"R?"器件，选中后原理图中相应的电阻也被选中，如图 8-41 所示。在保持所有电阻选中的情况下，修改"Add Properties"对话框的相应数值，如图 8-41 所示，由于此处更改的是器件的位号，因此"Type"需要选择"Component"（元件），"Property"（属性）下面选择"Ref Designator"（参考位号）。

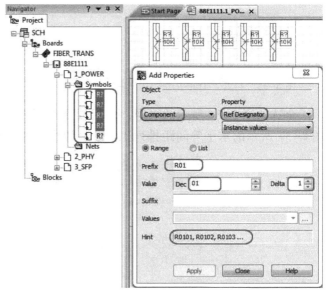

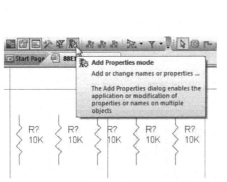

图 8-40　批量添加属性工具　　　　　　　图 8-41　批量添加参考位号的设置

在"Add Property"窗口的下方，可以选择是按顺序（Range）添加值还是按照列表（List）添加，此处选择"Range"，在"Prefix"（前缀）中填入"R01"，此处的"01"代表原理图的页号，可以方便在后期修改 PCB 时快速定位某个器件位于原理图第几页。"Value"值填入"01"，"Delta"选择"1"，"Suffix"（后缀）不填，如此可以自动以"R0101"、"R0102"、"R0103"递增的方式对所选器件的位号进行属性添加，设置好后的位号可以在"Hint"（提示）栏预览，查看格式是否正确。

添加好后如图 8-42 所示。读者可以自行尝试，按照自己的标准进行命名，此处带图页页码的位号命名方式仅为笔者的实践建议，并非强制规定。

另外，使用此工具也可以批量修改"Value"值，如将其值批量从"10K"改为"100"，可以按照如图 8-43 所示的进行修改，使其值不递增即可。

本节演示了批量添加属性工具最常用的两个用途，其他更多的用处留给读者自行探索。

另外，需要重点强调的是，批量命名器件位号的操作，一定要在 PCB 布局之前进行，即在纯原理图绘制阶段进行，一旦元件在 PCB 中完成布局后，使用批量工具修改位号会打断 PCB 与原理图的器件关联，使所有已经布局的器件错乱，造成不可挽回的严重工程问题，所以请读者特别注意。若是逐个对元件位号进行修改（在原理图中或属性栏里）则没有任何问题，修改后的位号也会正确传递到 PCB 中。

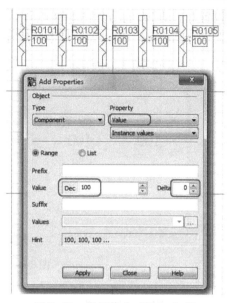

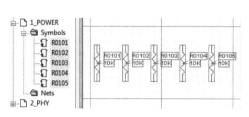

图 8-42　批量添加位号实例

图 8-43　批量修改 "Value" 值

8.2.5　设置器件 NC 符号

原理图内的器件常常需要添加 NC 符号来做兼容设计，以便出物料清单（BOM 表）时快速分离出不需要焊接的 NC（Not Connected）器件。

给器件添加 "NC" 属性需要先在中心库中添加相应属性，参照 8.1.2 节的图 8-7，在中心库中添加名为 "NC Symbol" 的属性，定义其值为 "Character String"（字符）类型，如图 8-44 所示。

在中心库中添加好 "NC Symbol" 属性后，需要在原理图中执行菜单命令【Tools】-【Update Library】更新原理图的本地库。然后在器件属性栏的最后一栏下拉菜单里，找到 "NC Symbol"，如图 8-45 所示，在下拉栏中选择 "NC Symbol" 即给器件添加了一个新的属性。

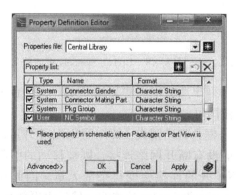

图 8-44　在中心库中定义 NC 字符属性

图 8-45　给器件添加 NC Symbol 属性

设置好后的 NC 符号如图 8-46 所示。如此添加后，在 BOM 表输出时能够把包含 NC 属性的器件分离出来。BOM 表详见本章后述章节。

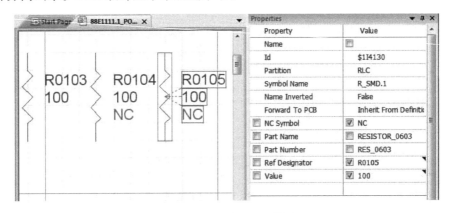

图 8-46　设置好的 NC 符号

8.2.6　库变动后的符号更新

在中心库中，已经组成 Part 的 Symbol 会被锁定，用户无法删除其 Symbol 的引脚信息，但是可以修改引脚位置与 Symbol 外形。

在中心库中修改 Symbol 后，若是该 Symbol 已被原理图调用，则重新打开原理图后，会发现在原理图中的 Symbol 全部都带上了一个粗的外框，如图 8-47 所示，以此提醒工程师该 Symbol 与中心库不一致，需要对其进行更新（Update）操作。

执行菜单命令【Tools】–【Update Symbols…】，如图 8-48 所示。另外，也可以直接在原理图中选中该 Symbol 后单击鼠标右键，在菜单中选择 "Symbol" – "Update Symbol"。

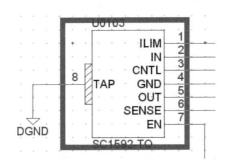

图 8-47　修改库中 Symbol 后原理图的更新提示　　　图 8-48　Update Symbols 更新符号

在如图 8-49 所示的更新窗口中，系统会自动列出所有需要更新的 Symbol，读者可根据需要自行选择，建议全选，然后单击【OK】按钮即可。

更新完毕后，Symbol 如图 8-50 所示，粗边外框会自动消失，库中对 Symbol 外形的改变会同步到原理图中。请注意，若 Symbol 在更新前没有断开网络连接，则被移动的引脚上的 Net 线会自动跟随，当多个引脚同时变动时，Net 线的连接会变得杂乱无章，因此在更新 Symbol 时，需要先用如图 8-69 所示的 Disconnect 工具断开器件的连线，然后再更新 Symbol，更新完毕后重新连线即可。

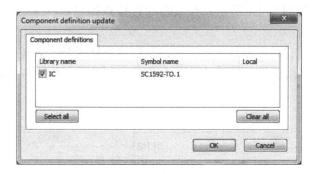

图 8-49　"Component definition update"
界面（Update Symbol 命令）

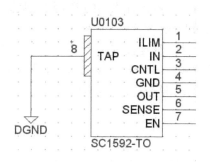

图 8-50　符号更新完成

8.3　电气连接

8.3.1　格点显示设置

本节演示原理图的电气连接，编者建议将原理图背景的格点由"Lined"（线型）改为"Dotted"（点型），大小为 0.1 inch，与中心库的 Symbol 保持一致，并将 Display–Objects 内的 Grid 由白色改为深灰色，方便辨认 Net，如图 8-51 和图 8-52 所示。请注意，此处的设置读者可以根据偏好自行设置。

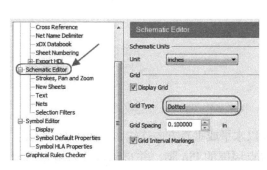

图 8-51　修改原理图的格点类型与大小

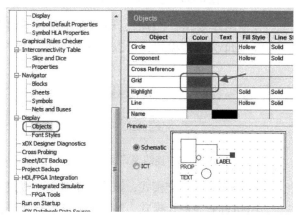

图 8-52　设置原理图背景的格点颜色

原理图在绘制时的格点设置，可参考本书第 4 章的图 4–21 进行设置。

8.3.2　Net（网络）的添加与重指定

原理图的连线有 3 种方式，最基本的是使用如图 8-53 所示的 Net 工具，快捷键为【n】。

激活【Net】命令后，鼠标会变成如图 8-54 所示的

图 8-53　添加 Net 工具

形状，当处于该状态时，在器件的 Pin 脚处按住鼠标左键拖动即可拉出 Net，拉出来的 Net 会自动检测鼠标周围的 Pin 脚并吸附，如图 8-54 所示，在吸附的连接点处显示"＊"，此处松开鼠标左键即完成连接。

第 2 种连接方式是把鼠标放在引脚上，单击鼠标右键一次，然后移动鼠标至 3 个格点外的位置，即可发现 Net 已经自动从引脚经由鼠标连接了出来，如图 8-55 所示，在下一引脚处单击鼠标左键完成连接。

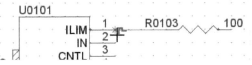

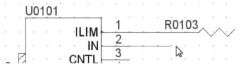

图 8-54　使用 Net 工具连线　　　　图 8-55　使用鼠标右键单击的方式连线

第 3 种连接方式是直接挪动器件，使其引脚相接，如图 8-56 所示，端点处显示"＊"即为已连接，此时再拖动器件会发现 Net 会自动跟随，如图 8-57 所示。请注意，此种方法必须在建库时使引脚的外端落于格点上，连接时才能起到吸附连接的作用，否则很难将两个引脚在端点处对接。

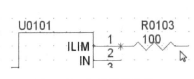

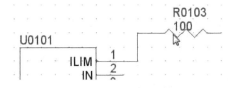

图 8-56　拖动器件连线　　　　　　图 8-57　拖动已连接的器件

在使用连接 Net 工具时，请读者注意一下如图 8-58 所示的 3 种连线模式。

Straight 为直连模式，可以以任意角度连接 Net 网络线，如图 8-59 所示。

图 8-58　连线模式选择　　　　　　图 8-59　Straight 直连模式

Orthogonal 为正交模式，该模式下的 Net 线只能以水平或垂直方向连线，如图 8-60 所示。

Avoidance 为避让模式，Net 线会自动检测连接点周围的 Pin 脚，并自动避让以增强原理图的可读性，所以避让模式也是原理图的默认连线模式，如图 8-61 所示。

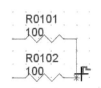

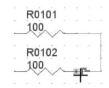

图 8-60　Orthogonal 正交模式　　　图 8-61　Avoidance 避让模式

使用鼠标左键双击连接好的 Net 线，即可打开 Net 的属性，在属性窗口的"Name"中对网络进行命名。如图 8-62 所示，命好的网络名会自动添加到 Net 线上显示出来，读者可任意调整其位置，一般建议紧贴 Net 线。

图 8-62　为网络线命名

另外，Mentor Xpedition 跟以前的版本相比，新增了自动打断连线功能，即将器件拖动到某根 Net 上时，系统会自动检测到端点，然后断开 Net，使 Net 两端自动连接到器件上，如图 8-63 所示。

插入后，被打断的网络名会出现一个指示框，即进入【Reassign Names】（重新指定网络名）命令，该命令也可以选中任意网络或网络名后，从鼠标右键菜单中启动。插入器件成功后如图 8-64 所示，"Net Name"上的框为"Reassign Names"提示，框上的箭头指向该网络名对应的 Net 线，此时可以用鼠标拖动网络名到其他的 Net 线上，箭头会自动检测并吸附到最近的 Net，若原 Net 已有网络名，则会自动激活原 Net 的"Reassign Names"框，如图 8-65 所示，通过鼠标拖动的方式，将上下两根 Net 的网络名进行交换，交换完成后，需要在任意网络名上单击鼠标右键，结束【Reassign Names】命令，结束命令后如图 8-66 所示。

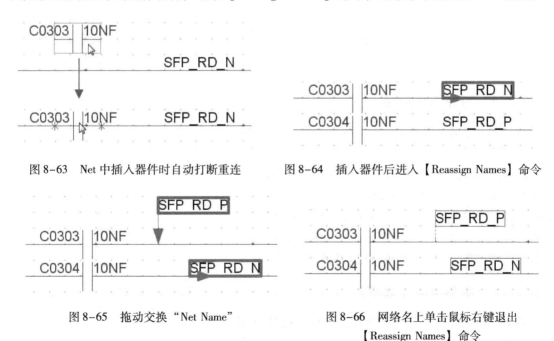

图 8-63　Net 中插入器件时自动打断重连　　　　图 8-64　插入器件后进入【Reassign Names】命令

图 8-65　拖动交换"Net Name"　　　　　　图 8-66　网络名上单击鼠标右键退出
　　　　　　　　　　　　　　　　　　　　　　　　　　【Reassign Names】命令

若插入器件后不重命名网络，则只需在"Reassign Names"的框上直接单击鼠标右键即可。

8.3.3 多重连接 Net 工具

多重 Net 连接工具是 Xpedition xDX Designer 新出的一个功能，读者可以通过演示动画快速了解其功能，如图 8-67 所示，该工具可以将 Pin 脚间距不相等但又——对应的器件快速连接起来，一般使用框选的方式分两次选择引脚，选择时系统会自动添加选择的顺序。

当框选引脚的方式不便时，可以按住【Ctrl】键进行第一批引脚的选择，然后松开【Ctrl】键，依次单击需要连接的引脚即可，如图 8-68 所示，左侧序号为第一批，右侧序号为其对应的引脚，仅需鼠标单击即可自动连接。

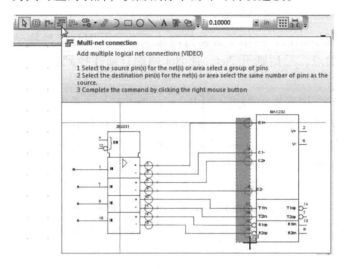

图 8-67　多重 Net 连接工具

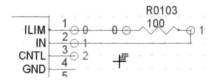

图 8-68　多重 Net 连接工具与
Ctrl 键联用

8.3.4 断开 Net 连接

断开 Net 连接只需要选中对应的网络线后按【Delete】键删除即可。

对于已连接的多引脚器件，一根根断开网络的方式十分不便，此时需要使用如图 8-69 所示的 Disconnect 工具，选中器件后执行【Disconnect】命令，可快速断开其所有连接，端点处会显示出方框，方便对器件进行后续操作，如更新 Symbol 或替换 Part。

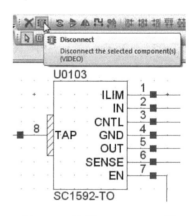

图 8-69　使用 Disconnect 工具
断开器件连接

8.3.5 添加 Bus（总线）

添加总线工具如图 8-70 所示，可以使用快捷键【b】来启动该命名。

根据器件软件自带的视频提示，可以很快速地画出总线并命名，如 D[0:7]，代表 D0 ~ D7 八根数据线组成的总线。在总线上单击鼠标右键，执行菜单命令【Rip Nets】可以为总线添加分支，如图 8-71 所示，然后在弹出的窗口中选择需要的分支，如图 8-72 所示，这里我们选择 D0～D7 所有网络。

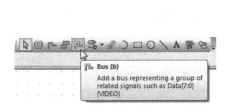

图 8-70　添加总线工具

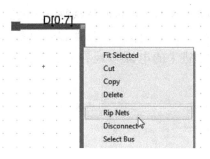

图 8-71　为总线添加分支

单击【OK】按钮后，分支就会自动出现在鼠标上，如图 8-73 所示。

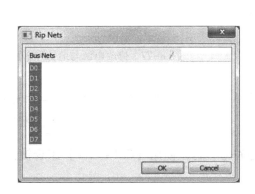

图 8-72　选择总线分支

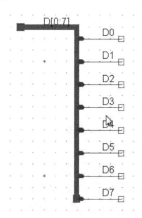

图 8-73　总线分支放置

此时的分支从上往下是以 D0～D7 的顺序放置，若需要颠倒顺序，单击图 8-72 右上角的箭头即可。也可在选中放置好的分支后，使用原理图的"沿着 X 轴翻转工具"进行翻转，如图 8-74 所示。

另外，在放置分支时，默认的间距可能过大，不便于对接紧凑的引脚，此时可以使用如图 8-67 所示的多重 Net 连接工具进行连接，也可以在放置分支时按住【Ctrl + Shift】组合键，然后使用鼠标滚轮，即可对分支的间距进行调整，如图 8-75 所示。

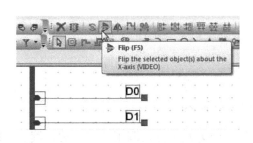

图 8-74　原理图对象沿 X 轴翻转

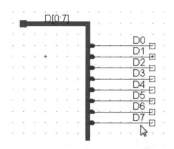

图 8-75　使用【Ctrl + Shift + 鼠标滚轮】
缩小分支间距

8.3.6 添加电源与地符号

在 8.1.3 节中设置好特殊符号的电源与地后，可以通过如图 8-76 所示的快捷按钮，选择需要的电源与地符号，添加到原理图中。

添加进来的电源与地符号，其网络属性由"Global Signal Name"控制，如图 8-77 所示。

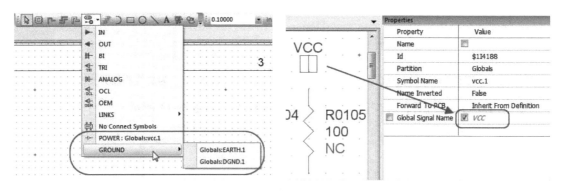

图 8-76　添加特殊符号　　　　　　　　　　图 8-77　修改电源与地符号名称

> **注意**：默认属性如"VCC"需要在属性窗口修改，在修改前原理图中无法选中该默认文字。

通过上述方法添加进原理图的电源和地符号，可以使用【Ctrl + C/V】组合键进行复制，或是按住【Ctrl】键再拖动也可生成复制。

8.3.7 添加跨页连接符

跨页连接符的添加与电源一致，在 8.1.3 节中设置好 Link 的符号后，就可通过如图 8-78 所示的方式进行跨页连接符的调用。

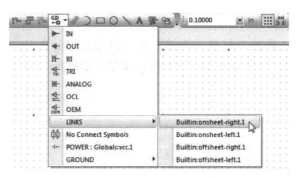

图 8-78　跨页连接符的调用

此处编者不推荐使用此方式调用跨页连接符，因为此种方式调用并不直观，读者可以使用 Xpedition 的新功能，"My Parts"界面进行快速调用，如图 8-79 所示。

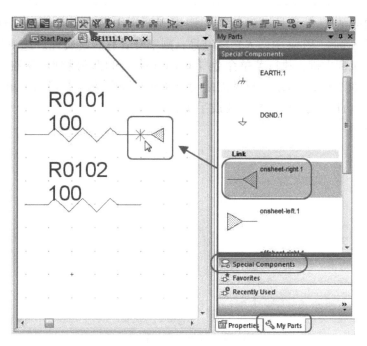

图 8-79　使用"My Parts"界面快速调用

> **注意:** 为保证跨页标识生成的正确性,请勿旋转任何跨页连接符,确保其原始朝向。

在工具栏中打开"My Parts"(我的器件)窗口后,在"My Parts"窗口中有 3 个选项:Special Components(特殊器件)、Favorites(收藏的器件)、Recently Used(最近使用的器件)。

打开"Special Components"(特殊器件)栏后,前文定义的特殊符号以直观的形式展示给读者,并能直接拖出来放置到原理图中,如图 8-79 所示,非常方便。

同理,读者可以将经常使用的 Part 从 xDX Databook 拖动到 Favorites 中,或是在 Recently Used 里面找最近用过的器件。

跨页连接符根据方向放置好以后,需要在属性栏中填写名称。注意,因为在 8.1.6 节中设置了传递网络名,如图 8-24 所示,因此命名连接符后会得到如图 8-80 所示的结果,跨页连接符的名称与 Net 的名称会自动同时显示出来,读者可以根据需要,将图中跨页连接符显示框的勾去掉,只留 Net 名显示。编者建议仅留 Net 名称显示即可,因为常规的跨页连接符后面需要显示该网络在其他原理图的页面编号(参考本章第 8.5 节内容),如图 8-81 所示,表示该网络连接到原理图第三页。

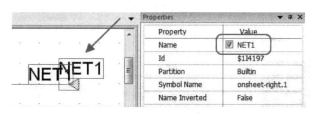

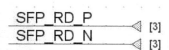

图 8-80　命名跨页连接符　　　　　　　　图 8-81　跨页标识

使用特殊符号的 Link 添加的转跳符，调用到原理图后会自带转跳属性，若是直接从 xDX Databook 的 Symbol View 中调入转跳符号，则不会具有转跳属性。选中具有转跳属性的连接符后，单击鼠标右键，执行菜单命令【Jump To】，可以转跳到与该符号同名的其他页面的连接符处，如图 8-82 所示。也可以使用快捷键，按住【Alt】键后，鼠标左键单击转跳符即可完成转跳（此时鼠标的图标会变成手型）。

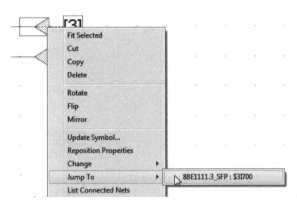

图 8-82　【Jump To】转跳功能

请读者特别注意，转跳连接符对于原理图来说并不是必要的。原理图的默认连接关系是通过网络名实现的，这与其他的 EDA 软件有很大区别，**即所有网络名都是全局的**，且同一网络不允许有两个网络名或别名。因此只要保证网络名相同，即可以保证原理图的电气连接。

8.3.8　复制其他项目的原理图

当项目需要从其他项目的原理图中复制器件甚至页面时，一般工程师会同时打开两个 xDX Designer，在项目之间进行原理图复制。这种办法在 EEVX 中可行，但是在 EE7.9.x 版本中则无法实现，EE7.9.x 同一时间仅允许打开一个工程原理图，多开原理图会导致项目不稳定，PCB 则无此限制。但经过实测，编者仍建议读者无论在何种版本、何种情况下，都使用如图 8-83 所示的方式，执行菜单命令【File】-【Open】-【Block…】，在图 8-84 所示的窗口中选择"Browse…"查找到需要的工程后，选择要复制的原理图页打开，再进行复制操作。

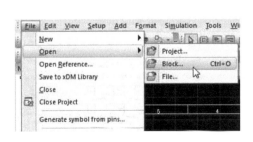

图 8-83　使用 Open Block 打开其他项目

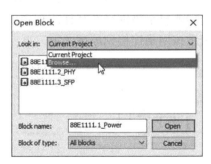

图 8-84　使用 Browse 查找工程

只有使用此方法的复制操作才是最稳定的，否则容易出现打包错误。

另外，在整页复制原理图时，最好将图 8-26 的设置勾上，即在复制器件时保留打包信息，不将位号重置为问号。

8.4　添加备注

原理图的器件与连线绘制完毕后，需要再添加一些注释性的图形或文字，增强原理图的可读性。xDX Designer 支持绘制弧线、矩形、圆形、直线与文字，如图 8-85 所示。

绘制好的图形和文字可以在属性窗口中调整线宽、颜色、填充样式、文本样式等属性。此处读者可以自行尝试，无须再做过多说明。

另外，原理图支持以插入对象的方式，插入 BMP 格式的图片，方法为执行菜单命令【Add】-【Insert Object】，如图 8-86 所示，选择"Create from File"，在路径中选择图片位置，单击【OK】按钮即可。BMP 格式的图片能够完全显示，其他格式的图片将以小图标的形式，作为一个文件插入进来，并且可以单击打开。

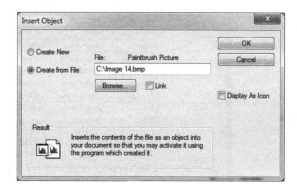

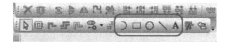

图 8-85　添加备注工具　　　　　　图 8-86　插入 BMP 图片等对象

插入对象命令还可以插入其他一些对象，如 Excel、PDF 等文件，并且 Excel 可以在原理图软件内被调用，读者可以使用"Create New"选项里的文件格式自行尝试。

8.5　生成跨页标识（交叉参考）

在绘制完原理图、放置好所有的跨页连接符后，需要执行菜单命令【Cross Reference】（交叉参考）生成跨页连接符后面的跨页标识，如图 8-81 所示。

首先，将要生成跨页标识的项目的所有原理图页关闭（可以执行菜单命令【Window】-【Close All】）。然后执行菜单命令【Tools】-【Cross Reference】，如图 8-87 所示。

首次运行需要选择"Modify Cross References Settings"，如图 8-88 所示，单击【Next】按钮，进入"General Options"（通用设置）页，该页不做任何修改，直接单击【Next】按钮。

图 8-87　执行菜单命令【Cross Reference】（交叉参考）

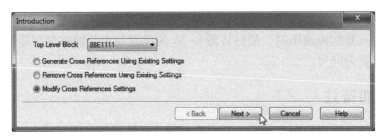

图 8-88 选择修改 Cross Reference 设置

在"Cross References Options"（交叉参考选项）页面中，在表格区域单击鼠标右键执行菜单命令【Add Row】，添加如图 8-89 所示的 4 项，请完全按照图示填写，保持后面 3 项内容为空。此处表示运行 Cross References 时，软件会先记录下交叉参考的数值。然后将"Format Entry"的值改为"［＄page_num］"，即只记录交叉参考所在的页数，并以"［页数］"的方式显示。

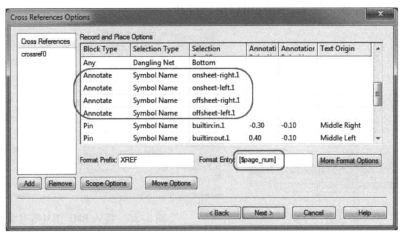

图 8-89 交叉参考的参数设置 1

在添加完用作记录的 4 项 Annotate 后，还需要添加如图 8-90 所示的 4 项 Annotate，此

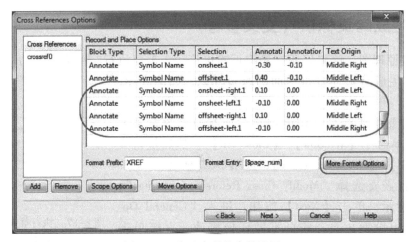

图 8-90 交叉参考的参数设置 2

处表示将记录的数值写入连接符的属性里。后面的数值为放置跨页编号的方向与相对位置坐标，请完全按照图示数据填写。填写完毕后，单击【More Format Options】按钮进行设置。

如图 8-91 所示，将文字大小改为 0.07，可以在紧凑的原理图中具有更佳的可读性。另外，将分隔符改为英文字符的逗号"，"，其他的参数如属性文字的长度等，感兴趣的读者可以自行尝试修改观察，以得到自己满意的效果。

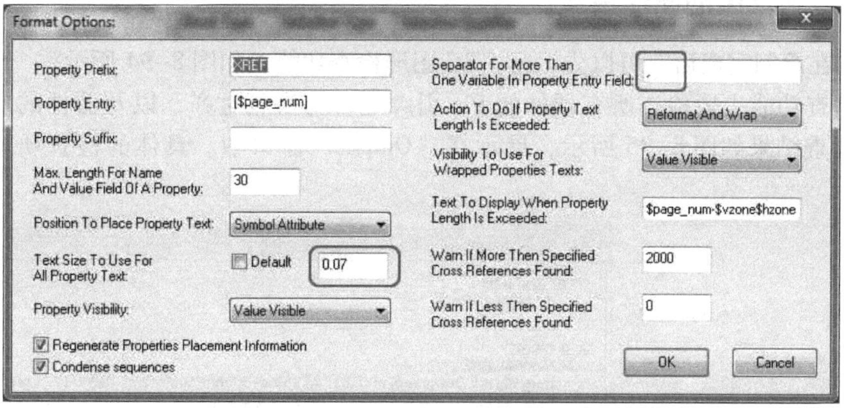

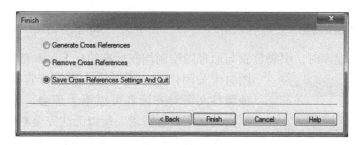

图 8-91　交叉参考的格式设置

完成上述设置后，单击【OK】与【Next】按钮进入"Finish"界面，如图 8-92 所示，选择最后一项，保存设置并退出。

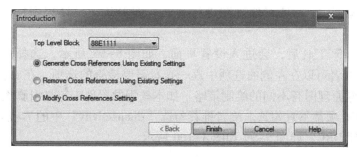

图 8-92　结束交叉参考设置

结束设置后，需要再次在没有打开原理图的情况下，再次执行如图 8-87 所示的菜单命令【Tools】-【Cross Reference】，此时选择第一项，使用刚刚修改好的设置生成交叉参考，如图 8-93 所示。

图 8-93　生成交叉参考

生成的效果见上文的图 8-81。请注意，每次修改原理图后需要重新运行上述的生成步骤才能对跨页标识进行更新。

8.6 检查与打包

8.6.1 原理图的图形检查

原理图在绘制完成后，可以先运行 GRC 图形检查功能，如图 8-94 所示。

图形检查功能主要检查所有器件的 Pin 引脚是否与格点对齐，以及器件的属性文字是否对齐，检查结果如图 8-95 所示，展示在"Output"窗口中。具体的检查项可在设置中修改。

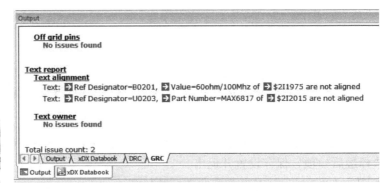

图 8-94 GRC 图形检查功能   图 8-95 GRC 检查结果

图 8-96 对齐到格点工具

由于本教程在建库时，引脚放置与原理图绘制均在标准的 0.1 inch 格点下进行，并且绘图时未关闭格点，所以第一项检查肯定不会报错。第二项属性文字对齐读者可以不予理会，因为实际绘制会有不同的文字放置需求，所以无法完全对齐。

若是有不在格点上的器件时（如关闭了格点放置器件），可选择该器件后，使用如图 8-96 所示的对齐到格点工具（Snap To Grid）进行对齐。

8.6.2 原理图的规则检查（DRC）

执行完图形检查后，需要对原理图进行验证（即 DRC，设计规则检查），验证工具如图 8-97 所示。

首次打开 Verify 工具后，会进入设置页面，如图 8-98 所示，选择验证范围为 Board（整个电路板）。读者可以在左侧的选项中逐一查看需要检查的选项，在对应的 DRC 项前勾选即可。由于不同原理图有不同的绘制策略，如本教程的器件未定义引脚类型，因此所有包含引脚类型的 DRC 项都不宜勾选。笔者推荐勾选"Connectivity"中的 7 项 DRC，以及"Intergrity"中的 2 项 DRC，如图 8-99 和图 8-100 所示。

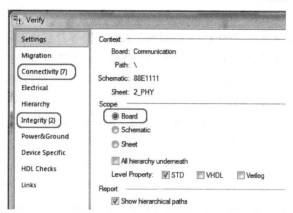

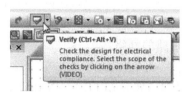

图 8-97　原理图的验证工具

图 8-98　Verify 验证设置界面

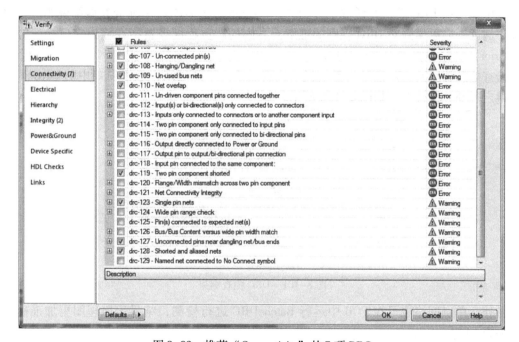

图 8-99　推荐"Connectivity"的 7 项 DRC

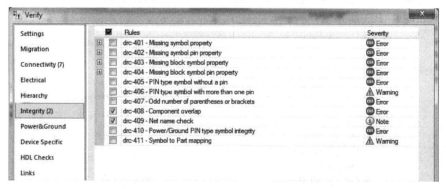

图 8-100　推荐"Integrity"的 2 项 DRC

- drc – 108 Hanging/Dangling Net：检查断开或残留的 Net 线；
- drc – 109 Un – used bus nets：检查总线内没有连接分支线；
- drc – 110 Net overlap：检查 Net 线是否重叠；
- drc – 119 Two pin component shorted：检查两脚器件是否短路；
- drc – 123 Single pin nets：检查是否有单端网络；
- drc – 127 Unconnected pins near dangling net/bus ends：检查是否有网络线的断头断在引脚附近；
- drc – 128 Shorted and aliased nets：检查是否有重名和短路的网络；
- drc – 408 Component overlap：检查是否有重叠的器件；
- drc – 409 Net name check：检查网络名是否有大小写区别，如 enABLE 和 ENABLE，以及是否有 Date7 和 Date[7]。

选中任一项 DRC 后，对话框下方的"Description"（描述）中都会有详细说明，建议读者逐一阅读一遍以增强对 DRC 规则的理解。右侧的严重程度设置指在输出窗口提示时是报错（Error）还是报警告（Warning）。

检查信息如图 8-101 所示，系统提示检查出 7 个单点网络，双击窗口中的 DRC 可以快速转跳定位到具体位置，如图 8-102 所示。

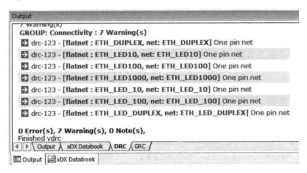

图 8-101 DRC 检查结果

另外，单点网络也可在 PCB 中运行 Batch DRC 进行检测，结果比原理图更加准确，详见本书第 14 章内容。

若只想对某一项内容进行检查，可以直接单击 Verify 图标右方的小箭头，从下拉菜单中单独选择，如图 8-103 所示。

图 8-102 定位单点网络

图 8-103 单独检查连接性

8.6.3　原理图的打包

原理图检查完毕后，即可执行菜单命令【Package】（打包），如图 8-104 所示。

图 8-104　Package 打包工具

在执行菜单命令【Package】之前，Xpedition 版本新提供了一个快速检查工具，单击 Package 右侧小箭头里的 "Quick Package Check"，可以快速检查，检查结果可在 "Output" 中查看，如图 8-105 和图 8-106 所示。

图 8-105　快速打包检查工具

图 8-106　快速打包检查结果

执行菜单命令【Package】之后，弹出设置窗口如图 8-107 所示，编者建议读者完全按照图示进行设置，去掉 "Packaging Options" 里的所有复选框，然后 "PDB Extraction Options" 中选择最后一项，即每次打包时删除本地库的数据，重新从中心库中提取所有数据重建本地库。经过实践验证，用此种方法打包，能够在复杂的工作环境中，最大限度地保证设计文件的准确性。

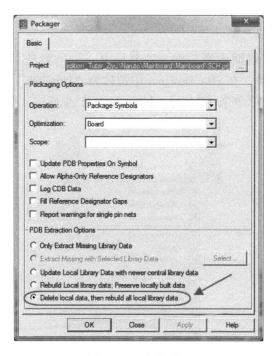

图 8-107　打包设置

若原理图与 PCB 中包含了中心库不存在的器件，如外来的工程，则打包时必须选择 "Only Extract Missing Library Data" 项，即仅从中心库提取设计中不存在的器件数据，并不对本地库中已存在的器件封装做任何改动。

在设计没有问题的情况下，打包完毕后，"Output"窗口会提示如图 8-108 所示的信息。

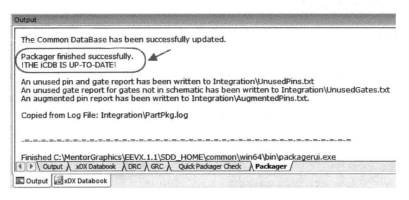

图 8-108　打包正确信息

若打包不正确，会提示 Error 和 Warning，其中 Warning 一般不会影响设计的准确性，但是 Error 信息必须逐个进行排查，可以在"Output"中找到 Error 信息并双击转跳到报错器件，根据报错对象的不同进行修改，直至打包通过。

根据笔者多年经验，打包时的报错大多为画图不仔细所致，如复制了器件后忘了更改位号（如出现两个 R1），以及在中心库修改了"Part Number"后没有在原理图中重新调用等。

8.7　生成 BOM 表

原理图绘制完成后，根据生产需求，需要导出一份物料清单（Bill of Material，缩写 BOM），也称作元器件清单，在 xDX Designer 中被称为"Part List"（器件列表），若需使用，如图 8-109 所示，执行菜单命令【Tools】-【Part Lister】生成。

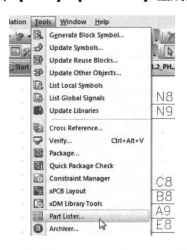

图 8-109　执行菜单命令【Part Lister】生成物料清单

启动"Parts Lister"窗口后，弹出如图 8-110 所示的设置界面，在"General"选项卡下，可以设置输出文件保存的位置，以及生成物料清单的范围（Scope）是项目（Project）、板卡（Board），还是模块（Block），由于本教程是按照一个工程对应一块板卡的，并且原理图不做模块复用，且使用平面的方式进行连接，因此本例中选择 Project 与 Board 均可，且选择 Board 后只有 Communication 一个选择。

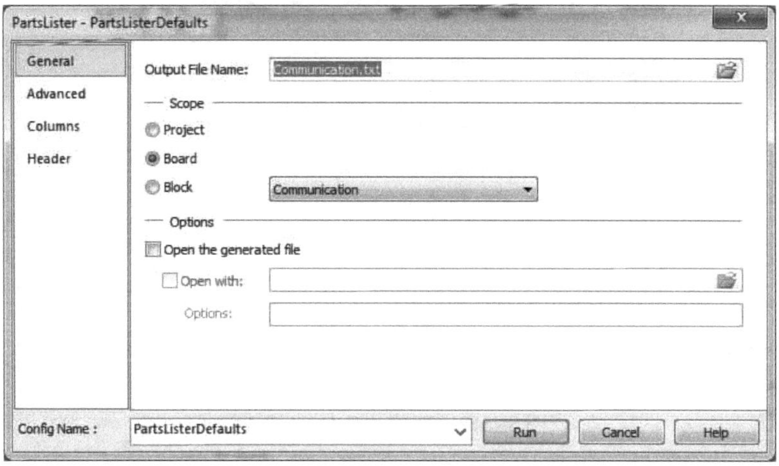

图 8-110　"PartsLister"参数设置界面

设置完"General"界面后，进入"Advanced"（高级）选项卡，如图 8-111 所示，可将输出格式改为 Excel 格式。注意，此处改为 Excel 后，可以回到"General"界面，打开 Options 里面的"Open the Generated file"，选择 EXCEL 程序快捷方式，这样可以在生成 Part List 之后自动使用 Excel 打开。

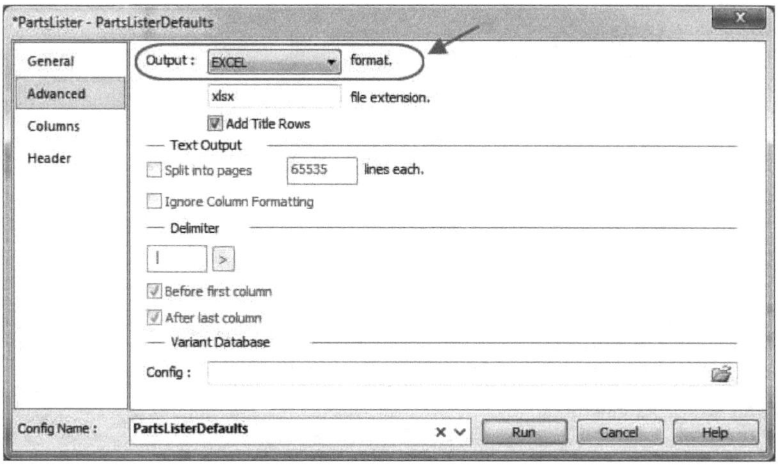

图 8-111　"PartsLister"高级设置

在如图 8-112 所示的"Columns"里，将定义 BOM 的列内容，如图中默认定义了 QTY（数量）、Part Number（器件编号）、Description（器件描述）、Value（器件值）、Ref Designator（器件位号）信息。根据一般的工程应用，此处建议加上器件是否不焊接的 NC 信息，即 8.2.5 节定义的 NC Symbol。如图 8-112 所示，使用 New（Insert）工具在"Columns"选项卡内新建一个列。

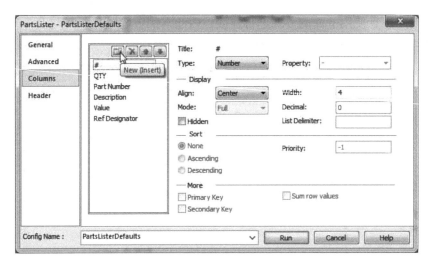

图 8-112　新建"Columns"列

　　如图 8-113 所示,将新建的列重命名为"NC Symbol",使用"Columns"的上下箭头调整其位置到列表最后,右侧属性栏完全按照图示设置。请注意,"Mode"栏一定要选"Compress"项且作为主要键值(Primary Key)进行分类,不然"NC"字符会重复出现多次。如图 8-113 所示设置好后单击【Run】按钮,即可在工程目录内生成 BOM 表,使用 Excel 打开后如图 8-114 所示,相关项目经理可以对数据进行相应的筛选和整理。

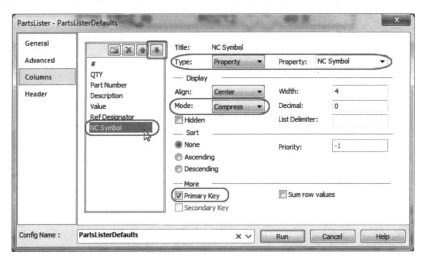

图 8-113　修改新建的"NC Symbol"列

> **注意:** 由于本教程仅为工程示例讲解,因此并未对所有物料进行编码,如图 8-114 所示,"Part Number"一栏均为器件名称,在实际工程中此处应为该物料对应的唯一编码,编码格式各公司标准不一,有的用纯数字,也有用数字与字母结合,以方便对海量器件的管理。

	A	B	C	D	E	F	G
1	#	QTY	Part Number	Descri	Value	Ref Designator	NC Symbol
26	25	6	RES_0603		2K	R0109-R0112, R0114, R0118	
27	26	1	RES_0603		0_NOB	R0201	
28	27	2	RES_0603		0	R0202, R0203	
29	28	1	RES_0603		22	R0204	
30	29	3	RES_0603		4.7K	R0205, R0206, R0217	
31	30	7	RES_0603		49.9	R0207-R0213	
32	31	1	RES_0603		49.9	R0214	NC
33	32	1	RES_0603		4.99K 1%	R0215	
34	33	1	RES_0603		1.5K	R0216	
35	34	2	RES_0603		220	R0218, R0219	
36	35	2	RES_0603		680	R0301, R0302	

图 8-114　生成的 BOM 范例

使用 ODBC 数据库输出含丰富信息的标准 BOM 表的设置方式详见本书第 20 章内容。

8.8　设计归档

原理图设计完成后，需要对设计文件进行整理归档，以及生成 PDF 原理图发给项目组相关成员进行检查。另外，除了使用本书 7.3 节介绍的自动备份方法，原理图内可以手工进行备份打包，以及在原理图页内单独设置图页备份，以便单页追溯，快速回到该页之前的设计状态。

8.8.1　图页备份与回滚

在原理图中，使用如图 8-115 所示的 "Backup Sheet" 选项对原理图页进行备份。

每次单击该备份图标都会生成一个相应时间戳的当前原理图页备份，如图 8-116 所示，在每个备份右方的下拉箭头中，可以选择回滚到该时间的图页，或对该备份添加描述。请注意，如图 8-116 所示，若回滚到最早的时间图页（最下方的备份），则晚于该时间的备份（该备份上方的所有备份）会被自动删除，因为在过去的那个时间点并不存在后来备份的图页。

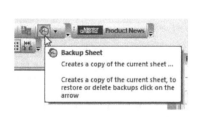

图 8-115　添加图页备份

图 8-116　回滚到备份的图页

8.8.2 使用 Archiver 归档文件

在设计中，可以随时执行菜单命令【Tools】-【Archiver】对整个工程进行压缩归档，如图 8-117 所示。

用 Archiver 工具归档生成的压缩包，在文件性质上跟 7.3.3 节建立的备份文件压缩包无本质区别，但是使用 Archiver 归档工程可以比自动备份多带入一些设置信息，以及会带入所有 Output 文件夹的内容，因此文件会比自动备份的压缩包大。如图 8-118 所示，作为项目重要节点的备份文件则推荐使用 Archiver。

图 8-117　Archiver 工具　　　　　　图 8-118　自动备份与 Archiver 对比

Archiver 工具的使用分为两步，第一步如图 8-119 所示，分别指定需要压缩的工程与输出路径，下方务必勾选"Compress using zip format"，即使用压缩包格式归档。单击【Next】按钮之后会进入是否附录其他文件，如不选择直接可单击【Finish】按钮。压缩完毕如图 8-120 所示。

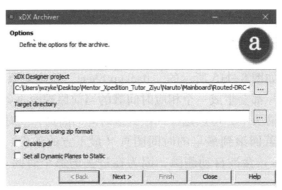

图 8-119　Archiver 工程设置界面

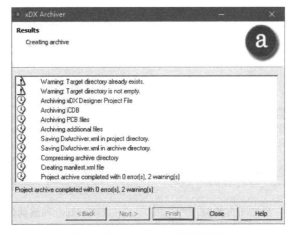

图 8-120　Archiver 归档完毕

8.8.3 生成 PDF 原理图

在图 8-119 中，可以勾选"Create pdf"选项，即在压缩过程中自动生成原理图 PDF 文件。

另外，编者建议执行原理图菜单栏【File】–【Export】–【PDF】导出 PDF，执行该命令后如图 8-121 所示，建议输出的文件名如图 8-121 所示，添加生成的日期方便区别。

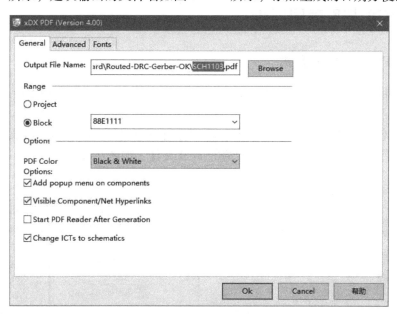

图 8-121 生成 PDF

> **注意**：若是在 8.6.3 节的打包（Package）未通过的情况下生成 PDF，很有可能造成 PDF 输出报错，此时只需先进行打包，排除所有的 Package 错误后，再生成 PDF 即可。

另外，PDF 的相关设置项，根据工程经验，编者建议全部使用默认设置。对自定义感兴趣的读者可以自行探究。之所以推荐全部默认，考虑软件在多终端、多工程师使用的情况下，很难做到配置完全一致，这样会导致输出的 PDF 格式错乱，不利于统一。若公司对图纸有较强的标准化要求，则可以指定专人对配置进行标准化。

8.9 本章小结

本章详细讲解了原理图从绘制到打包输出的全流程，读者需要根据本章内容，以及随书附赠光盘中的原理图 PDF 文件，自行绘制出教学工程的原理图。读者也可直接使用复制的方式，将随书附赠的参考原理图复制至本地工程中，再进行后续章节的学习。

第9章 导入设计数据

9.1 PCB 与原理图同步

9.1.1 PCB 的打开方式

原理图绘制完毕后，参考本书 7.2.3 节所示的步骤，单击如图 9-1 所示的图标，新建 PCB。

若 PCB 文件已经建立，单击 xPCB Layout 图标可以直接打开对应的 PCB 文件。另外，也可以从工程文件夹中，双击打开.pcb 后缀的 PCB 文件，如图 9-2 所示。

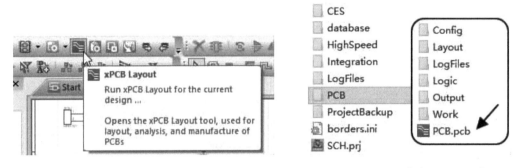

图 9-1　从原理图进入 xPCB Layout　　　　图 9-2　工程文件中的 PCB 文件

PCB 文件打开后，首先会弹出操作小提示（Tips），关闭提示窗口后，软件会自动对原理图与 PCB 的一致性进行检查，若发现原理图与 PCB 不一致，便会自动弹出如图 9-3 所示的前向标注（Forward Annotation）提示。

前向标注的意思是将原理图中的所有改动同步至 PCB，所有的改动以原理图为准，PCB 完全遵循原理图的改动。若是需要将 PCB 的改动（如器件位号，封装信息变更）传递到原理图，则需要进行反向标注（Back Annotation）。

在工程实践中，此处一般单击【No】按钮，即在打开 PCB 时不做前标，由工程师自行决定在后续设计中何时进行前标同步。具体前标的设置见本章下一节内容。

前向标注之后，软件还会检测 PCB 的 DRC 状态，关闭过 DRC 进行设计的项目会在 PCB 打开时弹出如图 9-4 所示的窗口，提醒用户是否进行批量 DRC 检查（Batch Design Rule Check），此处一般单击【No】按钮，即不在启动 PCB 时进行批量 DRC 检查，一般放在设计完成后再进行。

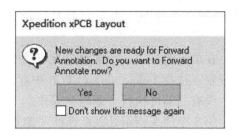

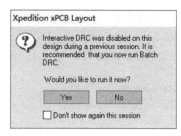

图 9-3　前向标注（Forward Annotation）提示　　图 9-4　批量 DRC 检查提示框

9.1.2　前向标注的三种方式

确认完前向标注与 DRC 后，即进入 PCB 设计界面，如图 9-5 所示，初始的 PCB 界面仅有模板自带的板框，此时需要进行前向标注，将原理图的数据导入。

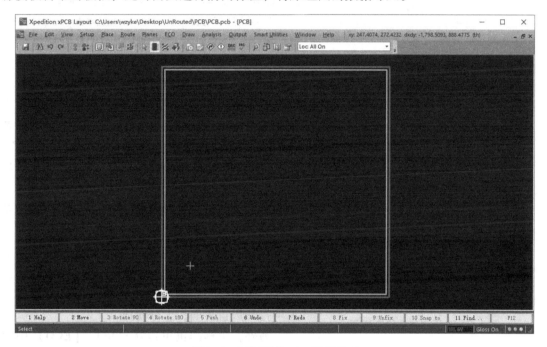

图 9-5　新打开的 PCB 编辑界面

如图 9-6 所示，执行菜单命令【Setup】-【Project Integration】，即进行工程完整性检查，弹出的窗口如图 9-7 所示。注意，若在图 9-3 中单击【Yes】按钮后也会进入工程完整性检查，在完整性检查窗口中进行前向标注。

在图 9-7 中，读者需要特别注意箭头标注的 4 个地方，第 1 个是前向标注提示灯，类似交通灯的指示方式，黄色表示工程需要进行前向标注，单击

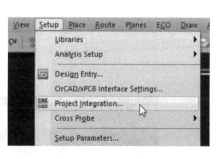

图 9-6　工程完整检查

第 1 个灯即可进行前标，前标完成后指示灯全部变为绿色，表示原理图与 PCB 数据完全同步。

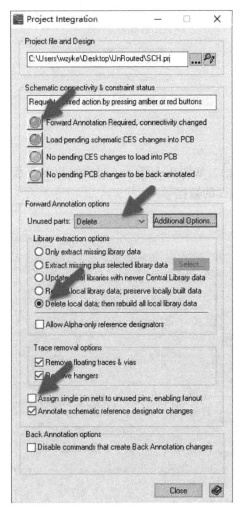

图 9-7　工程完整性检查界面

独运行前标与反标命令，如图 9-9 所示。

在单击前标之前，需注意第 2 个箭头指示处的设置，选择 Delete 表示对 PCB 中存在、但原理图中没有的器件执行"删除"操作。

第 3 个箭头指示处表示选择"删除本地数据，重新从中心库中提取数据新建本地库"，该功能与原理图中的 Package 含义一致，选择此项能最大程度上维持工程与库的一致性，建议读者如此设置。若是针对外部工程，即没有设计对应的中心库时，需指定一个本地库后，选择"Only extract missing library data"，与原理图的处理方式一致。

"Assign single pin nets to unused pins, enable fanout"不建议勾选，否则扇出 BGA 时所有的无网络引脚也会被删除。其他设置可根据提示进行选择，本书在此不再赘述。

关于工程完整性，读者还需要关注 PCB 右下角的 3 个指示灯，如图 9-8 所示。从左至右的黄色依次表示"原理图的连接性变更需要同步"、"原理图的约束设置变更需要同步"、"PCB 的约束设置变更需要同步"。

一般当原理图有改动时，前两个灯会变成黄色，设计者应时刻关注这 3 个指示灯的状况，并尽量保证在三个灯全绿的情况下进行设计。当前两个灯变成黄色时，只需对第一个灯用鼠标左键单击，即可按照如图 9-7 的设置进行前标操作且无须打开设置界面，十分便捷。

另外，工程师也可以从菜单栏【ECO】中单

图 9-8　工程完整性指示灯

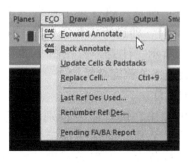

图 9-9　前标与反标命令

前标的 3 种方法结果一致，读者可以根据需要灵活采用，保证工程的完整性。

另外，根据工程实践，由于复杂电路的原理图页很多，因此不适合对 PCB 进行位号重命名反标，如图 9-9 中的【Renumber Ref Des】（位号重新排序），会造成按页命名的器件位号错乱。一般只将在 PCB 里的分组信息反标至原理图，在 PCB 同步时会自动完成，详见本书第 10 章器件分组。

9.2　PCB 参数设置

PCB 在进行布局、布线设计前，需要对其参数进行设置，规定设计的单位与叠层数据，并指定使用的过孔、打孔的层对、对 HDI 板卡的盲埋孔设置。另外，工程设计中常用埋阻作为跳线，可以用作单点接地或转换同名网络等。

9.2.1　PCB 的设计单位

执行菜单命令【Setup】–【Setup Parameters】进行 PCB 参数设置。

弹出的窗口如图 9-10 所示，在 "General" 选项卡中，右侧的 "Display units" 区域，对 "Design units" 设置即可更改 PCB 的设计单位，一般为 Millimeters（毫米，单位 mm）或 Thousandths（毫英寸，单位 mil，在 PCB 中单位为 th）。

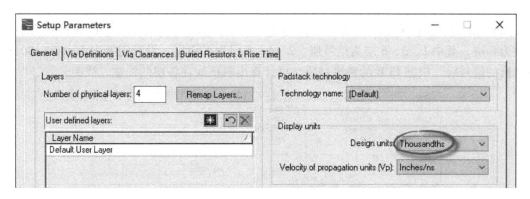

图 9-10　PCB 的单位设置

PCB 的单位设置完毕后，还需要对小数点后面的位数进行设计，执行菜单命令【Setup】–【Units Display】，如图 9-11 所示，对 "No. of digits after decimal" 项进行设置。当设计单位为毫米时，此处可以取 4，若设计单位为毫英寸，则位数取 2 即可。

> **注意：** 对单位进行转换时一定要留够小数位，否则软件会对读取到的数据进行四舍五入，即 PCB 上的实际线宽为 0.254mm，若只显示一位小数，则系统的显示线宽为 0.3mm，但此时的实际线宽并未发生变化，仍为 0.254mm，因此容易使设计人员造成误解。

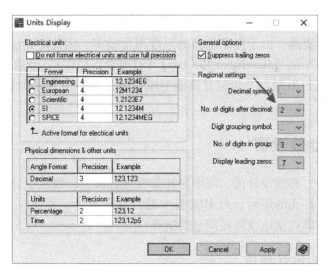

图 9-11　设置小数点后面的位数

9.2.2　叠层修改

根据工程实际需要，工程师在进行 PCB 设计前会跟制板厂家进行沟通，定好 PCB 的叠层数据与阻抗线的线宽、线距。

图 9-12 为本教程采用的由板厂提供的叠层数据，从图中可以看出，PCB 厚度为 2mm，层数为 6 层，其中 1、3、6 层为信号层，2、4、5 层为平面层，设计需要走 50Ω 和 100Ω 差分阻抗的信号线，根据 PCB 的叠层材质，可计算出阻抗线在各层的线宽、线距。

层别	线宽/线间(mil)	控制阻抗值（ohm）			
L1/6	6.5 mil	50+/-10%			
L1/6	5/9 mil	100+/-10%			
L3	6.5 mil	50+/-10%			
L3	5/9 mil	100+/-10%			
建议：					
L1	▬▬▬▬▬▬▬	0.5oz +Plating			
	2116　　4.4153 mil				
P2	▬▬▬▬▬▬▬	1oz			
	Core　27.9527 mil				
L3	▬▬▬▬▬▬▬	1oz			
	1080+1080　4.8366 mil				
P4	▬▬▬▬▬▬▬	1oz			
	Core　27.9527 mil				
P5	▬▬▬▬▬▬▬	1oz			
	2116　　4.4153 mil				
L6	▬▬▬▬▬▬▬	0.5oz +Plating			
	理论板厚: 1.93 mm	板材类型　　FR4 S1141			
	完成板厚: 2 +/-0.2 mm				
阻抗计算值：					
层别	调整线宽/线间	计算值(ohm)	H1(mil) Er1	H2(mil)	Er2
L1/6	6.5 mil	50.7	4.42　3.95		
L1/6	5/9 mil	98.8	4.42　3.95		
L3	6.5 mil	50.2	27.95　4.2	6.09	3.65
L3	5/9 mil	98.6	27.95　4.2	6.09	3.65
L1	的屏蔽层为:	L2			
L6	的屏蔽层为:	L5			
L3	的屏蔽层为:	L2/L4			

图 9-12　PCB 板厂提供的叠层参考

得到叠层数据后，需要进入 PCB 中进行设置。执行菜单命令【Setup】-【Stackup Editor】进入叠层设置窗口，如图 9-13 所示，该窗口以可视化的方式让工程师可以很方便地对叠层数据进行修改。

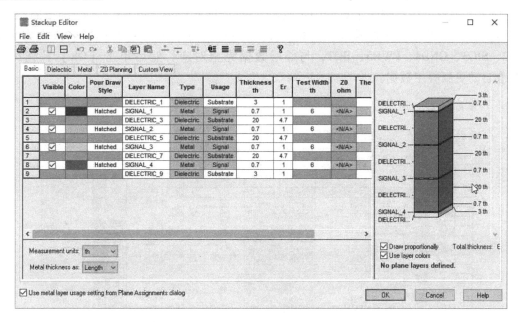

图 9-13　叠层设置窗口

由于模板采用的是 4 层 PCB，所以此处我们需要新加 2 层。建议读者在序号 8 处单击鼠标左键，即选中第 8 层，也是信号层的第 4 层（Signal_4），然后再单击工具栏的智能添加层工具，如图 9-14 所示，即可在所选层的上方添加合适层，若选择的是 Metal（金属）层时，会自动插入 Dielectric（绝缘）层，反之亦然。

> **注意**：软件规定新加的层只能位于内层，因此选择信号层的第 4 层时，是不能使用朝下方添加的按钮，若强行添加，软件则会报错。

图 9-14　在选中的层上方插入合适的层

重复上述的添加步骤，添加层数至 6 层。另外，可根据工程需要修改层的名称，方便设计辨认，如 TOP、GND2、SIG3 等。若不在 PCB 设计中做仿真或阻抗计算，则铜层的厚度与电离常数"Er"可以忽略，不用进行设置（具体设置可参考下一节）。叠层修改完毕后如图 9-15 所示。另外，在右侧的示意图中可以不勾选"Draw Proportionally"项，即按照相等比例显示叠层，可以直观地查看叠层数据，如图 9-15 所示，6 层 PCB 的层名依次为 TOP、GND2、SIG3、GND4、PWR5、BOT，与叠层数据完全对应，然后单击【OK】按钮即可，PCB 会自动更新叠层数据。

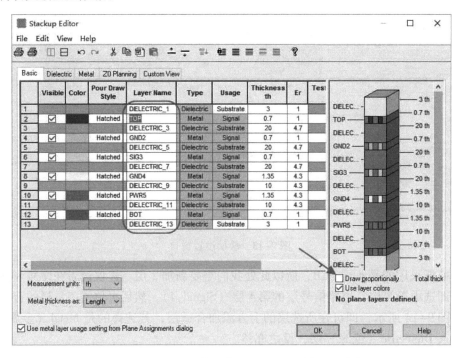

图 9-15　添加 PCB 层数示意（未设置层厚与电离常数）

9.2.3　阻抗线的宽度计算

在上一节中，我们在设计叠层数据时并未填写层厚与"Er"数据，这是因为在一般的工程设计中，EDA 工程师通常都是跟 PCB 厂的叠层工程师进行多次沟通后，由板厂根据实际情况定下叠层数据，EDA 工程师只需完全遵循即可，因此并不需要再在 Xpedition 中进行阻抗模拟。

但是 Xpedition 软件提供的阻抗模拟器功能十分强大，只需稍微设置，就可以对阻抗线宽、线距进行计算验证。另外，若需要对 PCB 进行信号与电源完整性仿真，则叠层数据必须设置完整。

根据上一节厂家提供的叠层数据，我们将实际的数值填至表格中，如图 9-16 所示。请注意，1oz（1 盎司）的铜皮厚度约为 1.35mil（工程上常取 35μm），电镀层（Plating）的厚度在本次理论模拟中忽略，读者若要进行实际模拟时，需找 PCB 厂家要电镀后的实际完成铜厚，再进行计算。

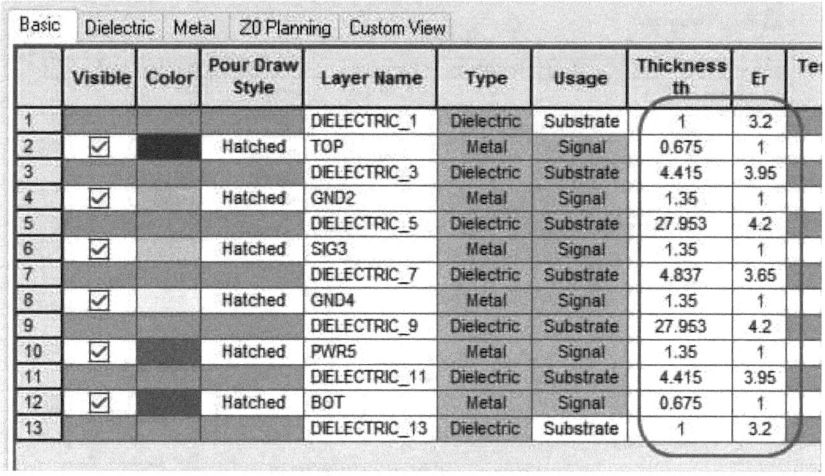

	Visible	Color	Pour Draw Style	Layer Name	Type	Usage	Thickness th	Er	Te
1				DIELECTRIC_1	Dielectric	Substrate	1	3.2	
2	☑		Hatched	TOP	Metal	Signal	0.675	1	
3				DIELECTRIC_3	Dielectric	Substrate	4.415	3.95	
4	☑		Hatched	GND2	Metal	Signal	1.35	1	
5				DIELECTRIC_5	Dielectric	Substrate	27.953	4.2	
6	☑		Hatched	SIG3	Metal	Signal	1.35	1	
7				DIELECTRIC_7	Dielectric	Substrate	4.837	3.65	
8	☑		Hatched	GND4	Metal	Signal	1.35	1	
9				DIELECTRIC_9	Dielectric	Substrate	27.953	4.2	
10	☑		Hatched	PWR5	Metal	Signal	1.35	1	
11				DIELECTRIC_11	Dielectric	Substrate	4.415	3.95	
12	☑		Hatched	BOT	Metal	Signal	0.675	1	
13				DIELECTRIC_13	Dielectric	Substrate	1	3.2	

图 9-16　设置叠层厚度与电离常数

请读者注意数据填写的单位是 th 还是 mm，可以在设置界面下方进行切换。

读者会发现，仅设置层厚和 Er 还无法进行阻抗线数据模拟，这是因为图 9-16 的叠层中，所有铜皮层均被定义为信号层（Signal），没有平面层（Plane），因此软件无法在没有参考层的情况下进行计算。

保存当前叠层设计数据后退出，回到 PCB 主界面。执行菜单命令【Planes】-【Plane Assignments】。在弹出的窗口中，将 Layer2、Layer4、Layer5 定义为 Plane，如图 9-17 所示。请读者注意，被定义为平面的层仍然可以走信号线，这点与其他 EDA 软件有区别。另外，平面层全部建议选 Positive，即正片形式。

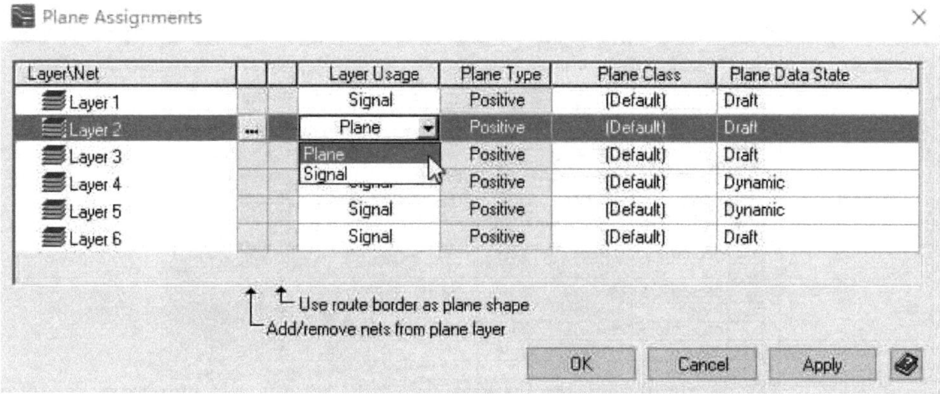

图 9-17　设置平面层

被定义为平面的层必须至少包含一个平面数据（Plane Shape），若无则直接在此窗口指定，单击对应平面层 "Add/remove nets form plane layer" 的【…】按钮，双击选择合适的网络（数字地 DGND 和电源 VCC5）后，得到如图 9-18 所示的平面设置。请注意，若使用平面层，则需要铺铜的网络必须在此处添加进列表中，否则在 Plane 内无法进行铺铜。

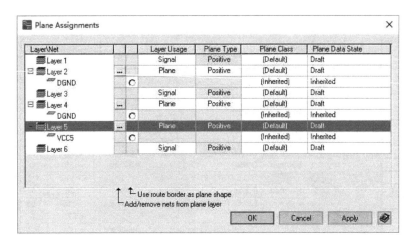

图 9-18　为平面层设置网络

"Use route border as plane shape" 是指是否使用布线边界框作为平面的轮廓，一般建议默认不选，后期设计时根据需要灵活选择。

另外，"Plane Data State" 强烈建议全部改为 "Dynamic"（动态铜），不用 "Draft"（草图铜皮）。

回到叠层设置窗口，打开 "Z0 Planning" 界面，执行菜单命令【View】 –【Calculated Z0】，确保该选项被激活。然后在界面下方的 "Plan for" 中选择计算的对象是单端线还是差分线。在计算单端线时，"Target Z0 ohm" 一栏输入需要的阻抗值，如 50（ohm），然后 "Width"（宽度）一栏会自动计算出结果，如图 9-19 所示。

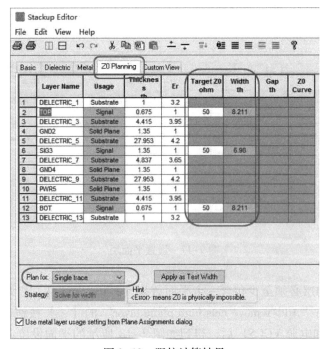

图 9-19　阻抗计算结果

差分阻抗的计算方法与此类似。软件还提供了其他更为灵活的计算方式，由于篇幅限制，在此不再赘述，感兴趣的读者可以通过【F1】键的帮助文档获得更多信息。

另外，读者可能会对软件算出来的值表示怀疑，如图 9-19 中 50Ω 表层的阻抗线算出来宽度有 8.2mil，而板厂给的数据是 6.5mil，为何差距会如此之大？原因就在于设置的参数。由于板厂给的叠层数据信息不够全面，因此设置中有些参数是我们估计出来的，没有严格地与板厂进行计算的参数对应上，所以产生了较大偏差。解决此问题的办法就是跟板厂进行参数核对，有需求的读者可以做进一步的探究，这也是利用 Hyperlynx 软件无缝链接 PCB 进行仿真前必要的设置。对于阻抗计算的准确性，读者无须担心，大量的实践与研究表明，在参数准确的情况下，阻抗的计算值与实际值相差甚小。

9.2.4　过孔、盲埋孔设置

叠层数据定义完毕后，需要对过孔（VIA）进行定义，执行菜单命令【Setup】-【Setup Parameters】，打开 "Via Definitions" 标签页，如图 9-20 所示，读者可以在该界面进行通孔或盲埋孔定义。

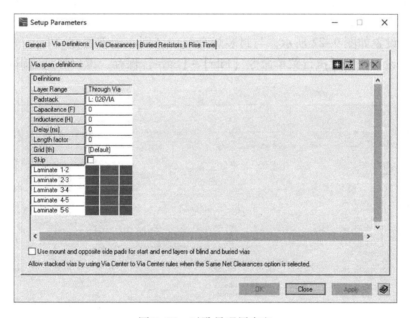

图 9-20　过孔导通层定义

在本例的 PCB 中，读者若发现过孔焊盘只能使用系统自带的 026VIA，说明在中心库中还未建立过孔数据。

过孔的添加需要在中心库中进行。除了常规的打开中心库的方法，我们还可以从 PCB 中进入中心库。执行菜单命令，【Setup】-【Libraries】-【xDM Library Tools】，可以启动中心库编辑器，如图 9-21 所示。

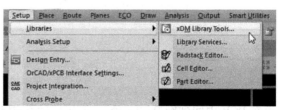

图 9-21　从 PCB 中打开中心库编辑器

注意：使用此方法打开的中心库，不具有编辑 Symbol 的权限，仅能对 Cell、Part 与 Padstacks 进行编辑，修改 Symbol 需要单独运行中心库管理软件。同理，原理图内菜单打开的中心库也不具有编辑 Cell 数据的权限。

另外，若读者直接使用图 9-21 所示的方式打开 Padstack Editor 时，这并不是中心库的 Padstack Editor，而是本地库的焊盘数据，即软件从中心库提取出来的仅包含本设计用到的焊盘栈的专用库。由于本地库数据不会同步至中心库中，所以建议读者不要修改本地库，尽量在中心库中修改，以保证工程的一致性。

参考本书第 4.3 节所示新建焊盘栈的步骤，新建常用的过孔。关于过孔的命名，可采用如 V45H20、V51H25 类似的方式，其中 V45H20 代表过孔焊盘直径为 0.45mm（约 18mil）、钻孔为 0.2mm（约 8mil）。同理，V51H25 代表过孔焊盘直径 0.51mm（约 20mil）、钻孔为 0.25mm（约 10mil）。

一般使用 V51H25 作为默认过孔，对于需要扇出的 BGA 区域，或布线密度比较高的地方，可以使用 V45H20 或者更小的 V40H20 过孔。另外，对于 HDI 板卡，需要使用 V20H10 作为盲埋孔（激光孔）。

过孔详细设置如图 9-22 所示，与封装焊盘栈的区别在于需要在"Type（类型）"一栏选择"Via"。设置完毕后执行菜单命令【File】-【Save】保存，退出焊盘编辑器，回到 PCB 界面。

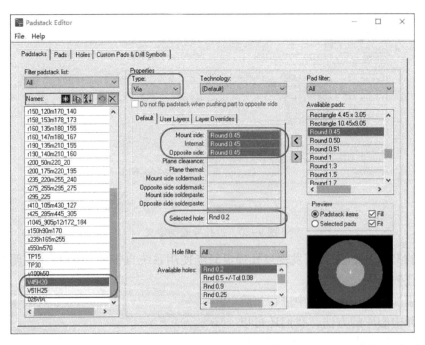

图 9-22　在本地库中新建过孔

在 PCB 中回到图 9-20 处，可以在过孔焊盘的下拉菜单中设置中心库内的过孔，如图 9-23 所示，选中 V45H20 作为过孔。

读者需要注意的是，此处过孔定义并非设置所有走线使用的默认过孔，仅定义过孔的跨层，走线的默认过孔需要在约束管理器（Constraint Manager）中设置，即便图9-23将通孔设置为V45H20，在 PCB 中仍可以使用其他尺寸的过孔，此处通孔仅能设置一个。

对于需要使用盲埋孔的 HDI 板卡，同样在"Via Definition"中设置，如图9-24所示。如此设置的 HDI 板卡，工程上习惯称为"六层一阶"，即板层为6层，盲孔跨一个阶梯，中间4层使用埋孔连接。

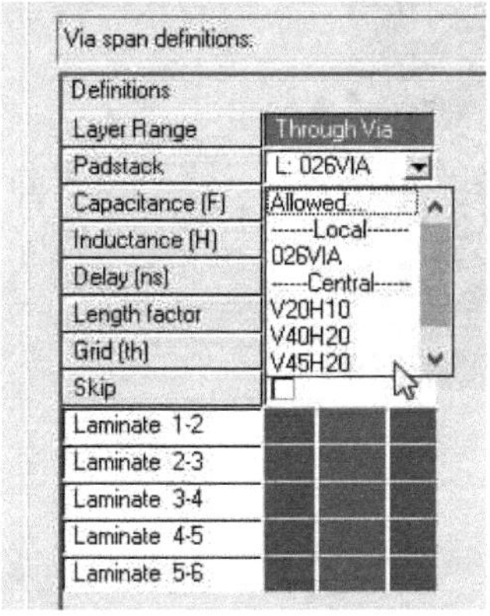

图9-23　选择中心库中合适的过孔 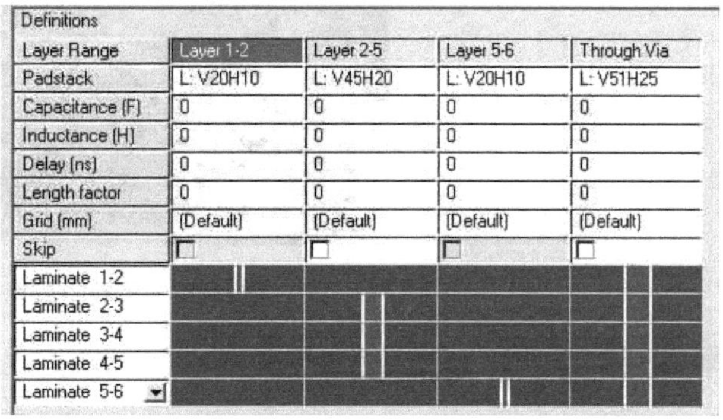　　　　　图9-24　HDI 板卡的盲埋孔设置

使用盲埋孔的 HDI 板卡多应用于手机 PCB 或高密度 BGA 芯片的产品。在这类产品中，常需要使用多个盲孔与埋孔紧密挤在一起传输电流，因此需要对其间距进行设置，如图9-25所示，在"Via Clearances"标签页中勾选"Same Net"项，并将所有的距离设置为0.001（PE），即可近似于零间距（过孔焊盘边缘至边缘的距离），如图9-26所示，使用近似零间距的9个盲孔与5个埋孔传输2A电源。

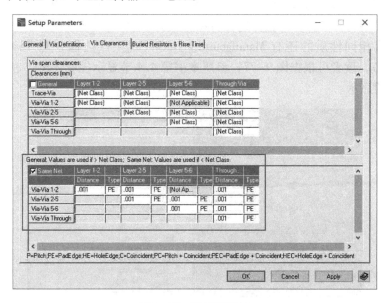

图9-25　孔间距设置

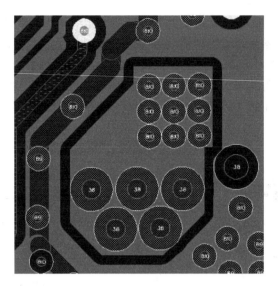

图 9-26　零间距盲埋孔示例

9.3　PCB 外形的新建

9.3.1　板框的属性与显示

设置好 PCB 的基础参数后，接下来需要绘制 PCB 的板框。

Mentor Xpedition 继承 Expedition 软件的属性规则，将 PCB 包含的所有元素，分为多种类别的属性层，进行显示控制与编辑。根据软件规则，在 PCB 中，必须**有且仅有**一个闭合的板框，位于 Board Outline 层。其他绘图层的闭合多边形（Polygon）可以通过属性转换变为 Board Outline，转换时软件会自动替换掉原有板框。另外，也可以直接绘制 Board Outline 的闭合多边形，在绘制完毕后软件也会进行自动替代。

与板框具有相同性质的还有 Manufacturing Outline（生产边框）与 Test Fixture Outline（测试夹具边框），读者可根据图 9-27，参照本书第 4.4 节显示控制内容，在 Display Control 中打开这 3 层的显示。

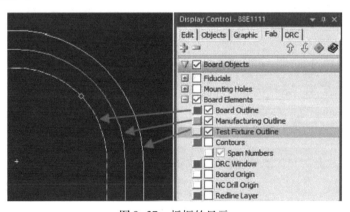

图 9-27　板框的显示

Manufacturing Outline 与 Test Fixture Outline 一般会自动跟随 Board Outline 的变化，并且在常规设计中并不需要对其额外关注，通常隐藏显示即可。

一般板边框的线宽（Line Width）会设为 0 以精确显示外形。

9.3.2　PCB 原点与钻孔原点调整

图 9-27 右侧的显示控制窗口中，还有两个重要属性：Board Origin（PCB 的原点）与 NC Drill Origin（钻孔原点），在与结构工程师进行文件沟通，或生成 PCB 钻孔文件时，这两点属性至关重要。读者可以打开其显示，能够看到 Board Origin 显示为 B，NC Drill Origin 显示为 D，一般位于 PCB 的左下角。

对原点修改需要执行菜单命令【Place】-【Origin】，如图 9-28 所示。

在弹出的命令窗口中，选择需要修改的原点，然后输入与现有原点的相对位移坐标，单击【OK】或【Apply】按钮即可。

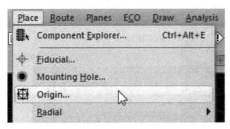

图 9-28　修改原点

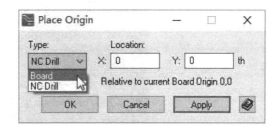

图 9-29　设置原点坐标

> **注意：** 若 NC Drill 与 Board 原点不一致，会导致钻孔文件与 PCB 文件偏移。另外，对于已经布局完成的 PCB，轻易不要修改原点。

9.3.3　规则板框的手工绘制与调整

Board Outline 的绘制本质即 Polygon（多边形）的绘制，与本书 4.4.5 节的 Cell 边界绘制，以及后续章节的铺铜区域绘制方法完全一致，区别仅在于绘制对象所处的属性层。

在 PCB 编辑窗口中，参照本书 4.4 节内容，打开快捷工具栏与显示控制、编辑器控制，如图 9-30 所示，然后单击工具栏的"属性"与"绘制矩形"，将属性设置为"Board Outline"，把格点的显示打开，并将格点设置为 10，单位毫米（mm），然后在 PCB 编辑区域单击一个起点（如图 9-30 所示是单击的原点），拉动鼠标即可画出一个矩形板框。由于格点设置的是 10mm，因为移动鼠标时，边界都会严格落在格点上。若不需要格点，可以将格点设置为"None"或者"0.001"。

对于已经绘制好的板框的编辑，跟普通的多边形编辑操作一致。选中板框后，闭合多边形的线段中间与转角处会出现控制手柄（红色菱形为中点，白色正方形为拐角），鼠标靠近手柄时会出现相应的操作提示，可以对边或转角进行拖动。另外，双击线段中点可以等分线段，如图 9-31 所示。

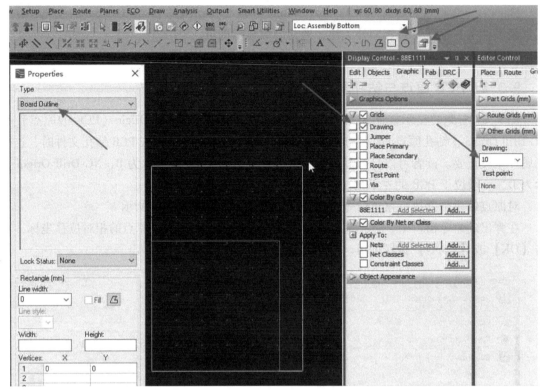

图 9-30　新绘制矩形板框

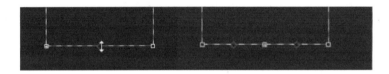

图 9-31　双击线段中点进行等分

注意：等分后再拖动白色和红色控制手柄的结果是不同的，一般需要拖动的是中点而不是拐点。

通过上述方法对矩形板边框进行调整后，还需要对拐点处进行倒角处理，以防 PCB 在运输或装配过程中划伤包装或操作人员。多边形属性窗口可以非常方便地实现倒斜角或圆角，如图 9-32 所示，选中箭头所指出的拐点（正方形会变为实心），然后在属性窗口中选择拐点类型，Corner 为直角，Round 为圆角，Chamfer 为斜角。

选择拐点类型后，若是拐角的参数设置合理，拐点会自动进行变换，若是参数设置过大，如设置 10mm，则拐点处不会有变化，PCB 右下角会提示参数过大无法转换。此时应如图 9-33 所示，选择属性窗口中的参数栏，在下方填入合适的数值，如 "3"，则会以 3mm 进行倒角，Chamfer 与 Round 倒角的效果如图 9-33 所示。

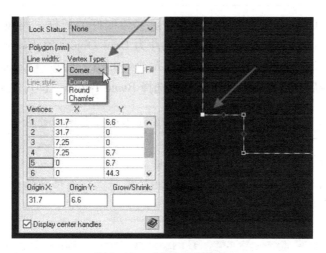

图 9-32　对拐点进行倒角

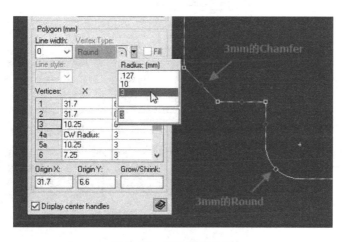

图 9-33　倒角效果示意

另外，读者也可以执行菜单命令【Draw】-【Edit】-【Modify Shape Corners】对所有闭合多边形进行倒圆角，使用该工具输入半径值后，可将鼠标框选区域的所有拐点一次性转为圆弧，如图 9-34 所示，先选择多边形，再在图中的"Active radius"一栏输入圆弧半径值，并单击图示的图标，再用鼠标框选拐点即可完成转换。另外，也可选中某个特定的点后，使用【Apply】按钮进行单个转换。

板框绘制完毕后，建议需要立即为 PCB 添加另一关键属性：布线边界（Route Border）。Route Border 与板框属性一样，也是只能唯一且必须存在的闭合多边形，所有的走线与铺铜都以此为边界。常规布线边界比板框小 10mil（0.25mm），绘制方法与本书 4.4 节绘

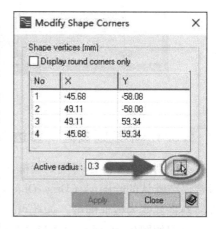

图 9-34　使用 Modify Shape Corner
可批量转为圆弧

制 Cell 的 Placement Outline 方法一致：先选中已经绘制好的板框，再按住【Ctrl】键双击，即可原地复制一个一模一样的闭合多边形，属性为 Draw Object 的 Assembly Top，如图 9-35 所示，可使用属性框的 Grow/Shrink 功能，填入"-0.25"后按【Enter】键，即可将多边形内缩 0.25mm，最后在属性窗口的下拉栏中选择 Route Border，即可完成布线边界的绘制。

> **注意**：有时候原地复制了一层线框后，鼠标不小心在空白处点击了一下，然后就发现选择不了 Board Outline 下方的 Draw Object 了，这时有两种方法，一是在显示控制中将"碍事"的 Board Outline 关掉其显示后再选择，二是先选中 Board Outline，再按【Tab】键可以循环选择鼠标单击处的重叠对象，【Tab】键的循环选择功能非常有用，在日后的 PCB 走线中也经常用到。

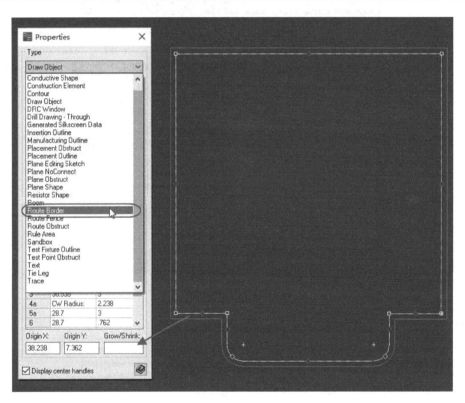

图 9-35　生成布线边界

9.3.4　不规则板框（多边形）的绘制与编辑

不规则的板框绘制与规则板框大同小异，均为**闭合多边形**的绘制与编辑。根据经验，编者建议在默认的绘图层（Draw Object - Assembly Top）里先行绘制，等绘制完毕后再通过属性转换将其变为板框即可，如此可避免直接编辑板框时诸多不便。

使用如图 9-36 所示的 Add Polygon（添加多边形）工具，该工具需要操作者依次单击多边形的顶点，最后闭合成为需要的形状。

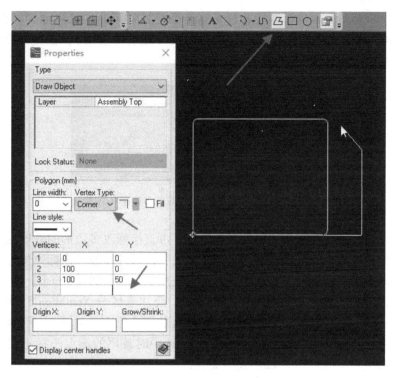

图 9-36　绘制不规则多边形

　　该工具除了可以在 PCB 中任意单击放置顶点外，还可以直接在属性窗口的顶点区域输入坐标，如图 9-36 所示的 [0，0]，[100，0]，[100，50] 3 个坐标，依次输入坐标后按【Enter】键，即可完成鼠标的精确单击。

　　在绘制时，可以选择拐点的类型与半径，直接进行倒角。

　　多边形的最后需要完全回到绘制起点才能闭合，一般结合格点或坐标可以轻松闭合多边形。另外，也可以在绘制时单击鼠标右键，执行菜单命令【Close Polygon】来闭合多边形。

　　绘制时若需要回撤，可使用键盘的【F6】功能键，实现 Undo 功能（绘制时鼠标右键菜单中也有该命令）。PCB 的功能键会根据编辑模式自动切换，始终提示于 PCB 编辑区域的下方。另外，回撤命令也可以参考本书第 12 章 12.1.1 节鼠标笔画命令的 Undo 笔画。

　　另外，在绘制多边形时，Xpedition 还提供了许多非常实用的工具，在工具栏区域单击鼠标右键，打开 Draw Edit 工具栏，如图 9-37 所示，建议读者逐一观看 "Draw Edit" 与 "Draw Create" 中每个工具的演示动画，在合适的时候使用合适的工具，能够显著提高工作效率。

图 9-37　图形创建与编辑工具栏

根据多年工程经验，编者强烈推荐读者将两个及其常用的工具添加到"Draw Edit"工具栏，即 Modify Shape（修改多边形）与 Cut Shape（裁剪多边形），如图 9-38 所示，在工具栏的下拉箭头中找到这两个图标。

图 9-38　添加"修改多边形"与"裁剪多边形"图标至工具栏

修改多边形工具是对现有多边形外形的修正，可直接修改多边形的外形轮廓，裁剪多边形工具可绘制裁剪区域，直接从现有多边形中减去，读者可以通过鼠标停留时的动画掌握该工具的使用，注意在不容易单击的边缘区域灵活使用鼠标右键的【Finish】命令完成指令。

另外，在创建多边形时，编者特别提醒读者，要注意区分 Xpedition 3 种新建图形的属性，如图 9-39 所示。Polygon 是所有线段首尾重合的闭合图形，选中时所有端点都会高亮，且起点与终点重合；Polyline 是没有闭合的折线，选中时首尾的端点图标不同；Line 则是独立的一段线，选中时不会与其他 Line 发生关联，且无法拖动中点。

图 9-39　三种图形属性

Xpedition 的大部分图形数据都是基于 Polygon 生成的，如板框、边界、铺铜等，因此只有 Polygon 才能进行属性转换。Polyline 与 Line 需要使用 Draw Edit 内的相关工具进行连接或组合，如图 9-40 所示，使其转换为 Polygon 后才能进行相关操作，如转换为板框（多数情况下导入的 DXF 图形都是未闭合的线段）。同样，Polygon 也能被打散成为 Line，读者可以自行尝试图 9-40 所示的工具，编者此处不再赘述。

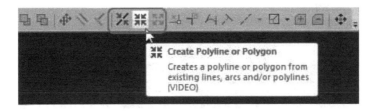

图 9-40　组合或打散线段

9.4 PCB 外形的导入

在工业设计中，越来越多的电子产品对 PCB 的尺寸与安装体积提出了要求，尤其是手机、平板电脑、笔记本电脑等产品。这些产品的 PCB 设计需要硬件工程师与结构工程师共同协作，由结构工程师提供 PCB 的结构大小（板框）与限高区域（禁布区），硬件工程师根据这些信息进行器件布局，然后反馈给结构工程师，结构工程师再根据 PCB 上所有器件的实际高度对产品模具进行修正，并反馈给硬件工程师进行二次调整，如此反复多次，才能最终定下 PCB 的板框外形与器件摆放位置。

在 PCB 文件与结构设计文件交互的过程中，最常用的就是 DXF 与 IDF 两种格式。

DXF 文件包含的信息相对简单，用户可以将 DXF 中的所有图层一一映射到 PCB 的对应图层中，以此与结构工程师进行交互。DXF 与 IDF 相比，缺点在于导入时操作繁杂，板框、禁布区域等需要手工逐层设置，且 PCB 导出的 DXF 没有器件的高度信息。

IDF 文件导入时能够自动生成板框与安装孔（甚至是器件位置），导入操作方便，无须任何后期处理，能够与结构工程师的软件数据完美对接。从 PCB 里导出的 IDF 文件包括 .emn 与 .emp，是标准的 3D 图形格式，内含元件的位置、高度与安装孔等信息，可以直接使用 3D 软件 Pro-E 打开进行数据导入。

9.4.1 DXF 文件的导入与导出

执行菜单命令【File】-【Import】-【DXF】，即可打开 DXF 导入设置窗口，如图 9-41 所示。注意，Xpedition 导入 R14 版本之前的 DXF 文件时，会弹出兼容性提示框，所以导入前最好确认 DXF 的版本，确保是 R14（L2000）以上版本即可。

在图 9-41 中，填入合适的 "DXF Cell name "，即将整个 DXF 作为一个 Cell 导入。Cell 的名称可以任意命名，软件会自动将命名添加 DXF_前缀，如图 9-41 所示。导入时的单位务必与 DXF 保持一致，通常为毫米（mm），缩放比例（Scale）通常为 1。注意，单位与缩放比例需跟 DXF 严格对应，否则导入的图形会失真。

"DXF layer mapping" 栏用作 DXF 与 PCB 的图层对应。从 DXF 中导入的图层数据均会放入用户层，默认以 DXF_开头，如图 9-41 所示，由于该 DXF 文件中的所有板框图形均位于 0 图层，因此将该图层勾选，对应的 PCB 层命名为 DXF_Board Outline，然后单击【OK】按钮，即可将 DXF 导入至 PCB 中，如图 9-42 所示。

> **注意：** 由于 DXF 文件导入后并不会替换原有属性，仅存在于用户的自定义添加图层，如图 9-42 中的右侧所示。因此，当打开该层的显示后，原有的 PCB 板框依然存在。

然后读者需要手工将导入的图形转换为板框。若 DXF 中导入的图形是非封闭的，即轮廓线的类型为 Line 而非 Polygon，则需要读者使用如图 9-40 所示的工具，或 Draw Edit 工具栏中的相关工具，将 Line 轮廓转换为 Polygon 之后再进行转换。

由于结构图纸会进行多次导入，因此需要与结构工程师确定图纸的原点，一旦原点确认后，PCB 中切勿对板框位置进行移动，即可保证 PCB 与结构工程师的图纸完全对应。

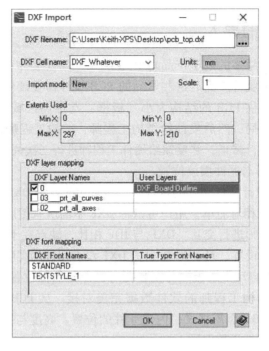

图 9-41　DXF 导入设置窗口

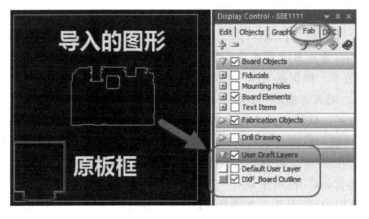

图 9-42　导入的 DXF 图形

　　DXF 的导出步骤与导入步骤相似，执行菜单命令【File】-【Export】-【DXF】，会自动弹出导出 DXF 设置框，如图 9-43 所示，在该对话框中设置好导出名称与需要导出的设计图层，即可将所需图形导出为 DXF 文件。注意，导出底层图形时，有时为了方便辨认，可以选择下方的 Mirror（镜像）选项。另外，处于不同目的的导出方案可以保存起来，如顶层或底层的导出设置，存入下方的 Scheme 中，可以在日后导出相同图层时节省大量时间。

　　注意：EEVX 版本的 DXF 导出后可能会遇到 AutoCAD 导入无数据的问题，根据编者实测，可通过 CAM350 对该导出的 DXF 文件进行"另存为 - DXF"操作，即可生成能够被 AutoCAD 正确读取的 DXF 文档。

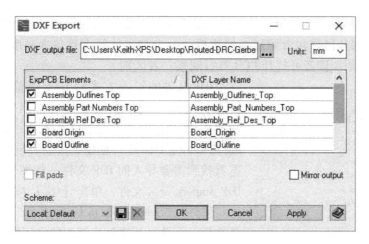

图 9-43　导出 DXF 设置框

9.4.2　IDF 文件的导入与导出

IDF 格式的文件导入需要结构工程师提供 EMN 文件，通过 EMN 文件导入可以自动设置板框（Board Outline），放置障碍区（Placement Obstruct）、镂空轮廓（Contour）与安装孔（Mounting Hole），甚至是器件摆放位置都能通过 EMN 文件导入。与 DXF 导入相比，IDF 导入可以节省大量设置时间，并且 IDF 的导出文件同样包含丰富的信息，如所有器件的位置与高度（高度信息储存在 Placement Outline 的属性中）。

建库时对器件高度有两种处理方式，一种如本书 4.4.6 节所示，只在器件的最外层安全区域放置布局边框（Placement Outline）并填入高度信息，第二种方式是按器件实体大小放置一层布局边框并填入高度，然后再绘制一层安全边界作为布局边框，高度填入 0。

两种方法在 3D 结构图中有显著的差异，根据各公司的习惯不同会有不同的规范，但是无论采取何种方式，最终的目的是帮助硬件工程师和结构工程师精确地完成设计。

读者可以打开本书配套工程的 PCB，执行菜单命令【Window】-【Add 3D View】观看这两种方式建库的差异，如图 9-44 所示，结构工程师导入 EMN 与 EMP 文件后在 3D 软件中看到的效果与此类似。

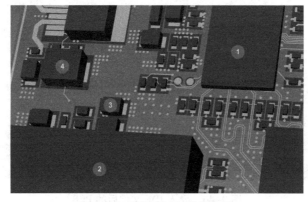

图 9-44　PCB 的 3D 效果显示

图 9-44 中，标号①与②所示的器件是以安全间距做布局边框的，且包含高度；标号③与④及其他绝大部分器件包含两层布局边框，一个与实体等大且包含高度，另一个高度为 0，大小为安全间距。读者可打开 PCB 自行观察二者区别。

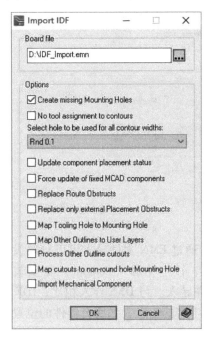

图 9-45　IDF 文件导入设置

IDF 文件的导入方式与 DXF 类似，执行菜单命令【File】-【Import】-【IDF】即可弹出导入设置对话框，如图 9-45 所示，常规情况下勾选第一项"Create missing Mounting Holes"（创建丢失的安装孔），通过文件浏览器找到需要导入的 IDF 文件，如图 9-45 所示的 D:\IDF_Import. emn 文件，单击【OK】按钮即可。

另外，"Select hole to be used for all contour widths"是选择一个孔径用来钻出板内镂空区域，所以选择的孔越小越好，可以设置一个 0.001 的孔，即孔径无限小（实际并不存在），这样才能准确标识出镂空区域。该下拉菜单中的孔径是读取的本地库中的孔，因此若本地库中没有 0.001 直径的孔，则需要读者在图 9-21 的菜单中选择 Padstacks 进行本地库编辑，添加该过孔即可。

IDF 文件导入成功后，如图 9-46 所示，板框、布局区域、安装孔会自动导入 PCB 中，无须再进行手工设置。

工程中可以使用 Placement Obstruct（放置障碍区）进行区域标识，如禁布区、限高区或屏蔽罩区域等，以及用来指示结构件或接插件的 Pin 脚位置，便于 PCB 工程师进行精确摆件与位置确认。如图 9-46 中所示，读者可以看到，Placement Obstruct 可以跟随顶层或底层进行单层显示，如此可以快速清晰地分辨出结构件位置。

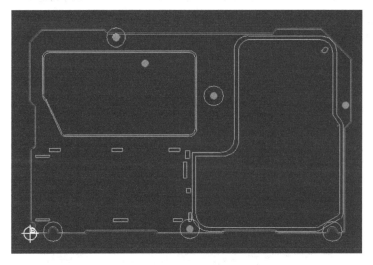

图 9-46　导入 IDF 文件后的 PCB

进行单层显示的方式如图 9-47 所示，在"Display Control"中勾选"Display Active Layer Only"，或参考本书 12.1.1 节的鼠标笔画内容，相对来说，鼠标笔画更加常用。

在图 9-46 中，Placement Obstruct 指示的屏蔽罩位置内，读者会发现无法在该区域放置器件，这是由放置障碍区的属性决定的，此时需要如图 9-48 和图 9-49 中所示的那样，在"Editor Control"中使用"Warning"（警告模式）或者关闭 DRC 进行布局。

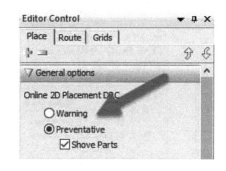

图 9-47　切换单层显示　　　　　　　图 9-48　使用 Warning 模式进行布局

IDF 文件的导出与导入基本一致，执行菜单命令【File】-【Export】-【IDF】即可，弹出窗口如图 9-50 所示，可根据结构工程师的需要导出 EMN 与 EMP 文件，包括板厚、默认器件高度、引脚、过孔等。

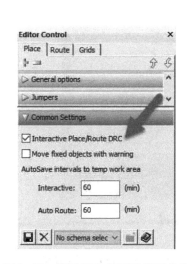

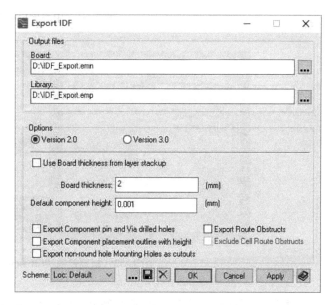

图 9-49　关闭交互式 DRC 进行布局　　　　图 9-50　IDF 文件的导出

9.5　保存模板与 PCB 整体替换

到目前为止，我们已经设置好了一个可以进行布局布线的 PCB，虽然整个过程较为烦琐，但对于每次都需要进行大量结构变动的手机、电脑等产品来说，这个步骤无法简化；但是对于一些结构变动不大的 PCB，如标准 3U 大小的工业控制板、通信板等，可以通过在中心库设置模板的方式，大大节省设置时间，并规避不必要的风险。

设置方法为打开中心库，如图 9-51 和图 9-52 所示，执行菜单命令【Tools】-【Layout Template Editor，新建模板，选择已经设置好的 PCB 文件，并为模板命名。模板设置好以后，中心库路径下会自动保存该 PCB 文件。在之后新建 PCB 时，就可以选择想要的模板了，如图 9-53 所示。

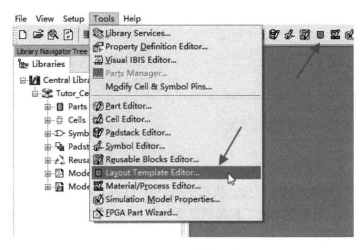

图 9-51 中心库模板编辑

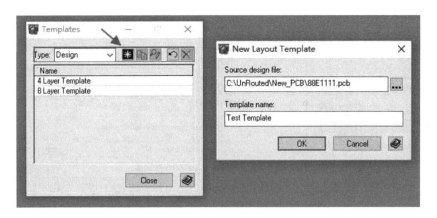

图 9-52 根据已有 PCB 新建 Design 模板

最后，请读者注意，根据模板新建 PCB 后，原来模板内的所有信息（如器件、走线、铜皮等）都会被带入新 PCB 中，因此需要立刻进行 Package 与 Forward 步骤，才能保证工程的完整性（PCB 同步选项里选择删除 Spare 器件）。另外，用作模板的 PCB 都会事先将多余信息删除，只保留需要的板框、禁布区和过孔，以方便导入操作。

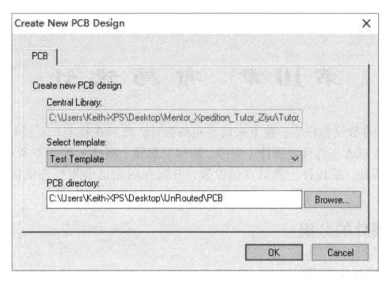

图 9-53 新建 PCB 时选择模板

> **注意:** 通过设置模板的方式,可以实现 PCB 文件的整体更换,即在原理图中删除 Board 后 (注意是 Board,不是 Schematic),再根据 Block 中出现的 Schematic 重建一个新的 PCB,新建时选择之前保存的模板即可 (模板是由需要整体替换的 PCB 生成,并保留全部信息)。

9.6　本章小结

本章重点介绍了 PCB 与原理图的同步方式,以及如何在布局布线前设置好 PCB 的相关参数。请读者根据本章介绍的内容,将上一节完成的原理图和 PCB 进行相关设置,好进入下一章布局章节的学习。

第10章 布局设计

PCB 的基础参数设置好后,接下来就是布局设计。布局在精密产品设计中有着极其重要的地位,需要 EDA 工程师、硬件工程师、结构工程师、测试工程师等多方协作,才能最终确定所有元器件、结构件、测试点的位置,并且在后期也会根据性能需要进行必要的调整。

10.1 器件的分组

10.1.1 器件浏览器

Xpedition 与 Expedition 版本在布局方法上有了显著变化,引入了 Component Explorer(器件浏览器)作为布局交互界面,使布局操作更加方便直观。

执行菜单命令【Place】-【Component Explorer】,或使用快捷键【Ctrl + Alt + E】。另外,也可使用 Place 工具栏中对应的快捷图标,均可打开器件浏览器,如图 10-1 所示。

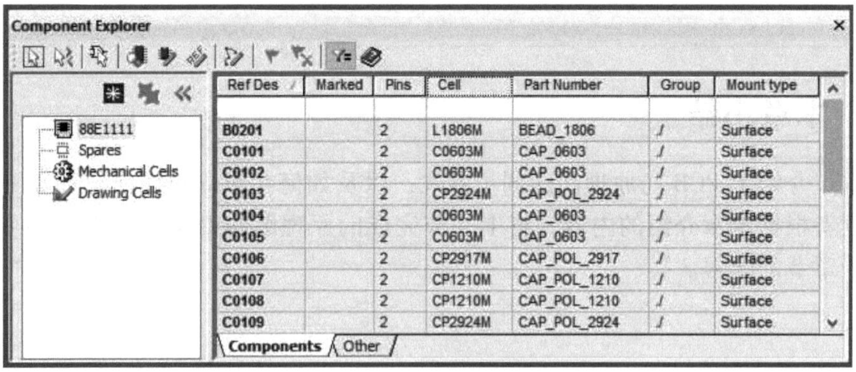

图 10-1 器件浏览器

器件浏览器窗口左侧的第一项(图 10-1 中的 88E1111)为工程包含的所有器件集合,该集合以 PCB 命名;第二项 Spares 为原理图中不存在但在 PCB 中存在的器件,Mechanical Cells 与 Drawing Cells 为机械器件(如安装孔)与绘图器件(如导入的 DXF、防静电丝印图标等)。

Spares 器件在 Mentor Expedition 的古老版本中定义为原理图中未连接网络的器件,但现在已经改为原理图中不存在的器件。Spares 器件可以用作测试或预留电路位置,但编者不推荐使用 Spares 器件,因为不利于项目的交流,所以需要在 Forward 时选择将 Unused 器件做 Delete(删除)处理,如本书第 9.1.2 节的图 9-7 设置。

10.1.2 开启交互式选择

Xpedition 软件默认与原理图保持链接，即 Forward 完成后，同时打开原理图与 PCB 时，在各自界面中选择的元件、网络等都会在另一个界面中自动被选中。该交互式探测（Cross Probing）也可被手工关闭或开启，在原理图中执行菜单命令【Setup】-【Cross Probing】，如图 10-2 所示，交互式选择在设置中也可进行详细设置，一般保持默认即可。

图 10-2　原理图中开启交互式选择

执行菜单命令【Setup】-【Cross Probe】，勾选 "Connect" 即可，如图 10-3 所示。

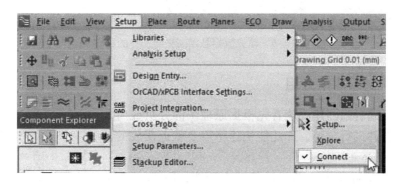

图 10-3　PCB 中开启交互式选择

在 PCB 与原理图之间打开交互式选择后，还需要在器件浏览器中开启，如图 10-4 所示，这样在器件浏览器与 PCB 之间的交互式选择也会开启。

注意：在原理图与约束管理器之间、PCB 与约束管理器之间也存在交互式选择，读者在学习后续的约束管理器章节后，自行在约束管理器中找到该选项，并打开即可。

原理图与 PCB 中的交互选择，会各自将视图自动缩放到被选中的器件，但是在器件浏览器与 PCB 之间，器件仅仅是被选中而已，需要读者自行执行菜单命令【Fit Selected】缩放至被选择器件，如图 10-5 所示，可以方便从众多已放置的器件中快速定位所选器件。

另外，读者在进行交互式选择时会发现，软件默认的选择是高亮器件的 Placement Outline，辨识度并不高，因此编者建议读者如图 10-6 所示，开启 "Place" 中的 "Fill On Hover & Selection" 选项，开启后，被选择对象如图 10-6 左侧所示的 B0201 器件，Placement Outline 被填充高亮显示。填充颜色可以在显示控制中设置，但是编者建议读者使用默认。

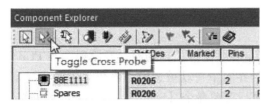

图 10-4　器件浏览器中开启交互式选择

图 10-5　PCB 视图缩放至被选择器件

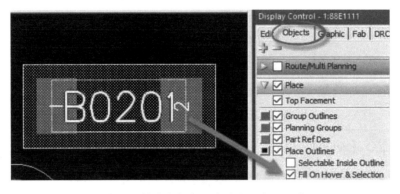

图 10-6　填充鼠标悬浮高亮与选择的器件

10.1.3　在 PCB 中分组

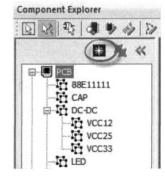

在布局前，编者强烈建议读者先根据原理图的分页或所实现的功能，对器件进行分组，如此能快速将需要就近摆放的器件一次性选中。

分组是 Xpedition 版本全新改进的核心功能，原 Expedition 版本的 Group 组合功能则变化为"添加到当前组"。

在器件浏览器中单击新建按钮，即可在 PCB 中新建分组（Child Group）（官方译为"子组"），如图 10-7 所示，可根据原理图的功能模块新建分组。请注意，组内还可以新建次级分组，如图 10-7 中 DC - DC 组内的 VCC12 组等。

图 10-7　新建 PCB 器件分组

分好器件组后，按住【Ctrl】或【Shift】键在器件总集中多选所需器件，再直接使用鼠标拖入分组即可，如图 10-8 所示，可非常方便地完成分组。

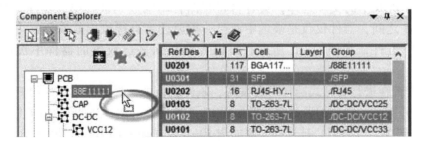

图 10-8　将器件拖入分组

另外，还可以在组名上单击鼠标右键将某个组设为"**当前组**"，如图 10-9 左侧所示的 CAP 组，设好的**当前组**后会出现 Active 提示，然后选中器件，单击鼠标右键，执行菜单命令【Add to Active Group】，即可将选中器件添加进**当前组**。

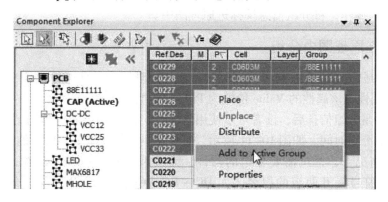

图 10-9　将器件分入当前组

当器件被分好组后，器件浏览器右侧的"Group"列中会自动添加组名，如"./88E1111"。

"Active Group（当前组）"的引入是 Xpedition 的一个重大变化，Xpedition 中，Group 不仅仅是元器件的组，绘图对象（如禁布区、铜皮等）与走线的对象（如走线、过孔等）均可被包含在 Group 中，用作模块化复制、移动或发送至 ADS 等软件进行仿真。因此，在将选择的绘图与走线对象添加进组时，就需要一个被指定的"当前组"来接收所有对象。所有除元件外的其他对象都显示在"Other"窗口中，如图 10-10 所示，将所选对象添加进当前组的方法是选择对象后，单击鼠标右键，执行菜单命令【Selection】-【Add Selected to Active Group】。

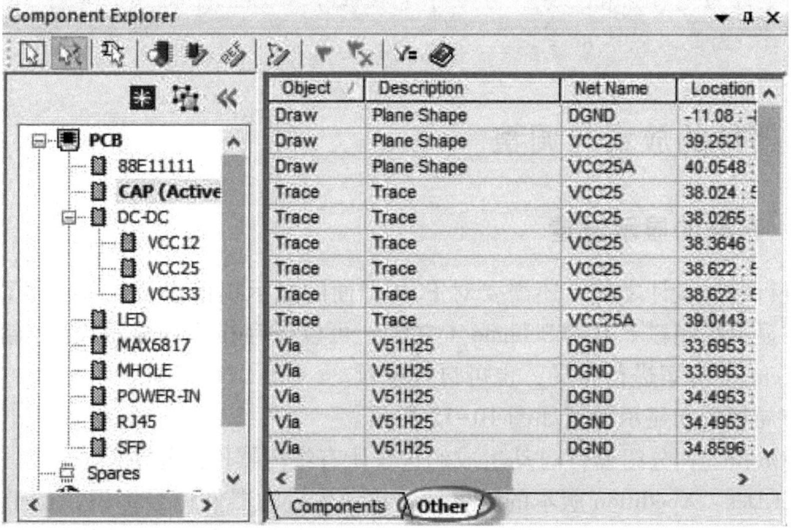

图 10-10　在当前组中添加其他对象

组的删除与重命名同常规操作，读者可自行尝试。

学会分组操作后，请读者自行对上一章完成的原理图器件进行分组，编者建议根据原理图在 PCB 中进行交互式选择，然后拖进分组即可。请注意，分组完毕后最好立刻进行反标（Back Annotate）操作，将分组信息反标进原理图中。

10.1.4　在原理图中分组

在 PCB 中的分组信息会在同步或反标时传递至原理图中，此时原理图中被分组的器件会多出 Cluster 属性，该属性的 Value 值即为 PCB 中的组名。

知道该属性是分组信息后，读者可以使用该属性，提前在绘制原理图时完成分组工作，可以节省后期的分组时间。如图 10-11 所示，且使用本书第 8.2.2 节所示的过滤选择，在仅选择 Symbol 的情况下，框选需要分组的器件，为其添加 Cluster 值。注意，若要组内再分组，需用"/"符号隔开两组的组名，如 DC－DC/VCC33 表示 DC－DC 分组下的 VCC33 分组。

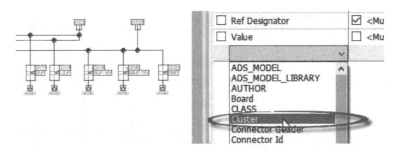

图 10-11　在原理图中为器件分组

> 注意：电源与地符号在此分组方法中也被赋予了 Cluster 值，但其对 PCB 或原理图并无任何影响，因此可以不用修正。

10.2　器件的放置与调整

10.2.1　布局的显示设置

在开始进行布局设计之前，还需要对 PCB 界面的显示提前设置，如此可以大大提高布局效率。使用显示控制栏下方的 Scheme（方案）可以保存相应的显示设置。读者可使用软件默认的 Placement 方案进行布局，也可自行设置。

一般与布局相关的显示设置如图 10-12 所示。

- Group Outlines：分组器件自动生成的包含所有组内器件的轮廓线；
- Part Ref Des：Xpedition 版本的新属性，自动生成的器件位号标识，位于 Part 正中心，字体大小会自动适应，不可用于 Gerber 输出，仅作为参考，但可用于 PDF 打印；
- Place Outlines：Xpedition 版本之前均为 Placement Outline，本书前述章节多次提及，

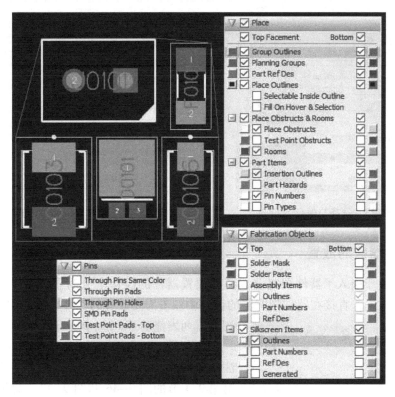

图 10-12　与布局相关的显示项

作为器件的布局边界，可以包含高度信息，可导出生成 3D 图；

- Place Obstruct：可跟随顶/底层单独显示的布局障碍区，常用作绘制禁布区、屏蔽罩、定位框等位置示意，是可以从结构 3D 文件（EMN）中直接导入的属性层；
- Pin Numbers：器件引脚编号；
- Silkscreen Outlines：丝印边框。

另外，Pins 中对应的 SMD Pin 与 Through Pin 为表贴引脚与通孔引脚，默认都是打开的。

> **注意：** 由于 Pin Type（在 Pin Number 后显示 L（负载）或 S（源））属性几乎没有用到，因此一般都将其显示关闭。另外，器件的 Cell Origin 项也最好关闭显示，否则每个器件的中心都有一个大大的 C 字符。

读者可以自行尝试相关的显示设置，调试出自己习惯的显示设置，然后保存为 Scheme，在需要时进行快速切换，如图 10-13 所示。

单击保存 Scheme 后，弹出如图 10-14 所示的选项，读者可自行命名 Scheme，下方的 "Save locally with design" 为仅保存在本设计中，而 "Save with product system files" 则将 Scheme 保存在软件中，可以在打开不同的 PCB 设计时调用。另外，也可存在用户指定的位置，以及保存工具栏的配置。

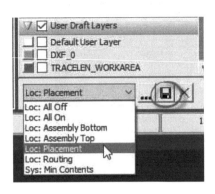

图 10-13　选择与保存 Scheme

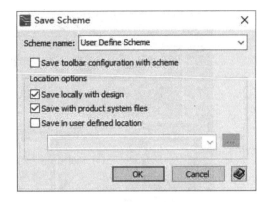

图 10-14　保存 Scheme 的选项

10.2.2　器件的放置

Xpedition 由于引入了器件浏览器，使得放置器件的操作十分简便直观：在如图 10-15 所示的布局模式下，直接在器件浏览器的窗口中双击需要放置的器件，或使用鼠标将器件从

图 10-15　布局模式

浏览器列表拖动至 PCB 中即可，如图 10-16 所示。

若布局空间在 Place Obstruct 范围内，会导致无法放入器件，且有报错提示，此时需要读者参照本书第 9.4 节的图 9-46 和图 9-47，关闭交互式 DRC 或设置为放置 Warning 选项（设置为 Preventative 的 Shove Parts 也可，表示在遇到冲突时会自动推挤器件，可根据需要开启）。

Ref Des	Marked	Pins	Cell	Part Number
U0201		117	BGA117C10...	88E1111-TF...
U0204		4	OSC-5X7-4	OSCILLATO...
R0216		2	R0603M	RES_0603
R0215		2	R0603M	RES_0603
R0214		2	R0603M	RES_0603
R0213		2	R0603M	RES_0603
R0212		2	R0603M	RES_0603
R0211		2	R0603M	RES_0603
R0210		2	R0603M	RES_0603
R0209		2	R0603M	RES_0603

图 10-16　双击或拖动列表中的器件进行摆放

在布局模式下，放置好的器件可以使用鼠标随意拖动，器件的位置会严格落在 Place 的格点上，读者可参照图 10-17 所示设置格点，也可自行指定。

Primary 格点与 Secondary 格点可设置成不同大小，软件默认大于 14 个引脚的器件使用 Primary 格点，小于 14 个引脚的器件使用 Secondary 格点。关于 14 这个判别值可以由用户自行在设置框 "Minimum" 一栏指定。

放置好的器件通过鼠标单击选中后，可以使用【F1】~【F12】的快捷键对其进行相关操作。快捷功能键默认显示在 PCB 操作界面下方，其中最常用的如下。

【F2】：移动，按下【F2】键会进入移动模式，此时鼠标选中的任何器件都会立刻被鼠标吸附，直至放到指定位置。退出命令需按【Esc】键或单击鼠标右键执行菜单命令【Cancel】。也可先行选择器件，选好后再按【F2】键，此时放下器件后会自动退出移动命令。器件吸附在鼠标上时会动态切换显示离其引脚网络最近的飞线。

【F3】：90°旋转，需选中器件后该命令才会激活。多选器件时按【F3】键，每个器件仅在原地旋转90°，若需成组整体旋转，需先行使用【F2】键将需要旋转的器件拎起，使其吸附在鼠标上后再按【F3】键，即可实现成组旋转。如图 10-18 所示，PCB 中的虚线指示原器件所在的位置。

【F4】：180°旋转，常用作阻容感器件的原地180°翻转。

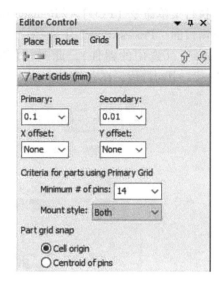

图 10-17　布局模式的格点设置

【F5】：翻面，即将器件翻至另一层，如从顶层翻转到底层，或反之。对于具有埋阻属性的器件，可用【F5】键将其翻转至内层。

对于放置好的器件，在器件上双击，可以弹出器件属性框（也可在工具栏或鼠标右键菜单中打开），输入器件的绝对坐标（Absolute）与角度进行精确放置，也可选择输入相对坐标（Delta）对器件进行精确移动，如图 10-19 所示。

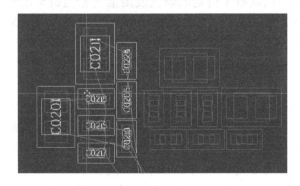

图 10-18　将多个器件用【F2】键拎起后，
再用【F3】键旋转

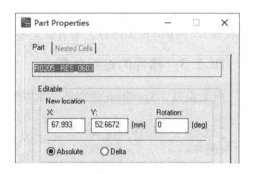

图 10-19　使用属性窗口精确放置
与移动器件

另外，对于含有替代封装的器件，可以使用器件浏览器的 Cell 下拉菜单，选择该器件合适的封装，如图 10-20 所示。

Ref Des	Marked	Pins	Cell	Layer	Group	Package type	Mount
U0201		117	BGA1.	Top	/88E11111	General	Mixed
U0204		4	A - BGA117C100P9X13_1000X1400X164_TPRJ				urface
R0216		2	T - BGA117C100PRX13_1000X1400X164				urface
R0215		2	R0603M	Top	/88E11111	General	Surface

图 10-20　使用器件的替代封装

执行菜单命令【ECO】–【Replace Cell】也可以对封装进行替换，如图 10-21 所示，在弹出窗口的"Process type"下选择"Replace"，选择窗口下方的选择过滤项中使用"Selected Parts"（选中的器件），此时任何在 PCB 中选中的器件，会出现在该对话框中，如图 10-21 中勾选后，在右侧选择需要的封装，单击【Apply】按钮即可。

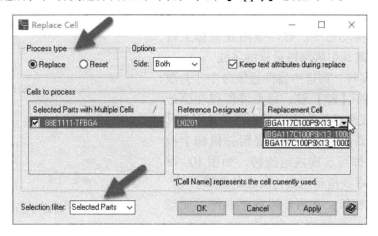

图 10-21　封装的替换与重置

【Replace Cell】命令还可以对封装进行【Reset】（重置），即将器件封装重置回初始状态，如不小心删除了丝印位号的器件，用该命令找回丝印。

一般在进行布局设计时，Pin（引脚）之间的网络线（又称鼠线、飞线）起着相当重要的作用。另外，还有网络着色功能，即对某些网络赋予特定的颜色或图案（甚至透明度），特别是对电源与地网络的着色，可以大大提高布局效率。飞线及按网络着色的内容请读者阅读本书 12.1 节的相关内容，编者在此不做赘述。

10.2.3　器件的按组放置

前文说过，Xpedition 版本的一大特色就是引入了布局组的概念。通常一个功能模块内

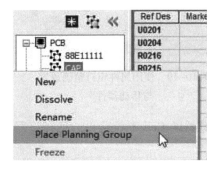

图 10-22　放置规划组

的器件都会被划分为一个组，读者可以尝试直接将组从器件浏览器中拖入至 PCB，或选中组后单鼠标右键执行菜单命令【Place Planning Group】，如图 10-22 所示，此时鼠标上就会吸附一个圆圈，该圆圈的大小类似于该组器件全部放置后的面积大小，如图 10-23 所示。

放置后的规划组圆圈中，上面显示的是组名，如"./CAP"，下面显示的是组内器件位号，如"C0223"，读者可以使用鼠标依次拖动该位号，即可将器件从规划组中"拖"出来进行放置，如图 10-24

所示，每次放置一个器件，规划组圆圈大小也会相应减小。另外，所有组内器件会自动被该组的 Group Outline 包围。

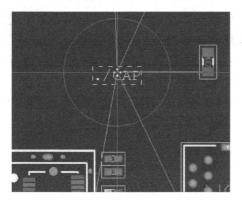

图 10-23 使用鼠标放置规划组

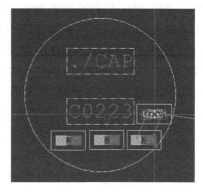

图 10-24 从规划组中拖出器件

对于没有嵌套的规划组，在位号上单击鼠标右键，执行菜单命令【Arrange One Level】或【Arrange All Levels】可以一次性放置所有器件，如图 10-25 所示。

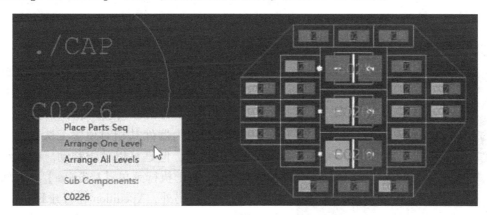

图 10-25 一次性放置组内所有器件

对于内含嵌套分组的规划组，可以在组名或规划组圆圈上单击鼠标右键，执行菜单命令【Arrange】，【Arrange All Levels】可以一次性放置组内所有器件，如图 10-26 所示。【Arrange Sequentially】则一次放置每个分组的所有器件，如图 10-27 所示。

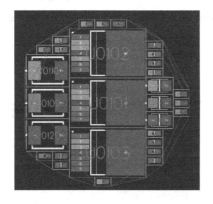

图 10-26 嵌套组一次性放置效果

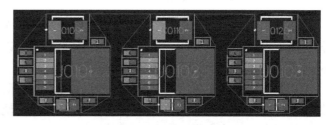

图 10-27 分组放置嵌套组效果

另外，根据器件在 PCB 中的放置情况，器件浏览器里的组图标也会相应发生变化，如图 10-28 所示，没有完全被放置的组会显示成默认的叠层方框，如 CAP 组、DC – DC 嵌套组；放置了规划组却没有将器件全部放置的，则显示为圆圈，如 VCC12 组；组内所有器件全部放置在 PCB 中的，则显示为器件图标，如 VCC25 组。

读者可以根据图标显示的情况判断器件是否放置完毕。另外，也可以检查器件列表，如图 10-29 所示，通过 Layer 层自动填充的 Top（顶层）、Bot（底层）信息进行判断。

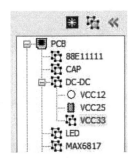

图 10-28　分组放置的图标

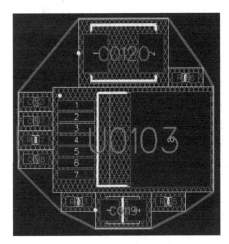

图 10-30　组冻结

Ref Des	Marked	Pins	Cell	Layer	Group
U0101		8	TO-2...ZL	Bot	./DC-DC/VCC33
R0106		2	R060	Bot	./DC-DC/VCC33
R0105		2	R0603M	Top	./DC-DC/VCC33
R0103		2	R0603M	Top	./DC-DC/VCC33
R0101		2	R0603M	Bot	./DC-DC/VCC33
C0111		2	C0603M	Top	./DC-DC/VCC33
C0109		2	CP2924M	Top	./DC-DC/VCC33
C0107		2	CP1210M	Top	./DC-DC/VCC33
C0104		2	C0603M		./DC-DC/VCC33
C0101		2	C0603M		./DC-DC/VCC33

图 10-29　通过器件浏览器的列表检查放置情况

在器件浏览器中，可以使用鼠标右键菜单对组进行 Freeze（冻结）操作，被冻结的组会呈现特有的花纹，其 Group Outline 会被加粗，如图 10-30 所示，被冻结的组内器件其相对位置无法改变，虽然显示为锁定状态，但是可以整组移动。被冻结的组需要单击鼠标右键执行菜单【Unfreeze】（解冻）后才能进行编辑。另外，Xpedition 在打开 Expedition 版本的 PCB 时，会将原 Expedition 中的器件 Group 组（此 Group 与 Xpedition 的 Group 不同，仅起临时组合作用）自动转换为冻结的组，若需编辑则必须解冻。

另外，器件还可以按照极坐标呈放射状放置，需在"Place"菜单的"Radial"选项中进行设置，相关设置难度并不大，但由于一般使用较少，编者就不再多做说明，留给读者自行探究。

10.2.4　器件的按原理图放置

如本书 10.1.2 节所示，软件默认开启的交互式选择，使工程原理图与 PCB 建立了链接，因此读者可以同时打开 PCB 与原理图，根据原理图进行布局。

在器件浏览器中单击"Place By Schematic"图标，如图 10-31 所示。当该开关打开后，器件浏览器右侧的器件列表会自动隐藏。

图 10-31　根据原理图放置器件

开启"根据原理图放置"选项，此时在原理图中选择器件后，当将鼠标移动到 PCB 中时，器件会自动吸附在鼠标上，如图 10-32 所示。

> **注意**：与 PCB 同时打开的原理图，当 Forward 的三个绿灯都亮起时，原理图会根据器件放置的状态自动改变原理图中器件的颜色，浅灰色的 Symbol 表示该器件未放置在 PCB 中，而黑色则表明已经放置。

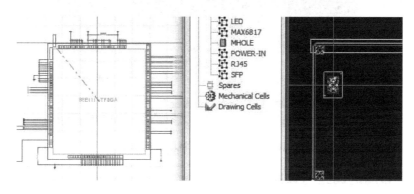

图 10-32 根据原理图放置器件示意

除了打开工程文件的原理图，Xpedition 还引入了 eDxD 功能，即在 PCB 中嵌入简易的原理图，可以在 PCB 中直接打开进行快速浏览。因此，我们也可以根据这份简易原理图进行布局。

打开 eDxD 功能需要在前标"Project Integration"设置的"Additional Options"里打开"Create eDxD View during Forward Annotation"项，如图 10-33 所示。

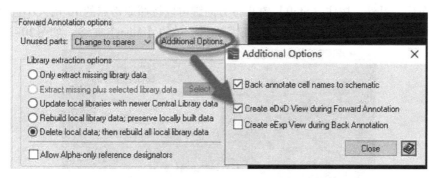

图 10-33 在前标时创建 PCB 中的简易原理图

设置完毕并运行一次前标操作，eDxD 即生成完毕。在 PCB 中执行菜单命令【Window】-【Add eDxD View】，即可在 PCB 中添加简易原理图视图，可以在 PCB 界面底部的书签图标上单击鼠标右键，执行菜单命令【Floating】将视图窗口变为浮动，如图 10-34 所示，可以方便在 PCB 布局时选中元件，进行布局。

需要注意的是，eDxD 默认的原理图背景是黑色（Expedition 版本风格）的，且字体大小设置困难，需要读者在十分熟悉原理图的情况下使用，编者建议读者了解该功能即可，待此功能日后更成熟些后再使用。

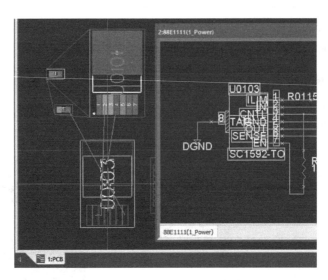

图 10-34　使用 eDxD 视图进行布局

10.2.5　布局的调整与锁定

经过前面的章节，我们已经将器件大致摆放进了 PCB，接下来需要对布局进行优化，根据与其他工程师的沟通，我们需要对器件进行必要的对齐与精确位置移动。另外，在必要时还可锁定器件以防止误操作。

对于已放置的器件，可以选中后使用键盘的 4 个方向键对其进行移动。注意，每次按下方向键都会移动一个 Part 格点，格点的设置参照本节图 10-17，一般建议将 Secondary 格点改为 0.1 后进行布局。另外，按住【Shift】键再按方向键可以按照原格点的 10 倍大小进行移动。

元件的对齐可以使用 Place 工具栏或者鼠标右键菜单的【Align】命令，如图 10-35 所示。

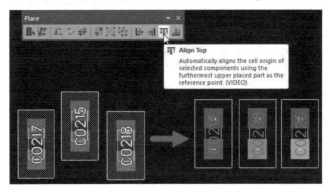

图 10-35　器件对齐

> **注意**：PCB 中没有提供等间距分布器件的相关工具，虽然后续章节提到的【Keyins】命令有类似功能，但操作起来比较复杂，且【Keyins】命令不支持按照原理图页来命名的连续位号，如 R0301～R0305，仅支持 R1～R5 这类连续位号。若读者对等间距排列有较强烈的需求，可通过灵活设置格点再摆件来达到目的。

对于越来越精密的电子产品，布局空间都会被应用到极致，因此在建库中预留了安全间距后，布局时就需要器件之间的间隙最小。往往不同封装的器件由于建库时大小不一，若使用格点或方向键来达到这一目的往往非常困难，因此需要使用推挤靠近功能。

关于器件的移动，编者特别推荐给读者一个小技巧。

将如图 9-48 所示的设置改为"Warning"或去掉"Shove Parts"的勾选，然后再选中器件，按住【Ctrl】键后，用方向键进行移动，可以看到器件会以约束设置中的最小间距去靠近相应方向的器件，紧贴其边缘放置，如图 10-36 所示，选择 C0223 后，按住【Ctrl】键再依次按左、下键。

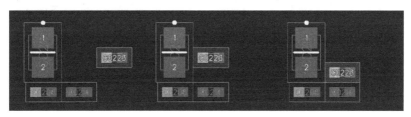

图 10-36　使用最小间距靠近器件

注意： 若要使用上述方法，必须先设好相应的布局最小间距。如图 10-37 所示，在 PCB 工具栏中打开"Constraint Manager"（约束管理器），在弹出的约束管理器界面中，执行菜单命令【Edit】-【Clearance】-【General Clearances】，对弹出的设置窗口中的两项 Placement Outline（即 Xpedition 的 Place Outline）进行设置，建议将其设置为 0.001 或 0.0001。

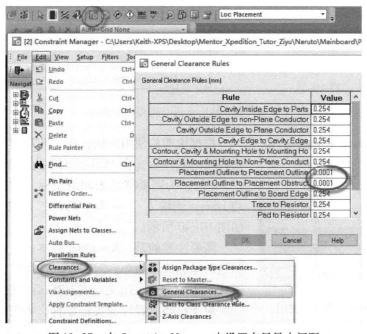

图 10-37　在 Constraint Manager 中设置布局最小间距

另外，初次打开"Constraint Manager"时，默认的显示单位为"th"，小数点后精度为 3 位，也建议读者先行改为 mm，精度为 4 位，如图 10-38 所示，在"Constraint Manager"中执行菜单命令【Setup】-【Settings】进行修改。

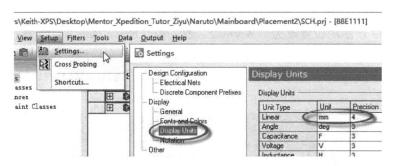

图 10-38　修改 Constraint Manager 的单位显示与精度

对于多个器件的整体移动，除了可以多选后使用格点与方向键外，还可以使用【Keyins】命令进行精确移动。【Keyins】命令类似于 PADS 的无模命令，可以直接在 PCB 界面中输入相应的命令执行操作，具体的【Keyins】命令种类非常多，本书限于篇幅不再一一说明，仅介绍最常用的几个【Keyins】，如本节的多个器件整体精确移动，就需用到【Keyins】命令中的 ms（Move Selected），软件【F1】帮助中搜索"Keyins"，可在"Keyins"表格中找到如图 10-39 所示说明。

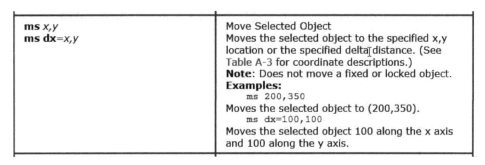

图 10-39　帮助文档中的 Keyins 说明

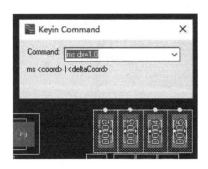

图 10-40　Keyins 命令的使用

根据说明的使用方法，在"布局模式"下，多选需要移动的元件后，在 PCB 界面中直接输入"ms dx = x，y"，x 与 y 为需要移动的相对坐标，如只需水平向右移动 1mm，则输入"ms dx = 1,0"，按【Enter】键即可，如图 10-40 所示。

需要注意的是，Xpedition 版本的【ms x，y】，即按照绝对坐标放置命令，需要在"选择模式"而非"布局模式"下，并且关闭交互式 DRC 后才能正确使用。

对于已经放置好的关键器件，如安装孔、大型芯片等，需要将其位置进行锁定，防止误操作。Xpedition 提供两种锁定器件的方式：Fix（固定）与 Lock（锁定），如图 10-41 所示。

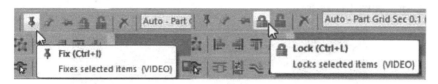

图 10-41　Edit 工具栏的 Fix（固定）与 Lock（锁定）

选中器件后使用图标可以对器件进行 Fix 与 Lock，如图 10-42 所示。可以使用相应图标旁边的 Unfix 与 Unlock 进行解锁。鼠标移动至被锁定的对象上时会自动显示出锁定提示图标。

> **注意：** Lock（锁定）的级别比 Fix（固定）高，因此一次性对区域内被锁定的器件进行解锁时，被 Lock 的器件不受 Unfix 的影响，依旧保持 Lock 状态，但被 Fix 的器件仍然可以再次被 Lock。所以一般 PCB 中对安装孔等结构件采取 Lock 的方式，而对大型芯片等器件采取 Fix 的方式进行锁定。

在 Xpedition 之前的软件版本中，使用电路复制或电路移动命令是可以移动被固定（Fix）或锁定（Lock）的器件的，然而在 Xpedition 中，没有任何命令和方法可以移动 Lock 的器件，而 Fix 的器件可以在如图 10-43 所示的设置中，勾选 "More fixed objects with warning" 选项，即可使用相关命令对锁定器件进行移动。

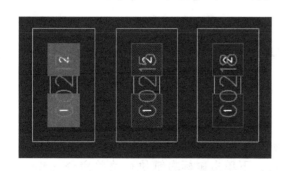

图 10-42　正常器件与 Fix、Lock 器件的区别

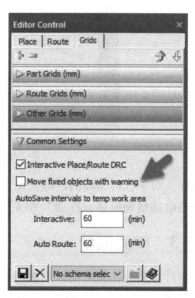

图 10-43　移动 Fix（固定）的器件

10.2.6　对已布线器件的调整

对于已经布线完成的器件，有时也有移动的需求。若器件连接的走线被锁定时，器件是

无法被移动的，需要将与其连接的线先行解锁。在器件有连线的情况下移动器件时，走线也会相应跟随变动，如图 10-44 所示。

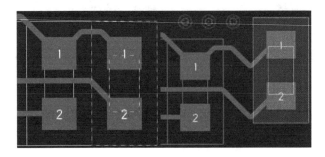

图 10-44　移动器件时走线跟随移动

在多数情况下，工程师希望移动器件时走线不随器件移动。此时需要在用【F2】键拎起器件后，按鼠标右键，从弹出菜单中执行菜单命令【Rip – up Seg】或【Drop Interconnect】，即可将器件上的连线断开，如图 10-45 所示。Rip – up 与 Drop 的区别在于移动多个内部有连线的器件时，是将连线完全删除还是部分删除，或是留在原地，读者可以自行尝试以加深印象。

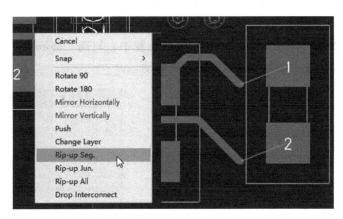

图 10-45　走线不跟随器件移动

另外，对于已经布线的区域整体进行切割式移动的方法，请参见本书第 12.2.15 节"区域选择与电路精确复制、移动"相关内容。

10.3　距离测量

在器件布局时，常常需要对器件或结构件之间的距离进行测量。Xpedition 提供了非常便捷的测量方式：在布局模式（或任何模式）下单击鼠标右键执行菜单命令【Measure】，如图 10-46 所示。测量模式分为 Minimum Distance 与 Distance 两种，Minimum Distance（最小）模式测量的是两个物体之间的最小距离，Distance（距离）模式测量的是直线距离。

进入测量模式后，Minimum Distance 与 Distance 模式下，鼠标右键的菜单如图 10-47 所示，可以对测量模式进行设置。

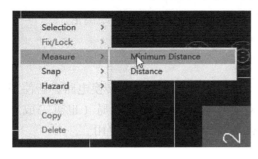

图 10-46 在布局中进入测量模式

图 10-47 两种测量模式下的鼠标右键设置

在 Minimum Distance 模式与 Distance 模式下对同一距离的测量区别如图 10-48 所示。

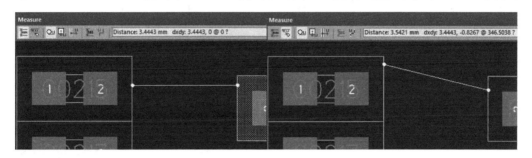

图 10-48 两种测量模式的区别

距离测量的结果一般显示在 PCB 下方的提示区域，也可打开工具栏的 Measure 栏读取，如图 10-49 所示，工具栏中各个图标对应的相关设置项，读者可以自行观看图标提示动画进行详细了解，在此不再赘述。

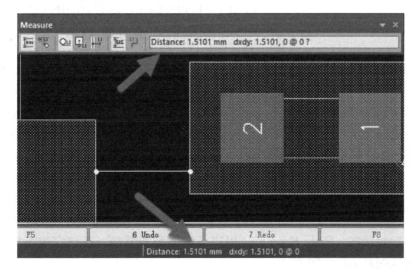

图 10-49 查看测量值

另外，请读者注意，本节介绍的测量方式在 Xpedition 软件中是通用的，即无论在"选择模式"、"布线模式"、"布局模式"还是"绘图模式"中，均可以使用右键菜单启动

Measure 功能，并通过对测量模式的不同选择，可以灵活地测出任何需要的距离值。

10.4 模块化布局

对于原理图中类似功能模块的电路布局，如图 10-50 所示的 3 个电源转换电路，若使用模块化布局能节省大量的时间。即工程师只需要对其中一个模块完成布局（也可完成布线），然后通过"电路复制"功能，即可对没有完成布局的模块进行智能复用。

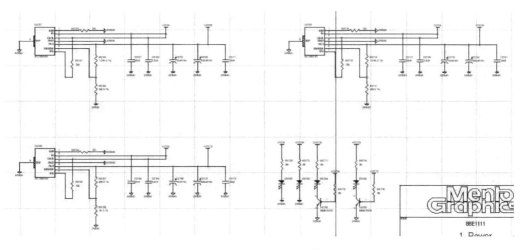

图 10-50 相同的原理图模块

"电路复制"功能在【Edit】菜单中，如图 10-51 所示，【Ctrl + C】、【Ctrl + Insert】与【Ctrl + V】组合键是电路复制的快捷键。

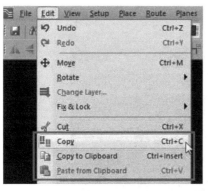

图 10-51 电路复制命令

请读者注意，此处的【Ctrl + C】组合键与 Windows 操作系统的【Ctrl + C】组合键复制不同，PCB 中的【Ctrl + C】组合键包含了【Ctrl + Insert】组合键与【Ctrl + V】组合键，即 PCB 检测到用户输入【Ctrl + C】组合键后，会先将 PCB 中所选择的电路复制进剪切板（【Ctrl + Insert】组合键），然后系统自动使用粘贴功能（【Ctrl + V】组合键），遍历 PCB 中还未被放置进 Board Outline 里面的器件（包括还未放置进 PCB 的器件），找到与剪切板中的电路类似的子电路，依次进行智能粘贴。当无法找到完全一致的子电路时，系统会弹出粘贴匹配对话框（Paste Map），让用户手工匹配或替换，若已完成了所有模块的放置，则直接将匹配对话框关闭即可。

因此，读者可以先放好 U0101 电源芯片模块的所有器件，保证 U0102 与 U0103 模块的器件在 Board Outline 之外或未放置，然后全选 U0101 模块的器件，按【Ctrl + C】组合键，依次单击鼠标放下三个复制出来的子电路（若 U0101 模块自身不在 Board Outline 中，那么自身也会被遍历到），然后关闭粘贴匹配窗口，结果如图 10-52 所示。

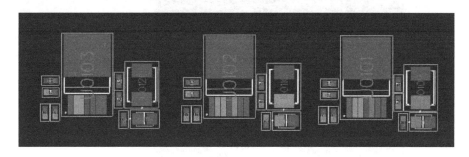

图 10-52　使用电路复制功能模块化布局

请读者注意，电路复制功能不仅可用于布局，对于已经布线的电路同样可以使用，并且还可以用于不同的 PCB 之间（前提是原理图的器件 Part Number 与连接必须一致），因此该功能常用来对模块化电路进行板与板之间的复用，详细的复用实例请参照本书第 12.2.15 节"区域选择与电路精确复制、移动"相关内容。

10.5　布局的输出与导入

对于器件密集，连接关系复杂的电路板，通常布局要耗费相当长的时间，且需要多个工程师共同完成，如手机 PCB 中，射频工程师负责射频模块的器件摆放，基带工程师负责主芯片与外围电路的器件摆放，再加上其他相关模块的工程师，共同完成 PCB 的布局设计。

此时除了使用本书后续章节介绍的多人协作模式（参见本书第 16 章：多人协同设计）外，最常用的方式是各个需要单独布局的工程师，使用各自独立的工程文件（可从备份文件中复制），单独对自己的模块进行布局，最后再由 EDA 工程师将各自的布局文件汇总导入到主设计中即可。

导入的方式有两种，一种是本章 10.4 节介绍的电路复制，只需在独立工程中精确选择所需电路进行复制，即可将其复制至主设计中。但是这种方法有一定的不便，如每个模块的工程师必须将整个工程复制给 EDA 工程师，且 EDA 工程师必须打开每个 PCB，对每个模块再次选择，中间难免出现遗漏，若需精确放置还需设置复制原点与记录坐标（详见本书第 12.2.15 节"区域选择与电路精确复制、移动"相关内容），对于工业设计来说增大了出错的风险。因此，多人协作下的模块化布局推荐使用第二种导入导出方式：【Keyins】命令中的【pr file】命令。读者可在帮助文件中查找到该命令的说明，在此不再赘述，只重点说明该命令的常用方法。

在 PCB 中输入"pr – file = * – x"然后按【Enter】键，其中 * 为文件名，可任意命名，建议用纯英文的日期与功能简写（如 1205 – CONN），即可在 PCB 的根文件夹中导出当前的布局文件，如图 10-53 所示，各个模块单独布局完毕后，各自导出其布局文件并命名。布局文件包含导出时 PCB 中所有已布局器件的精确位置，且文件体积非常小，非常利于使用邮件交换。

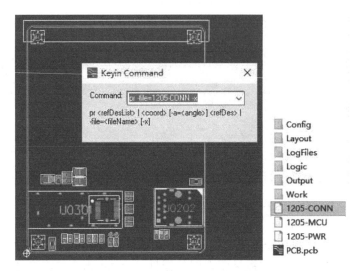

图 10-53   使用【Keyins】命令导出布局文件

注意： 使用该方法导出布局时，是导出所有已经存在于 PCB 中的器件，因此各模块在分开布局时，必须要将与该模块无关的器件全部删除，如图 10-53 中仅包含连接器的相关器件，其他器件未放置进 PCB 中。否则，主设计在导入时也会改变其他器件的位置。

导入时，需将布局文件复制至主设计的 PCB 文件夹根目录，在 PCB 编辑界面使用【Keyins】命令 "pr – file = * x" 即可，如图 10-54 所示，在缺少连接器布局的 PCB 中输入【Keyins】命令 "pr – file = 1205 – CONN x" 后按【Enter】键，即可将图 10-53 中的连接器部分的布局导入到主设计中。

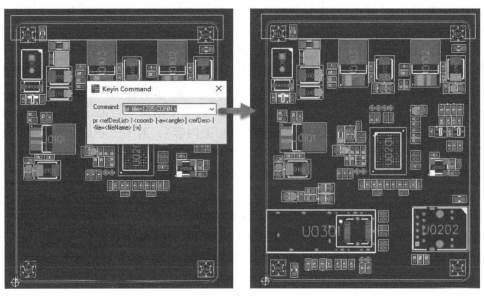

图 10-54   使用【Keyins】命令导入布局文件

请读者特别留意下命令中 x 前面的空格与 "−"，以防输错命令。

10.6　工程实例的布局说明

如图 10–54 右侧所示，本教程实例工程的布局采用单面摆件的方式完成。PCB 的左上角为电源输入端，PCB 的上方与左侧中部为三块电源 DC – DC 的 LDO，使用模块化放置。PCB 中间为主芯片，时钟晶振靠近主芯片放置，且晶振周围保持一定的空间以防电磁与热干扰。PCB 右侧晶振上方为电源的指示灯电路。PCB 下方左侧为 SFP 光模块，右侧为 RJ45 网口。4 颗大电容围绕机壳安装孔放置，用作连接机壳地与 PCB 内的数字地。

主芯片周边，根据信号与电源分布，依次放置去耦电容与相应器件，最后根据布局情况合理放置测试点。

去耦电容放置的原则为就近电源引脚均匀放置，容值越小越靠近引脚，保证小电容的去耦半径能够涵盖引脚的范围，布线时要尽量保证电源流向先经过大容值的储能电容，再经过小容值的去耦电容，最后流入芯片引脚。当某个电源需要使用平面来连接时，尽量保证不同容值的去耦电容均匀分散在电源平面周围。

光模块差分线的隔直电容可根据原理图，靠近光模块放置即可，RJ45 接口上千兆网的差分线终端匹配电阻靠近芯片放置，并且在差分线经过的路径上以方便布线。

10.7　本章小结

经过本章对布局的详细讲解，读者朋友们应该对布局的常规操作有了清晰直观的认识，能够使用本章介绍的方法独立完成教学工程的布局。本章的重点在于前两节介绍的各种放置方式，希望读者能多多练习，并仔细观看 Place 菜单栏功能演示动画，加深对工具的理解。

第11章　约束管理器

如前述章节介绍，Xpedition 使用 Constraint Manager（约束管理器）对 PCB 设计进行规则约束。PCB 中所有对象的约束规则都可在约束管理器的列表中进行分类设置，如走线的线宽线距、不同网络使用的过孔、DDR 或差分等长、邻层避让等。

约束管理器的设置核心为"类（Class）"，所有对象之间的约束都是以"类"来进行设置的，如想将某根信号线 SIGNET1 的线宽设置为 8mil，并且其对其他所有信号线的距离为 16mil，则先要将 SIGNET1 分配到一个"网络类"中，设置该"网络类"的标准走线宽度为 8mil，然后将该"网络类"与其他"网络类"之间设置一个 16mil 的"安全间距"，即可满足需求。

另外，具有相同拓扑结构的一组网络（如 DDR 的数据组、地址组等）可以设置为同一个"约束类"，通过"约束类"对其进行统一设置。"约束类"的相关设置请参见本书第 18 章、第 19 章的相关内容，本章不做详述，重点在普通信号与平面的约束设置。

11.1　网络类

执行 PCB 的菜单命令【Setup】-【Constraint Manager】，或使用如图 11-1 所示工具栏的约束管理器图标，即可进入约束设置界面。

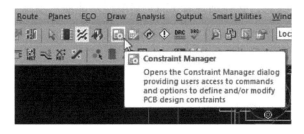

图 11-1　约束管理器图标

默认的约束管理器界面如图 11-2 所示，①处的 Net Class 为"网络类"设置，在该目录下可以新建不同的网络类，并且类中可以新建子类，以此进行管理。请读者注意，在未设置网络类时，所有网络默认为 Default 类，Default 类的相关规则如图 11-2 右侧所示（选择 Net Class 后会自动跳至该设置页面）；②处为网络类的过孔设置，可以对网络类使用的过孔进行设置；③处为网络类的线宽设置，默认的 Minimum（最小线宽）、Typical（标准）与 Expansion（最大扩展）均为 0.254mm，打开"Master"栏 Default 前面的"＋"号，可展开 Default 规则对 PCB 每一层的线宽进行详细设置，线宽规则设置好后，对该类网络布线时，会使用设置的 Typical 线宽与过孔，并能通过相应命令更改线宽与过孔大小；④处为该网络类的差分线组内间距，默认所有层均 0.254mm。

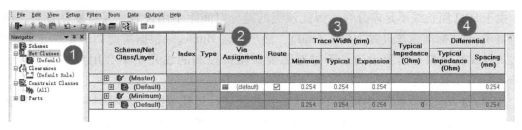

图 11-2　约束管理器窗口

约束设置中的 Scheme 为约束方案，即将所有网络类的规则作为一个方案进行整理，如图 11-2 中的 Master 方案，该方案为整个 PCB 的最主要的、同时也是默认的方案，在未指定其他区域方案的地方，PCB 中所有的元素都遵循 Master 方案，若指定了其他区域方案，如 BGA 区域需要使用较小的线宽线距以方便扇出，则在指定该区域内，网络类会使用 BGA 方案下的相关设置。区域方案详细设置见本书第 11.3 节。

在 Master（主方案）下方的 Minimum（最小方案）为只读方案，该方案内的数据均为只读，且自动更新为所有方案中对应栏的最小值，方便工程师快速了解所有方案中的最小设置。

网络类的新建操作与 Windows 操作类似，在"Net Class"栏单击鼠标右键执行菜单命令【新建】即可，读者可以参照图 11-3 为教学工程新建所需要的网络类。

图 11-3 中定义了 4 种网络类，10_MML 线宽类、20_MML 线宽类、50_OHM 线宽类与 100_OHM 线宽类，其中 10_MIL 与 20_MIL 中各自包含了一个子类，用来定义数字地网络 DGND 与机壳地 EARTH，后续可用来进行单独的间距设置；50_OHM 线宽类用来定义 PCB 中所有需要做 50Ω 阻抗的单端线，100Ω 线宽类用来定义 PCB 中所有需要做 100 差分阻抗的差分对。

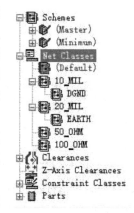

关于网络类的命名，读者可根据自己的习惯进行。编者建议读者养成使用下画线代替空格或小数点的习惯，以防软件出现莫名的错误信息。

新建好网络类之后，需要对其进行逐一设置，首先为方便设置，需要按照本书 10.2.5 节的图 10-38，将约束管理器的单位设置为 th（毫英寸），精度为 3 位小数。然后再根据本书 9.2.2 节的叠层模板数据，对 50Ω 阻抗线的线宽进行设置，如图 11-4 所示。

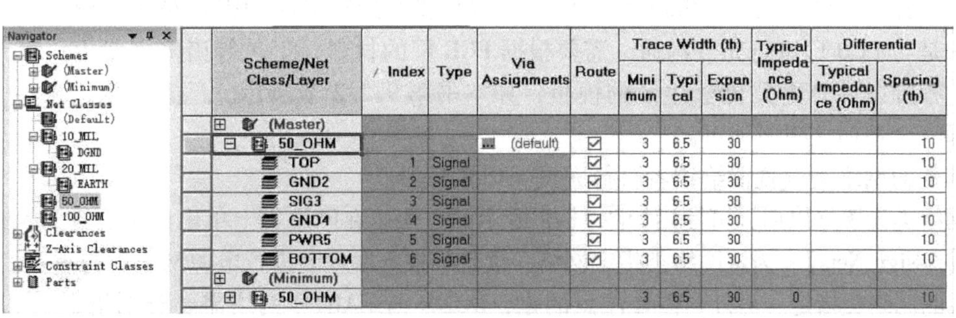

图 11-3　新建网络类

图 11-4　50_OHM 网络类的线宽设置

由于 50Ω 阻抗线不是差分线，因此该类的差分对间距不用设置，保持默认即可，读者只需将 Typical 标准线宽设置为 6.5（mil），最小线宽 Minimum 根据所选 PCB 厂的工艺来定，最大扩展线宽可根据需要设置，不过对需要做阻抗控制的线几乎不会用到扩展，建议与 Typical 标准线宽设为一致。

在 "Via Assignments" 中可以单击【…】按钮进行过孔分配，如图 11-5 所示，默认过孔为本书第 9.2.4 节所设置，此时读者可以根据需求将网络类的过孔自行定义。

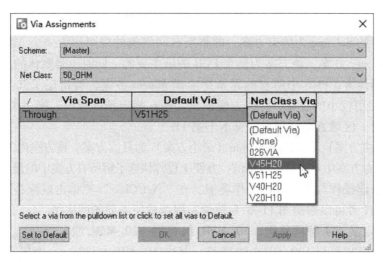

图 11-5　指定网络类的过孔

网络类约束规则中，"Trace Width（th）"（线宽）栏右边的 "Typical Impedance（Ohm）"（标准阻抗）显示标准线宽在该层的阻抗值，读者可以打开约束管理器中的叠层编辑器，如图 11-6 所示，根据本书第 9.2.3 节介绍的内容进行相关设置，并取消图中下方 "Use Metal Layer usage setting from plane Assignments dialog" 的勾项，更改相应的参考层的 Usage，使其为 "Solid Plane" 或 "Mixed" 类型，然后就能执行菜单命令【View】–【Calculate Z0】进行阻抗值计算，计算结果会在关闭叠层编辑器后同步至约束管理器中，如图 11-6 所示的约束管理器中阻抗值已经显示出来。读者也可以尝试对标准阻抗值进行修改，如直接输入 50（Ohm），按【Enter】键后，标准线宽会自动从 6.5（mil）变为 8.21（mil），如图 11-7 所示。

在工程实践中，用 Xpedition 软件计算阻抗与线宽的功能应用得不是很广泛，一般的工程做法是与 PCB 厂进行充分沟通，需要根据 PCB 厂的材料、工艺等诸多因素由厂家专门的叠层工程师提供 PCB 厂能够生产的模板，如本书第 9.2.2 节所示。厂家提供模板后，EDA 工程师完全遵循该模板即可。

其他的网络类设置留给读者自行完成，以做练习。

网络类设置好以后，可使用如图 11-8 所示的方法，在网络类上单击鼠标右键，执行菜单命令【Assign Nets】，为该网络类指定网络。读者可根据原理图进行电源网络类与重要信号线、差分线的网络类指定。另外，需要注意的是，DGND 与 EARTH 网络需要分别指定到 10mil 与 20mil 类的子类中，避免对地平面网络的间距设置影响到了正常的 10mil 与 20mil 走线。

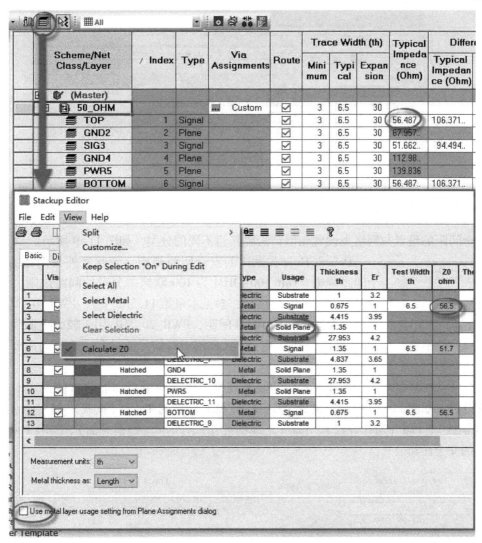

图 11-6 在约束规则中显示标准线宽阻抗

图 11-7 根据阻抗调整标准线宽

设置好网络类约束后，退出约束管理器，设置好的约束就会自动同步至 PCB 中。另外，也可以不必退出约束管理器，只需单击 PCB 右下角 Forward 指示灯的第 3 个灯（约束修改后该灯会变黄），将其点绿，同样也可把修改后的约束同步进 PCB。

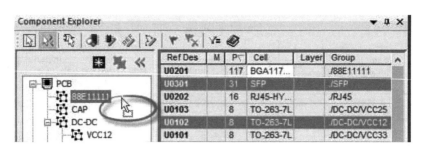

图 11-8　给网络类指定网络

11.2　安全间距

安全间距的设置与网络类设置相似，需要新建不同的分类，如图 11-9 所示。

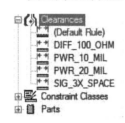

图 11-9　安全间距分类

Default Rule 为默认的安全间距规则，除此之外我们还需新建 4 个间距规则：Diff_100_OHM 为 100 欧姆差分对的间距规则（用于不设置差分对的差分信号，参见本章第 11.5.2 节），PWR_10_MIL 用于普通电源线之间的 10mil 间距，PWR_20_MIL 用于较大电源线之间的 20mil 间距，SIG_3X_SPACE 用于对信号质量要求较高的需要 3 倍间距的信号。

选择设置好的间距规则，可在约束管理器的右侧列表对间距进行详细设置，如图 11-10 所示，设置 SIG_3X_SPACE 间距的 Trace（铜线）到其他对象，如 Trace（铜线）、Pad（通孔焊盘）、Via（走线的过孔）、Plane（铺铜平面）、SMD Pad（表贴焊盘）的安全距离。

Scheme/Clearance Rule/Layer		Index	Type	Trace To (th)				
				Trace (th)	Pad (th)	Via (th)	Plane (th)	SMD Pad (th)
⊞ 🖉 (Master)								
⊟ ⁺⁺ SIG_3X_SPACE				13	6.5	6.5	13	6.5
	▤ TOP	1	Signal	13	6.5	6.5	13	6.5
	▤ GND2	2	Plane	13	6.5	6.5	13	6.5
	▤ SIG3	3	Signal	13	6.5	6.5	13	6.5
	▤ GND4	4	Plane	13	6.5	6.5	13	6.5
	▤ PWR5	5	Plane	13	6.5	6.5	13	6.5
	▤ BOTTOM	6	Signal	13	6.5	6.5	13	6.5
⊞ 🖉 (Minimum)								
⊞ ⁺⁺ SIG_3X_SPACE				13	6.5	6.5	13	6.5
⊞ 🖉 BGA								
⊞ ⁺⁺ SIG_3X_SPACE				13	6.5	6.5	13	6.5

图 11-10　设置详细的间距规则

当默认线宽为 6.5（mil）时，工程上常用的 3W 规则（三倍线宽间距）指的是线中心到中心为 3 倍线宽，即 19.5（mil），而约束管理器计算的是线边缘到边缘的距离，因此设置中填入的是 13（mil），此处请读者区分清楚。

向右拖动列表的滑块，可以继续设置该间距的规则，如 Pad（通孔焊盘）、Via（走线过孔）、Plane（铺铜平面）等，如图 11-11 所示，读者可根据具体需要进行设置，也可保持一倍线宽的默认值。

Scheme/Clearance Rule/Layer		Pad To (th)			Via To (th)			Plane To (th)
		Pad	Via	Plane	Via	Plane	SMD Pad	Plane (th
⊞ 📝 (Master)								
⊞ 📐 SIG_3X_SPACE		6.5	6.5	6.5	6.5	6.5	6.5	6.5
⊞ 📝 (Minimum)								
⊞ 📐 SIG_3X_SPACE		6.5	6.5	6.5	6.5	6.5	6.5	6.5

图 11-11 设置详细的间距规则

安全间距的规则类设置好以后，并未立即作用到 PCB 的网络类上，还需设置 "Class to Class Clearance"（网络类到网络类的间距规则）。

执行约束管理器菜单命令【Edit】-【Clearance】-【Class to class clearance rule…】，进入设置对话框，如图 11-12 所示。

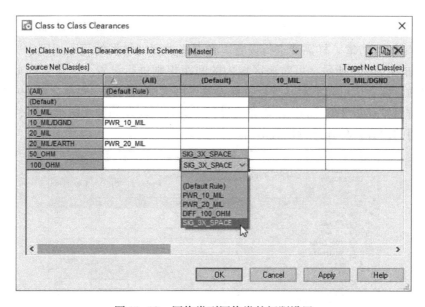

图 11-12 网络类到网络类的间距设置

网络类到网络类的间距设置采用矩阵表的形式，横向与纵向分别列出所有的网络类，在表格中的交叉栏可以从下拉列表中选择对这两个网络类应用的间距规则，如图 11-12 中 100_OHM 网络类对默认网络类（Default）应用了 3 倍间距规则（SIG_3X_SPACE），10_MIL/DGND 中的网络对其他所有网络类（All）应用了电源 10mil 间距规则（PWR_10_MIL）。不填则代表使用默认规则（Default Rule）。

设置好网络类到网络类的间距规则后，单击【OK】按钮，退出约束管理器后，设置好的间距约束就会自动同步至 PCB 中。另外，也可以不必退出约束管理器，单击 PCB 右下角 "Forward" 指示灯的第 3 个灯（约束修改后该灯会变黄），将其点绿，同样也可把修改后的约束同步进 PCB。

11.3 区域方案

根据前两节的设置，我们已经能够满足 PCB 上绝大部分信号线的线宽与间距需求。然而在一些过孔比较密集的区域，如 BGA 的扇出区，由于过孔与焊盘的大量聚集导致出线困难，需要局部将走线的线宽与间距变小才能正常扇出，因此我们需要设置区域方案，以规定在该区域内特定的约束与间距。

图 11-13 新建区域方案

在约束管理器中，如图 11-13 所示，在"Schemes"下单击鼠标右键菜单，新建 BGA 区域方案。

在方案设置窗口中，可以看到原主方案 Master 中的网络类均可在 BGA 方案中重新设置，考虑到 BGA 的尺寸，我们可以将 BGA 内所有扇出的标准线宽减小到 5（mil）或 4（mil），如图 11-14 所示。

同理，网络类对于区域方案有单独设置，那么安全间距也同样需要进行设置。在网络类到网络类的间距规则中，读者需选择 BGA 方案，如图 11-15 所示，可对该区域内的间距规则进行设置。未设置时此处全部应用默认间距规则，读者也可先不对其进行特殊设置，因为默认间距一般都会设为单倍的线宽线距（如本工程都默认设为 6.5mil），在布线过程中遇到因间距问题无法出线时，再按照 11.2 节与本节介绍的内容，单独进行设置即可。

Scheme/Net Class/Layer	/ Index	Type	Via Assignments	Route	Trace Width (th)		
					Minimum	Typical	Expansion
⊞ ☞ (Master)							
⊞ 🗃 (Default)			▦	(default)	☑	3	6.5	30
⊞ 🗃 20_MIL			▦	(default)	☑	3	20	30
⊞ 🗃 10_MIL			▦	(default)	☑	3	10	30
⊞ 🗃 100_OHM			▦	(default)	☑	3	5	5
⊞ 🗃 50_OHM			▦	(default)	☑	3	6.5	30
⊞ ☞ (Minimum)							
⊞ ☞ BGA							
⊞ 🗃 (Default)			▦	(default)	☑	3	5	30
⊞ 🗃 20_MIL			▦	(default)	☑	3	5	30
⊞ 🗃 10_MIL			▦	(default)	☑	3	5	30
⊞ 🗃 100_OHM			▦	(default)	☑	3	5	30
⊞ 🗃 50_OHM			▦	(default)	☑	3	5	30

图 11-14 BGA 区域方案的线宽设置

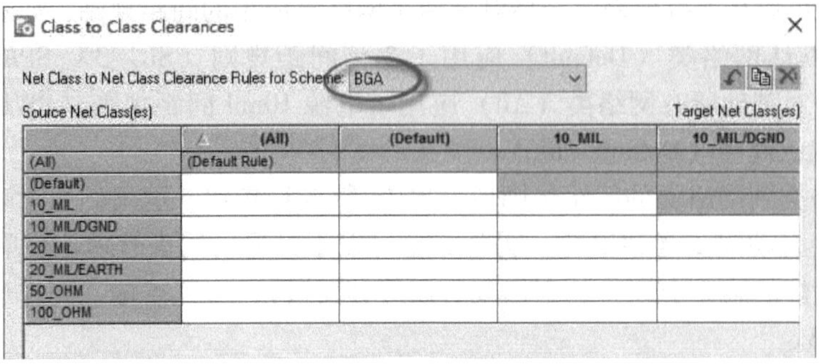

图 11-15 BGA 方案的网络类到网络类的间距设置

区域方案设置好后，还需要在 PCB 中指定使用该方案的区域。

回到 PCB 编辑界面，进入绘图模式，使用矩形或多边形工具绘制一个闭合区域（绘图模式与多边形绘制操作详见建库与新建 PCB 章节），将该区域的属性更改为 Rule Area，并在属性栏中选择区域方案"BGA"即可，并在 Layer 中指定应用的层，默认为 All，即该方案区域对所有层有效，如图 11-16 所示。在该方案区域内的对象都将按照方案内的设置进行变化，如走线跨方案区域时，线宽与安全间距会自动切换，如图 11-16 中 A9 引脚的 ETH_LED_1000 网络。

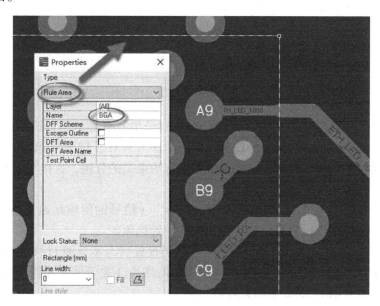

图 11-16　在 PCB 中设置区域方案

请读者注意，新建的方案区域不会改变已存在的对象（如图 11-16 中的 C9 引脚连线），只有在区域内新加的走线或过孔，或者对原有走线进行推挤等优化操作时，才会使线宽线距改变为新的方案。

11.4　等长约束

在高速 PCB 设计中，差分线、总线等高速信号的大量应用使得"信号线等长"成为 PCB 设计的一项基本需求。Xpedition 在工程中常用的等长方式有 3 种：匹配组等长、Pin-Pair 等长与公式等长。在"匹配组等长"中同样可以设置"绝对值等长"，但其应用场景较少，且设置简单，可参考匹配组等长内介绍的内容，故不做单独说明。

11.4.1　匹配组等长

使用"匹配组（Match）"进行等长，需要将等长的信号设置为一个匹配组，规定组内的信号线长度偏差范围值即可，如图 11-17 所示。

首先在约束设置窗口选择①处的"Nets"标签页，进入"Constraint Class"（约束类）设置界面，对所有网络设置约束类（也可从约束管理器窗口的左侧单击"Constraint Class"

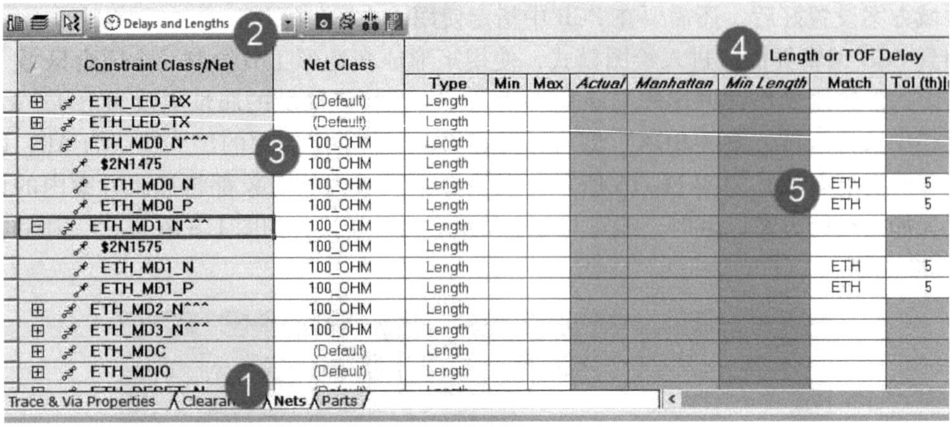

图 11-17 设置匹配组进行等长

栏进入）与网络约束属性。约束类中同样可以新建子类并分配网络，请注意同一网络仅能被包含在一个子类下，具体约束类的设置与应用请参考本书第 18 章和第 19 章相关内容。本教学工程由于网络关系非常简单，因此不单独进行约束类的分组，直接在约束类中设置属性即可。

在②处的下拉菜单中选择"Delays and Lengths"（信号的传输延迟与信号线长度），可在设置窗口中过滤掉杂项，只显示与等长相关的设置选项。

③ 处的"Net Class"栏可以对网络进行网络类设置（与本章图 11-8 的设置效果相同），如图 11-17 中 ETH_MDx 网络均设置为 100_OHM 网络类（关于此处为何单独设置而非设置为差分对，详见本章第 11.5.2 节相关内容）。

④ 处的"Length or TOF Delay"（信号线长度或信号传输时间延迟）中，"Type"栏可选"Length"（信号线长度）或"TOF"（Time of fly，信号传输时间），根据选择不同，后续栏目中会自动采用不同的单位（长度单位为 mm 或 th，由约束管理器的设置而定，时间单位为 ns），读者仅需填入数值即可。"Type"右侧的"Min"与"Max"可设置该网络的走线长度或传输时间的绝对最大值与绝对最小值，通过该值可以对网络进行绝对长度的等长设置。

⑤ 处的"Match"为匹配组，可以自定义 Match 名称，所有包含相同名称的 Match 网络都会应用相同的 Tol（Tolerance，此处意为组内的偏差），如图 11-17 所示，将需要等长的 4 个网络命名为 ETH 的 Match 组，在 Tol 中填入 5，即定义该组 4 个网络的等长，且组内误差为 5mil。同样，关于图中的网络为何要点开"+"号后设置，请参见本章第 11.5.2 节的内容。

图 11-17 中的灰色项"Actual"、"Manhattan"、"Delta"、"Range"用于显示网络的实际数据，若未在约束管理器的设置中对其设置为自动更新，则需要读者手动进行数据更新，如图 11-18 所示，执行约束管理器的菜单命令【Data】-【Actuals】-【Update All】，即可得到图 11-18 中所示的数据。

"Actual"为实际的走线长度，每个网络的长度等于其各分支的长度之和，如 ETH_MD1_N 网络包含 3 个分支：$2N1575，ETH_MD1_N 与 ETH_MD1_P。

Data	Output	Help			Length or TOF Delay						
■ Constraint Violations...					Actual (th)[(ns)	Manhattan (th)	Min Length	Match	Tol (th)	Delta (th)[(n	Range (th):(th)[(ns):(ns)
✓ Solve All Formulas					150.725	113.11					
Update IBIS Pin Type & Defaults				Import Layout Actuals	2,581.182	2,398.426					
Actuals ▶			Import Thermal Actuals	1,949.21	1,958.663					
Clear All Constraints		⬚	Clear All Pages	3,621.471	4,156.241					
✗ $2N1475	100_OH	⬚	Clear This Page	271.847	196.621					
✗ ETH_MD0_N	100_OH	⬚	Update All	1,674.216	1,818.019		ETH	5	3.862	1,674.216:1,678.078
✗ ETH_MD0_P	100_OHM		Update Selected	1,675.408	2,141.602		ETH	5	2.67	1,674.216:1,678.078
✗ ETH_MD1_N^^^	100_OHM		Length	3,593.551	3,271.49					
✗ $2N1575	100_OHM		Length	240.195	208.31					
✗ ETH_MD1_N	100_OHM		Length	1,678.078	1,344.096		ETH	5	0	1,674.216:1,678.078
✗ ETH_MD1_P	100_OHM		Length	1,675.278	1,719.084		ETH	5	2.8	1,674.216:1,678.078
✗ ETH_MD2_N^^^	100_OHM		Length	3,595.036	2,949.512					

图 11-18　更新 PCB 中的实际走线数据

"Manhattan" 为曼哈顿长度，即信号 Pin 与 Pin 的垂直距离与水平距离之和，通常高速信号线希望其走线长度小于曼哈顿长度，让信号以尽量短的路径传输，减少损耗与干扰。

"Delta" 为该信号与匹配组内的目标对象长度差值。

"Range" 为该信号与匹配组内最短与最长信号的差值范围。

11.4.2　Pin - Pair 等长与电气网络

在复杂的网络中，仅用匹配组的方式无法完成复杂的等长任务，因此 Xpedition 引入了 "Pin Pair（引脚对）" 概念，通过网络中的引脚对，创建对应的匹配组以实现等长。如图 11-19 所示原理图，U2 的 25 引脚与 U1 的 25 引脚之间的 Pin - Pair 网络应用匹配组 "ENET1"，U2 的 25 引脚与 R1 的引脚之间的 Pin - Pair 网络应用匹配组 "PULLUP1"，对 U2 的其他 4 个引脚（如 U2∶26 - U1∶26，以及 U1∶26 - R5）做出类似的设置后，即可对 "ENET1" 与 "PULLUP1" 进行匹配组设置，实现 U2 与 U1 的 4 个网络的复杂等长需求。

Pin - Pair 特别适合多片 DDR 系统的地址与数据线等长设置。

在进行 Pin - Pair 设置之前，需要跟读者讲解另一个相关概念：电气网络（Electrical Nets）与物理网络（Physical Nets）。Xpedition 中，对于每个 Pin 与 Pin 之间，且不跨越任何器件的网络被定义为物理网络，如图 11-19 中 U2∶25 - R1 的网络，不包含分支或 R1 左边的电源；而通过电阻、电感、电容 3 类无源器件进行连接的网络链路，则被称为电气网络，如图 11-19 中 R1、R2 与 U1∶25，U2∶25 所串联的网络，就是一个电气网络，若该网络中有分支被赋予了网络名（如图中网络 SER_1），则整个电气网络在约束管理器命名会自动变为 "SER_1^^^"，表示该网络为复杂电气网络，包含不同的分支，图 11-18 中的 "ETH_MD1_N^^^" 电气网络也同样如此。

Xpedition 判定网络是否属于电气网络的依据是器件的位号（Ref Designator）与网络、引脚的数量进行的。读者可以打开约束管理器的菜单栏【Setup】-【Settings】，在电气网络选项卡中，设置电气网络的 Threshold（阈值），如图 11-20 所示，默认一个电气网络包含的物理网络数不超过 5 个，且 Pin 数不超过 25 个。

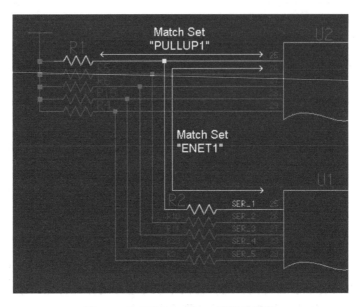

图 11-19　适用 Pin – Pair 等长的网络

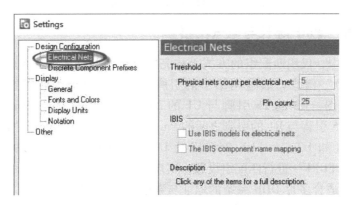

图 11-20　设置电气网络的判断阈值

分立器件的前缀选项卡中，可以设置对应分立器件的位号前缀或尾缀，如 R1、1_R 会被系统判定为电阻，C1、1_C 会被判定为电容，如图 11-21 所示。

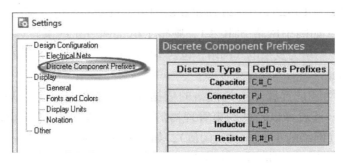

图 11-21　设置分立器件的前缀或尾缀

> **注意：** 在 PCB 中打开的约束管理器无法对图 11-20 和图 11-21 所示的选项进行设置，仅为只读状态，需要在原理图中打开约束管理器，才能进行改动，并且改动后需要立即打包同步，前标至 PCB 才会生效。

Pin - Pair 设置的前提是网络必须为电气网络，即需要包含多个 Pin。

我们以教学工程中的"ETH_LED_1000^^^"电气网络为例，该电气网络包含 8 个引脚、3 个分支网络，如图 11-22 所示，首先在"Net Properties"中将其"Topology"下的"Type"（拓扑结构）改为"Custom"（自定义），只有拓扑结构为 Custom 的网络才能设置 Pin - Pair。关于拓扑结构相关知识请读者自行通过网络搜索了解，此处由于篇幅限制不再赘述。

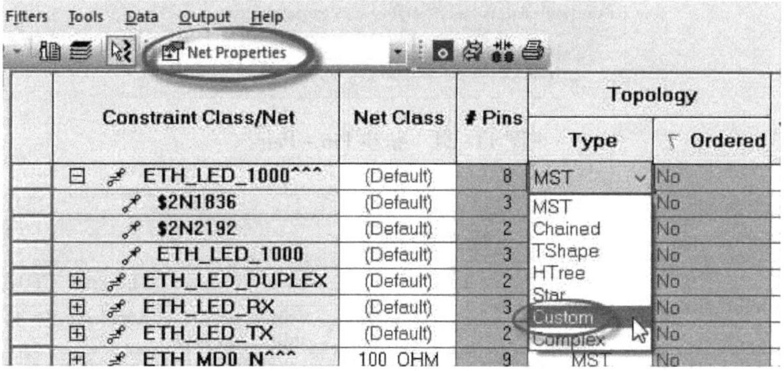

图 11-22　设置网络的拓扑结构

选中修改好的网络，如图 11-23 所示，执行菜单命令【Edit】-【Pin - Pairs】-【Add Pin Pairs】，即可为网络添加引脚对。在弹出如图 11-24 所示的对话框中，使用新建图标新建引脚对，并在 Start Pin（开始引脚）与 End Pin（结束引脚）中选择需要的 Pin，单击【OK】按钮即可。新建成功后如图 11-25 所示，新建的 Pin Pair 显示在"Delays and Lengths"对话框中，可通过匹配组或绝对值的方式设置等长。

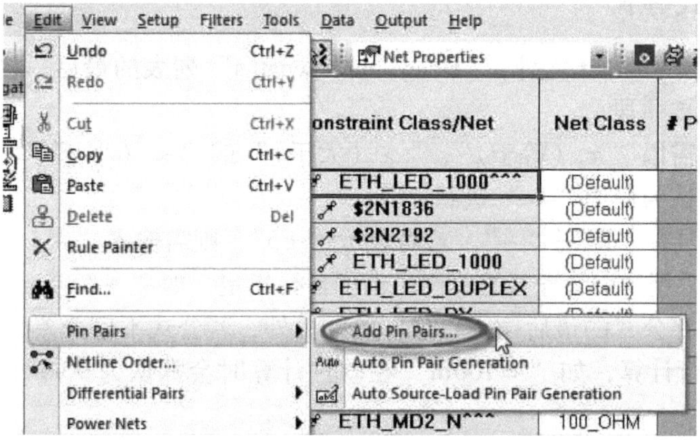

图 11-23　为网络添加 Pin - Pair

图 11-24 新建 Pin – Pair

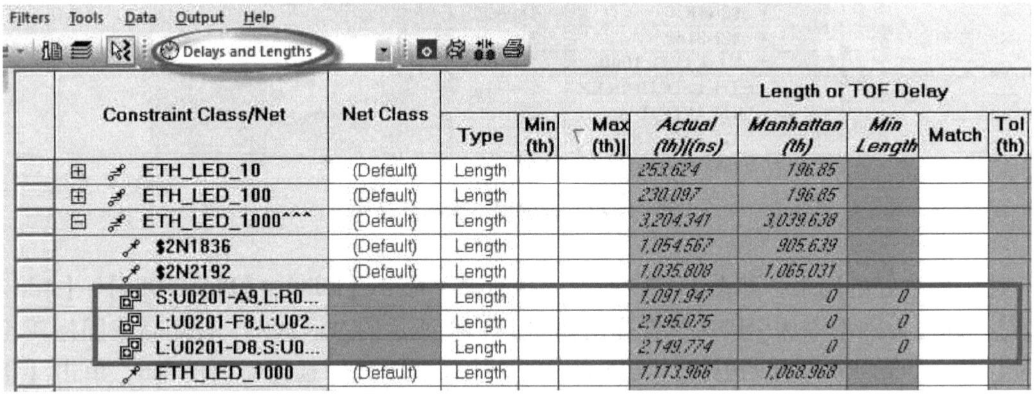

		Constraint Class/Net	Net Class		Length or TOF Delay						
				Type	Min (th)	Max (th)‖	Actual (th)‖(ns)	Manhattan (th)	Min Length	Match	Tol (th)
⊞	🖉	ETH_LED_10	(Default)	Length			253.624	196.85			
⊞	🖉	ETH_LED_100	(Default)	Length			230.097	196.85			
⊟	🖉	ETH_LED_1000^^^	(Default)	Length			3,204.341	3,039.638			
	🖉	$2N1836	(Default)	Length			1,054.567	905.639			
	🖉	$2N2192	(Default)	Length			1,035.808	1,065.031			
	🖭	S:U0201-A9,L:R0...		Length			1,091.947	0	0		
	🖭	L:U0201-F8,L:U02...		Length			2,195.075	0	0		
	🖭	L:U0201-D8,S:U0...		Length			2,149.774	0	0		
	🖉	ETH_LED_1000	(Default)	Length			1,113.966	1,068.968			

图 11-25 使用 Pin – Pair 设置等长

11.4.3 公式等长

除了匹配组与 Pin – Pair 之外，"Delays and Lengths"列表的最后一栏"Formulas"（公式）也是等长的重要手段。

所有等长公式需以"=（等于）"、">（大于）"或"<（小于）"开头，若未指定开头符号，则软件默认为使用"="进行计算。

常用的计算符号有"+"、"-"，若需表示"±5"，则需输入"+／-5"，若 5 后面不带单位，软件会默认采用约束管理器的单位，也可自行指定，如"+／-5mm"或"+／-5th"，请读者注意，只需在公式的最后输入单位即可。另外，若公式不带公差，软件就会使用默认正负 10mil 公差进行计算，如"=100th"在软件计算时会默认为 90mil 至 110mil 内均满足要求。

在复杂公式中，可以使用｛\NetName\｝调入网络，如公式"=｛\NET1\｝+／-5th"表示该网络需要与 NET1 网络等长，正负误差不超过 5mil。此外，软件还能自动填入网络名，如在 Formulas 一栏输入运算符"＝"、"＞"或"＜"后，再单击任意网络名，软件会自动填入{\网络名\}。

在复杂公式中还何以使用"#"、"@"等长含 Pin－Pair 的网络，如公式"＝A#\U1\－\3\@\U2\－\3\＜800th"，表示该网络需要满足公式 A，并同时满足 Pin－Pair(U1:3－U2:3)长度小于 800mil。

公式等长如图 11-26 所示。填入公式后，执行菜单命令【DATA】-【Actuals】-【Update All】即可更新实际数据，如图 11-26 中所示，在"Violation"栏会显示网络的实际长度与范围，对于超出范围的值，"Violation"一栏会以红色显示，读者需要根据提示修改"Formulas"或修改走线。若是修改公式，修改后直接更新，可以看到数据并未更新，需要读者在 PCB 中更新 Forward 指示灯，将第 3 个灯点绿，然后再更新即可。

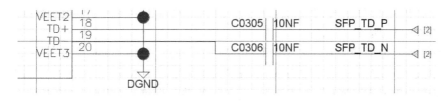

图 11-26　使用公式等长

11.5　差分约束

在工程实践中，对于高速差分信号线，通常有两种实现方式，一种是如图 11-27 所示的标准差分网络，在差分连接的引脚之间串接隔直电容，差分网络之间无任何分立器件连接。另一种是由于有端接分立器件的缘故，使得差分关系的一对网络位于同一电气网络内，如图 11-28 所示。

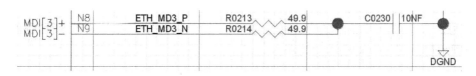

图 11-27　常规的差分网络

图 11-28　处于同一电气网络内的差分网络

对于上述两种差分对的约束设置需采用不同的方式实现。

11.5.1　标准差分规则设置

对于标准的差分网络，可直接在约束管理器中进行设置指定。如图 11-29 所示，在约束管理器"Constraint Class"的"Nets"页中，按住【Ctrl】键，多选需要设置的差分对，如图 11-29 中 SFP_RD_N^^^ 与 SFP_RD_P^^^ 网络。注意，无论选中的是电气网络还是物理网络，软件的最终设置均以电气网络为准；选中后单击鼠标右键，在弹出菜单中执行菜单命令【Create Differential Pair】，即可建立差分对，如图 11-30 所示，建好的差分对会以独特的图标进行提示。

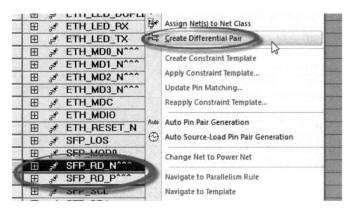

图 11-29　将选择的网络创建为差分网络

⊟ SFP_RD_N^^^.SFP_RD_P^^^	100_OHM	Length	
⊞ SFP_RD_N^^^	100_OHM	Length	
⊞ SFP_RD_P^^^	100_OHM	Length	

图 11-30　建立好的差分网络

对于包含大量差分网络的设计，就不能使用手工的方式逐个指定了，需要使用自动查找指定差分对功能。执行菜单命令【Edit】-【Differential Pairs】-【Auto Assign Differential Pairs】，如图 11-31 所示。

在自动指定差分对窗口中，如图 11-32 所示，通过"Net Name"进行指定，在"Net Name"中填入"＊_P＊"，在"Pair net name"中填入"＊_N＊"，再按右方的下箭头，即可自动匹配出 PCB 内所有包含"_P"与"_N"的差分网络，如图 11-32 所示，确认无误后，单击【Apply】按钮即可。

> **注意**：由于差分网络匹配的是电气网络，即网络名中的"^"符号也需要被考虑，所以使用通配符"＊"时首尾都需添加。

关于差分对的命名规则，各公司都有各自的标准，如有的用"＋"、"－"区分，读者需根据不同的情况设置不同的筛选字符，以便自动匹配出所有的差分对。

设置好差分对后，再在 PCB 中对差分对进行走线时，系统会自动识别差分网络，切换到差分的方式进行走线，如图 11-33 所示。

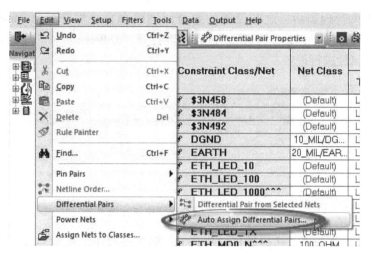

图 11-31　自动指定差分网络

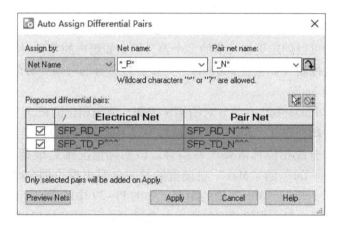

图 11-32　自动匹配符合条件的差分对

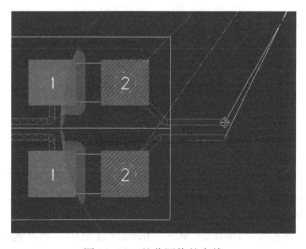

图 11-33　差分网络的布线

再次打开约束管理器后，之前设置的差分对网络会自动提升到"Constraint Class"中"Nets"列表的顶端，如图 11-34 所示，读者可以打开"Differential Pair Properties"筛选器，对所有差分对的属性进行设置。

Constraint Class/Net	Net Class	Length or TOF Delay			Differential Pair Tol		Differential Pair Phase Tol			Convergence Tolerance		Distance to Convergence		Separation Distance (th)		Differential Spacing (th)
		Type	Min	Max	Max	Actual	Max	Distance Max	Actual	Max	Actual	Max	Actual	Max	Actual	(th)
(All)	(Default)	Length										100				
SFP_RD_N^^^,SF...	100_OHM	Length								25		100		0		9
SFP_RD_N^^^	100_OHM	Length														
SFP_RD_P^^^	100_OHM	Length														
SFP_TD_N^^^,SF...	100_OHM	Length								25		100		0		9
SFP_TD_N^^^	100_OHM	Length														
SFP_TD_P^^^	100_OHM	Length														

图 11-34　差分对的详细属性设置

"Length or TOF Delay"：传输线长度与延迟。等长设置中的作用一致，可通过长度或传输时间，设置网络长度的最大/最小绝对值。

"Differential Pair Tol"：差分对自身的等长控制。"Max"为两根差分线之间长度差值的最大值，"Actual"为实际值，需要使用前文所述的菜单命令【Update All】进行更新。该属性与匹配组共同使用可以创建更加灵活的多个差分组，如组内的差分对与差分对之间使用匹配组进行宽松的长度控制（如正负 200mil），而差分对自身的两根差分线用本约束进行严苛的等长控制（如正负 5mil）。

"Differential Pair Phase Tol"：差分对的相位控制。使用相位的概念来控制差分对，能够更好地理解差分对的耦合含义，相位可简单理解为线上的每一个点到走线起点的传输路径长度，即理想状态的差分线相位都需要严格耦合，但实际情况则是很难做到完全耦合匹配。"Differential Pair Phase Tol"的"Max"项设置的是差分对出现不耦合时允许的最大失耦距离，如图 11-35 所示。超出"Max"值的距离，如图 11-39 中的Ⓐ点开始，到相位继续耦合回到"Max"值的范围，即为相位冲突的距离，会被 Online DRC 标记出来。

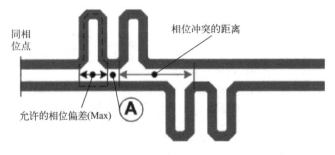

图 11-35　差分相位的偏差

在"Differential Pair Phase Tol"中的"Distance Max"值为允许的最大偏差距离，如图 11-36 所示，该值的含义是，若差分线有相位偏差（超过 Max 的部分），则必须在发生偏差后的多长距离内（Distance Max）补偿回来，否则差分线算作违规，如图 11-39 中超出"Max"值的范围后，即进入"Distance Max"值的计算范围，再次超出后（图中的Ⓐ点），直到相位回到"Max"值范围内，均会被 Online DRC 标记为相位冲突的距离。

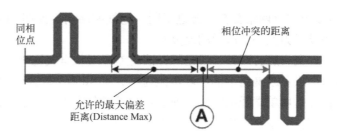

图 11-36　差分相位的最大偏差距离

"Convergence Tolerance"：差分对的收敛误差。如图 11-37 所示，表示一对差分线在收敛为差分间距前，各自从引脚扇出的水平或垂直距离，如图 11-37 中的箭头所示。其"Max"值为收敛误差的最大距离，默认为 25mil。

"Distance to Convergence"：差分对收敛前的走线距离。如图 11-38 所示，从引脚出线后，直到差分线的收敛点，期间所有的走线长度距离之和即为 Distance to Convergence，如图中的 S1 与 S2 的长度之和。其"Max"值为收敛前的走线误差最大值，默认为 100mil。

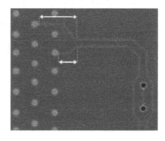

图 11-37　差分线的收敛误差

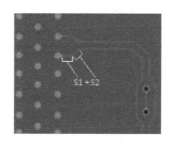

图 11-38　差分线收敛前的走线最大距离

"Separation Distance"：差分对的分离距离。如图 11-39 所示，差分线在走线过程中分离后再次耦合的距离。其"Max"值为最大的分离长度，默认为 0mil，即不接受分离。

"Differential Spacing"：差分线耦合时的间距。如图 11-40 所示，差分线收敛后，且在不分离的情况下，差分对自身的线与线之间的距离。该间距的设置在 Constraint Class 中仅为只读，需要在"网络类"中进行设置，如图 11-40 所示。

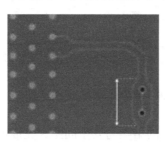

图 11-39　差分线的分离距离

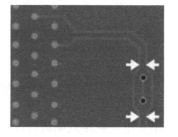

图 11-40　差分线的耦合间距

11.5.2　同一电气网络内的差分约束

在如图 11-28 所示的差分网络中，由于电气网络的存在（参见 11.4.2 节关于电气网络的设置描述），使得该组差分网络都被划分进了同一电气网络内，如图 11-41 所示，且同一网络内的分支是无法设置为上一节所示的差分对。

这种情况的解决方案一般有两种，一是想办法将差分对从电气网络中分离出来，如降低电气网络的判断阈值，或更改网络中的串联电阻位号，如 R0213 改为 CR0213，使其不被软件识别为电气网络；二是用单端线的方法，通过规则设置与手工走线推挤，使两根信号线在路径上满足差分线的线宽线距，同样可以实现差分耦合。

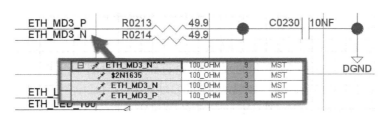

图 11-41　包含差分对的电气网络

方法一中，若对电气网络的判断阈值进行修改，势必会影响整个设计，有时会误将需要串联至同一电气网络的物理网络给强行分开，因此需要慎重考虑，如本例中将电气网络中的物理网络阈值设为 2，可以在不影响其他网络的情况下，满足本例的需求，如图 11-42 所示。而修改分立器件位号的方式会对 BOM（物料清单）产生不良影响，不利于产品的批量生产与物料管理。

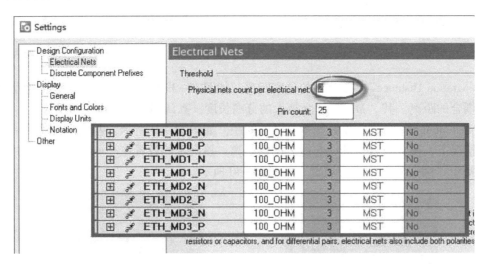

图 11-42　修改电气网络阈值实现差分对

方法二是不对电气网络规则进行改动，直接使用网络类与安全间距，完成差分对的约束控制。如图 11-43 所示，使用网络类 100_OHM 控制差分线宽为 5mil，此时该网络类的 9mil 差分间距并未起到作用，需要使用 Diff_100_OHM 的间距约束，在该间距约束中设置"Trace To Trace"间距为 9mil 即可，设置好后还需在"Class to Class"中设置 100_OHM 网络类自己对自己的间距约束为 Diff_100_OHM，即可完成差分约束。

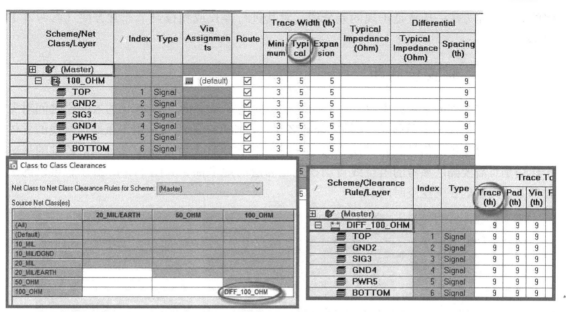

图 11-43　使用约束设置实现差分规则

注意：通过方法二设置的差分对仅是在约束规则上满足了差分规则，本质上还是单端线，因此走线时还是按照单端线的方式进行布线，需要读者手工锁定差分对其中一根线后，使用推挤的方式将另一根差分线推挤至所设的通用网络间距（设置为与差分间距一致），如图 11-44 所示，在推挤走线时，以鼠标为圆心会显示一定范围内的安全间距，在打开 DRC 的情况下，将线推至安全间距即可。

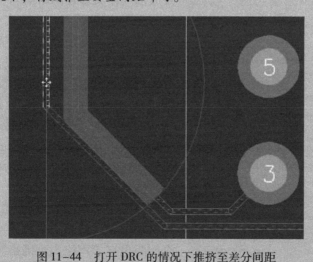

图 11-44　打开 DRC 的情况下推挤至差分间距

编者建议，当差分网络不多时，如本例只含有 4 组这种差分网络，可以使用方法二进行推挤与修改，但是当差分组数量过多时，就需要采用方法一了，否则推挤与等长将耗费相当多的时间，而方法一毕竟是正规的差分线，对其进行等长或相位调节非常方便（参考本书第 12.3 节）。

11.6　Z 轴安全间距

除了上文提到的常规约束设置，Xpedition 还提供 Z 轴方向，即 PCB 的层与层之间对象的约束设置，象征三维图形 $X-Y$ 轴之外的 Z 轴。Z 轴方向的约束常用于重要信号线的立体保护，使需要保护的信号线在同层、邻层、甚至整个 PCB 上都能被隔离开来。Z 轴的另一个作用是对需要隔层参考的阻抗线自动挖空相邻层的地平面，如图 11-45 所示，可以为工程师节省大量的手工挖空时间。

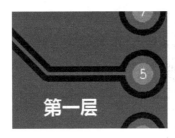

图 11-45　Z 轴方向自动避让地平面

欲设置 Z 轴规则，读者需要先在约束管理器的浏览窗口中，用鼠标右键菜单打开 Z 轴安全间距的显示，该显示默认是隐藏的，如图 11-46 所示。另外，也可以直接执行菜单命令【Edit】-【Clearance】-【Z-Axis Clearances】。

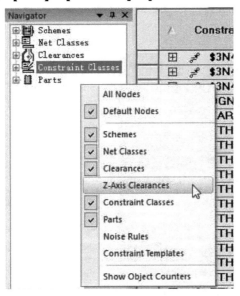

图 11-46　打开 Z 轴方向的安全间距显示

打开显示后，可以新建 Z 轴的安全间距，新建方法与前文新建网络类与安全间距一样，建好后如图 11-47 所示。Z 轴安全间距仅提供 Trace 与其他对象的间距设置。欲实现如图 11-45 所示的地平面自动避让，只需设置 "Trace to Plane" 在 GND2 为 10mil 即可，表示第二层的 Plane（铺铜平面）会自动对需要避让的信号线避让出 10mil 的距离。若需要信号线与信号线相互避让，则需设置 "Trace to Trace" 的安全距离，那么该信号线在 GND2 层的安全距离内不会与任何其他信号线平行或垂直相交。

设置完 Z 轴安全间距后，还需将间距应用到网络类中。同普通安全间距的设置相同，Z 轴安全间距也有 "网络类到网络类" 的设置，需要在选中 Z 轴安全间距的情况下，单击快捷工具栏中 "Clearance" 工具栏（可在工具栏单击鼠标右键执行菜单命令【View】-【Toolbars】打开）的 "Class to Class Clearance" 图标，或直接执行菜单命令【Edit】-【Clearance】-【Z-Axis

Class to Class Clearance Rule】，可以打开如图 11-48 所示的设置窗口，参照图中方法进行设置。

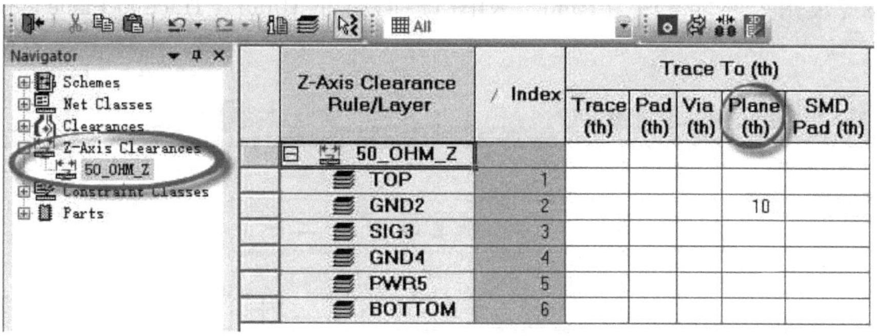

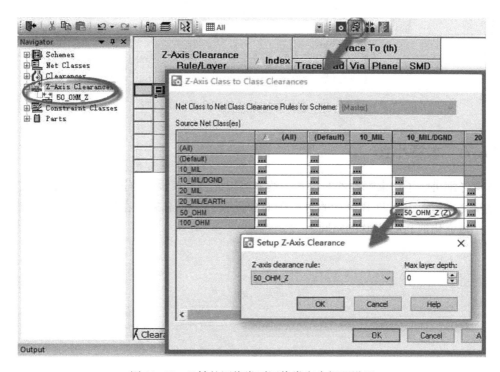

图 11-47　新建 Z 轴安全间距

图 11-48　Z 轴的网络类到网络类安全间距设置

在设置中，"Max Layer Depth" 为 Z 轴安全间距影响的深度，默认为 0，即所有层都影响，设置中也会显示为 50_OHM_Z(Z)，若设置为 1，则表示只影响邻层，隔层的平面或信号线不受影响，且设置中会显示为 50_OHM_Z(Z = 1)。

设置的网络类对象为 50_OHM 的网络类与 10_Mil/DGND，本书前述章节中，将 PCB 的数字地 DGND 单独归于 10mil 网络类下的一个子类，目的之一就是为了在此处方便设置，能够将避让对象与 DGND 进行相关间距约束。

另外，Z 轴方向的安全设置会将叠层信息考虑进来，若第一层与第二层的介质厚度大于

所设的 Z 轴安全间距，则第二层的对象会默认已经满足了安全距离，因此不会再次避让，请读者在设置 Z 轴安全间距时，特别留意一下叠层中的介质厚度。如图 11-49 所示，若将图中所示的厚度由 4.415mil 改为 10mil，则图 11-47 中的 10mil（Trace to Plane）避让就会失去作用。

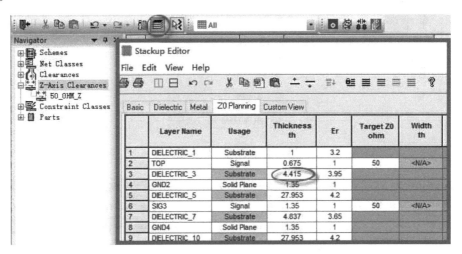

图 11-49　叠层厚度对 Z 轴安全间距的影响

11.7　本章小结

本章详细讲解了约束管理器的设置，读者可以先将约束设好再进行布线，也可在布线过程中逐步完善约束，将 PCB 设计的每一个对象元素都掌控起来，在保证安全间距与性能的情况下，最大化地利用 PCB 的空间。

第 12 章　布　线　设　计

在 PCB 的设计流程中，布线设计的地位绝对是重中之重，EDA 设计软件的高效与否就体现在布线的各种操作中，需要快速、有效地达到设计师的目的，走出合乎约束规则的信号路径。

布线，行业中又叫"走线、拉线、Layout"，是将 PCB 上有网络连接关系的 Pin（引脚）用细铜线或平面铜箔连接起来，使其具有电气导通关系的过程。EDA 软件在布线的过程中，通过多种智能算法与智能工具，大大简化工程师的布线过程，由最原始的手工画线到如今让成千上万的 Pin 自动连接，EDA 软件为电子工业的蓬勃发展做出了巨大贡献。

Mentor Xpedition 继承原 Mentor Expedition 软件的优良特点，再一次通过多方优化的特色功能，领先了整个 EDA 行业。在 PCB 设计中，其流畅的动态敷铜、线路动态优化与推挤、总线的通道布线（也称规划组）、草图布线、抱线布线等特色功能使其一骑绝尘，再加上优秀的分布式中心库管理，使其深受大型（尤其是跨国型）电子企业的喜爱。

12.1　布线基础

12.1.1　鼠标笔画

在本书讲述建库或新建 PCB 的章节中，尽管已经介绍了许多相关的快捷操作，但读者在使用过程中会发现，一些常用命令的出现频次远远高于其他命令，且频次高到就算是使用快捷键，也会觉得不甚快捷，因此 Mentor 公司的 Xpedition/Expedition 系列软件在很早的时候，便引入了鼠标笔画（Stroke）功能，即通过**按住鼠标右键**画出不同的图形，软件就会执行相关命令或进入某种模式，以此提高工作效率。

另外，使用鼠标笔画的优势还在于鼠标笔画可以在操作中进行，如移动的器件还附着在鼠标上，或走线还吸附在鼠标上时，同样能画出鼠标笔画，如切换单层/多层显示等。

通过软件的官方帮助（F1）搜索 Mouse Strokes（鼠标笔画），即可查看所有的笔画命令。软件会将笔画按照如下列所示的 3×3 矩阵进行识别，满足要求即执行相应命令。

1	2	3
4	5	6
7	8	9

笔者在此不再一一赘述所有的命令，希望读者能够自行查阅帮助文档，养成学习软件的良好习惯。笔者仅根据大量的工程实践，推荐读者牢记以下使用频次最高的鼠标笔画，如表 12-1 所示。

表 12-1　鼠标笔画

执行的命令	鼠标笔画	矩阵数字序列
打开显示控制（Display Control）		1478
打开编辑控制（Editor Control）		14569
切换当前层的单层显示/全部层显示		96541
打开所选对象的属性窗口（Properties）		96321
打开/关闭飞线（Netlines）		321478965
将操作界面缩放至所有对象（View All）		951
将操作界面缩放至笔画途经区域（View Area）		159
开始布线（Plow）		852
自动完成布线（常用于布线收尾）		258
复制走线与过孔（常用于复制过孔）		3214789
撤回上一个动作（Undo）		7412369
根据绘图工具栏的角度锁定值，旋转所选对象（Rotate）		3698741

注意：关于单层显示切换命令，Xpedition 版本比以往版本有所改进，旧版本中，Assembly（装配）与 Silkscreen（丝印）层的对象是不随当前层一起切换的，现在 Xpedition 中改为随顶层与底层一起显示，即切换到内层的单层显示时，不会再出现装配层或丝印层的信息了。

另外还有模式切换命令，使用频次也非常高，如表 12-2 所示。

表 12-2　模式切换命令

执行的命令	鼠标笔画	矩阵数字序列
切换为选择模式（Selected Mode）	【Alt】+	741
切换为布局模式（Placement Mode）	【Alt】+	321
切换为布线模式（Route Mode）	【Alt】+	123
切换为绘图模式（Draw Mode）	【Alt】+	147

12.1.2　对象的选择与高亮

Xpedition 版本中新加入的"选择模式"，是 Mentor Graphics 公司历时两年研发才推出的全新功能，该模式下可以通过全局交互过滤器，任意选择需要的对象并对其进行操作，该模式下的【F1】~【F12】快捷键会根据所选对象自行切换命令，熟悉该切换之后，工程师可以在"选择模式"下完成绝大部分布局布线操作，免去在各个模式间切换的烦恼。

在"选择模式"下，显示控制窗口会激活"全局显示与交互选择"窗口的选择过滤项，如图 12-1 所示，可以通过该勾【Selection】的选项，可以决定该对象是否能在"选择模式"中被鼠标选中。

选择模式的该项特性多应用于电路的区域选择与精确移动、复制操作（见本章第12.2.15 节内容），是原版本一些选择功能的"进化"版本。

"Visibility"（可见性）选项下为各对象的全局显示开关，该开关的引入虽在一定程度上起到了便捷作用，但与此同时，意味着同一对象的显示会同时被两处开关控制，非常容易造成混淆，因此请读者特别注意这一点，编者建议仅在必要的情况下使用全局开关，而平时对各对象单独进行开关控制，保持全局显示开关的开启。

在"Visibility"（可见性）与"Selection"（可选择性）下方有一个全局控制按钮，单击可以一次性设置所有选择对象，如图 12-2 所示，合理使用"Unset All"（取消所有选中）、Set All（选中所有）。另外，Save（保存）与 Restore（恢复）可以"保存"一个现有状态，随时使用"恢复"退回到这个设置状态。

图 12-1　全局显示与动态选择

图 12-2　全局选择设置

关于对象的选择，无论在选择模式或是布局、布线、绘图模式，Xpedition 的选择操作都是一致的，使用鼠标与键盘的控制键完成。单击鼠标左键或使用左键画出选择框，可完成所需对象的选择。在该基础上使用键盘的快捷键可以有不同的效果，各功能键描述如下。

【Shift】+【点选/框选】：添加选择，将所有未选中的对象添加进选择中。

【Ctrl】+【点选/框选】：添加选择，将所有未选中的对象添加进选择中，但若对象原本被选中，则从选中的对象中减去。

【Alt】+【点选】：直接进入"替代命令"模式，如在布线模式下按住【Alt】键再选择线或孔就是走线，在布局模式下按住【Alt】键直接选择就是移动器件。

【Alt】+【框选】：选中完全包含在选择框内部的器件，并且不会保留之前的选择。

【Ctrl + Alt】+【点选】：在选择模式下，强制选中被全局过滤器过滤掉的器件。

注意：关于更加灵活且精确的区域选择方式，请参见本章第 12.2.15 节，"区域选择与电路精确复制、移动"相关内容。

高亮命令与取消高亮的命令快捷图标位于"Edit"工具栏中，如图 12-3 所示。选中对象后可根据需要将其高亮。

图 12-3　高亮对象与取消全部高亮

被高亮与被选择对象的颜色或透明度设置，位于显示控制中，如图 12-4 所示，读者可根据图 12-4 所示的说明对其进行偏好设置。

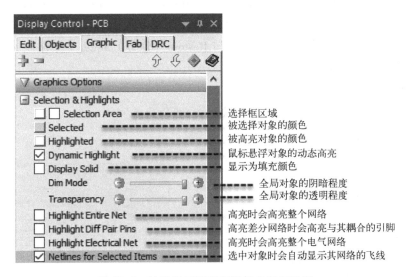

图 12-4　被选择与被高亮器件的显示设置

另外，Xpedition 中对于 Trace（走线）的选择，有单击、双击、三击的区别。鼠标左键对 Trace（走线）单击，选中的是当前所在的线段（请注意跨约束区域时 Trace 会被自动分段，有分支时也会被分段），可通过单击鼠标右键执行菜单命令【Selection】-【Selection List】（选择列表）查看被选中的对象，如图 12-5 所示，鼠标对 ETH_MD1_N 网络的某段线单击选择时，选择列表中明确显示，仅有一段 Trace 被选中。

若鼠标左键对 Trace 双击，则选中的是 Trace 当前连续路径上所有的 Trace、Via 与 Pin，若网络存在分支，则分支部分不会被选中，如图 12-6 所示，由于 ETH_MD1_N 网络存在分支，因此双击时仅选中了两段 Trace 与一个 BGA 的 Pin 脚 N4，又因为该 Trace 跨越了 BGA 方案的约束区域，因此被打断为两段 Trace 显示在选择列表中。

鼠标左键对 Trace 三击，选中的是当前 Trace 所属 Net 的所有 Trace、Via 与 Pin，无论网络是否有分支，均全部选中，如图 12-7 所示。

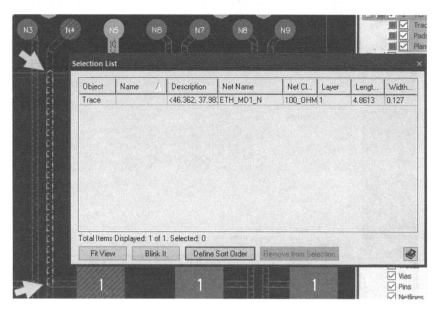

图 12-5　单击选中一段 Trace

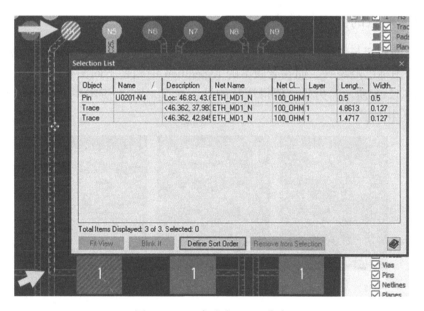

图 12-6　双击选中 Trace 分支

另外，单击选中一段 Trace 时，若在同一 Trace 的其他位置单击，则可以选中两次单击之间的所有线段，可以方便进行分段推挤操作。

注意：在 Xpedition 版本中，双击或三击网络时，会将处于隐藏的对象也显示出来，而在老的 Expedition 中是不会被显示的，这项改进能够帮助工程师在 PCB 单层显示时，更好地了解信号走向，以及防止误删除。

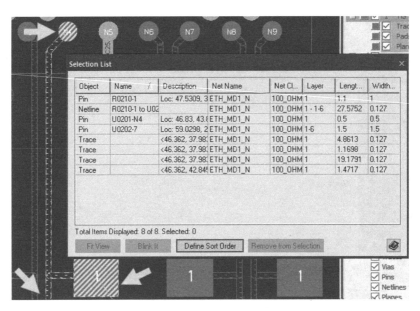

图 12-7　三击全选网络的所有 Trace、Via、Pin

12.1.3　对象的固定与锁定

布线对象的固定与锁定操作与布局模式一致。实际上，在 Xpedition 中，各模式下固定与锁定的命令图标已经统一，而在老版本的 Expedition 中则是不同图标。布线对象的锁定与固定样式如图 12-8 所示，另外，值得注意的是，在 Xpedition 版本中，过孔（Via）也能够被 Semi - fix（半固定）。

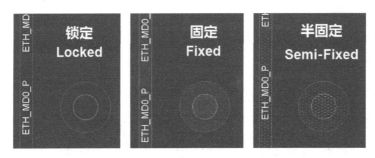

图 12-8　布线对象的锁定、固定与半固定

锁定与固定的级别关系也与布局模式相同，而半固定的对象自身可以移动，但是不受其他对象的推挤影响，且能够被删除。固定与锁定对象无法移动与删除，但锁定的级别更高，被锁定后只能使用解锁，否则其他命令均无效。

在老的 Expedition 7.9.x 版本中，被锁定或固定的对象，能够通过【Circuit Move & Copy】（电路移动或复制）命令或【Move Circuit】（移动电路）命令进行移动操作，而在新版本中，Locked（锁定）的器件没有任何命令可以对其进行操作，处于绝对锁定状态。而 Fix 固定的器件可以如图 10-43 所示更改设置，强行进行移动。

灵活地对布线对象进行固定与半固定，可以在布线后期的修线、挤线阶段，配合 Xpedition 强大的动态优化功能，让工作效率大大提升，如图 12-9 所示，在需要挤出一条通道的路径两侧，半固定两根 Trace，然后再走线，可以将其余的走线控制在一定区域内优化，如图 12-9 右侧所示，该操作尤其适用于涉及多个层面的 Trace 与 Via 推挤。

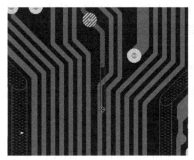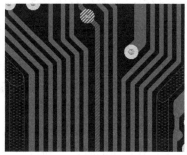

图 12-9　使用固定或半固定灵活控制优化范围

12.1.4　飞线的动态显示

网络线（Netline）又称飞线、鼠线，起到指示 Pin 与 Pin 之间网络连接的作用。

Xpedition 中对网络飞线的显示控制如图 12-10 所示，位于"Display Control"的"Objects"栏目下。

在老的 Expedition 版本中，飞线默认以 Pin 为连接端点，需要单独设置才会跟随连接该 Pin 的 Trace 末端变动，即飞线端点在 Trace 末端。Xpedition 版本已经取消该项设置，所有飞线默认跟随连接的 Trace 变动，一直显示在 Trace 的末端。

"Dynamic Filtering"为飞线在当前编辑界面的动态过滤，打开该选项后，选择"Both ends"表示飞线所在的两个 Pin 都在 PCB 界面中时，才显示该飞线，而"One end"表示只要有一个 Pin 在界面中即可显示飞线，如图 12-11 所示。在任意时刻都可使用"Freeze"冻结当前界面显示的飞线。

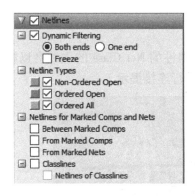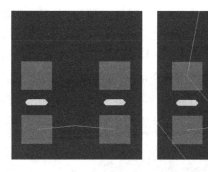

图 12-10　飞线的显示控制　　　　　　　　图 12-11　Both ends 与 One end 的区别

"Netline Types"为修改网络拓扑结构（参见下一节内容）后，所有非"MST"结构的网络飞线的显示控制。Open 表示开路，即未连接的网络。Ordered 为指定过网络连接顺序（拓扑结构）的网络，如差分对（差分对默认为 Custom 拓扑结构），因此受 Ordered 显示控制。所有未连接（即开路状态，Open）的网络中，未被指定过拓扑结构的网络（即 MST 类网络）均属于"Non‑Ordered Open"类，而被指定过拓扑结构的则为"Ordered Open"类。另外，读者会发现，在设置完差分对后，就算差分对完成了布线，差分对的网络飞线还是会显示出来，导致常常误以为差分对还未连接，实际上就是此处的"Ordered All"选项是默认打开的，因此哪怕连接完毕的差分对，其网络飞线还是会显示出来的，所以一般建议将"Ordered All"项飞线显示取消勾选。

"Netlines for Marked Comps and Nets"项可控制被"Mark（标记）"的器件或网络的飞线显示。Xpedition 全新引入了"Mark"这一属性，只有器件和网络可以被标记，标记方法为选中器件或网络后，使用鼠标右键菜单的【Mark】命令即可。请注意，对 Pin、Trace、Via 或 Netline 进行标记时，被标记的对象仅为网络。

完成对器件或网络的标记后，在器件浏览器（Component Explorer）或网络浏览器（Net Explorer，详见 12.2.1 节）中，"Marked"一栏会显示出"＊"号，表示该对象具有标记属性，如图 12‑12 所示。另外，也可以在器件浏览器或网络浏览器中，直接使用如图 12‑12 所示的"Mark/Unmark"快捷图标，对所选对象进行标记/取消标记。

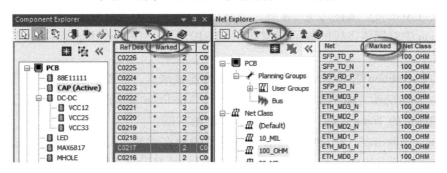

图 12‑12　器件或网络的 Mark 操作

"Between Marked Comps"：仅显示被标记的器件之间的飞线。

"From Marked Comps"：仅显示被标记过的器件的飞线。

"From Marked Nets"：仅显示被标记过的网络的飞线。

"Classlines"：器件包含的 Net Class 飞线，即属于同一器件的 Net Class 的飞线会以粗的线段进行显示，如图 12‑13 所示，Classline 以器件的中心进行连接提示。

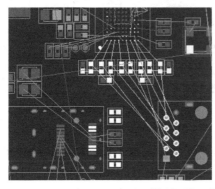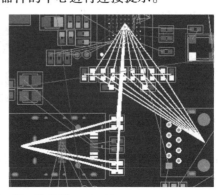

图 12‑13　Classline 的显示

开启"Classlines"时会默认关闭其"Net-lines of Classlines",如图 12-13 所示,网络的飞线被 Classline 替代,若单独打开则可同时显示。另外,请读者注意,若要显示 Classline,必须在如图 12-14 所示的位置,开启所需 Net Class 的颜色显示,否则 Classline 不会显示出来。

Classline 的作用在于从复杂的布局关系中,以器件和 Net Class 为中心,理清重要信号网络的流向,方便规划布线路径,避免出现路径瓶颈。

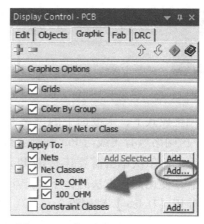

图 12-14　打开 Net Classes 的显示

12.1.5　拓扑结构与虚拟引脚

拓扑结构(Topology Type)是 PCB 中对复杂网络的连接顺序进行规划的一种方式,通过设置网络的拓扑结构,可以精确地指定网络(飞线)的连接顺序,以此来指导布线。

拓扑结构的设置在约束管理器章节有过介绍,是在网络属性中进行设置,如图 12-15 所示。网络的拓扑结构分为以下几类。

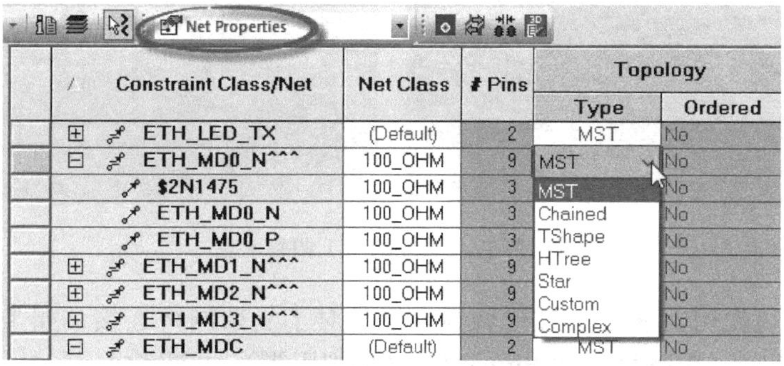

图 12-15　修改网络的拓扑结构

MST:Minimum Spanning Tree,即最小跨越树状拓扑结构,所有网络的默认拓扑结构,其飞线取默认最短路径显示,可以对网络内的 Pin 进行任意连接。

Chained:链式拓扑结构,即所有 Pin 串联成锁链式进行连接,网络内无分支。

TShape:T 形拓扑结构,由一个主分支与两个平衡的次分支构成。

Star:星形拓扑结构,即所有分支单独连接至星形点,再由该星形点连至主分支。

HTree:Hierarchical Tree,等级树状拓扑结构,类似 T 形拓扑结构,不同之处在于该 T 形的分支可由其他拓扑结构代替。

Custom/Complex:Custom 为用户自定义拓扑结构,在该模式下可以对连接关系做任意修改;Complex 同为用户自定义拓扑结构,它与 Custom 的区别在于,Complex 类型拓扑结构包含 Pin Sets,即 Star 结构或 HTree 结构中每簇分支的组合,当 Custom 结构中定义了 Pin Sets

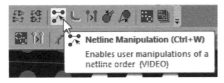

图 12-16　飞线手工调整工具

时，拓扑结构会自动变为 Complex。

对于普通的拓扑结构修改，将其网络属性改为 Custom 后，使用如图 12-16 所示的飞线手工调整工具（可使用快捷图标、快捷键【Ctrl + W】或 "Route" 菜单栏打开），进入调整模式。

在调整模式下，未被选中的网络与 Pin 脚都会被置为灰色。此时选中需要调整的网络 Pin 脚，该网络所有飞线与 Pin 脚都会被点亮，此时有两种办法调整飞线（即网络顺序）。

方法一：依次单击需要连接的 Pin 脚，软件会自动在两次单击的 Pin 脚上建立飞线连接。注意，使用此种方法时，不要产生闭环飞线，否则无法完成设置，对于多出的飞线可以选中后使用【Delete】键删除。

方法二：使用鼠标拖动已存在的飞线，放至要连接的 Pin 即可。

调整完毕后可以使用【Esc】键退出，或按【F12】键结束调整命令。调节飞线完成后如图 12-17 所示。

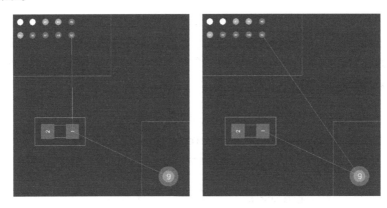

图 12-17　飞线的手工调整示意

一般的网络可使用上述方法进行调整。但是对于复杂网络连接，如 T 形或星形网络，则需要引入 Pin Sets（引脚组）和 Virtual Pin（虚拟引脚）才能完成。

在飞线的手工调整模式下，选中网络后，可使用【F3】键（Place VP）放置 Virtual Pin（虚拟引脚），放置后按照上述手工调整飞线的方法，对网络的连接顺序做出相应调整，如图 12-18 所示。从图中读者可以看出，常规 Pin 脚在调整模式下会显示完整名称，如 R0214 - 1:L，其中 L 表示引脚类型为负载 Load，由于本教程建库时并未详细设置引脚的类型（因为在大多数工程中都未用到该属性），因此引脚类型可以忽略，但是虚拟引脚的类型可供读者辨识，如 VP1：V，其中 VP1 是自动命名，V 代表虚拟引脚（Virtual Pin）。

虚拟引脚在每层都有，仅起到提示连接位置作用，可将其置于普通 Pin 内，或在虚拟 Pin 位置打过孔，以方便布线连接。虚拟引脚的移动或删除均需要在飞线手工调整模式下才能进行。另外，也可在显示控制中搜索 Virtual Pin 将其显示关闭，读者可以自行尝试。

与虚拟引脚类似的还有一个"引导引脚（Guide Pin）"，如图 12-18 中的快捷键【F4】（Place GP）。注意，引导引脚也是虚拟引脚，也要进入飞线手工调整模式才能放置，需要先选中飞线（或引脚），再使用快捷键【F4】放置引导引脚，放置好后单击鼠标右键执行菜单

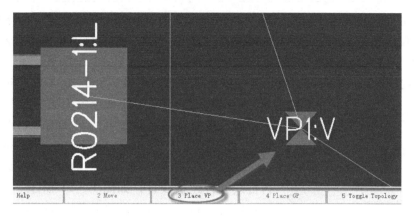

图 12-18　在飞线手工调整模式下放置虚拟 Pin

命令【Accept Guide Pin(s)】即可，如图 12-19 所示，通过引导引脚指引飞线的布线路径。另外，读者也会发现，虚拟引脚与引导引脚的符号互为 90°，用以区分其引脚类型。

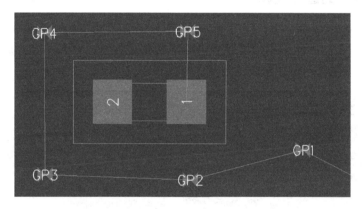

图 12-19　使用指引引脚规划飞线路径

> 注意：虚拟引脚与引导引脚在 MST 结构的网络中是无法放置的，使用飞线手工调整工具对任何 MST 网络操作后，软件都会将其拓扑结构改为 Custom，此时才能放置虚拟引脚与引导引脚。

仅凭上述手工指定引拟引脚与网络的方法，还不足以完成复杂的网络设置，复杂的拓扑网络需要在约束管理器中单独设置，如图 12-20 所示，打开约束管理器，显示 "Topology" 工具栏，选中需要修改的网络后，使用 "Topology" 工具栏的 "Netline Order"（飞线顺序指定），对复杂的拓扑结构进行设置。相关设置由于本书篇幅有限，在此不再

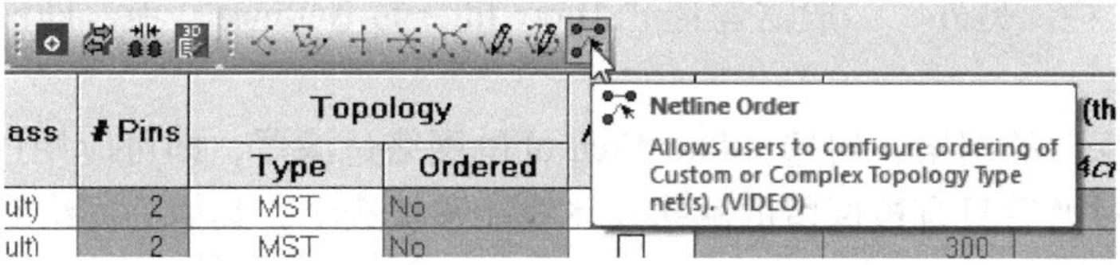

图 12-20　飞线顺序指定工具

赘述，读者可以自行观看工具提示的视频，学习如何设置 Pin Sets 与复杂拓扑结构。请注意，该工具仅能指定 Custom 或 Complex 拓扑类型的网络，并能自动生成平衡/非平衡位置的虚拟引脚。

拓扑结构指定后，在对虚拟引脚进行布线时常常会出现"Stub Rule Violation"的提示，

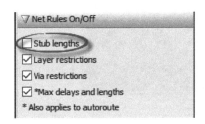

图 12-21　取消 Stub 的长度约束检查

即"树桩线的约束规则冲突导致无法布线"（该树状线的最大长度可在约束管理器的"Stub Length Max"中设置），此时需要在"Editor Control"－"Route"－"Net Rules On/Off"中取消对 Stub 的约束，即能以任意长度的树桩线进行连接设计，如图 12-21 所示。请读者注意，该处取消 Stub 长度检查，并不意味着后期 DRC 时也查不出该项违规，做 DRC 检查时同样能够定位超出的 Stub，此处的取消仅是为了布线方便。

12.1.6　网络的选择过滤

在以往的 Expedition 版本中，没有 Mark 属性来动态过滤飞线，而整板密密麻麻的飞线肯定会影响布线效率，因此工程师需要使用网络过滤器对所需网络进行过滤，而该过滤方法在 Xpedition 版本中同样起着非常大的作用，如图 12-22 所示。

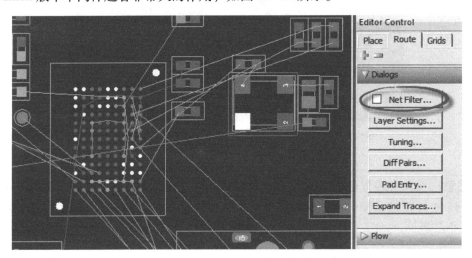

图 12-22　使用网络过滤器

选择过滤器窗口，如图 12-23 所示，左侧窗口中为被过滤（Excluded，被排除）的网络，可以通过双击 Net Class 或使用图示的 Include（包含）图标，将需要过滤的网络移动到右侧"Included"栏。另外，一般需勾选"Apply filter to Netlines"项，即网络过滤器就能够将飞线也过滤掉。

设置好需要保留的网络，勾选 Editor Control 的网络过滤器，即可应用过滤，如图 12-24 所示，注意应用过滤后只有被保留的网络及飞线能够被选中，其他的网络对象被完全屏蔽。

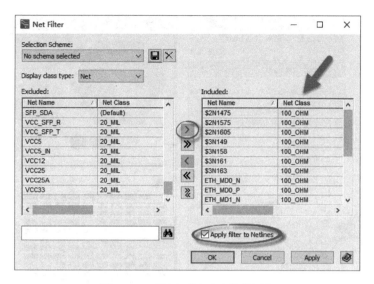

图 12-23　设置不被过滤掉的网络

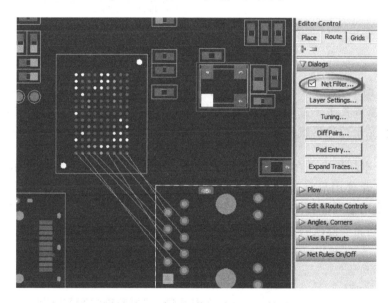

图 12-24　应用网络过滤器后的结果

12.1.7　网络着色与网络名显示

在工程实践中，为布线考虑，常将包含多个电源引脚的网络进行着色，以颜色或花纹来进行区分，能够非常快速地识别同属性网络，方便进行布线、铺铜等操作。

在 Xpedition 中为网络着色非常方便，如图 12-25 所示，在显示控制窗口的"Graphic"下的"Color By Net or Class"（为网络或类着色）栏目中，使用【Add Selected】（添加选中的网络）或【Add】（添加）按钮将需要的电源网络添加进列表，然后单击网络名前的颜色块，逐一设置颜色与显示模式即可。另外，"网络类"与"约束类"也能够设置颜色，还可以根据需要在颜色设置中设置不同的**透明度**与**填充纹路**，以方便布线时区分网络。

 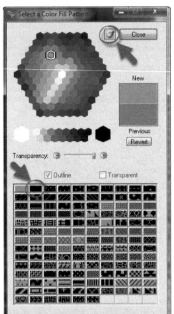

图 12-25　在 PCB 中为网络着色

注意：在图 12-25 右侧，上方的格式刷与 Office 中的格式刷作用一致，可将该设置应用至其他对象颜色上。另外，请注意图中下方花纹栏第二项，对 Layer 中的 Pad 应用该项可以将焊盘显示为边框线模式（同时保留 Trace 的完整显示）。

Xpedition 版本新加入了在 Trace 上显示网络名的功能，需要读者在显示控制中自行开启。编者建议读者善用显示控制的搜索功能，如图 12-26 左侧所示，在显示控制中输入"Net Name"，使用输入框右侧的下箭头找到"Net Names On Traces"项（或多次按【Enter】键），可快速找到需要修改的项，勾选即可，效果如图 12-26 右侧所示。

 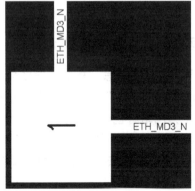

图 12-26　在显示控制中搜索显示网络名选项

12.1.8 保存常用的显示方案

在布线操作中，常常需要在各个层面的显示间进行切换，除了灵活运用单层显示外，还可以将常用的显示方案保存在预设里，如图 12-27 所示，可单独将需要的 1~3 层显示打开，保存为"Routing 1－3"，然后在需要时可直接调用。

另外，Xpedition 与以前的 Expedition 版本相比有所改进，能够将 12.1.7 节所示的网络颜色也保存进显示方案中，以及在保存时可以选择是否将所有工具栏的位置也一并保存。

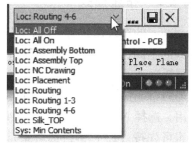

图 12-27 保存与调用常用的显示设置

12.2 布线

12.2.1 网络浏览器

Xpedition 新引入了网络浏览器方便工程师对网络进行选择与区分，网络浏览器可以通过在菜单"Route"栏下执行菜单命令【Net Explorer】打开，或使用【Route】快捷工具栏对应的图标。打开后如图 12-28 所示，左侧通过树状列表显示网络类或约束类，以及下方的差分对、长度调节网络、匹配网络、拓扑网络等，可以快速定位所需网络并选中。

Net	Marked	Net Class	Constraint Class	Topology	User Group	Shielding Rule
$2N1475		100_OHM	(All)	MST		
$2N1575		100_OHM	(All)	MST		
$2N1605		100_OHM	(All)	MST		
$3N149		100_OHM	(All)	Custom		
$3N158		100_OHM	(All)	Custom		
$3N161		100_OHM	(All)	Custom		
$3N163		100_OHM	(All)	Custom		
ETH_MD0_N		100_OHM	(All)	MST		
ETH_MD0_P		100_OHM	(All)	MST		
ETH_MD1_N		100_OHM	(All)	MST		
ETH_MD1_P		100_OHM	(All)	MST		
ETH_MD2_N		100_OHM	(All)	MST		
ETH_MD2_P		100_OHM	(All)	MST		
ETH_MD3_N		100_OHM	(All)	MST		
ETH_MD3_P		100_OHM	(All)	MST		
SFP_RD_N	*	100_OHM	(All)	Custom		
SFP_RD_P	*	100_OHM	(All)	Custom		
SFP_TD_N	*	100_OHM	(All)	Custom		
SFP_TD_P	*	100_OHM	(All)	Custom		
test		100_OHM	(All)	MST		

图 12-28 网络浏览器

请读者注意，在选择时需要打开左上角的交互式开关，才能与 PCB 进行交互选择。

网络浏览器的列表中详细列出了网络的属性，包括网络是否被标记（Mark）、所属网络类（Net Class）、约束类（Constraint Class）及拓扑结构（Topology）。另外，"User Group"

与"Shielding Rule"为左侧树状浏览器中的"Planning Groups"（规划组）所用属性，在 12.4.1 节"规划组的通道布线"中会有详细介绍。

12.2.2　布线模式

Xpedition 的布线模式有 4 种，根据 Gloss（优化）模式与 Online DRC（实时设计规则检查）模式的不同，可以组合出多种布线方式，读者在了解完本节与下一节的内容后，可根据需要灵活选择。

常规的布线快捷键为【F3】（Plow/Multi Plow），在选择模式或布线模式下，【F3】键均可以使用。选择 Netline（飞线）或 Pin（引脚），以及 Via（过孔）后，按【F3】键即开始布线（也可先按【F3】键再选对象），本章 12.1.1 节介绍的鼠标笔画中的上划笔画也是布线命令。若是选择多个 Pin 之后再按【F3】键（或按【F3】键后框选多个网络对象），则可进入 Multi Plow（多重布线）模式。

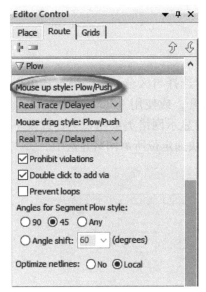

图 12-29　布线模式选择

布线的删除操作同所有其他对象的删除操作一致，都是键盘的【Delete】键。

【F3】键除了开启布线模式外，还可以在多个布线模式之间循环切换，布线模式如图 12-29 所示，在"Editor Control"的"Route"选项卡"Plow"菜单下，"Mouse up style：Plow/Push"栏可以设置**默认的布线模式**，按【F3】键、使用鼠标笔画上滑，或使用鼠标自动探测对象（按住【Alt】键单击焊盘或 Trace）开始布线时，都会进入该默认的布线模式。

鼠标自动探测对象的方式也是 Xpedition 的特色功能，即鼠标移动到特定对象上时，会自动切换要执行的命令，使布局布线操作更加便捷。例如，在布局模式下，用鼠标单击对象时执行的是"选择"命令，若按住【Alt】键再单击，则执行的是"移动"命令；在布线模式下，鼠标移动到 Pin 脚上时，会自动变成布线图标，读者可观察鼠标图形的变化，在布线命令下可以直接按住鼠标拖出 Trace（使用默认的布线模式）；布线模式下用鼠标单击 Trace 时，执行的是"选择"命令，按住鼠标拖动则执行的是"拖动 Trace"命令，若按住【Alt】键单击 Trace 则直接执行"布线"命令。

"Mouse up style"为鼠标单击对象时执行的布线模式，"Mouse drag style"为使用鼠标直接拖动对象时执行的布线模式（可参考 Mouse Up），其中"Mouse up Style"下有 4 种模式可供选择。

（1）Real Trace / Delayed：实时布线/延迟模式，仅在 Gloss On（全局优化）或 Gloss Local（局部优化）模式下可用（优化模式见下节内容）。在此布线模式下，走线根据鼠标移动的实时路径进行放置，无须单击鼠标，将鼠标按照想要的路径移动至连接端点即可。本模式与 Real Trace / Dynamic 的区别在于遇到障碍物时，Delayed 模式不会自动推挤，如图 12-30 所示，①处为鼠标移动过的路径，可以看见已经放置了 Trace，②为绿色的路径提示，表示该处可以通过推挤进行走线，而③处白色的路径连至鼠标现有位置，表示走线无法通过推挤达到该处。

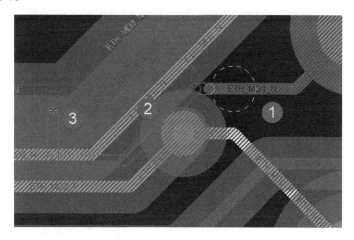

图 12-30 Real Trace / Delayed 模式的走线示例

在图 12-30 中，①处的圆形虚线表示可以在该处添加网络的默认过孔，过孔的位置一般出现在鼠标走线的末端，为优化推挤计算的结果，可以在复杂交错的路径中，自动计算可否通过推挤在该处打孔。

读者在走线时会发现，鼠标进入布线模式后，会自动激活一个以鼠标为圆心的区域，在该区域内会显示鼠标上的对象到其他对象的安全距离（距离大小为约束管理器中的设置），这就是 Xpedition 新增的 Active Clearance（实时间距显示），可以在显示控制中搜索"Active Clearance"项进行开关或修改圆形区域的大小，编者在此不再赘述。

在如图 12-30 所示的③处单击鼠标，可以得到如图 12-31 所示的布线结果，可以看见走线对相邻的线与孔按照路径进行了推挤，使走线得以挤出一条通路。图 12-30 中的走线末端显示了过孔位置，表示该处可以打孔，并且打孔时周围的走线有足够的避让推挤空间。

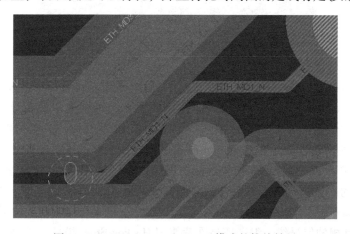

图 12-31 Real Trace / Delayed 模式的推挤结果

（2）Real Trace / Dynamic：实时布线/动态模式，该模式同样需要在 Gloss On 或 Gloss

Local 下才能使用，与 Delayed 不同的是，在 Dynamic 下，所有的推挤都是实时的，只要存在可推挤空间，软件就会自动对周边推线进行推挤，使其达到鼠标所在位置，如图 12-32 和图 12-33 所示，在不同模式下将鼠标移动到同一位置时产生的不同效果。

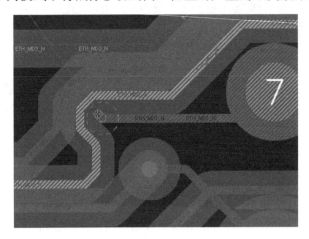

图 12-32   Gloss Local 模式下使用 Real Trace / Dynamic 布线

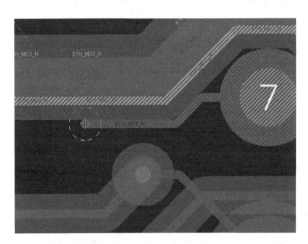

图 12-33   Gloss On 模式下使用 Real Trace / Dynamic 布线

（3）Hockey Stick / On Click：曲棍式布线/单击模式，即最基本、最常用的布线模式，也是以前 Expedition 版本的默认布线模式。在该模式下，走线先以曲棍球棒似的显示方式，指示走线能走到的位置，如图 12-34 所示，需要单击鼠标之后，中空的虚线路径才会变为实际的走线。若在 Gloss Local 和 Gloss On 模式下走线，会对周围对象产生推挤优化效果。

在布线时，对于 Pin 脚位置离得较近的短网络，推荐使用 Real Trace 进行布线，可以极大减少单击鼠标的次数，提升布线效率。Real Trace 是 Xpedition 版本推出的全新布线模式，并且是布线的默认模式，读者只有熟悉它的操作之后才能体会到该模式的强大。

不过，对于常规的信号线，编者还是推荐使用 Hockey Stick 模式，并结合 Gloss On/Local/Off 及固定与半固定操作，可以满足绝大多数布线需求。另外，有许多布线操作必须在 Hockey Stick 模式下才能完成，如后续会介绍的弧形线，以及使用 Display Control 换层打孔等操作。

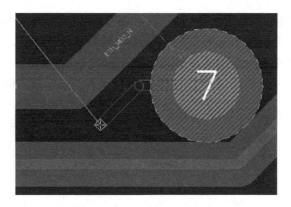

图 12-34　Hockey Stick / On Click 模式下布线

（4）**Segment / On Click**：线段式布线/单击模式，在该模式下，布线以鼠标相邻单击的两个点进行线段连接，线段的角度以如图 12-35 所示设置，可以选择 90°、45°、任意角度或特定角度进行布线。在线段模式下的布线不会被自动优化，一般用此模式完成有特殊角度要求的布线，如异形的 FPC 等。

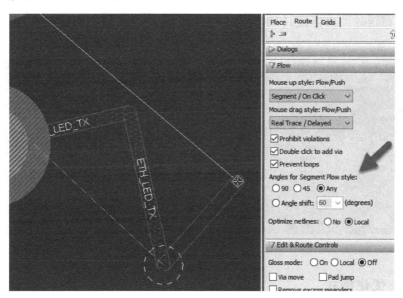

图 12-35　Segment / On Click 模式下布线

在布线时，使用【F3】键可在各布线模式中循环切换，并在 PCB 左下角的当前命令提示栏中，查看所处的布线模式，如图 12-36 所示。

图 12-36　实时查看布线模式

Xpedition 版本还优化了布线时的快捷键【F5】（Auto Finish）自动完成功能，即在走线的过程中，尤其是走到接近 Pin 脚的时候，直接按【F5】键，软件可以快速地将未完成的线路自动连接上，且非常接近手工布线的平整度，如图 12-37 所示。自动完成命令的鼠标笔画与布线命令的笔画都为一条竖线，不同的是一个朝上方画动，一个朝下方画动，非常好记。灵活运用鼠标笔画或快捷键【F3】、【F5】可以大大节省布线时间。

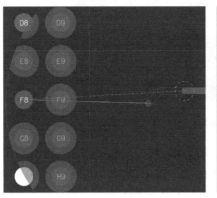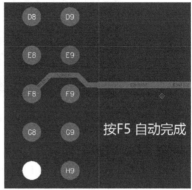

图 12-37　按【F5】键自动完成布线

另外，在布线时，快捷键【F8】 （Switch Ends） 可以切换布线的端点，如图 12-38 所示。

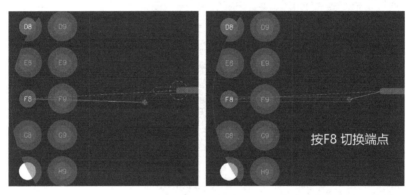

图 12-38　按【F8】键切换端点

12.2.3　优化模式

Xpedition 在布线与走线推挤时，会根据不同的 Gloss 优化模式得到不同的优化结果。优化模式是 Xpedition 的核心功能，如图 12-39 所示，可在 Editor Control 中设置 Gloss 为 On（全局优化）、Local（局部优化）、Off（不优化）三种。另外，也可以在布线时使用快捷键【F10】循环切换优化模式。

Gloss On：全局优化模式，在该模式下，所有的走线与推挤操作，都会以最大的程度对走线与过孔进行平滑，在条件允许时会对整根走线进行优化，如图 12-40 所示，稍微按箭头所示的方向推动走线，即会得到右侧所示的优化结果。

使用 Gloss On 模式时需特别注意，若走线周围无任何约束性的对象，则走线会大幅度跳动至最短路径，幅度较难控制，因此使用 Gloss On 时，需灵活使用固定与半固定线对优化范围进行约束，能够极大地方便走线，如图 12-33 和图 12-9 所示，读者可以从图中看出，Gloss On 模式特别适合布线时的通道推挤，能够在孔、线密集的局部区域中，快速推挤出最佳的路径，且保持周围走线的平滑。

Gloss Local：局部优化模式，在该模式下，所有的走线与推挤操作，只会对鼠标附近的走线与过孔产生影响，如图 12-41 所示，Local 模式下不会对整根走线进行优化，只会局部进行推挤。另外，Gloss Local 模式容易使走线产生过多转折，需要后续再单独对走线进行平滑操作。

在 Gloss Local 模式下，通过鼠标选择一小段走线后推动，得到如图 12-42 所示的结果，被推动的线在允许范围内整体移动。若按住【Shift】键重复上述操作，则结果如图 12-43 所示，可以看到被推动的线不再整体移动，而是被推出弯折。

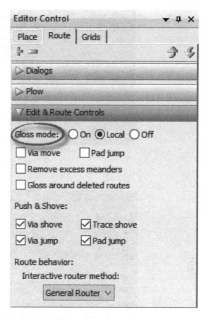

图 12-39　Gloss 模式的设置

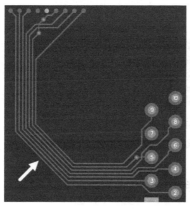

图 12-40　Gloss On 模式下推挤走线

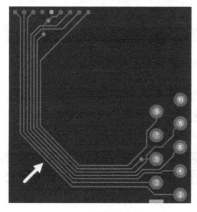
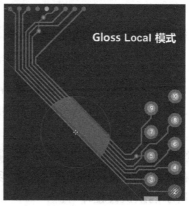

图 12-41　Gloss Local 模式下推挤走线

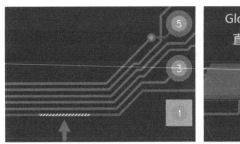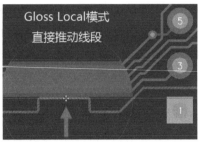

图 12-42 Gloss Local 模式下推动线段

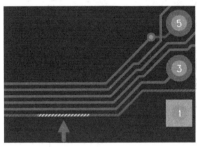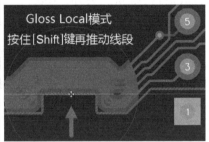

图 12-43 Gloss Local 模式下按住【Shift】键推动线段

注意：无论是在何种模式下，当读者发现对线段的推移无法达到想要的效果时，不妨先鼠标单击选中该线段，再按住【Shift】键进行推挤，多半情况下就会推出想要的结果。

GlossOff：无优化模式，在该模式下，无法对**其他对象**产生推挤，仅能对走线自身进行操作，且所有的走线会自动设为半固定，对没固定的线进行拖动时，也会将其变为半固定。

读者可以在布线时使用快捷键【F10】切换 Gloss 模式，并在 PCB 编辑界面的右下角随时查看处于何种优化模式，如图 12-44 所示。

图 12-44 Gloss 模式的快捷切换与显示

另外，对于已经布好的 Trace，在布线模式下，选中需要优化的线或线段，按快捷键【F11】（Gloss）可直接对所选的对象进行优化操作，平滑所有多余的转折，使走线路径最短，转折最少。

Gloss 设置窗口中，还可以对具体的优化项目进行设置，如是否可以跳过焊盘与过孔等，编者建议读者在熟悉软件后再对各选项的功能自行探索，在学习本教程及大多数工程中，使用如图 12-39 所示的默认设置即可。

12.2.4　交互式 DRC 与自动保存

在编辑控制器 Editor Control 中，交互式 DRC（Interactive Design Rule Check，交互式设计规则检查）作为可勾选项，意味着工程师可以根据需要打开或关闭 DRC。关闭时，软件会弹出非常醒目的 DRC Off 窗口，如图 12-45 所示，提醒操作者当前操作可能会产生 DRC 错误。

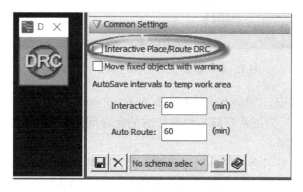

图 12-45　关闭交互式 DRC

在 DRC Off 模式下，软件的推挤功能会被禁止，此时无论处于何种 Gloss 状态，所有布线操作不会对其他对象产生影响。若被推拉的走线或过孔小于约束管理中的安全间距时，线与孔都不会进行避让，而是以 DRC Hazard（DRC 风险，又叫 DRC 冲突）的特有纹路将违规部分标记出来，提醒操作者该处已违规，如图 12-46 所示。

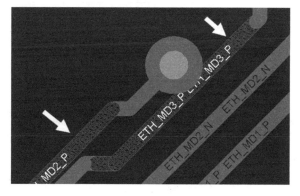

图 12-46　DRC 冲突的特有纹路提示

一般建议读者全程设计都保持 DRC On 模式，但是复杂电路的布线操作涉及面太多，难免会遇到一些状况时需要关闭 DRC 才方便进行操作，读者此时可以在关闭 DRC 的情况下进行布线操作，只要注意不产生 DRC 冲突的花纹，设计也是没有问题的。若读者不习惯 Mentor 优化模式，也可以全程采用 DRC Off 模式进行布线，在后续章节会介绍 PCB 的 DRC 检查，只要检查能够通过即可保证 PCB 的安全性。

请读者注意，DRC 冲突的花纹仅在 Unlock 与 Unfix 的对象上才会显示出来，并且 PCB

在重新打开后，所有 DRC 冲突的花纹都会被清除，需要读者重新运行如图 12-47 所示的
【DRC Visualization】命令才会重新显示出来，该命令位于菜单的"Analysis"栏。

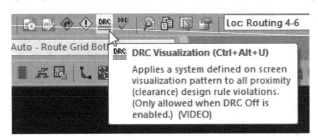

图 12-47　重新显示所有的 DRC 冲突花纹

在图 12-45 的设置中，"AutoSave intervals to temp work area"选项下可设置自动保存的
时间间隔，"Interactive"为正常布局布线操作时的保存间隔，"Auto Route"为使用自动布线
器进行布线时的保存间隔。

由于绝大部分工程都不会采用自动布线器，因此一般设置"Interactive"为 15～30 分钟
即可。请注意此处的自动保存与项目的自动备份不同，自动备份是完整的备份工程文件，而
此处的自动保存仅保存一个临时的 Layout 数据库文件，若 PCB 程序意外崩溃或电脑意外断
电时，再次打开 PCB 会询问操作者，是否读取上次自动保存的数据库状态，如图 12-48 所
示，另外，请读者注意，在打开被意外关闭的 PCB 前，需将 PCB 文件夹下的两个锁定文件
删除，该锁定文件是伴随 PCB 打开时自动产生的，正常退出时程序会自动删除，若意外退
出则会留在原地，需要手工删除。

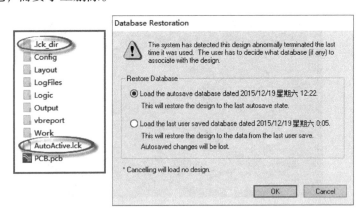

图 12-48　删除锁定文件后恢复 PCB

12.2.5　换层打孔与扇出

布线模式下，当鼠标端的走线上有过孔位置虚线标记时，读者可以使用鼠标左键双击进
行过孔添加，双击添加过孔的操作在"Editor Control"的"Route"栏中默认为启用（Double-
click to add via）。

布线时也可以使用快捷键【F2】（Add Via）添加过孔。

在 Hockey Stick 或 Segment 布线模式时，可以通过切换当前层来添加过孔，并可在所切换的层直接继续布线，如图 12-49 所示，在第一层布线时，选中显示控制的第三层，即可在鼠标之前单击位置自动添加过孔，且布线层切换到了第三层，可继续在第三层布线。一般工程中，通过单击层打孔的方式最为常用，尤其是盲埋孔的设计中，打孔最为直观。

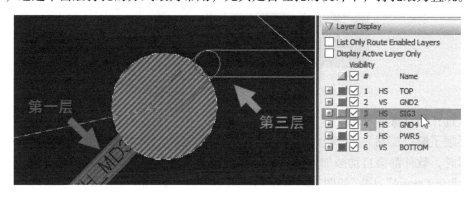

图 12-49　通过显示控制换层打孔

同理，布线模式时，切换当前层的快捷键【上】、【下】方向键在使用时，与鼠标单击层别是一样的，即如果鼠标上有未走完的线，则在切换层时会自动添加过孔。

请读者特别注意**方向键的使用**，Xpedition 与 Expedition 版本最大的区别之一就在"上、下、左、右"方向键上。原 Expedition 版本中，布线模式下，无论鼠标选中走线还是过孔，再按"上、下"方向键的作用就是快速切换层，方便工程师确认相邻层的走线。但是在 Xpedition 版本中，当鼠标**单击选择**或**双击**布线对象时，"上、下、左、右"方向键的作用却是**位移**，即在 PCB 中移动走线或过孔，与布局时方向键的作用类似。这点希望使用 Xpedition 与 Expedition 的读者特别注意其差别，防止因思维惯性造成设计的变动，尤其是在关闭 DRC 时，很有可能会造成短路。

> **注意**：图 12-49 中的 "Display Active Layer Only" 项即鼠标笔画的 "切换当前层的单层显示/全部层显示" 命令。
>
> 若在图 12-52 中去掉了某些层 "允许布线" 的勾选，则可用图 12-49 中的 "List Only Route Enabled Layers" 过滤掉不可布线的层。

另外，还可以在布线时，单击鼠标右键执行菜单命令【Layer】，选择所需的层实现换层打孔。快捷键【F5】（Push Trace）可用来实现线段换层，需选中要换层的线段，并且将当前层切换到需要的层后，再在 PCB 中使用【F5】键，即可实现线段换层，如图 12-50 所示，若要切换的线段不是孤立的，则软件会自动添加换层过孔。

图 12-50　使用【F5】键（Push Trace）线段换层功能

在布线时，右键菜单中能够选择下一个过孔的类型，如图 12-51 所示，注意此种改变过孔的方法仅对下一次的过孔有效，之后还是会使用约束设置里的默认过孔。

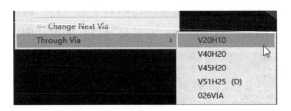

图 12-51　右键菜单更改下一个过孔的类型

默认过孔的设置详见前述章节"导入设计数据"与"约束设置"中的相关内容。另外，读者还必须了解"层对"的概念，即在某层布线时，使用鼠标左键双击，或使用【空格键】切换层对时，软件都会自动添加过孔，并且都会转跳到与当前层对应的层上，"层对"的设置在"Editor Control"中，如图 12-52 所示，可以在该对话框中设置层的对应关系。在布线模式下，可使用【Enter】键在对应层之间切换。

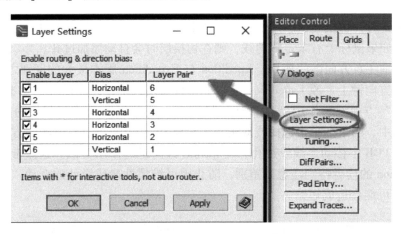

图 12-52　设置布线打孔的层对

盲孔和埋孔的打孔操作与通孔一致，一般使用显示控制器换层打孔最为直观方便。另外，在层对设置合理的情况下，双击鼠标也可以添加盲埋孔。由于篇幅有限，盲埋孔的打孔操作在此不再赘述，留待读者自行尝试，若操作中遇到困难，欢迎前往 EDA365 论坛本书讨论区发帖咨询。

在布线模式中，选中 Pin 脚的情况下，快捷键【F2】对应的功能会自动切换为扇出（Fanout）。扇出多用于 BGA 类含有阵列引脚的器件，默认的扇出模式为向四周散开。如本教程的 BGA 芯片 88E1111，在约束管理器中设置好 BGA 区域的间距约束，并通过 Rule Area 指定 BGA 方案的应用区域后，再框选该 BGA 所有 Pin 脚，按【F2】键即可完成扇出，如图 12-53 所示。

请读者注意，在扇出 BGA 时，一定要注意约束的设置，若设置不合理，则软件只会扇出一小部分 Pin 脚，大部分根据约束无法扇出的 Pin 脚则不会有任何操作。上图中未扇出的

Pin 脚为没有网络连接的悬空脚，默认是不扇出，且无法布线（可在前标中设置）。另外，根据约束设置中的电源线宽，可以看到的电源与地引脚的出线要明显宽于信号线。

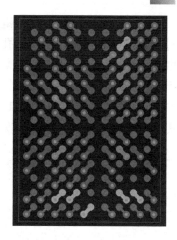

对于常用的 BGA 芯片，读者可以在建立封装时就将扇出操作完成，则扇出的走线与过孔就会变为封装的一部分。但此种方法也有一定的局限性，首先要求叠层与过孔与 PCB 对应，另外若要对封装内扇出的走线与过孔进行修改时，必须先执行菜单命令【Edit】–【Modify】–【Flatten Cell】，打散 Cell 与其扇出的绑定，才能进行下一步编辑。

图 12-53　根据约束与方案区域，
扇出 BGA 芯片

BGA 与其他芯片的扇出默认方案可在菜单栏 "Route" – "Fanout Patterns" 中进行设置，一般保持默认即可。

12.2.6　多重布线与过孔模式

多重布线的命令与布线命令一致，都是快捷键【F3】，不同之处在于软件会自动检测【F3】键激活时是选中的单一对象还是多个对象（可以是多个 Pin、Via、Trace 或 Netline），当选中的是多个对象时，【F3】键会自动切换为多重布线命令。

在多重布线模式下，PCB 会强制进入 Gloss Local 模式，并只能使用曲棍式布线，如图 12-54 所示，选中右侧四个 Pin 脚后，直接按【F3】即可进入多重布线，在布线时，软件会默认将线按照约束设置的安全间距紧密排列，若需要调节线间距，可以使用如图 12-54 所示的快捷键【F6】（Converge In）收紧、【F7】（Converge Out）疏松，调节多重布线的线间距。

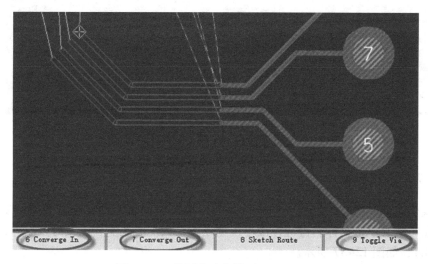

图 12-54　使用多重布线（Multi Plow）

在多重布线时，按【F2】键（Add Via）添加过孔后，读者可以使用图 12-54 所示的【F9】键（Toggle Via）切换过孔的放置模式，过孔放置模式一共有 5 种，读者可以根据过孔的预显示，决定采用何种模式，如图 12-55 所示，从左至右依次为 Perpendicular（垂直）、+45°、-45°、Staggered（交错）、Parallel（平行）。请读者注意，这 5 种模式都是以当前线所在的角度进行参考的，如图 12-55 中的线是 135°，因此平行模式也是 135°。另外，放置时鼠标的移动也会一定程度上改变过孔的具体放置，读者可以自行尝试。

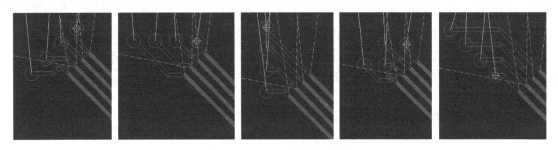

图 12-55　5 种不同的多重过孔模式

另外，在多重布线时，可以在布线过程中按住【Alt】键查看自动布线器推荐的线路，若满意则单击鼠标便可自动完成布线，如图 12-56 所示。另外，若显示的路径有障碍，无法自动完成时，软件会产生无法完成布线的提示，需要读者手工进行布线。

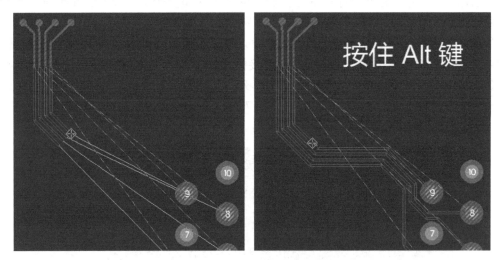

图 12-56　按住【Alt】键的自动完成

12.2.7　修改线宽

在布线模式下，所有的走线以约束设置的标准线宽进行走线，在需要对线宽进行调整时，可以在布线时单击鼠标右键选择最小线宽或者最大扩展线宽，以及可以添加自定义线宽（Add Width），如图 12-57 所示。

请读者注意，若线宽的宽度如果超过了扩展值，则该段 Trace 并不会被 DRC 的特有花

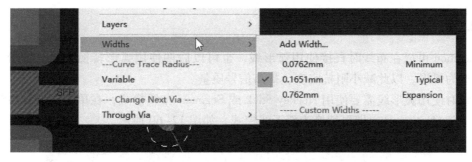

图 12-57 布线时单击鼠标右键执行菜单命令更改走线宽度

纹标记，而是最后做 DRC 检查时，会出现在线宽违规的列表中，提示该处有最大线宽违规。

使用鼠标右键更改线宽的方式不仅可以在布线时使用，布线完成后选中线再单击鼠标右键，同样有【Width】菜单命令可以更改线宽，但是读者会发现，在右键的众多菜单命令中找到【Width】并不轻松，因此工程中常用【Keyins】或【Change Width】快捷工具对线宽进行修改。

Keyins Command 前文有过介绍，在布线或修线任何阶段，都可以使用【Keyins】命令中的"cw"修改线宽，如图 12-58 所示。

图 12-58 中输入框下方有命令提示，意为"cw"命令后可以用"空格"加"m, t, e, 或线宽值"来运行命令，如"cw m"，将布线线宽或选中的走线线宽改为**最小值（Minimum）**；"cw t"：将布线线宽或选中的走线线宽改为**标准值（Typical）**；"cw e"：将布线线宽或选中的走线线宽改为**拓展值（Expan-sion）**；"cw . 5"：将布线线宽或选中的走线线宽改为**0. 5mm（自定义值）**。

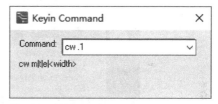

图 12-58 Keyins 命令修改线宽

除了 Keyins Command，读者还可以在"Route"菜单栏或"Route"快捷图标栏，找到如图 12-59 所示的"Change Width"工具，在"New Width"栏输入需要的线宽，单击【Apply】或【OK】按钮即可修改线宽。该命令一般用于布线后修改线宽，甚至可以修改被固定或锁定的走线线宽。

图 12-59 修改线宽工具

12.2.8 弧形线

Xpedition 可以在布线时直接使用弧形线，也可以后期使用弧形转换工具，批量将走线的转折改为弧形，以此减小阻抗突变，提高信号质量。

布线时使用弧形线需要使用 Hockey Stick 或 Segment 布线模式，在单根布线时按快捷键【F11】（Toggle Curve），即可切换为弧形线模式，如图 12-60 所示。

图 12-60　两种布线模式下的弧形线

若需要回到角度模式，只需在布线时再按一次【F11】键切换回来即可。

一般对整板都有弧形线要求的 PCB，在布线时一般都还是采用角度模式进行布线，因为角度模式下的走线与推挤要方便很多，在布线全部完成后，只需运行如图 12-61 所示的命令，设置好弧形的大小，即可将所选择的线段的转折处批量更改为弧形。

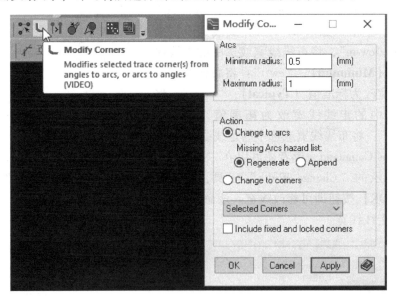

图 12-61　转角与弧形切换工具

Modify Corners 工具可以将转角（Corners）改为弧形（Arcs），反之也可。一般如图 12-61 所示设置 Arcs 的最小与最大半径，以及执行动作（Change to Arcs，转换为弧形），选择转换的对象（Selected Corners，被选择的转角），然后单击【Apply】或【OK】按钮即可，转换效果如图 12-62 所示。

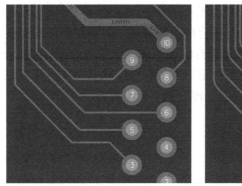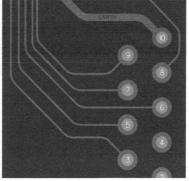

图 12-62 转角与弧形批量转换示意

12.2.9 添加泪滴

Xpedition 中的添加泪滴操作位于 "Route" 菜单栏，如图 12-63 所示，在菜单栏或快捷工具栏找到 "Teardrops" 工具，打开后进行相关设置，然后运行命令即可。

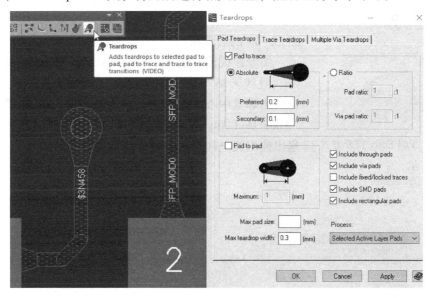

图 12-63 为焊盘与过孔添加泪滴

添加泪滴的关键参数在于泪滴的长度，以及泪滴与焊盘连接处的最大宽度。如图 12-63 所示，设置的泪滴的长度为绝对值模式，即限定了长度的绝对值，如主要偏向于使用 0.2mm，其次使用 0.1mm；然后最下方设置最大的泪滴宽度为 0.3mm；处理的应用对象为当前层选中的焊盘，即 "Selected Active Layer Pads"；另外，还需要勾选 "Include via Pads" 项，将过孔的焊盘也包含进来（默认设置中并未包含）；最后单击【OK】或【Apply】按钮即可得到图 12-63 所示的泪滴。

> **注意：**若不设置泪滴的最大宽度，软件则会以焊盘的最大宽度进行泪滴生成，效果较为不理想。读者可以尝试该设置栏中的其他设置。

泪滴的长度可以单击后进行拖动编辑，若未设置最大宽度，则可进行手工拖动设置。

若对添加过泪滴的走线进行移动，泪滴会自动被删除，需要重新添加才会再次出现，因此不到 PCB 工程出图的最后阶段，不建议进行添加泪滴操作，不然很容易被误删。

若想整体删除所有泪滴，只需打开添加泪滴的对话框，去掉"Pad to trace"与"Pad to pad"的勾选项，再选中所有焊盘运行一遍，即会清空所有泪滴。

12.2.10　焊盘出线方式设置

在 Gloss On 模式下，任何走线从焊盘的出线方式，以及是否能在焊盘上打孔，都需要在 Pad Entry（焊盘出线方式）中进行设置，如图 12-64 所示，在编辑控制器"Editor Control"中打开"Pad Entry"设置界面。

图 12-64　Pad Entry 打开方式

Pad Entry 的设置界面如图 12-65 所示，可以通过左侧的对话框选中需要改变出线方式的焊盘，或是选中所有焊盘，如图 12-65 中"Rectangular"（矩形焊盘）中的"All Rectangular Pads"（所有的矩形焊盘），选中后在右侧设置焊盘倾向的出线方式，勾选即可，设置后的出线效果如图 12-66 的右侧所示。

编者建议读者勾选"Extended Pad Entry"，即可在 Gloss On，且线未被半固定的情况下，对焊盘的出线进行推动，比仅用焊盘中心出线的方式要灵活得多，如图 12-66 所示。"Allow Odd Angle"项可允许非 45°的出线存在，如 BGA 的扇出或出线空间有瓶颈时，可勾选该选项。

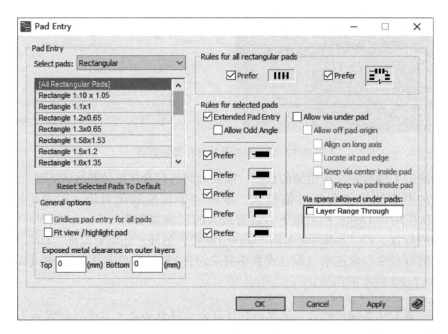

图 12-65　一般 Pad Entry 的设置

若设计中包含有盲埋孔，且要在焊盘上打孔，则需设置"Allow via under pad"选项，如图 12-67 所示的一个 10 层 2 阶的 PCB，对需要打盲孔的焊盘的推荐设置。"Allow off pad origin"表示允许过孔的圆心不在焊盘正中心，"Keep via center inside pad"（确保过孔中心在该焊盘内）和"Keep via pad inside pad"（确保过孔焊盘在该焊盘内）两项也建议勾选，最后在下方的"Via spans allowed under pads"中勾选允许的盲孔类型，如 10 层 2 阶的 PCB 一般有 4 个可能的盲孔，分别为 Via 1 - 2、Via 1 - 3、Via 8 - 10、Via 9 - 10，将其全部勾选即可。完成设置后，该焊盘不仅能够打盲孔，且盲孔能够被拖动至合理的位置，如图 12-67 所示。

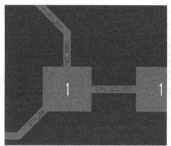
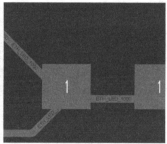

图 12-66   Extended Pad Entry 的设置前后对比

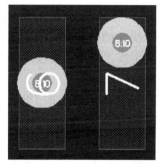

图 12-67   焊盘中允许打偏心盲孔的推荐设置

12. 2. 11   线路批量换层

工程中有时会遇到需要将一批已布好的走线，整体转换到另一层去。在 Xpedition 中，一般有两种方式实现此操作。

第一种方式是使用布线模式下的快捷键【F5】（Push Trace），如本章 12.2.5 节图 12-50 所示，该方式是基于布线模式的切换，因此会受到 Gloss 模式与交互式 DRC 的影响，相应的选择与执行比较不便，如在 PCB 中全选一组线，然后单击 Display Control 里的所需层，再按【F5】键会发现并不起作用，这是因为当前编辑状态激活的是"Display Control"的窗口，还需在 PCB 的标题栏单击一下，或是用鼠标中键在 PCB 中稍做移动才行，激活 PCB 窗口时【F5】键才会起作用。另外，【F5】键在执行时多数会因为 Gloss 与 DRC 的原因导致 Push 失败或 Push 结果不理想。

编者建议读者使用第二种方法，即在**绘图模式**下对 Trace 进行属性修改，如图 12-68 所示。

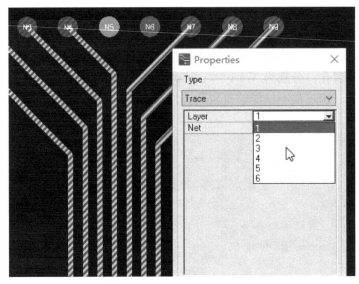

图 12-68　使用绘图模式的属性窗口批量换层 Trace

在绘图模式中，Trace 的属性是包含多个拐点与网络名的折线，因此单击 Trace 的任意一处都是选中的整个折线（前提是该 Trace 没有分支），因此在绘图模式中使用点选或框选可以很方便地选中整个走线。选中需要换层的 Trace 后，打开属性窗口，可以在属性窗口中直接更改层数。

使用绘图模式更改线路属于不考虑 DRC 后果的强制更改，需要读者自行注意 DRC 问题，如先将要改的层的相应位置清理干净后再执行转换操作。另外，对于原来连接在焊盘上的线，换层后一定要注意将其局部进行修正，手工添加过孔连接至焊盘。

另外，读者也会发现，对 Trace 的整段删除，在绘图模式下也比布线模式下更加便捷。

12.2.12　切断布线与网络交换

Xpedition 继承了 Expedition 版本的智能实用工具 Smart Utilities，该工具原属于第三方辅助工具，但由于其功能过于强大与常用，被 Mentor Expedition 吸收进软件，作为安装时的可选工具栏存在。Xpedition 已默认安装该工具，执行菜单命令【View】-【Toolbars】-【Smart Utilities】即可显示该工具栏。

一般进行总线布线时，若首尾两端离得较远，则需要将总线的网络顺序调整合理，否则连接比较困难。但常常因为信号太多且绕线太远，很难在一开始就将总线理顺，并且通常情况下，两端的 Pin 脚也并非一一对应，所以后期需要大量的调整工作。

通常的处理办法是先将一端的线理顺，然后成组的布线到对端，再根据需要调整网络的顺序，让两端的网络连接起来。在这个过程中，我们就需要使用到智能工具中的"区域切断布线"与"排列网络"工具。

如图 12-69 所示，可打开区域切换布线工具。

图 12-69 区域切断布线工具

在一排走线上使用该工具，如图 12-70 左侧所示，可以得到右侧切断后的结果。

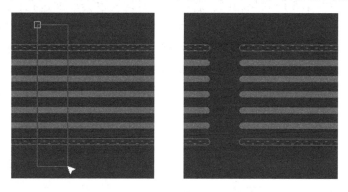

图 12-70　区域切断布线

将一排线的两端都切开后，使用"排列网络"工具可以对走线进行网络的交换或合并，该工具如图 12-71 所示。

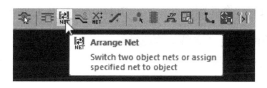

图 12-71　排列网络工具

打开排列网络工具，依次选择两个布线后，单击 Swap 即可完成交换，交换后的效果如图 12-72 所示，可以看见上面两组已经完成了交换。Combine 合并工具用法基本一致，选择源网络与需要改变的网络，再合并成一个网络即可。

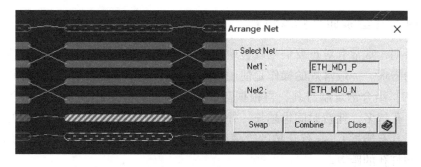

图 12-72　交换（Swap）或合并（Combine）网络

12.2.13　换层显示快捷键

在智能工具中，还有一个工具在布线应用时非常广泛，就是当前层的快捷键切换开关"Select Active Layer With Accelerator Key"，如图 12-73 所示。

该工具被点亮后，以下快捷键将被激活。

数字键 0 ～ 9：选择并激活当前层的显示，如按下 5，则直接切换到第 5 层，与单击"Display Control"中的第 5 层效果相同，若在布线时切换也会添加过孔；此功能对小键盘的数字键同样有用；另外，请读者注意，由于可能存在大于等于 10 层的 PCB，因此按下数字键后，会有一定的时滞，软件需要判断是否还有第二位数字输入，如 10 就要输入两个数字。

Ctrl + 数字键 0 ～ 9：仅显示某一层，并关闭其他层显示，如 Ctrl + 5，会仅显示第 5 层，并且将其他层的显示勾选全部去掉，这与单层显示不同，如图 12-74 所示，请读者注意区别。

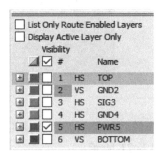

图 12-73　使用快捷键切换当前层　　　　图 12-74　使用【Ctrl + 5】快捷键仅显示第 5 层

单按数字键 0：开关网络线（飞线）的显示。

Backspace：关闭所有层的显示。

A：显示所有布线层。

> **注意：**该快捷工具激活后，会对 Keyins 的窗口产生很轻微的影响，如直接按【A】键时，不开启快捷键则会直接进入【Keyins】命令。另外，【Backspace】键原来也是 Keyins 窗口的激活键，但这些影响可以忽略不计，因此编者建议读者打开快捷键，以方便设计。

12.2.14　批量添加与修改过孔

在布线后期，常常有对重要信号线包地孔、对重要平面进行缝合，以及对整个地平面添加散热过孔的需求。一般常规的操作是使用电路复制，如选中一个 Via 后使用鼠标右键笔画 C 或【Ctrl + C】组合键复制过孔，再根据需要放置即可。但是此种办法有两个弊端，一是工作强度大，孔越多，耗费时间也越长，并且不容易把孔打得整齐；二是复制的 Via 是在走线时添加的，具有能被 Gloss 优化掉的隐藏属性（同网络的 Via 靠近时，会自动优化合并），因此较难控制打孔的距离。

针对此种情况，Xpedition 在以前的版本中就推出了"Add Via"（批量添加过孔）工具，在老版本的软件中该工具位于"RF Tools"（射频工具栏），需要激活相应的 License 才能使用，在 Xpedition 版本中该工具被合并进了"Route"工具栏，如图 12-75 所示，单击"Add Via"图标或执行菜单命令【Route】-【Add Via】，都可打开添加过孔对话框。

在添加过孔对话框中，共有 5 种过孔添加模式，如下所示。

（1）Interactive：交互模式，读者可自行选择过孔的焊盘、类型（通孔或盲埋孔）、网络，然后单击【Apply】按钮即可直接在 PCB 中放置该网络的 Via。另外，也可以指定坐标点放置，如图 12-75 所示。

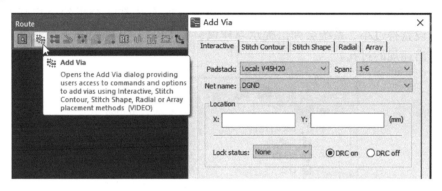

图 12-75　Add Via 工具

（2）Stitch Contour：边缘缝合模式，如图 12-76 所示，选中图中的 Trace（将 Trace 理解为一个轮廓边缘），再使用边缘缝合工具，各参数按照图中设好，单击【Apply】或【OK】按钮即可进行缝合打孔。

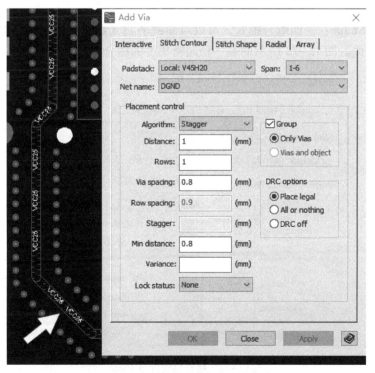

图 12-76　使用过孔缝合边缘轮廓

关于缝合参数设置，读者可以自行尝试修改并观察，一般的参数按照字面即可理解，需注意 Variance 参数一般用于射频电路，可人为打乱过孔的整齐排列。另外，Distance 值在针对 Plane 进行边缘缝合时，可以填负数，不然缝合的孔都在 Plane 外侧。

在图 12-76 的缝合设置中，"Group" 项勾选后，所有自动生成的缝合过孔，会自动在布局浏览器中新建一个缝合组，组内的 Others 对象中包含所有的 Via，如图 12-77 所示，读者可以在选择模式下对整组的对象进行移动或选中后删除。

DRC 模式建议开启，选择 "Place legal"，可保证所有孔都能合乎约束规则地放置。另外，若间距设置得过小，系统会弹出提示与建议，在 DRC 打开的情况下可选择忽略，忽略时也不会打出违规的过孔。

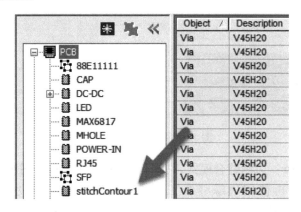

图 12-77　器件浏览器中的缝合孔组

（3）Stitch Shape：平面缝合模式，可以对铺铜平面（详见后续章节）进行缝合，常用于需要散热的平面。图 12-78 所示的是一种超密集度的缝合参数，效果如图 12-79 所示。

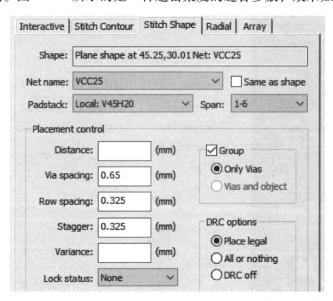

图 12-78　超密集度缝合 Plane

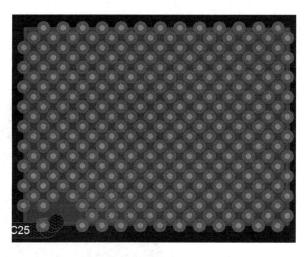

图 12-79 超密集度缝合 Plane 的效果图

一般情况下不会用到这种密集度的过孔，此处仅作为示例，读者可以自行修改该设置内的相关参数，观察过孔的变化，再根据自己的需要设置满意的缝合模式。

（4）**Radial**：径向模式，以圆心呈放射状排列，如图 12-80 所示，请注意可以使用鼠标图示的鼠标工具选择圆心。

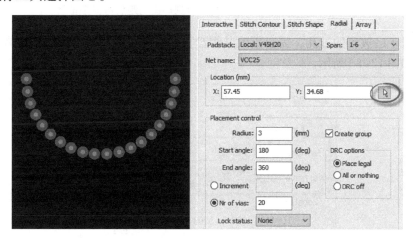

图 12-80 使用径向模式放置过孔

（5）**Array**：阵列模式，以行与列对过孔进行放置，该模式也是众多 EDA 工具基本都会有的放置方法，参数设置也跟上面几个放置方式类似，在此不再赘述，读者可以自行尝试。

通过【Add Via】放置的过孔除了能够被 Group 起来外，还有一个重要的隐藏属性，就是该过孔不会被 Gloss 自动优化掉，如图 12-81 所示，在 PCB 参数设置（参见前述章节）的"Via Clearance"选项卡中，设置相同网络的过孔间距为 0 或 0.001，类型为 PE（焊盘边缘到焊盘边缘的距离），并勾选"Same Net"，即可在 PCB 中对过孔进行极限推挤，且推挤到极限边缘时，过孔不会被自动优化删除。

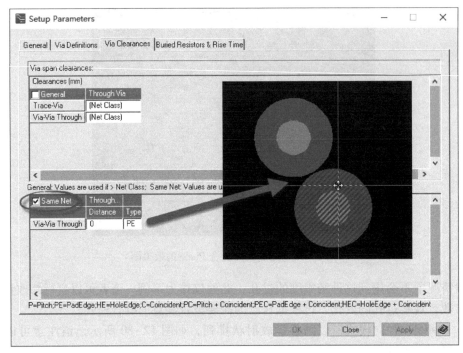

图 12-81　设置同网络过孔的焊盘到焊盘间距后可极限推挤

另外，对于已放置的过孔，需要更改其焊盘栈或盲埋孔类型时，可以使用属性窗口直接进行修改，如图 12-82 所示。

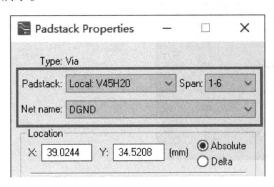

图 12-82　修改过孔属性

对于多个过孔，甚至整板的过孔做批量修改时，也是通过属性窗口来完成的。选择整板或者区域的多个过孔时，可以使用前文介绍的全局选择过滤器，即在选择模式下，关闭所有其他对象的可选性，只保留 Via 可选。另外，在选择时，需先选一个单独的过孔，打开属性窗口后，保持该窗口不关闭，再去多选甚至全选过孔，即可在先前打开的属性窗口中进行全局修改。若是先全选过孔再打开属性，则打开的是"网络属性"窗口而不是"过孔属性"窗口。

12.2.15 区域选择与电路精确复制、移动

熟悉 Mentor Expedition 软件的工程师一般都对该软件的 Circuit Copy & Move 功能记忆犹新，该功能命令激活后，会激活区域选择工具栏，以及一个选择对象过滤器，工程师通过这两个工具可以快速准确地选择 PCB 中的任意电路元素，然后对其进行移动或复制，包括在"布局设计"一章中介绍的布局复用功能，在原版本软件中也是通过该命令完成的。

Xpedition 由于引入了选择模式，因此将 Circuit Copy & Move 完全融入了软件系统的复制与粘贴命令中，原命令中的**区域选择工具栏**现在可以单独被激活，原命令中的**对象选择过滤器**则融入了选择模式的全局过滤器中（详见本章第 12.1.2 节）。

如图 12-83 所示，执行菜单命令【View】-【Toolbars】-【Select By Area】。

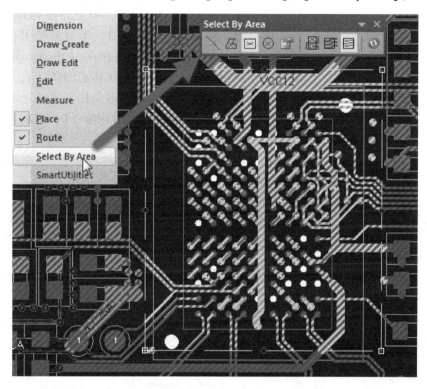

图 12-83 使用 Selected By Area 工具栏

如图 12-83 所示，在该工具栏存在的情况下，鼠标画出的选择框会自动显示出来，即图中 BGA 器件周边的多边形框，读者可以类似调整多边形一样对选择区域的手柄进行调整，如双击中点等分线段后拖动，使区域更符合实际需要。

请读者注意，区域选择工具栏的前 4 个图标，分别代表选择框的 4 种不同形态，可以根据需要画出不同的选择区域，甚至可以用直线进行选择；区域选择工具栏的第 6 至第 8 个图标代表选择方式，依次分别为"与选择框接触的对象"、"完全包含在选择框内的对象"与"选择框切断 Trace 后包含在选择框内的对象"。图 12-83 使用的是第 3 种选择模式，即将Trace 在选择边缘进行打断。

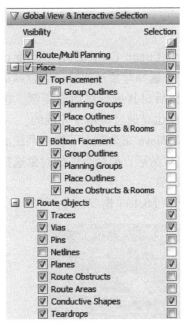

图 12-84　选择电路时的全局过滤设置

一般在进行电路复制、移动时，需要在**全局交互式过滤选择**设置中，将不需要选择的对象过滤掉，如图 12-84 所示，在选择模式下，只保留**器件、走线、过孔、平面与导通形状**。

在对选择模式做出更改后，再次单击选择区域的边框即可刷新选择（或使用区域选择工具栏的最后一个刷新图标），读者可在 12.1.2 节介绍过的"选择列表"中再次确认是否需要的对象都已经被选中。选好后可以使用快捷键或菜单栏的【Move】等命令，对这些对象进行移动、旋转、复制等操作，如图 12-85 所示，将电路整体搬移到了 PCB 外。注意，移动对象时，当对象吸附在鼠标上后，需要使用鼠标右键菜单的【Drop Interconnection】或快捷键【F9】（仅在移动时激活），将连在线上的连接关系打断，否则会出现无法移动（DRC On 时）或 Trace 强制吸附连接（DRC Off 时）的情况，造成电路紊乱。

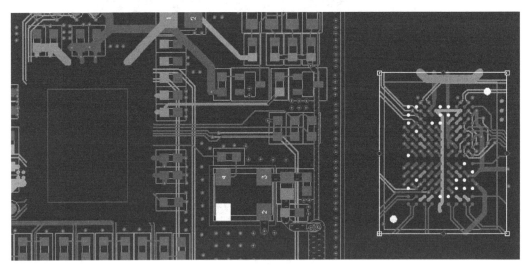

图 12-85　将电路局部打断并移动

另外，对于被 Fix（固定）的器件，Xpedition 在默认情况下是不能进行移动的，需要读者进行解锁，或在如图 12-86 所示的"Common Settings"中（DRC 设置的下方），打开"Move fixed objects with warning"选项，即可移动固定的器件。这种方法类似于 DRC Off 的强制命令，因此与 DRC 项放在一起，读者可根据需要选择，常规布局布线时不选。

当读者学会上述的选择与移动操作后，结合"布局设计"一章的"模块化布局"内容，就应该知道电路的复用与复制原理了。模块化电路复用的操作与布局复用的操作一致，读者可参考"模块化布局"一节自行尝试。

在不同 PCB 之间复制电路时，需要保证两个 PCB 中都包含该器件或网络，且器件没有被放置在 Board Outline 中，并且未被固定或锁定。

另外，在使用【Move】命令或【Copy】复制命令操作电路时，读者会发现难以控制电路的精确位置，其实 Xpedition 中对电路的精确放置提供了几种实现方案，编者仅选取工程中最常用也最好记的两种方式做简要介绍，也希望读者能够从这两种实现方法中举一反三，更好地学习与了解软件的基础功能。

图 12-86 是否能够移动被固定的对象

欲实现电路的精确放置，读者需先了解"选择原点"概念。当一组对象被选择后，使用【Move】命令操作时，对象会吸附在鼠标上，此时鼠标的吸附点即为"选择原点"。默认的选择原点都在被选择的这组对象所在区域的正中心，即几何中心。由于几何中心会根据选择对象的不同而变化，因此不利于用来做精确对准，于是在做电路精确复制与放置时，需要重新定义"选择原点"，如图 12-87 所示，选中区域选择的边框，使用鼠标右键的【Selection】-【Set Selection Origin】（设置选择原点）命令，即可重新定义选择原点，此时鼠标会进入吸附探测模式，如图 12-88 所示，在靠近对象时会自动吸附到对象的中心，并显示其坐标，如图 12-88 所示"xy：51.83，55.8489"。

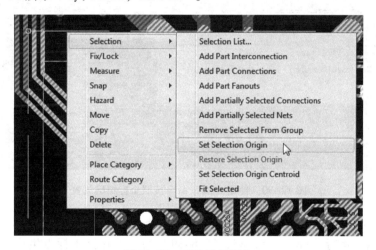

图 12-87 重设选择原点

设置好选择原点后，再使用【Move】命令时，可以发现鼠标的吸附点就变为了之前设置好的原点，如图 12-89 右侧所示。此时只要鼠标能放置到用户所需的精确坐标点，即可完成精确放置。

关于如何在 PCB 中"点中"或"标记"精确的坐标，一般有两种方式。

方法一：在**选择模式**下，当鼠标吸附着需要移

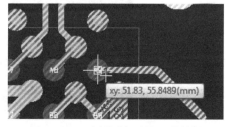

图 12-88 选择原点时的吸附效果

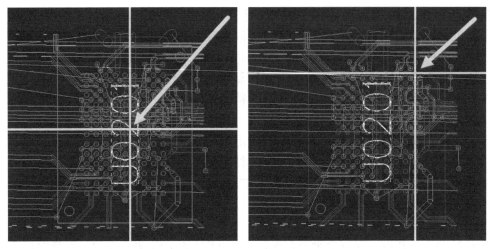

图 12-89　更改选择原点后鼠标吸附点的变化

动的对象时，使用【Keyins】命令"pc"进行坐标点精确放置，如图 12-90 所示，"pc"代表 place coordinate，即按照坐标放置，"pc 51.83，55.8489"意为将鼠标所吸附的点放置到该精确坐标处。放置前请检查放置位置是否有其他对象干扰放置，另外也可关闭 DRC 后强制放置，若有冲突再进行修正。

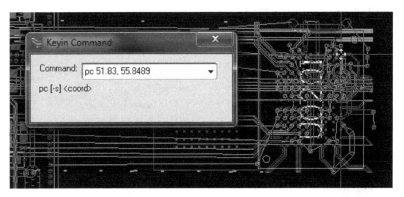

图 12-90　使用"pc"命令按照坐标精确放置

方法二：将需要放置的点设置为一个转跳点（Snap Point），同样使用 Keyins 命令 pc，如图 12-91 所示，运行"pc － s 51.83，55.8489"后，可在该坐标点生成一个临时转跳点

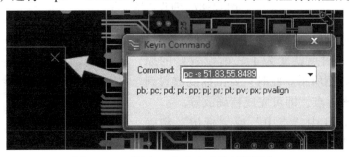

图 12-91　使用 pc 命令生成临时转跳点

（Tentative Snap Point），如图中 X 所示位置。将吸附着器件的鼠标靠近该位置后，该位置的坐标就会显示出来，如图 12-92 所示，此时可使用鼠标右键菜单的【Snap】-【Use Snap Point】即可将对象放置到该临时转跳点，如图 12-93 所示。

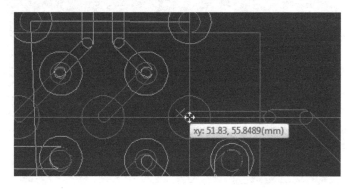

图 12-92　靠近转跳点时会显示其坐标

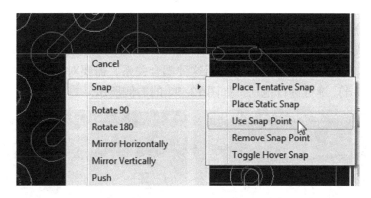

图 12-93　使用鼠标右键菜单的"放置到转跳点"命令

　　关于鼠标右键菜单命令【Snap】的用法，读者根据字面意思就能知晓其含义，可放置临时或静态的转跳点，方便鼠标精确选择。另外，【Toggle Hover Snap】菜单命令在建库章节也有涉及，开启后鼠标能够就近吸附对象的中心。

12.3　差分与等长

　　在布线中，针对高速信号，如高速差分线或高速总线进行处理时，一般都遵循包地线保护、线路等长、尽量走在内层、位于电源或地平面之间、且不要跨平面分割的原则。

　　对于工程师来说，包地线与安排在内层都是比较容易实现的，而对信号进行布线与等长操作，则需要按照本节的说明进行处理。

12.3.1　差分布线与相位调整

　　在本书第 11.5.1 节中，针对标准差分线的约束设置已有详细讲解，在此不再赘述，请读者根据该节内容，设置好差分线的约束规则。

　　设置好差分线的约束参数后，可以使用常规的布线模式对差分引脚进行布线，差分对的飞线显示请参照本章第 12.1.5 节。布线时差分对会根据约束设置的间距严格耦合，过孔的放置与模式也跟普通布线一致，可参考 12.2 节相关操作，如图 12-94 所示。

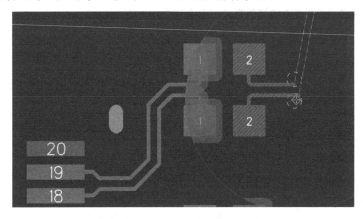

图 12-94　对差分线进行布线

　　读者在对差分线布线与推挤时会发现，差分线的走线与过孔都是严格对应耦合的，如移动某一根差分线或某一个过孔时，与该线耦合的另一根走线或过孔也会跟着一起移动，如图 12-95 左侧所示，然而工程中有时需要打断这种耦合关系，需要对差分线进行单根移动，此时就需要按住【Ctrl】键再进行拖动，如图 12-95 的右侧所示。

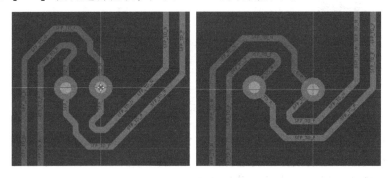

图 12-95　差分线的普通移动与按住【Ctrl】键的单根移动模式

　　差分线严格遵守约束设置中的所有参数，并可将 DRC 冲突实时显示在 PCB 中。读者可按照第 11 章的相关设置，对布好线的差分网络进行【Actual】-【Updates All】操作（参见第 11 章的等长设置），然后在 PCB 中打开显示控制的"DRC"分页，如图 12-96 左侧所示，勾选"Color By Hazard"（将有冲突的地方进行着色），然后在 Online 中勾选需要显示的冲突项，如"Diff Pair Phase Match"，当约束设置中，"相位偏差"不超过 20mil，"相位偏差最大距离"为 100mil 时，读者会发现实际的相位都是不匹配的，如图 12-96 右侧箭头所示，几乎整段差分线的相位都存在冲突（被默认的白色标记出来）。

　　由于差分线的相位调节用纯手工的方式操作难度较大，因此软件提供了自动调节工具来帮助工程师进行长度与相位调节，编者强烈建议读者使用菜单命令【Analysis】-【Target Lengths】（匹配目标长度），或选中差分线（或鼠标直接停留在差分线上）后，单击鼠标右键选中该命令，如图 12-97 所示。

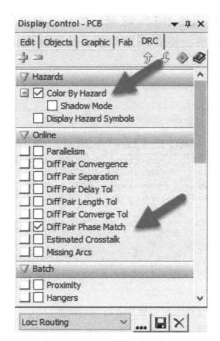

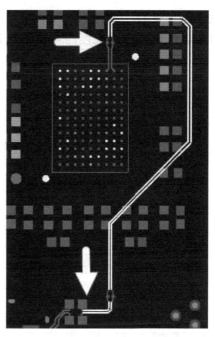

图 12-96 给差分线的相位冲突着色

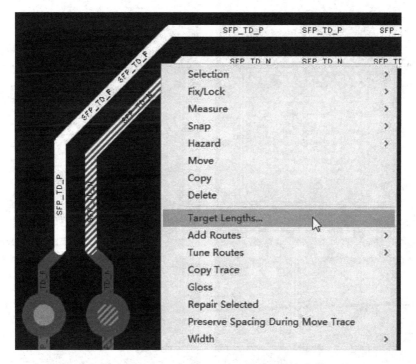

图 12-97 使用 Target Lengths 工具进行长度与相位调节

打开"Target Lengths"对话框后，软件会自动读取所选信号线及与它在同一个 Match Group 中的所有对象，如图 12-98 所示，该差分对所在 Match Group 中的对象均已读取进来，然后勾选较长的 SFP_TD_P 网络为 Target 后，使用如图 12-98 所示的自动调节（Tune）开关，即可自动对组内对象的长度与相位进行调节，使其满足约束，结果如图 12-99 右侧所示。

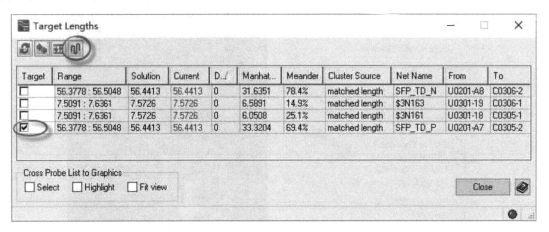

图 12-98　在 Target Lengths 工具中设置匹配目标并运行自动调整

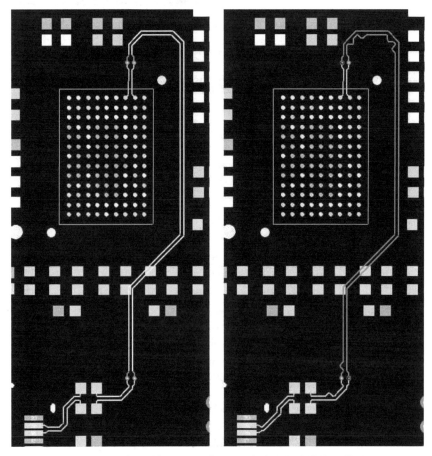

图 12-99　使用 Target Lengths 工具自动调节差分线的结果

可以从图 12-99 中看出自动调整后，实时的 DRC 标记颜色就会消失，因为转弯而使内侧差分线长度变短的部分，已经被锯齿状的"凸起"补偿回来，并且补偿位置会选在相位失调的地方，如图 12-99 中的转折处。

请读者注意，若是不设置 Target 就直接调节，可以得到如图 12-100 所示的结果，此时差分线会进行大幅度的优化，偏离原有位置。因此自动调节前请读者一定要先选好 Target，然后再进行下一步操作。

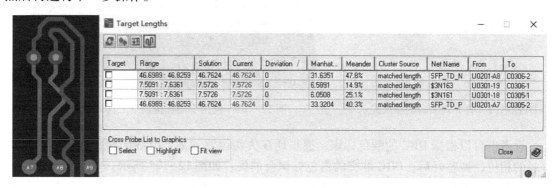

图 12-100　不设置目标时进行调节

若读者对软件自动调节的结果不满意，需要再手工进行微调，则需要按住【Ctrl】键才能对自动调节的凸起部分进行编辑，否则自动调整部分无法修改。

如果读者不满意自动调节的方式，也可以全部使用手动调节，执行菜单命令【Route】-【Tune Routes】-【Manual Saw Tune】，或如图 12-101 所示的快捷图标，在选中差分线后，启动该命令即可对差分线进行手工相位调节。

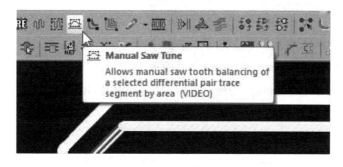

图 12-101　对差分对进行手动锯齿调节

在进行调节前，请读者在如图 12-102 所示的位置，打开 Tuning Meter（调节标尺）。打开调节标尺后，再使用"Manual Saw Tune"工具进行手工相位调节时。此时，最初单击的差分线位置处就会出现一个调节框，如图 12-103 所示，通过调节该框的大小和位置，可以生成一系列的锯齿凸起，以此来平衡差分线的相位失衡。调节时出现在鼠标右侧的标尺会实时显示该调节处的相位（即从走线的起点开始算起的路径长度），并在标尺的右侧通过 3 个刻度，提示该处的相位正负误差，中间位置为最理想的对齐相位，一般将相位落在正负误差之间（同时标尺的颜色会变绿）即可。

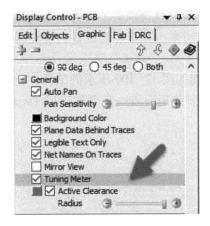

图 12-102　打开调节时的标尺提示

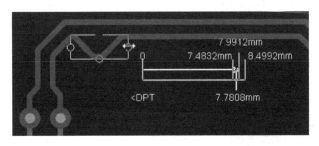

图 12-103　使用手动相位调节工具调节差分线

读者也可以根据 DRC 的颜色标识，逐步地在失衡位置（如差分线的转折内侧）调节差分对的相位，调整好后，DRC 冲突的白色标识会消失，如图 12-104 所示。

调节相位的锯齿大小可在编辑控制的"Tuning"中"Diff Pair Balance"一栏进行设置，一般保持默认即可，如图 12-105 和图 12-106 所示。

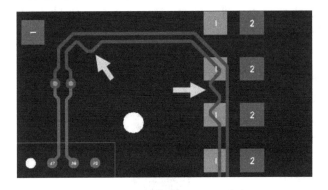

图 12-104　调整好相位的差分线

图 12-105　编辑控制的"Tunning"选项

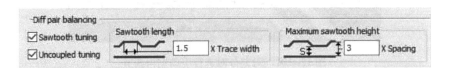

图 12-106　对相位调节的锯齿大小进行设置

另外，在相位调节时，读者可根据相位标尺左下角的 DPT 符号，判断差分对的两根信号线是否满足等长的约束设置，即差分约束中"Differential Pair Tol"的"Max"值。

在图 12-103 中，标尺左下角显示的是"＜DPT"，即表示当前差分线的长度小于设置的 Max 值，需要再添加锯齿，如图 12-107 所示再添加一个锯齿后，标尺变为了"＝DPT"，即表示该差分对已经满足了自身等长的约束条件。

另外，编者还要推荐一个在调节复杂差分对时非常有用的工具"Routing Monitor"（布

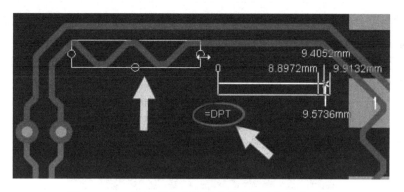

图 12-107　添加锯齿满足差分线的长度与相位要求

线监视器），位于智能工具栏"Smart Utilities"的"Routing"下，快捷图标如图 12-108 所示，打开布线监视器后，会在监视窗口实时显示鼠标选中走线的网络名与详细长度。

若走线包含差分属性、Match Group 匹配组属性、或最大/最小值控制属性，则会在监视窗口下方额外显示这 3 个属性的详细数据。如图 12-108 中，"Differential Pair Tolerance"显示了差分耦合线的网络名（SFP_TD_P）、耦合线的长度（59.8401mm）与相对误差（0.0104mm），以及设置的约束值（0.127mm）。

差分对的 Match Group 用作控制多对差分线之间的等长，假设 SFP_TD_N/P 与 SFP_RD_N/P 这两对差分需要等长，则将他们都设为一个匹配组即可，如图 12-108 中设为 DIFF_B 匹配组，该匹配组中最长的线为 SFP_TD_N，由于就是自身，因此误差为 0，且 DIFF_B 匹配组的等长误差为 0.127mm。

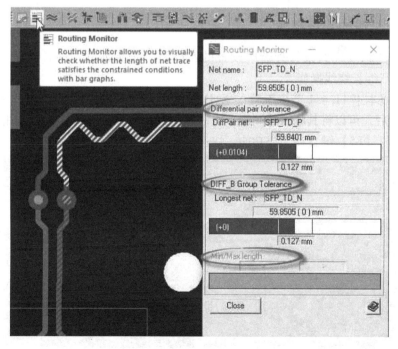

图 12-108　使用布线监视器完成复杂的差分布线

在差分对与差分对之间做等长调节时，操作与下一节详细介绍的总线等长绕线是一致的，因此这里只做一个简要介绍，具体的设置与操作细节请参考下一节内容。

同时调节差分对的两根走线需要用到"Manual Tune"（手动长度调节）工具，如图 12-109 所示，该工具也可以在菜单栏"Route"的"Tune Routes"中找到。

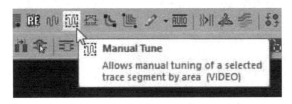

图 12-109　手动调节长度工具

选择需要的差分线后，运行该工具，即可按照如图 12-110 所示的绕线调节框，对差分对进行长度调节，增加整体长度。

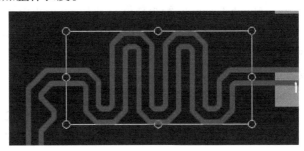

图 12-110　调节差分对的整体长度

12.3.2　总线的等长绕线

对 PCB 中的总线（约束管理器中设置的匹配组）设置匹配组的长度误差后，即可在 PCB 中对其进行等长绕线操作。

此处我们以本书 11.4.1 节中设置的 ETH 匹配组来做示例。将 ETH 组的端接电阻电容从 PCB 上删除后，可以将其临时等同于一组总线，其组内误差 5mil，然后使用 12.2.6 节所示的多重布线与【F5】键自动完成功能，快速完成该匹配组的布线，如图 12-111 所示。

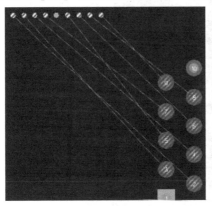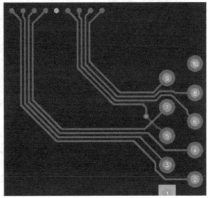

图 12-111　匹配组的快速布线（未调等长）

读者可以参照上一节介绍的方法，打开 Target Lengths 工具，如图 12-112 所示，查看该匹配组的线长信息，得知最长的网络为 ETH_MD0_P，长度为 25.9185mm。同理该长度也可以在约束管理器中查看，查看方法详见本书第 11 章相关内容。

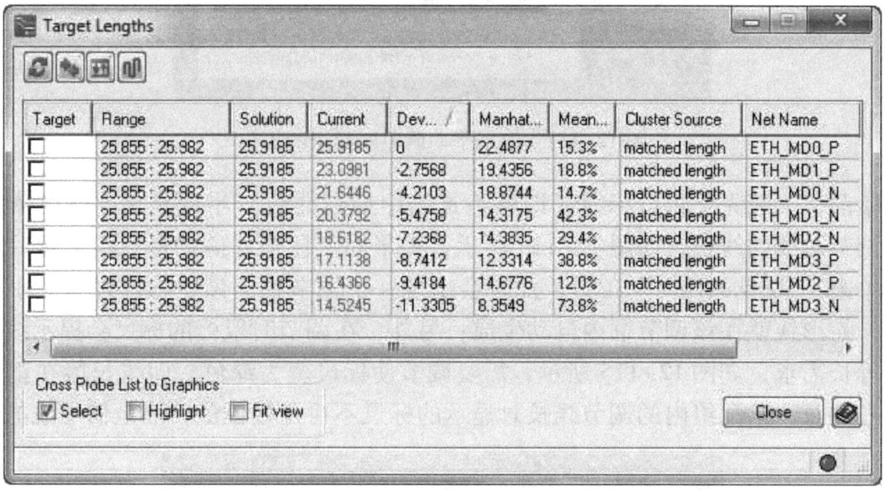

图 12-112　使用 Target Lengths 查看匹配组的所有线长

若跟差分线一样采用自动调节工具对匹配网络进行调整，可得到如图 12-113 所示的结果，读者会发现自动调节的结果不仅空间利用率不高，而且还有两根走线未能调节成功，如图 12-113 所示，选中标红的信号线与"Cross Probe"的"Select"开关，即可在 PCB 中选中该走线。

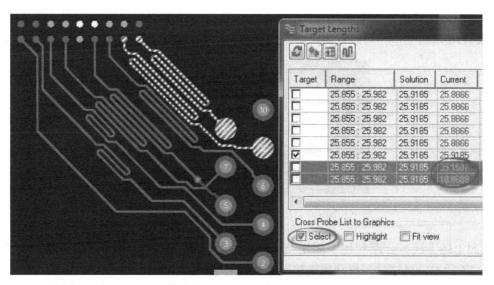

图 12-113　使用 Target Lengths 自动调节的结果

由于自动调节总线长度的结果不太令人满意，因此工程中一般对总线的调整都是使用手动的方式，使用如图 12-114 所示的手动调节工具，该工具在上一节调整差分线的等长时也做过简略介绍，也可从菜单栏"Route"的"Tune Routes"内打开。

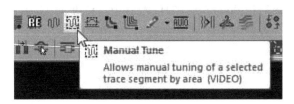

图 12-114　使用手动调节匹配组的等长

在调整前，一般先要将目标线（即整组走线中最长的线）半固定住，然后依照相邻顺序，依次调节总线的线长，如图 12-115 所示，先半固定住最外侧的最长线，然后选中要调节的线，单击"Manual Tune"工具。此时会出现一个调节框。该框的位置与大小可以通过鼠标调节，蛇形线就在该调节框内自动生成；另外，在调节时鼠标的标尺会提示线长是否满足约束的等长需求，如图 12-115 所示，需要调节使标尺变为绿色，即线长落在正负误差之内。请读者注意，匹配组内的调节线长时显示的标尺不再是**相位值**，而是**信号线的线长**。

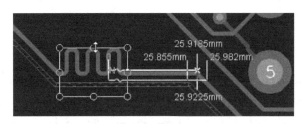

图 12-115　使用手动调节工具绕蛇形的等长线（打开标尺情况下）

调节完绕线后，三击全选，将其半固定住，然后合理利用空间调节相邻的下一根走线，如图 12-116 所示，这样可以在满足安全约束的情况下，最大程度地合理利用布线空间。

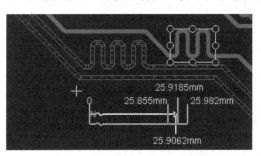

图 12-116　合理利用空间调节总线

按照上述方法，合理利用半固定与 Gloss 优化功能，完成所有的匹配组绕线，结果如图 12-117 所示，该结果与自动绕线相比空间利用率更为合理。

手动绕线时，读者会发现，单击已经绕好的蛇形线部分时，会再次激活调整框，可以再次对其进行修改。这些调整框在软件里被认为是一个"Tuning Pattern"（绕线图案，或绕线模式），读者可通过编辑控制"Editor Control"的"Tuning"栏对其绕线规则进行设置（打开方式参考图 12-105），如图 12-118 所示。

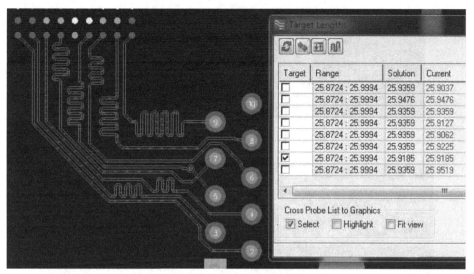

图 12-117　手动调节结果与总线的长度显示

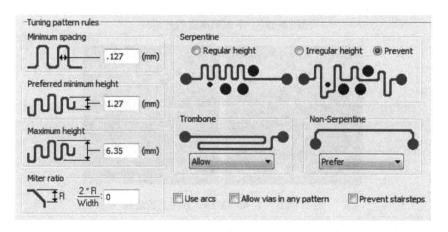

图 12-118　绕线的参数设置与模式选择

在图 12-118 所示的设置窗口中，可以对蛇形线的最小间距、优先使用的最小高度、最大高度，以及转角大小、是否使用弧形转角等进行设置，由于设置相对简单，本书在此不再赘述，请读者自行设置。

另外，编者需要说明的是，蛇形绕线模式设置分为 Regular height（高度自动调节为一致）、Irregular height（不规则高度）与 Prevent（禁止自动调节高度）3 种。其中 Regular height 模式下，绕线的高度根据绕线图案的位置与周边走线进行自动调节，如图 12-119 所示。另外，在该模式下绕线的整体高度是一致的。

而 Irregular 模式下，高度会根据空间自动调整，如图 12-120 所示。

Prevent 模式则不会自动改变高度，所有高度都严格按照调整框大小进行放置。在一般的调整中，编者推荐读者使用 Irregular 或 Prevent 模式进行蛇形线调整。

在对 45°或 135°（甚至是任意角度）的走线进行蛇形调整时，选择 Regular height 或 Prevent 模式与 Irregular height 模式的效果有显著差异，如图 12-121 所示。

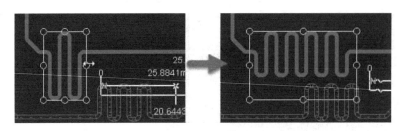

图 12-119　蛇形线的高度自动调整

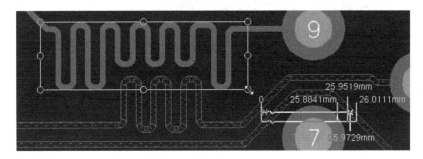

图 12-120　不规则高度的蛇形线

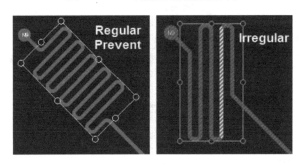

图 12-121　在 45°或 135°方向上的绕线

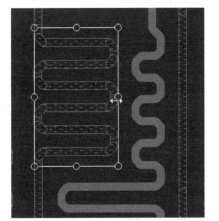

图 12-122　按住【Shift】键可推挤其他的
绕线图案（Tuning Pattern）

在绕线图案有交叠的区域，若需要对其中一个绕线图案进行推挤时，需按住【Shift】键再调整绕线框，如图 12-122 所示，并保证被推挤的绕线图案内的走线未被锁定或固定。另外，因为图示中被推挤的绕线图案采用的是 Irregular height 模式，因此能够被推挤出非规则高度。

掌握上述的绕线方法后，读者就能够独立地完成总线（匹配组）的绕线工作了。另外，在工程实践中，还有一个绕线工具也常被工程师使用，即"Interactive Tune"（交互式绕线调整）工具，该工具在老版本的软件中位于智能工具栏"Smart Utilities"，Xpedition 将其提取出来融入了主菜单内，可通过执行菜单命令【Route】-【Tune Routes】-【Interactive Tunc】打开该工具。

交互式绕线调整工具如图 12-123 所示，可以在绕线时较为灵活地选择绕线模式、设置绕线间距和高度，并且还可以选择绕线方向（Base Angle）是基于线（Trace）还是基于水平与垂直（Vertical horizontal）。该工具的使用方法为设置好参数后，单击"Tune"图标，再单击需要调整的线，根据提示的形状放置即可，并且在放置时鼠标上会提示总长度。

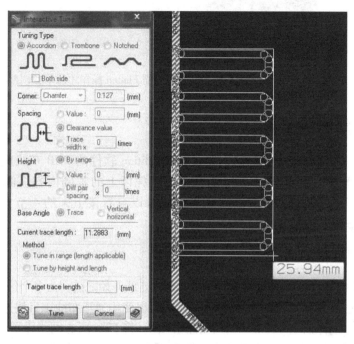

图 12-123　使用交互式绕线工具

读者可根据需要决定是否采用该交互式绕线工具，不过，对于大多数的绕线需求，使用"Manual Tune"足以满足，并且实时的 Tuning Meter 比交互式的仅显示总长度更容易识别。该工具的具体设置参数请参见本书第 18 章的图 18-48。

使用交互式方式绕出的线可以随意对齐调整，如图 12-124 所示，蛇形线不具有"绕线图案"（Tuning Pattern）的属性。另外，需要注意的是，具有"绕线图案"属性的蛇形线，对其使用鼠标右键菜单的【Flatten Tuning Pattern（打散绕线图案）】命令后，也可以对其中的绕线进行单独调节，如图 12-125 所示。

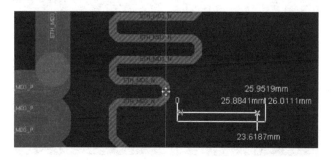

图 12-124　交互式绕线工具生成的绕线可直接单独调整

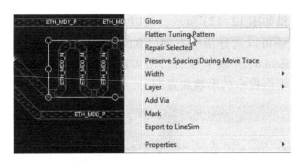

图 12-125　手动绕线工具生成的绕线需 Flatten 操作才能单独调整

12.4　智能布线工具

介绍完基础的布线与绕线操作后，读者对 Xpedition 软件的 PCB 布线应该有了初步的印象，若读者还熟悉其他 EDA 软件，可能会觉得就凭以上的基础内容，似乎并不足以证明 Xpedition 软件的强大。对于这类疑问，编者建议可以看看接下来的 4 节内容，了解 Xpedition 强大的智能布线工具。

12.4.1　规划组的通道布线

Xpedition 提供了强大的线路通道规划功能，即在走线开始之前，为多个信号线先规划出布线的路径，并以总线通道的形式显示在 PCB 中，后续可以使用通道布线工具快速自动地完成布线，如图 12-126 所示，同样以上一节的 ETH 匹配组示例，将 ETH 所有网络设置为一个规划组，在 PCB 中放置该规划组的通道，如图 12-126 的中左侧所示，通道与布线一样也可以任意换层，通道放置完毕后可以看到，所有的飞线已经自动连接到了通道上，且通道的宽度与整组线的布线宽度相同；通道放置完毕后，使用通道布线工具可以得到右侧的布线结果，可以看出走线都约束在了通道内。使用通道布线工具对大型复杂的通信芯片进行布线规划，可以大幅度减少整板乱窜的飞线，使布线通道清爽明了，且设置合理的通道可以大大节省布线时间。

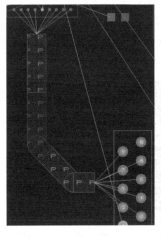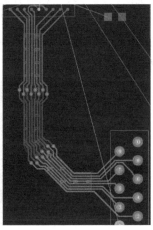

图 12-126　通道布线示例

欲使用通道规划布线功能，需要先在菜单栏"Setup"的"Licensed Modules"中，获取 Topology Planner 与 Router 的权限，如图 12-127 所示。

之所以要使用获取的方法，是因为一般情况下，公司购买的软件正版 License 都存放在服务器中，且同一时间不可能所有使用 PCB 的工程师都要进行通道规划布线，所以公司只需购买一个该模块的 License 即可，由有需求的工程师在使用时获取权限，使用完毕后即可将 License 释放给其他工程师使用。

获取到权限之后，打开前文介绍的网络浏览器，在网络浏览的 Planning Groups（规划组）的 User Groups（用户组）下面新建规划组，如图 12-128 所示，由于使用 ETH 匹配组来做示范，因此还是命名为 ETH，并且可以将下方匹配组里的网络全选后，使用鼠标直接拖动到规划组中。另外，也可以在网络浏览器或 PCB 中选择网络，再在规划组上单击鼠标右键，执行菜单命令【Add Selected Nets】将网络添加进去。

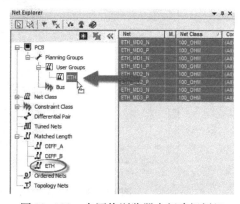

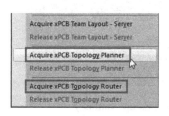

图 12-127　获取通道规划布线工具的权限　　图 12-128　在网络浏览器中新建规划组

网络添加完毕后，单击鼠标右键执行菜单命令【Place Bus Path】即可在 PCB 中放置规划组的通道，如图 12-129 所示，注意该通道的放置与普通走线的放置一致，且通道的宽度会自动计算，放置完毕如图 12-126 左侧所示。

对于已经放置好的通道，可以在通道上单击鼠标右键，从弹出的菜单中执行菜单命令【Route Bus Path】即可对通道进行自动布线，如图 12-130 所示，布线结果如图 12-126 右侧所示。

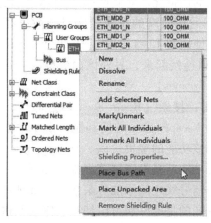

图 12-129　放置规划组的布线通道　　　图 12-130　通道布线命令

读者使用通道布线时，会对命令中的 Escapes 产生疑问。何为 Escapes？在 Xpedition 中，对于密集型 BGA 器件，甚至是需要盲埋孔才能完成出线的 BGA 器件，一般的处理方法是先将器件引脚进行扇出（Fanout），并且还要将走线完整地疏散到 BGA 器件的边缘，这种不管信号的连接，先完成器件引脚扇出的布线操作就是 Escape，可理解为路径疏散。

在 Xpedition 中，对于 Escape 的边界可以使用 BGA 的 Rule Area 来定义，一般工程中 Rule Area 与 Escape 的边界都是相同的，如图 12-131 所示，因此可以直接在 "Rule Area" 的属性中勾选 "Escape Outline" 即完成设置。

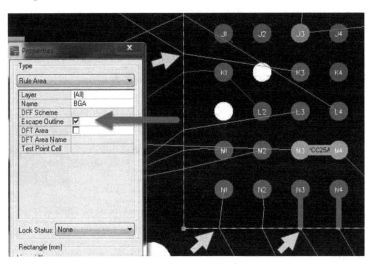

图 12-131　BGA 器件的疏散边界（Escape Outline）

从图 12-131 的 3 个短箭头处可以看出，设置了疏散边界的 BGA 器件，使用常规布线工具时，遇到边界就会自动中断布线，且网络的飞线会以疏散边界为节点，哪怕将疏散的布线删除后，飞线的位置还留在原节点上，以此方便对 BGA 器件的出线规划。

理解了疏散边界概念后，读者应该就能理解图 12-130 所示鼠标右键菜单中的【Route Escapes】命令，即先不对通道进行布线，而是先完成器件的疏散布线操作，如图 12-132 左侧所示，注意疏散布线仅对单层有效，跨层的通道无法对其两端的 BGA 器件进行疏散布线。

在进行疏散布线时，Xpedition 已经根据通道两端的总线顺序对疏散路径做了调整，保证规划通道中的布线线序不会交叉。读者可使用图 12-130 中【Route + Connect Escapes】命令对规划通道进行布线，并将 Escapes 与通道连接起来，另外该命令也可以直接使用，效果与先【Route Escapes】再【Route + Connect Escapes】一致。

读者可以使用软件的帮助文件【F1】键，搜索【Route Escapes】命令，从官方帮助文档的两个密集型 BGA 的 Escapes 示例中体会 Escapes 命令的便利性，由于本教程仅讲解该命令的用法，选取的例子不太能直观地体会到该功能的宝贵价值。

利用规划组的通道布线中，另一个重要功能就是设置屏蔽规则，如图 12-133 所示。

使用屏蔽规则可以为通道中的信号线与信号线之间添加屏蔽信号，如地线。

屏蔽规则的新建操作与其他组一致，不同的是建好后可以使用右键对其进行屏蔽属性设置，如图 12-133 中所示。设置界面如图 12-134 所示，选择 "DGND" 即地网络为屏蔽线的

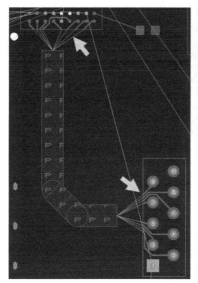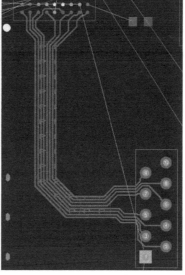

图 12-132　先对引脚进行疏散出线，然后再进行通道布线

网络，约束类选择"10_MIL/DGND"，由该网络类定义屏蔽线的线宽线距，最后填写每几根布线之间插入一根屏蔽线，若填入 1 则表示每根线之间均插入屏蔽线。

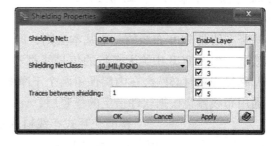

图 12-133　新建屏蔽规则并设置其属性　　　　图 12-134　屏蔽属性设置

　　屏蔽规则的属性设置好后，需要使用鼠标将其拖入到规划组中，如图 12-135 所示，如此才能完成规划组的屏蔽规则设置。若要删除该规划组的屏蔽规则，则使用鼠标右键的【Remove Shielding rules】菜单命令即可。

　　如图 12-136 所示，设置了屏蔽规则的通道在放置时就已经自动变粗，完成布线后可以看到信号线中插入了地线，需要读者后期进行适当处理，将悬空的地线连接起来。

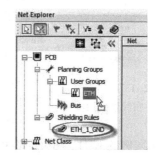

图 12-135　将设置好的屏蔽
规则添加到规划组中

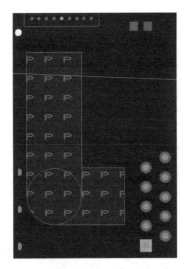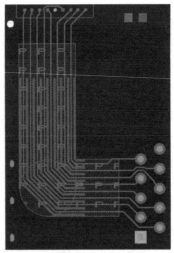

图 12-136 使用了屏蔽规则的规划组通道布线

12.4.2 通用布线

除了通道规划布线外，Xpedition 还有 3 种智能交互式布线器：通用布线器、草图布线器与抱线布线器，其中草图布线器是 Xpedition 版本中最亮眼的新功能，使半自动布线的效率产生质的飞跃，因此草图布线器也成为了软件默认的半自动布线器。

在介绍草图布线之前，我们先来看一下基础的通用布线器。通用布线器是从老版本 Expedition 中继承下来的半自动布线器，可对选择的网络进行自动布线，布线方式为标准的横竖布线法。

横竖布线是 PCB 布线的一个基本法则，即 PCB 只要具有一个横向的布线层与一个竖向的布线层，那么 PCB 中绝大多数的信号线都不会存在路径瓶颈，如在密集型的电子产品布线中，路径规划时必然会在内层保留两个干净的布线层用作横向与竖向的通道。

通用布线器会根据软件指定的横竖层，计算最短路径来自动布线。

图 12-137 智能交互式
布线器的切换

智能交互式布线器的快捷键为【F9】，该快捷键的功能默认为草图布线 "Sketch Route"，但是可以通过编辑控制器 "Editor Control" - "Edit & Route Control" 中的 "Route Behavior" 项选择【F9】键所采用的布线器，如图 12-137 所示，当选择 "General Router" 时，【F9】功能键即变为 "Route" 功能，也就是通用布线器。

设置好通用布线器后，还需要对横竖层进行设置，如图 12-138 所示，在 "Editor Control" 的 "Layer Settings" 中设置布线层的方向偏好，Horizontal 为横向，Vertical 为竖向。

设置完毕后，从网络浏览器中选择需要布线的匹配组，如上一节所示案例的 ETH。另外，也可以在 PCB 中使用鼠标进行多选，网络选择完毕后使用快捷键【F9】（Route），可以得到如图 12-139 所示的结果，从图中可以看出，布线严格按照方向偏好的设置，在第一层主要使用横向，在第二、六层主要使用竖向的方式进行布线，采用最短路径联通网络。

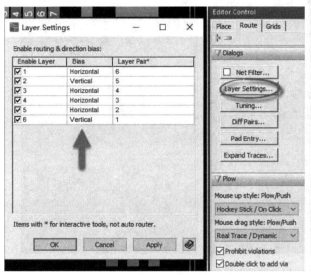

图 12-138　设置布线层的自动布线方向

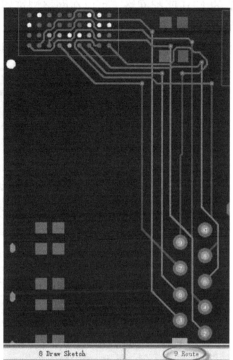

图 12-139　通用布线器的横竖布线结果

　　从布线结果可以看出通用布线器的功能比较机械化，仅适合对走线要求不高的网络，并且其走线路径无法控制，跳跃性较大，因此在大规模的走线中，几乎没有工程师会采用通用布线器来完成主要网络的设计。

　　此处介绍通用布线器的意义在于让读者了解智能布线器的基础，这样会更好地理解后续介绍的草图布线器与抱线布线器。

12.4.3　草图布线

　　草图布线是 Xpedition 的核心功能，编者强烈建议读者仔细了解草图布线功能，如此才能让布线效率产生质的变化。

　　按照前文所述，将图 12-137 中的布线器切换为"Sketch Router"（草图布线器）后，布线的快捷键【F8】（Draw Sketch，绘制布线草图）与【F9】（Sketch Route，进行草图布线）即可用于草图布线。

　　如图 12-140 所示，无论在何种布线器下，都可直接使用【F8】键（Draw Sketch）在 PCB 中画出草图路径，如图 12-140 中左侧所示，草图路径默认位于当前层，且默认的绘制模式为 Freeform（自由形状），即沿着鼠标路径进行绘制，再次单击鼠标可结束绘制（使用【ESC】键或鼠标右键的【Exit】菜单命令同样可以）。请注意，草图路径的绘制与网络的选择没有关系，可以在不选中任何网络的情况下完成。

绘制完毕后，需要选择使用该草图路径布线的网络，如图 12-140 中，我们还是用上一节的 ETH 匹配网络，可以在网络浏览器中快速选择，选中网络后的状态如图 12-140 左侧所示，然后再在 PCB 里使用快捷键【F9】（Sketch Route）或 "Route" 工具栏的快捷图标，即可得到右侧的草图布线结果，从图中可以看出，网络的走线会按照草图规划的路径进行。

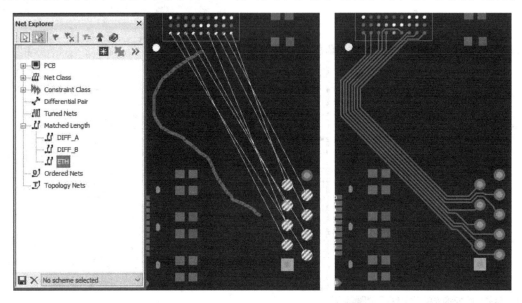

图 12-140　根据草图的路径自动布线

读者可以改变草图路径再进行布线，如图 12-141 所示，路径改变后重新草图布线可以使路径完全改变。

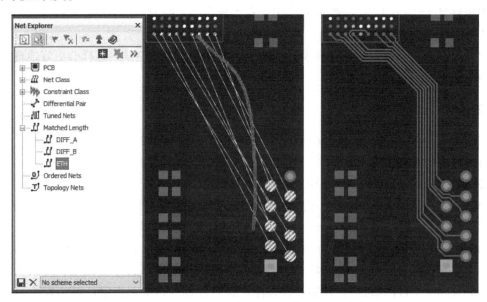

图 12-141　草图路径更改后重新草图布线

对于网络不复杂的总线，使用草图功能的布线结果已经非常接近手工布线，甚至比手工布线还要合理，在对复杂的 BGA 与 BGA 之间的网络进行草图布线时，甚至可以节省 70% ~ 90% 的布线时间，并且所得到的布线结果不用做太多修正即可接受。

在绘制草图路径时，可以通过快捷键或鼠标右键菜单，选择草图的样式与草图布线的样式，快捷键为【F10】与【F11】，如图 12-142 所示，【F10】切换草图的样式，【F11】切换草图布线的样式。3 种不同的草图样式请参考图 12-143 示例，一般建议用 Hockey Stick。

| 10 Toggle Sketch Style | 11 Toggle Route Style |

图 12-142　切换草图样式与草图布线样式快捷键

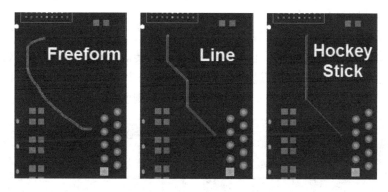

图 12-143　3 种不同的草线样式

草图布线的样式分为 Packed 与 Unpacked 两种，Packed 意为将走线捆绑为一束进行布线，而 Unpacked 为不捆绑，以宽松的间距进行布线，可方便后期调蛇形线与等长。两种样式如图 12-144 所示。

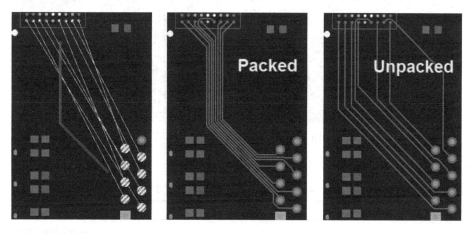

图 12-144　在 Route Style 中布线成束与不成束的区别

另外，草图布线同样支持添加过孔，并且提供了多种过孔样式供工程师选择，如图 12-145 所示，在进行草图绘制时，可以使用快捷键【F2】添加过孔样式，使用【F3】切换过孔的样式，并可使用【F4】、【F5】对过孔样式的方向进行旋转。另外，PCB 左下角处还会显示当前草图布线的状态，如图 12-145 中，表明该草图以 Hockey Stick 模式进行 Unpacked 样式草图布线。

| 1 Help | 2 Add Via Pattern | 3 Toggle Via Pattern | 4 Rotate Via Pattern 45 | 5 Rotate Via Pattern 90 |

Draw Sketch Path: Hockey Stick, Unpacked

图 12-145 过孔添加快捷键与布线命令提示

读者可以自行尝试使用过孔样式进行草图绘制，如图 12-146 所示，在绘制草图时，按【F2】键添加过孔样式，请注意此时当前层会切换到原当前层的对应层，如原来是 1 层，按【F2】键后会切换到第 6 层（层对设置详见换层打孔章节）。若布线时需要使用其他层，则可在草图布线时单击鼠标右键，执行菜单命令【Layer】选择所需的层进行切换，并且切换时会自动添加默认的过孔样式。

过孔样式添加后，可以选中再使用【F3】、【F4】、【F5】快捷键对其进行修改，如图 12-146 中使用了两种过孔样式，且方向也进行了旋转。注意，若过孔样式的方向旋转到一个不可能布通的非合理位置时，过孔样式上会出现一个 "X"，表示当前无法使用该过孔样式进行布线。添加过孔样时候的布线如图 12-146 右侧所示。

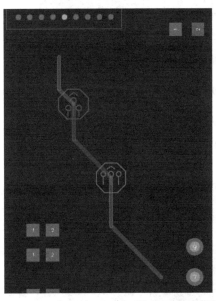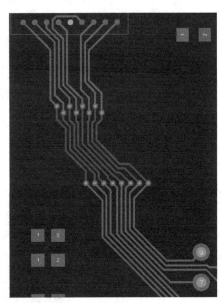

图 12-146 草图布线的过孔样式

不同的过孔样式与布线示例可以参考表 12-3。

表 12-3 不同的过孔样式与布线示例

过 孔 样 式	描　　述	布 线 示 例
Automatic（默认）	为了达到更高的布通率，过孔会从以下的各种样式中自动判断选择。 提示：在该模式下，过孔样式的方向不能旋转	提示：过孔样式自动选择

续表

过孔样式	描　述	布线示例
Arbitrary 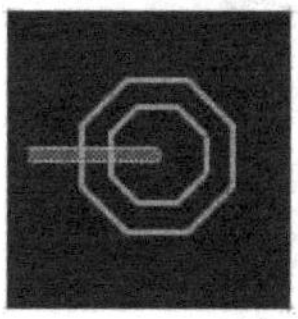	过孔为使布线能够布通，进行任意位置放置，能够得到最大的布通率。 提示：在该模式下，过孔样式方向不能旋转	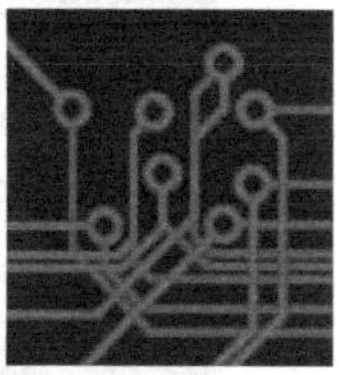
Direct Single 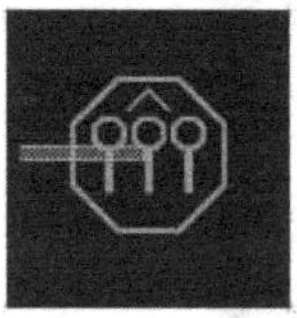	过孔呈单排添加，并且不会改变网络的顺序	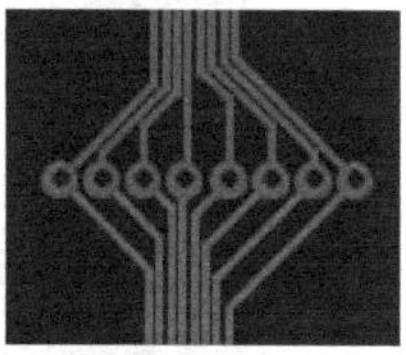
Reverse Single 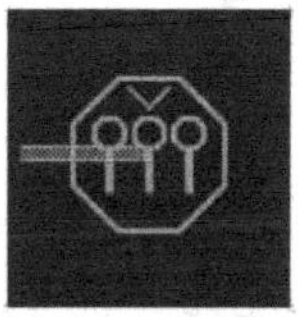	过孔呈单排添加，但是会改变网络的顺序，使其在布线路径上反向	
Direct Double 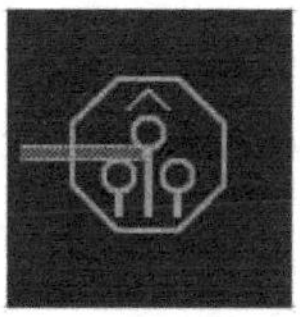	过孔呈双排添加，并且不会改变网络的顺序	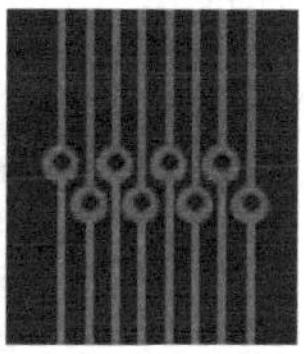
Reverse Double 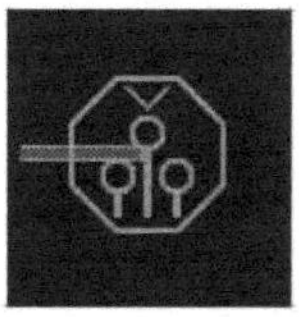	过孔呈双排添加，但是会改变网络的顺序，使其在布线路径上反向	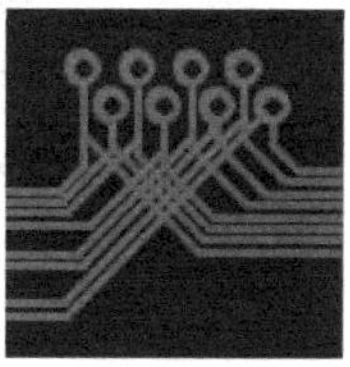

12.4.4　抱线布线

　　抱线布线也是 Xpedition 版本新加入的特色功能，相比于草图布线需要工程师提前绘制路径，抱线布线会自己寻找这个路径，即找到路径上类似的走线后，紧密围绕在该走线周围，采用与该布线相同的路径进行自动布线，因此该布线方法被形象地命名为抱线布线。

　　抱线布线与草图布线一样，都支持自动扇出，并且默认都是在当前层进行布线。抱线布线一次最多能对两根网络进行路径计算，但一般都是对单根网络进行操作，如图 12-147 所示，左侧为当前层已经存在的走线，然后将交互式布线器切换为"Hug Router"模式后，使用快捷键【F9】或"Route"工具栏的快捷图标，逐一对每根网络进行抱线布线。另外，也可以手工扇出到合理位置后再进行抱线，即可得到如图 12-147 右侧所示的抱线结果。

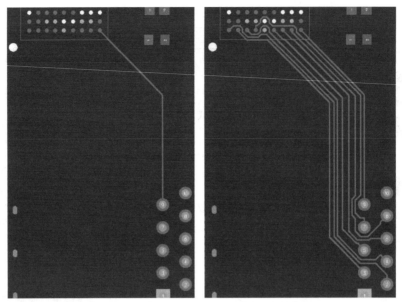

图 12-147　使用抱线布线器对网络逐一进行抱线布线

抱线布线常用于路径较长，且走线较规律的总线网络布线中，可以节省大量布线时间。

另外，抱线布线与草图布线相比，抱线具有可以推挤其他走线与过孔的能力，而草图布线不会对其他走线进行推挤，如图 12-148 所示的路径就无法使用草图布线完成。

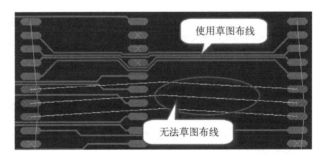

图 12-148　使用草图布线无法走通的路径

对于这种需要推挤的布线，就需要抱线布线了，使用抱线布线可以快速沿着已有的布线，推挤出一条通路来，如图 12-149 所示。

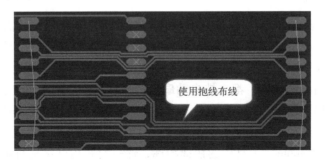

图 12-149　使用抱线布线推挤出布线通道

12.5　本章小结

通过对本章所有布线相关知识的学习，相信读者已经对 Xpedition 强大的交互式布线功能有了清晰的认识，能够通过实践不断巩固布线操作，更好地掌握软件用法。

本章的重点在于基本的 Layout 操作，一个合格的 Layout 工程师需要对软件的基础功能了如指掌，只有基础的东西掌握好了，才能举一反三，用好所谓的高级功能。并且编者也请读者明白，并不是所谓的高级技巧掌握得越多越好，在工程实践中，绝大部分布线需求都不需要高深的技巧就能实现，更加合理地利用时间、提高工作效率与 PCB 的完成质量才是 Layout 工程师应该追求的目标。

回过头来再看教学工程的 PCB，读者可以发现，只需使用我们上面学习到的布线知识中的很小一部分就能完成该 PCB 的布线，至于如何提高熟练度与 PCB 布线的合理性，还需要读者在工作实践中累积宝贵经验。

由于教学工程的线路相对简单，主体部分仅使用表层与一个内层即可完成布线，如图 12-150 所示。关于各模块的布线，读者可以打开本书附带的工程自行查看，在此不再赘述，另外，由于本教程仅作为 Xpedition 软件使用的讲解，并未对该电路的原理与合理性进行深究，请读者知悉。

对于大型电子产品的 Layout 设计，从 BGA 芯片到各个功能模块电路，都会有相应的设计规则与设计指导，在产品设计之初就能从芯片或模组供应商处获取，Layout 工程师在进行设计之前，必须对各模块与重要信号网络进行评审，并区分其中的重要性等级，在布线时做出相应的处理，而不是机械地拉线玩"连连看"。只有当所有重要信号、重点区域、重要电源的特殊处理完成后，剩下"连通即可"的非重要信号线时，才是进行"连连看"的时间。

最后，编者再啰唆一句，在规划复杂走线的 PCB 时，一定要在内层留出两个垂直交错的布线通道，只要这两个布线通道畅通，基本上就没有走线走不出来的 PCB。

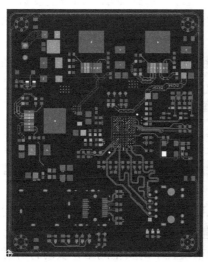
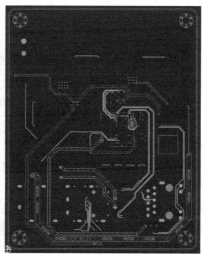

图 12-150　教学工程的布线实例

第13章　动态铺铜

对平面进行铺铜是 PCB 设计后期的一个重点操作。将电源用铺铜平面的方式连接起来能够减小电流密度，防止因电流太大而带来的过热风险；对于整板通用的电源与地网络，采用平面层的方式进行连接，能够减小电源回路的阻抗，不仅能改善设计的电源完整性，而且还能极大地简化布线设计，并为内层的高速信号起到屏蔽与阻抗参考的作用。

Xpedition 的动态铺铜功能，从 Expedition 时代开始就是所有 EDA 工具中最高效的，至今仍是所有 EDA 软件中对动态铺铜支持得最好的软件，尤其在面对具有多个复杂平面的设计时，其他软件都纷纷采用关闭铜皮显示或将铜皮转为静态、草图等，以减小数据运算量的方式让软件正常运行，但 Xpedition/Expedition 不论平面的铜皮数据多复杂，它总能以极快的速度显示出来，动态反馈给工程师所有铜皮的最新结果。

13.1　动态铜皮选择理由

在进行动态铺铜的参数设置讲解之前，编者需要先跟读者区分两个概念，即铺铜的正片与负片，静态与动态。

在早期的 PCB 制作中，由于工业上用于处理光绘（Gerber）文件的机器能力有限，EDA 软件在生成电源层和地层这种平面数据时，常采用"负片"的方式用以减小数据量。"负片"与"正片"完全相反，我们所有的常规设计都是"正片"，即在 PCB 编辑界面中，有颜色显示出来的区域是有铜皮的，而黑色的区域（即空白处，EDA 软件中默认黑色为背景色以保护视力）为没有铜皮的；若 PCB 以"负片"形式显示，则有铜皮数据的区域为黑色，没有铜皮数据的区域反倒会填充颜色，因此 Gerber 文件里只需记录无铜皮区域即可，能够大大减小数据量。

请注意，上述描述中，"铜皮"包含了走线 Trace 与 Pad 等一切铜皮相关对象。

若读者对负片的理解不够深刻，则很容易在设计含负片的 PCB 时出现错误，因为负片的设计方法与常规的"所见即所得"大相径庭，并且在操作中还额外多出了许多设置，非常不便。

目前的光绘处理技术已经有了极大的发展，正片、负片的数据量差距跟由此带来的设计风险相比，已经完全可以舍弃负片来规避风险，并且这也是工业设计的一个趋势，越来越多的设计都运行在纯正片环境。

至于铜皮的静态与动态之分，本章开篇也已做了简要介绍，其区别在于实时显示时的计算数据量，静态铜皮由于不用显示出实时的避让，仅显示铜皮所在区域，因此数据量非常小，几乎不用进行计算；动态铜皮则需根据约束设置中的安全间距，实时计算并显示铜皮与其他对象的间隙，因此计算量非常大，但是显示效果却是最好的，工程师能够非常直观地了解铜皮的形状，对设计帮助非常大。

第13章 动态铺铜

基于上述理由，编者在本教材中只对动态铜皮的编辑与应用做相关说明，若读者对负片或静态铜有需求，则可自行查阅相关教材或使用软件的帮助文档。另外，需要说明的是，在 Xpedition 中默认的铺铜模式是静态铜皮，需要读者通过参数设置改为动态。

13.2　铺铜方法

为了加强读者对铺铜的直观理解，这里我们先讲解铜皮的添加方法，然后再讲解如何对其属性进行修改。

在进行铺铜之前，首先要设置铺铜平面的属性，如图 13-1 所示，执行菜单命令【Planes】－【Plane Assignments】进入铺铜平面属性设置界面。

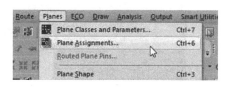

图 13-1　铺铜的平面层定义

铺铜平面设置窗口打开后，按照如图 13-2 所示的参数进行设置。

图 13-2　设置平面层的网络与动态属性

图 13-2 中，"Layer Usage"一栏定义平面的用途，是主要用于信号连接（Signal），还是主要用于平面连接（Plane）。请读者注意，该用途的设置并不影响 PCB 的实际设计用途，即设置为 Signal 的平面照样可以铺铜，而设置为 Plane 的平面照样可以用于信号走线；此处设置 Plane 的好处在于可以使用指定的网络对平面进行预先的默认铺铜，以及在 Hyperlynx 交互仿真时能更好地传递叠层设置。

"Plane Data State"（平面数据状态）下可以设置为 Draft、Dynamic 或 Static，分别为草图、动态与静态铜，这里编者不再为读者一一列举三者的区别，读者只需了解 Draft 与 Static 状态下，铺铜数据不会实时动态变化，因此使用 Mentor Xpedition 软件的工程师很少会将铺铜设置为这两种状态，所以此处我们全部改为 Dynamic 即可。

对于"Layer Usage"中设置为"Plane"的层，如图 13-2 中的 2、4、5 层，必须包含一个网络才能设置成功，如图 13-2 中点击【…】按钮为其添加平面网络，如 2、4 层为地平面，添加 DGND，而第 5 层为电源，这里我们选择整板最常用的 VCC5 网络。

电源添加后，"Plane"层还有一个重要属性可以设置，即选择是否将上一步添加的网络铺满整个平面层，并以该层的 Route Border 为铺铜边界。一般这里建议勾选，即平面层会默认自动铺好网络，如图 13-3 所示，按照图 13-2 设置后，可以看到第 2 层以布线边界铺满了 DGND 网络，而第 5 层没有任何变化。

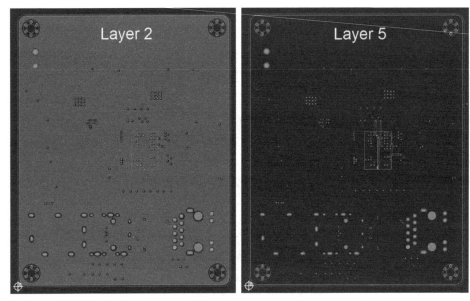

图 13-3 勾选是否以布线边界填充平面层的区别

另外，若是第二层没有显示铺铜数据，则请读者检查一下显示控制中的"Plane"栏，如图 13-4 所示，将"Plane"栏下的数据全部勾选即可，请读者自行对比各选项的开启与关闭效果。编者在此强调的是，若去掉"Data"下的"Fill/Hatch"项，会仅显示 Plane 的动态边界，这种方式常用于多层同时显示时打孔（另外，也可调节 PCB 的整体透明度来达到类似效果）。

无论是平面层（Plane）还是信号层（Signal），都是通过在"绘图模式"下直接添加"Plane Shape"的多边形来进行铺铜的，绘制多边形的操作在封装建立章节已为读者做过多次示例，绘制时注意多边形的属性即可，这也是软件操作统一性的体现。

软件有两种方式进行快速铺铜，第一种就是使用如图 13-5 所示的菜单（也可直接用快捷键【Ctrl+3】），若在布线模式下，选中需要铺平面的网络后，再使用该菜单命令，可直接进入所选网络的铺铜形状绘制界面，如图 13-6 所示。

图 13-4 开启 Plane 数据的显示与填充

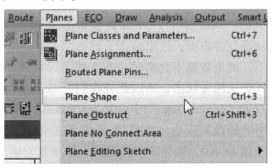

图 13-5 使用菜单栏进行铺铜平面添加

第二种方法是在布线模式下，任意选中网络后，直接按快捷键【F12】（Place Plane Shape），同样可以进入铺铜平面绘制界面，且平面的网络会自动指定为按【F12】键之前所选择的网络，如图 13-6 所示。

> **注意：** 启动铺铜平面的绘制命令时，等同于读者手工进入了绘图模式、打开了属性窗口，以及在 "Draw Create" 菜单栏启动了 "绘制多边形" 命令。

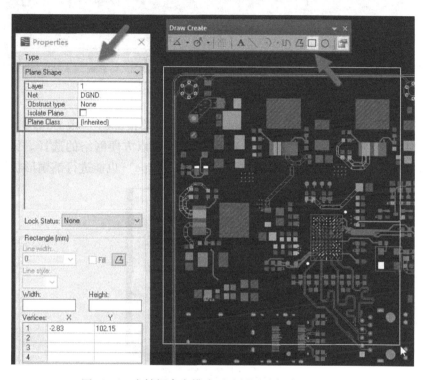

图 13-6   在铺铜命令模式下选择网路与多边形形状

如图 13-6 所示的案例中，需要给顶层整体铺上 DGND 平面，因此需要在 "Draw Create" 中选择 "绘制矩形" 命令，然后在属性栏中确认多边形的属性为 "Plane Shape"、"Layer" 中选择铺铜所在层（如顶层为 1）、"Net" 为铺铜的网络（DGND）、"Obstruct type" 保持为默认的 "None" 即可（表示铺铜平面中可以存在走线与过孔）。"Isolate Plane" 与 "Plane Class" 留到下一章再做仔细介绍，此处保持如图 13-6 所示的默认状态即可。

> **注意：** 关于铺铜的网络选择，若 Plane Shape 所在层被定义为 Plane，则铺铜网络只能在 Plane 设置页中已经指定的网络中选择，如图 13-2 所示；若所在层被定义为 Signal，则可使用任意网络进行铺铜。

根据绘制形状的不同，可以得到不同的铺铜平面，如图 13-7 所示，读者可以自行尝试不同的铺铜形状与网络来观察铺铜效果。另外，对于整板铺铜的地网络，可以将铺铜边界绘制得比 Board Outline 大，但实际铺铜还是以 Route Border 为边界进行，如图 13-7 左侧所示。

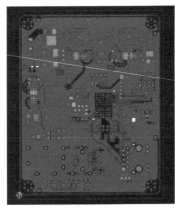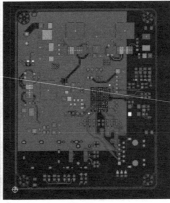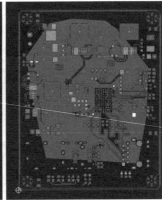

图 13-7　绘制不同形状的铺铜平面

在铺铜形状的网络选择时，可以使用网络栏下拉菜单顶部的"Mouse Select"选项，通过鼠标单击焊盘或 Trace 选择网络，如图 13-8 所示，可以方便网络的选择。另外，在布线模式下，选中网络后使用快捷键【F12】（Place Plane Shape）也能进行铺铜形状绘制。

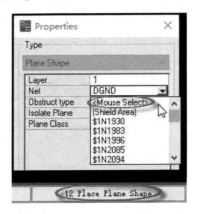

图 13-8　使用鼠标选择网络或快捷键选择网络

> **注意**：用 Plane 层的 Route Border 边界实现的铺铜，与 Plane Shape 方式实现的铺铜有细微区别，前者的铜皮无法使用 Route 工具直接布线，而后者则可以，因此读者可以根据需要选择使用何种铺铜方式，它们各有优劣。编者则建议统一使用 Plane Shape 的方式，便于布线与管理。

13.3　铺铜的类与参数

Xpedition 中对铺铜的详细参数设置同样是以"类"的方式进行的。平面类的设置方法如图 13-9 所示，执行菜单命令【Planes】－【Plane Classes and Parameters】（平面类与参数）。

在图 13-10 所示的平面类与参数的窗口中使用"新建"按钮可以新建平面类，新建的

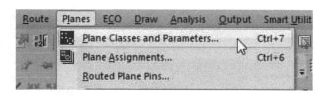

图 13-9 平面的类与参数设置

平面类可以在平面的属性窗口 "Plane Class" 栏中选择类, 如图 13-10 中, 新建好的 "DGND" 平面类出现在了属性栏的下拉列表中。

若不对平面进行分类, 则所有平面都为 Default (默认) 类。另外, 平面类的指定栏通常都被指定为 "Inherited", 即表示继承默认类的属性。一般的工程中由于铺铜平面的设置并不复杂, 因此平面类均采用默认的 Default 即可, 对于特别需要设置的平面, 可以用 "Plane Class" 的 "Parameter Overrides" 来设置。注意, 通过 overrides (覆盖) 方式对平面的铺铜参数进行修改后, 该栏会出现黄色的 "Inherited" 字样, 意为该项参数不是继承的默认类。

另外, 在绘制铺铜平面时, 若先选择一个平面后再启动绘制命令, 则软件会自动读取上一个铺铜平面的设置参数, 完全继承上一个平面的所有参数进行绘制, 若不注意就很容易出错。如果不需要继承上一个平面的参数, 只需在 "Plane Class" 中修改为 Default 或需要的类即可。

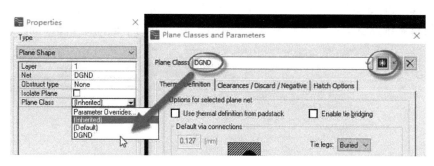

图 13-10 平面类的新建与赋值

铺铜平面的参数设置主要分为 3 个部分: "Thermal Definition", 定义平面与散热焊盘的连接方式; "Clearance/Discard/Negative", 定义与安装孔的间距、碎铜与锯齿铜的处理方式、负片情况下的间距; "Hatch Option", 定义平面数据的填充方式, 可以在此设置栅格铜。

"Thermal Definition" 的热焊盘定义设置如图 13-11 所示, 读者可根据需要设置过孔、通孔焊盘与表贴焊盘相对于平面的连接方式, 其中间距与避让宽度按照图 13-11 中指示填写即可。

图 13-11 右侧从上至下分别示例了全埋的过孔 (Via, Buried)、十字形连接的通孔、十字形连接的焊盘, 以及 45°方向的十字形连接焊盘。请读者注意, 若热焊盘的连接方式选为 Fixed 0/90 则会在无法连接处直接舍弃相应的连接脚 (Tie Leg), 若选用 Preferred 0/90, 则会在条件不满足时, 切换到 45°或其他角度, 尽量满足 4 根 Tie Leg 的设置。

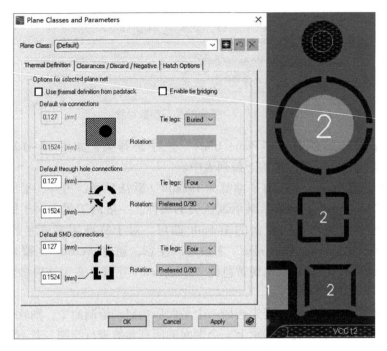

图 13-11　平面类的热焊盘定义

"Clearance/Discard/Negative" 的设置如图 13-12 所示，"Default clearances"（默认间距）一栏保持系统默认即可，该栏规定了安装孔与镂空处与平面间距 0.508mm（20mil）。

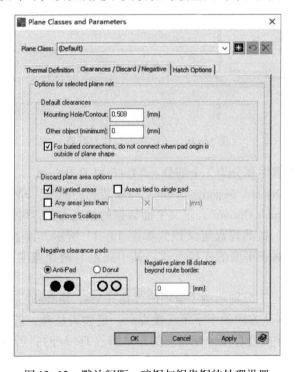

图 13-12　默认间距、碎铜与锯齿铜的处理设置

"For buried connections, do not connect when pad origin is outside of plane shape" 栏，按字面意思也很好理解，若勾选，则全埋类型的焊盘只有中心点在平面内时才进行连接，如图 13-13 所示。

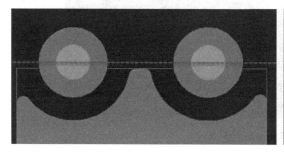

图 13-13　舍弃中心不在平面内的过孔连接

"Discard Plane area options" 中可以设置碎铜与锯齿铜的处理方式，如图 13-14 左侧所示的为所有选项均不勾选时，碎铜与锯齿铜都存在的情况；图 13-14 中间为勾选 "All untied areas" 后的效果，可以看到中间的碎铜被自动去除掉了；而图 13-14 右侧为勾选 "Remove Scallops" 后的效果，即将锯齿状的碎铜去除，是铺铜平面的边缘平整。

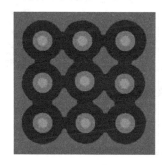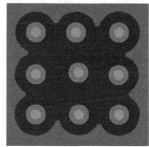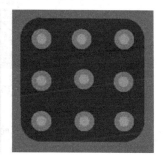

图 13-14　碎铜与锯齿铜处理

"Areas tied to single pad" 若勾选，则会移除有且仅有一个焊盘的平面，即没有任何其他走线、焊盘或过孔，因此无法形成回流路径的平面。

"Any areas less than" 选项可以主动过滤面积小于设定值的碎铜。

"Hatch Options" 设置中，建议使用如图 13-15 所示的参数进行设置，填充栅格的线宽（Width）可以决定铺铜平面的精细程度，若设置得太细会增加软件计算量，并且一些铺铜的边缘会因为太精细而超出工程的工艺制程；若设置得太大，则会使铺铜边缘不够，一些应该铺到的地方却铺不进去，读者可以自行尝试不同参数。编者建议根据 PCB 和工厂的实际情况选择栅格填充粗细，不能低于制板工厂能制作的最小线宽。

当距离设置与线宽等大时，铜填充率会自动计算出结果为 100%，如图 13-15 所示。选择栅格的填充样式后，其铺铜效果如图 13-15 的右侧所示，平面以实铜形式存在。

对铺铜的栅格填充参数修改后，可以得到栅格铜。另外，也可设置栅格的边缘（非矩形区域）是否填充，如图 13-16 左侧所示。读者可以自行多加尝试，确定自己需要的铺铜类型。

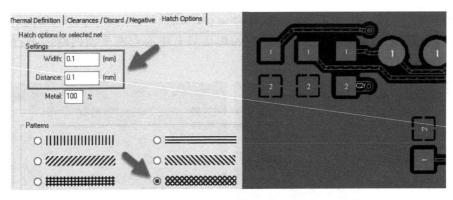

图 13-15　设置平面填充栅格

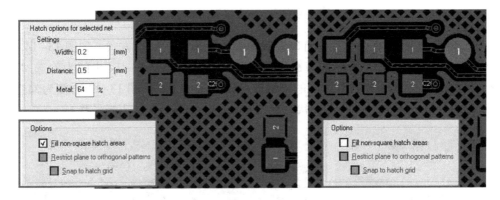

图 13-16　栅格铜设置与非矩形边缘填充设置

13.4　铺铜的合并与删减

在绘制铺铜多边形时，可使用"Draw Create"栏的角度锁定工具，如图 13-17 所示。

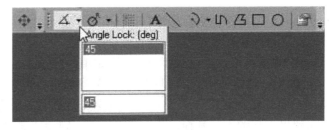

图 13-17　绘制多边形时可锁定角度为 45°

当角度未被锁定时，铺铜的多边形绘制可以是任意角度与形状。另外，在绘制格点（Draw Grid）设置得比较小的时候，一般会难以用鼠标准确点到绘制起点，因此常用鼠标右键菜单的【Close Polygon】来闭合多边形，如图 13-18 所示。选中绘制好的铺铜形状（该形状是随意绘制，仅用作示范），然后根据形状上的操作手柄调节其外形，注意红色的手柄为线段中点，白色的为线段的节点，白色中间带十字的手柄是形状的闭合点。一般只有对 45°

角的形状调节中点，对其余形状调节节点。

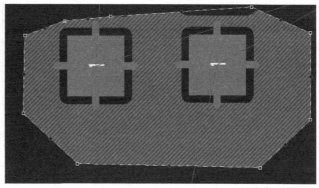

图 13-18　使用【Close Polygon】命令闭合任意多边形

> 注意：一般为方便铺铜形状的调节，工程中多在锁定 45° 角的情况下绘制铺铜平面，并尽可能地避免铺铜出现锐角区域。

在设计中，有可能会遇到这种情况：在某区域内使用某种铺铜参数（或类），而另一个区域使用另一种铺铜参数（或类），在处理这种情况时，可以分别绘制两个铺铜形状，使其在公共区域交叠即可，如图 13-19 所示，然后再对铺铜形状赋以不同的类或参数。

另外还有一种情况：当铺铜形状较为复杂，一次性绘制的难度较大。这时可以采用多区域绘制的办法，绘制时注意将各个形状交叠，然后再使用如图 13-20 所示的【Merge】合并工具对同类交叠的形状进行合并，合并后如图 13-20 所示，铺铜多边形的边界已经结合了起来。另外，若合并前二者的铺铜参数设置不同，则合并后只会保留其中一种参数。

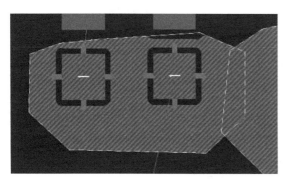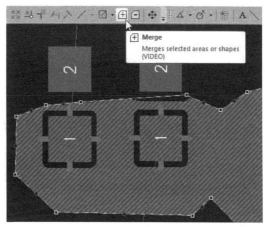

图 13-19　同网络的铺铜形状交叠　　　　图 13-20　使用 Merge 工具合并形状

"Merge"合并工具旁边的是"Subtract"删减工具，可以从先选择的对象中，减去后选择的对象，被减去的对象连同自身一起被删除，如图 13-21 所示，虚线框内的形状使用删减工具后会被全部删除。请读者在使用合并与删减工具时仔细谨慎，不然很容易误选到其他的 Shape，如器件的 Placement Outline 等，造成误删除。

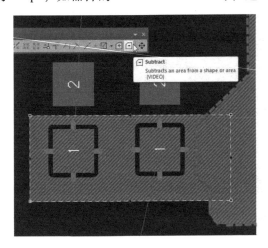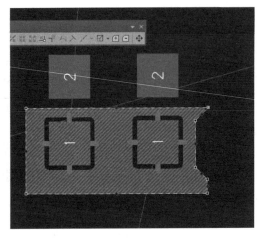

图 13-21　使用 Subtract 工具减去铺铜形状

合并与删减形状是 Xpedition 对铜皮形状编辑中最常用的操作，希望读者能够多多练习，灵活掌握该功能。

另外，在本书前述章节中，编者已经介绍过了在 Draw Edit 工具栏中添加两个多边形编辑工具，如图 13-22 所示的"Modify Shape"（修改多边形）与"Cut Shape"（裁剪多边形）。

此处我们可以使用"Cut Shape"工具实现与图 13-21 所示类似的删减功能，不同之处在于"Cut Shape"工具是直接绘制删减区域，而【Subtract】工具则需要操作其他的 Shape。

图 13-22　在 Draw Edit 工具栏添加"修改多边形"与"裁剪多边形"　图 13-23　Cut Shape 铜皮裁切工具

13.5　铺铜的优先级

在工程中，若先绘制局部的电源铺铜形状，再绘制整板的地铺铜形状话，会发现后铺的地铜皮会将先铺的电源铜皮给完全覆盖掉，如图 13-24 所示。这是因为 Xpedition 中所有的铺铜遵循"后来者居上"的原则,即越晚铺的铜优先级越高,这也就是为什么后铺的地铜皮会将其他先铺的铜皮给覆盖掉。

针对这种情况,我们可以使用"Draw Edit"工具栏的"Bring Forward"(提升优先级,或置于前排)工具,如图 13-25 所示,选择需要提前(或提升优先级)的铺铜形状后,单击该命令即可,如图 13-24 中的电源平面,对其提升优先级后,效果如图 13-26 所示。

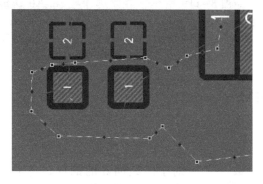

图13-24　后铺的铜优先级高,会覆盖先铺的铜

图 13-25　铜皮的提升优先级工具

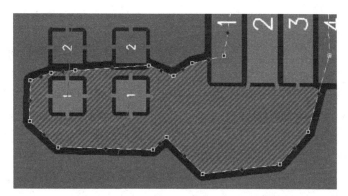

图 13-26　对电源提升优先级后的效果

一般来说,工程中零散的电源铺铜形状要远多于地铜皮,因此不可能对它们一一采用提升优先级的方法进行提前,这时应该将整板铺的地平面的优先级降低,如图 13-27 所示,对地平面使用"Send Backward"(降低优先级,或置于后排)工具即可。

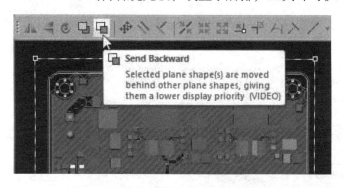

图 13-27　将整板铺的地平面优先级降低

注意：设计在出图之前，最好将各层的整层地平面再单独做一次"Send Backward"操作，因为无论在 EE7.9.x 版本还是在最新的 EEVX 版本中，编者都遇到过动态铜的刷新问题，所以编者强烈建议，在批量 DRC 或出 Gerber 图纸前，再做一次"Send Backward"操作，以保证动态铺铜100%的正确性。

另外，在工程进行最后的手工备份时，如图 8-119 所示，建议选中"Set All Dynamic Planes to Static"项，即将所有的动态铜数据转变为静态铜，如此才能保证备份中铜皮数据与 Gerber 输出的一致性。

13.6 铺铜的修整、修改与避让

13.6.1 铺铜修整与修改

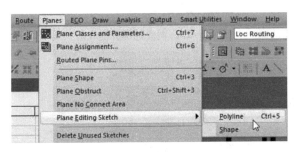

图 13-28 铺铜平面外形编辑工具

对于已经铺好的铜皮，自动生成的形状在某些局部不能达到我们的预期，会产生一些边角毛刺。另外，对某些特殊电路，需要在地的净空区域中划分出一块独立的地平面，对于这一类的需求，都可以通过平面的"外形修整工具"与"铺铜避让形状"来实现。

铺铜平面的外形修整工具如图 13-28 所示，执行菜单命令【Planes】-【Plane Editing Sketch】（官方译作"平面编辑草图"）-【Polyline】（折线），即可进入修整命令。

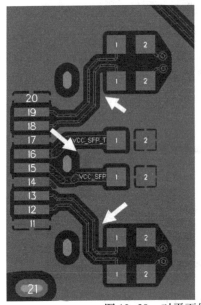
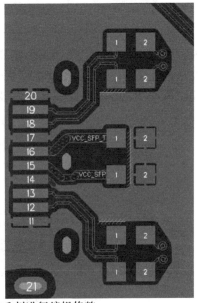

图 13-29 对平面的毛刺进行编辑修整

在修整命令下，对如图 13-29 所示的区域，沿着铺铜方向画出折线即可，画完后按快捷键【F2】或鼠标右键菜单【End Sketch】命令结束绘制，可得到如图 13-29 右侧所示修整后的结果，可以看到软件会自动判断哪些铺铜数据需要被舍弃。请读者注意，该命令下画出的折线可以在绘图模式中进行二次编辑。

外形修整工具同样提供了【Shape】命令，即绘制多边形，如在图 13-28 中选择【Shape】后，可以在外形属性中选择 "Metal Side"，即修正后铜皮的保留方向，不同的 Metal Side 对应的修整线也不同，如图 13-31 所示。对于绝大多数情况，使用默认的自动方向即可。

图 13-30 选择修整边界的
铜皮保留方向

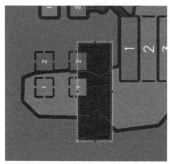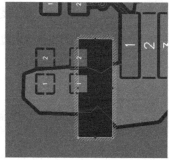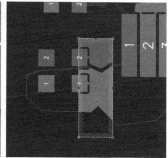

图 13-31 自动方向、左侧铜皮、右侧铜皮示例

> **注意：** Plane Editing Sketch 的显示可以通过图 13-4 中的 Sketches 勾选项进行控制，其颜色与该层的 Plane 一致。

除了 Plane Editing Sketch 外，还可以使用图 13-22 中的【Modify Shape】"修改多边形"工具对已存在的 Plane 的外形进行修正，如图 13-32 所示，选择平面后运行该工具，在锁定

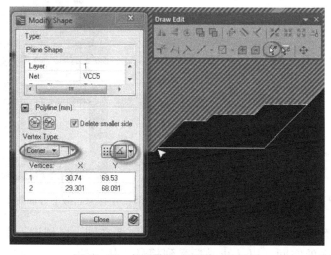

图 13-32 使用修改多边形工具示例

了 45°角度的情况下，可以快速修改不方便进行拉伸的区域。该工具图标的 R 代表 "Re-route"，这也是从原【Smart Utilities】中提取出来的工具。

前述章节也提到过该工具的一个使用技巧，即在不易点中 Shape 边缘的地方，可以直接将修改线与 Shape 的边缘交叉，然后使用鼠标右键菜单的【Finish】命令，即可完成修改，如图 13-33 所示。

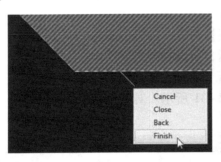

图 13-33　使用【Finish】命令结束修改多边形命令示例

13. 6. 2　铺铜避让

对于地的挖空需求，除了使用上一节介绍的修整形状来实现外，工程上更多地是使用 Plane Obstruct 达成目的。

与铺铜形状一样，可以自行在绘图模式下选择该属性进行绘制，也可执行菜单命令【Planes】-【Plane Obstruct】（平面避让区域），如图 13-34 所示。

在该命令下，使用通用的方式绘制需要挖空的区域即可，如图 13-35 所示，在表层的有源晶振下方绘制避让区域。

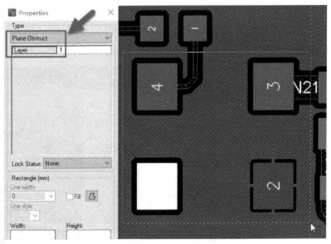

图 13-34　放置平面避让区域　　　　　图 13-35　在有源晶振下方放置平面避让区域

一般对重要的有源晶振单层避让是不够的，还需要在同一区域进行多层避让，类似于在 PCB 中掏出一个干净的空间，以防止晶振受到信号或热源的干扰，因此我们可以使用本书前面章节多次提到的复制方法，对避让形状进行复制（按住【Ctrl】键双击，并用【Tab】键循环选中后修改属性），进行同一位置的多层避让，如图 13-36 所示。

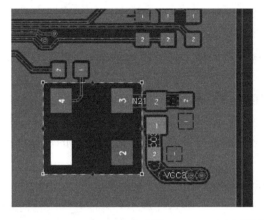 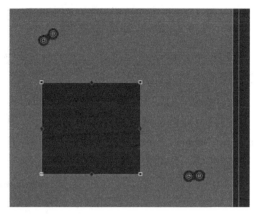

图 13-36 对有源晶振的同一位置多层避让

在避让区域中也可以再次绘制铺铜形状，工程上常用此方法实现地平面的隔离与单点连接，如图 13-37 所示，避让区域内部的地平面与该层的整板地平面是隔离开来的，仅在主地层连接。

另外，铜皮的修整（Plane Sketch）与避让（Plane Obstruct）均可用于 BGA 区域的挖空，如图 13-38 所示，二者的效果并无差异。

图 13-37 实现地的分割或单点接地

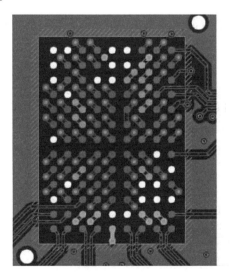 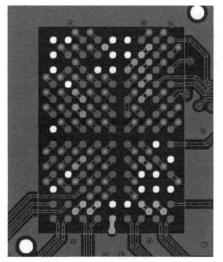

图 13-38 BGA 区域的两种挖铜避让方式

13.7 热焊盘的自定义连接

13.7.1 禁止平面连接区域

铺铜平面的网络与焊盘进行连接时，若连接关系处理不好，很容易导致焊接不良或接地不良，引起电路功能紊乱。

在 Xpedition 中，可以通过指定非连接区域的方式，断开铺铜平面与热焊盘的自动连接，由工程师自行对该区域内的连接方式进行处理。如图 13-39 所示，执行菜单命令【Planes】－【Plane No Connect Area】，在平面中绘制多边形区域后，可以看到位于多边形内的焊盘都不再进行自动连接，如图 13-40 所示。

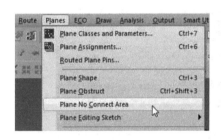

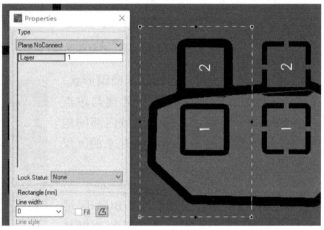

图 13-39　指定热焊盘的不连接区域　　　　图 13-40　不连接区域内所有焊盘失去连接

在该区域内，读者可以自行通过走线或铺绝对铜皮（参见本章 13.5 节）的方式将焊盘与平面连接起来。

13.7.2 手工连接引脚定义

除了上述方法指定不连接的焊盘外，还可以直接指定哪些引脚或焊盘需要手工连接，如图 13-41 所示，执行菜单命令【Planes】－【Routed Plane Pins】，在如图 13-42 所示的弹出

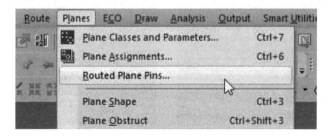

图 13-41　指定需要手工连接的引脚

窗口中，通过"Plane net"选择网络后，可以用交互式的方式找到需要指定的焊盘，再将其勾选后，如图 13-42 所示，可以看到该焊盘的连接就已经从平面断开，最后由工程师自行连接即可。

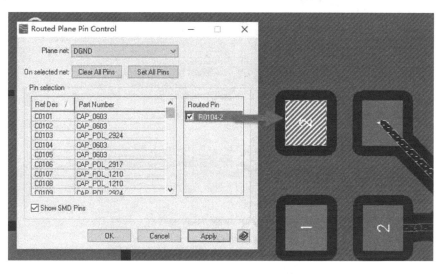

图 13-42　指定并勾选需要手工连接的引脚

13.7.3　热焊盘的连接参数覆盖

在铺铜的后期处理中，最常用的热焊盘处理方式是使用参数覆盖，对所选焊盘的热连接使用单独的参数进行覆盖。通过参数覆盖的方式可以得到如图 13-43 所示的热焊盘连接效果，对于面积较大的热焊盘尤其有用。

图 13-43 中左侧的热焊盘默认连接时采用 4 个连接角，且连接宽度为 5mil，间隙为 6mil，这种宽度与间隙对于一个需要大面积接地散热的焊盘来说显得过于"袖珍"了，因此需要使用参数覆盖的方式对该焊盘进行设置。如图 13-44 所示，选中焊盘后（也可以多选焊盘），使用鼠标右键菜单中的【Place Thermal Override】命令，可以为焊盘覆盖参数。

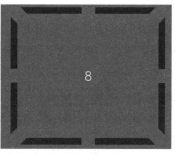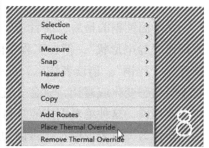

图 13-43　使用参数覆盖的方法进行热焊盘连接　　　　图 13-44　为焊盘添加覆盖参数

打开的热焊盘参数覆盖界面如图 13-45 所示，在"Layer"中勾选覆盖参数起作用的层（对于表贴焊盘只有一层，通孔的焊盘则每层都有），然后将连接宽度与避让间隙改大，如

图 13-45 所示的 1mm 与 0.5mm,最后将连接脚样式改为"Eight",即使用 8 根连接脚进行热焊盘连接。

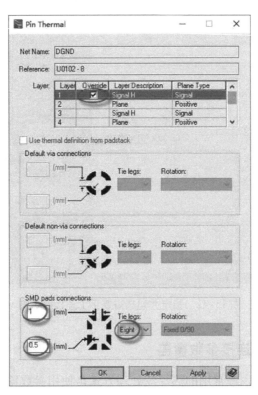

图 13-45　修改焊盘的热焊盘连接参数

参数修改好后单击【OK】或【Apply】按钮即可应用覆盖参数,得到如图 13-43 右侧所示的热焊盘连接效果。同理,若需要焊盘与铺铜"全接触",则将连接参数改为"Buried"即可。

13.8　非动态的绝对铜皮

在平面铺铜的最后,编者还要给读者介绍另一种铺铜方式,即"Conductive Shape",官方译作"导电形状",但在工程中因为其特性,且为了跟动态铜皮对应,因此它被多数工程师称为"死铜"。请读者注意,此处的"死铜"并不是指没有电气连接的碎铜,而是指其形状不会动态变化或避让,只会一直维持原样的绝对铜皮。

照理说,这种绝对铜皮应该可由动态铜皮替代掉,那为何编者要在这里特别提出来,甚至单独作为一节来说明?这是因为绝对铜皮在实际工程中起着非常大的作用。

对于复杂的电路,局部的电源平面或者电源的星形连接点处,往往对铜皮的宽度(即电源电流的载体宽度)有特定的要求,若使用动态铺铜,很有可能在后期的大规模改动或推挤中,在动态铺铜附近自动优化过来一根信号线,此时动态铜会对信号线做出避让,这样势必就会减小电源的宽度;另外,若是该信号线的推挤幅度太大,软件在自动优化时甚至可能会打断该平面的连接,如图 13-46 所示,关键的电源节点处会被自动优化的信号线分为两截,打断了平面的连接,若该电源在 PCB 中不止此处进行连接(在其他地方有较细的通路),那 PCB 中自带的 DRC 是检查不出来此处的平面断路的,因此会带来严重后果。

此时若使用平面铺铜的"Obstruct"属性禁止 Trace 进入平面,则图 13-46 中电源自身的 Trace 也会被禁止,只能通过铺铜来连接,也会造成一定的不便。

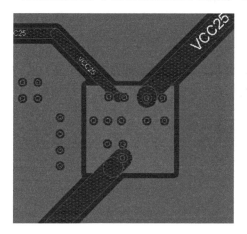
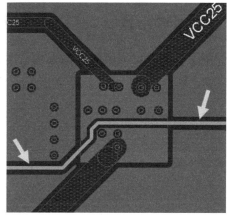

图 13-46 关键电源处使用动态铜皮的风险

另外,本章第 13.5 节所示的动态铜的优先级也是一个潜在的风险,尤其是在铺铜形状多且互相交叠时,很容易在后期修改 PCB 时发生遗漏,导致电源通道断路或减小。

针对上述的诸多不足,对于关键的铺铜形状,特别是重要的电源铺铜(尤其是没有过孔与镂空的区域),编者强烈建议读者使用"Conductive Shape",即绝对铜皮的方式进行铺铜,如图 13-47 所示,在绝对铜皮的状态下,可以完美解决上述的所有问题,其他信号的走线对 Conductive Shape 会严格做出避让。

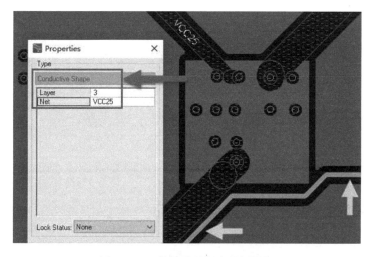

图 13-47 使用绝对铜皮进行铺铜

注意：绝对铜皮也有相应的不足，它的形状完全以工程师绘制的形状为准，自身不会动态避让，也不会因为与其他对象重叠而标记实时 DRC 花纹，因此使用时需要多加留意，最好是先使用 Plane Shape，并根据 Plane Shape 自动避让出的外形，用 13.6.1 节所示的"形状修改工具"做出调整后，再将 Plane Shape 的属性改为"Conductive Shape"。

13.9　本章小结

本节介绍了 Xpedition 中的铺铜方式与注意事项，重点在铺铜的参数设置、铺铜形状的创建与修改。读者可以根据本章相关内容，对前述章节完成的实例工程进行铺铜操作。

第 14 章　批量设计规则检查

14.1　Batch DRC（批量 DRC）

PCB 在布局布线、平面铺铜完成后，就进入了电气连接与安全间距的检查阶段。Xpedition 的设计规则检查主要分为两大部分，一是设计时会实时动态显示的 DRC 冲突标记（花纹或高亮颜色），二是设计结束后的 Batch DRC（批量设计规则检查），如图 14-1 所示，在菜单命令【Analysis】（分析）中，【Batch DRC】为运行批量检查命令，但检查出来的结果需要使用【Review Hazards】命令来查看。

因此，我们首先要执行菜单命令【Batch DRC】进行规则检查。打开该命令后，会弹出如图 14-2 所示的设置窗口，DRC 运行的所有检查项目可通过该窗口进行配置。

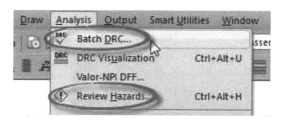

图 14-1　批量 DRC 检查与排查

14.1.1　DRC 设置

在所有 DRC 检查的项目中，最重要的就是 Proximity（接近度）检查，即分析所有对象之间的间距，将小于"约束设置"或"通用设置"的间距记录并报告出来，提供给工程师进行再次确认。

如图 14-2 所示的"DRC Setting"标签页，均是对 Proximity 检查的设置，其中"Proximity area"可以选择"Entire design"（检查整个设计里面的接近度）或"Use DRC windows"（只检查 DRC 窗口区域内的接近度），其中"DRC windows"可以在**绘图模式**中通过"多边形"或"矩形"工具进行绘制。该项默认是检查整个设计，编者建议保持默认，仅在特殊需要时使用 DRC 窗口。在需要时，灵活运用 DRC 窗口可以节省检查时间，避免不必要的检查，因为设计越复杂，检查耗时也就越久。

"Rules to check"（检查规则）中，默认勾选了"Connectivity and special rules"（连接性与特殊规则），即"Batch DRC"设置窗口的第二个标签页（图 14-3 中的所选规则）在进行 DRC 检查时有效。

"Proximity options"内按照图 14-2 所示，均保持选中即可，"Net Class clearances and rules"表示检查网络类的间距与约束规则，"Plane clearances and rules"表示检查平面的间距与约束规则，而"General and element to element rules"则表示检查通用规则与间距，该通用规则的设置需单击【Advanced Element to Element Rules】按钮进入，如图 14-4 所示，详见本章 14.1.3 节。

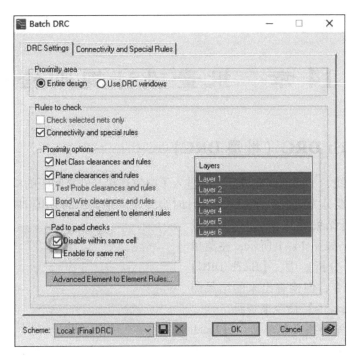

图 14-2　Batch DRC 设置页（1）

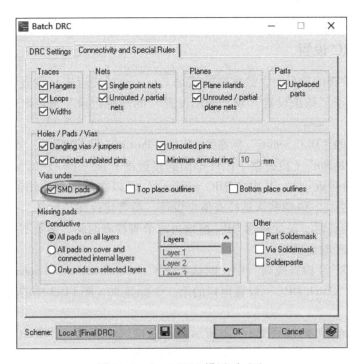

图 14-3　Batch DRC 设置页（2）

"DRC Settings" 标签页中，请读者务必注意 "Layers" 的选择，整板 DRC 时，一定要全选所有层（使用【Shift】或【Ctrl】键多选），如图 14-2 所示，所有层都会被高亮选中，

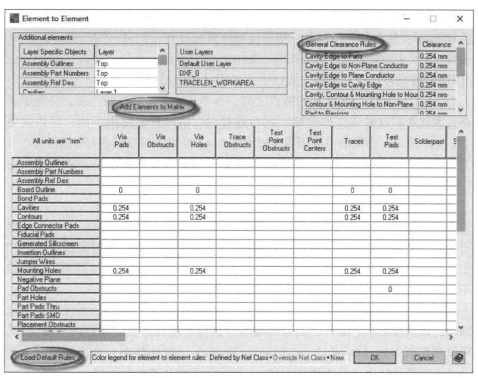

图 14-4　高级对象到对象的间距规则

避免因粗心而只选中其中一层，否则 "Batch DRC" 只会检查选中的那一层。

另外，在图 14-2 的 "Pad to pad checks" 中，编者建议选中 "Disable within same cell"，即对器件封装内的焊盘与焊盘间距忽略检查。

一般器件在进行封装建立时，要么根据 IPC 标准（如使用 LP－Wizard），要么使用器件详细说明书所附的推荐封装，因此肯定不会出现焊盘与焊盘的间距问题。根据软件的默认规则，焊盘之间的间距默认为 10mil，即 0.254mm，对于精密型器件自身的引脚来说，根本无法满足该要求，届时会报出几百上千的 DRC 冲突项，对检查造成困扰。所以此项建议勾选，即取消器件内的焊盘间距检查。任何封装内的焊盘间距问题，都应该在建库的阶段解决，不应该带入到最后设计阶段来检查。在设计周期越来越紧迫的状况下，建库工程师必须通过多人、多次检查封装，100% 确认无误后，才能将封装释放到中心库中供 EDA 工程师使用，在这个前提下，是可以取消封装内的焊盘检查这一步骤的。

"Enable for same net" 不建议勾选，同网络的对象间距如果按照正常情况检查，会报出非常多的不必要的 DRC 冲突项。

14.1.2　连接性与特殊规则

在 "Connectivity and Special Rules"（连接性与特殊规则）标签页中，各设置项可根据字面意思进行理解，编者建议按照图 14-3 所示的进行勾选后，直接进行下一步检查。若对其中的相关项有疑问时，再来查看下方的详细解释，根据需要修改。

1）"Traces"（走线）

（1）Hangers：悬空的走线，即一端连接到焊盘或过孔，但另一端却悬空在 PCB 中，又称"断头线"，PCB 后期修线时容易出现，如在焊盘内残留一小段走线等（可用鼠标单击选择后按【Tab】键循环选择对象的方式选中，再用【Delete】键删除）。

（2）"Loops"：回路，即 PCB 的两点之间，有不止一条通路进行连接，注意平面不会被视为回路，因此对多点网络（如电源）进行连接时，请尽量多使用平面，可以避免回路报 DRC 冲突，通过 Trace 连接的电源很有可能会报 Loop 冲突，需要读者仔细甄别。

（3）"Widths"：走线宽度，若走线的宽度小于约束设置的最小值，或大于约束设置的扩展值，则会报线宽类 DRC 冲突。

2）"Nets"（网络）

（1）"Single point nets"：单点网络，若 PCB 中存在某个网络只有一个焊盘，即没有飞线连接出去时，会报此类 DRC 冲突。请读者注意，若有器件在检查时未放置进 PCB，则与该器件相连的网络很有可能会成为单点网络。另外，前文提到过，由于原理图的单点网络检查功能不如 PCB 纯粹，因此工程中多用此项查工程的单点网络。

（2）"Unrouted/partial nets"：未完全连接、或被分割开来的网络，如没有连接起来的电源或地网络，以及被不小心断开的信号网络等，是检查设计连接完整性的重要指标。另外，读者也可以使用菜单栏【Output】–【Design Status】（设计状态）命令，查看其中的 Percent Routed（布线百分比）是否达到 100%，确定是否有未连接的网络。

3）"Planes"（平面）

（1）"Plane islands"：铺铜的孤岛，以及无任何焊盘连接的平面。

（2）"Unrouted/partial plane nets"：对通过平面进行连接的网络（在 Plane 设置中指定过的网络）进行连接性检查。

4）"Parts"（器件）

【Unplaced parts】：原理图存在，但没有放置进 PCB 的 Board Outline 中的器件（请注意不仅仅是没有放置进 PCB，而且还没有放进板框）。

5）"Holes/Pads/Vias"（孔、焊盘、过孔）

（1）"Dangling vias/jumpers"：悬空的过孔或跳线，该项主要检查悬空的过孔，跳线由于现在的工程中使用得不多（或用其他方式实现），因此不做详述。悬空的过孔，即在某层连接信号后、没有在另一层连通出去，而是单独悬在那里，如直接在信号走线上打一个过孔后不再做处理，则该过孔就是悬空的，其存在无任何意义，且删除后不影响网络的连接性。信号的悬空过孔会增加传输线的分支树状（Stub），使信号质量变差。

（2）"Connected unplated pins"：走线是否连接到非电镀孔上，在焊盘栈中定义的非电镀孔由于不具有跨层导通性，因此若连接走线会导致断路。该项检查多用于连接到铺铜平面的通孔引脚。

（3）"Unrouted pins"：检查器件引脚、过孔、测试点等是否连接到平面或走线，检查出来的 DRC 冲突会报至 Unrouted/partial nets 类的 DRC 冲突中。

（4）"Minimum annular ring"：通孔焊盘或过孔焊盘在钻孔后的焊盘铜环宽度，该项一般不做检查，在建库时严格定义好焊盘与过孔铜环宽度即可。

6）"Vias under"（过孔是否打在了某类对象中）

（1）"SMD Pin"：检查过孔是否打在了表贴焊盘上。在盲埋孔设计，或使用填孔工艺的设计中，该项不用检查，但在一般的通孔设计中则需要，防止打在焊盘上的过孔引起的虚焊、爆孔问题，对 SMT 贴片造成影响。

（2）"Top Place Outline" ／ "Bottom Place Outline"：检查过孔是否打在了布局边界内。一般此项不勾选，尤其是包含 BGA 的器件。

7）【Missing Pads】（引脚的焊盘缺失）

该项检查会列出所有的缺失电气连接性的焊盘栈，该 DRC 冲突一般发生在如下情况：

- 焊盘栈中在内层定义了"No Connect Pad"（非连接焊盘）；
- 引脚被放置在内层进行走线或平面连接；
- 在任意层上，有焊盘的引脚没有连接到走线或平面，且未被定义为"No Connect Pad"（非连接焊盘）。

14.1.3　高级对象到对象规则

"DRC Settings"页面中，使用"Advanced Element to Element Rules"按钮可以进入高级对象到对象的间距规则设置，如图 14-4 所示。

该页面可设置所有对象之间的间距，一般建议保持默认即可（可使用图 14-4 左下角的恢复默认按钮）。另外，读者若有印象，会记得本书在布局设置中修改过 Placement Outline 到 Placement Outline 的间距，这类在约束管理器中修改的通用间距，也可以在图 14-4 的右上角查看到（仅查看，若需设置则要在约束管理器中进行）。

在对象到对象间距设置的矩阵中，读者可以在横竖矩阵上找到需要检查的对象，并设置相应的检查间距。请读者注意，在该矩阵中，黑色字体为软件根据网络类默认设置的间距，红色字体表示对默认设置做出了修改，蓝色字体则为用户对未设置默认值的项目中指定的数值。

此处还需指出的是，该矩阵一般用于对规则有特殊或强制检查需求的情况，常规检查以网络类设置的默认间距即可，即在此窗口全部使用默认值。

若读者要设置的对象在矩阵中没有找到，则可通过在图 14-4 左上角的"Additional elements"中，选择需要的对象与层，甚至是用户自定义层，使用【Add Elements to Matrix】按钮将其添加到矩阵中，然后再进行设置。

14.1.4　保存 DRC 检查方案

对于已经设置好的、用于不同目的的 DRC 检查方案，读者可以用如图 14-5 所示的对话框保存该检查方案，在下次检查时可以通过下拉菜单快速调用。每次进行 DRC 检查时，软件均会提示操作者对检查方案进行保存。

对于设置好的方案，运行 DRC 检查后，可以得到如图 14-6 所示的对话框，此时批量设计规则检查完成，并告知工程师共有多少冲突被检查出来。

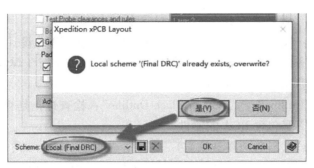

图 14-5　DRC 检查方案的保存

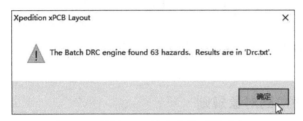

图 14-6　批量 DRC 检查完毕后提示窗口

14.2　Review Hazards（冲突项检查）

批量设计规则检查完毕后，需运行如图 14-1 所示的【Review Hazards】对冲突项进行

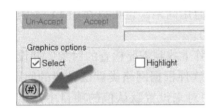

图 14-7　更新 DRC 冲突数量

逐一排查。在弹出的窗口中，读者需要特别注意，首先需要单击如图 14-7 所示的按钮（位于窗口左下角），对 DRC 冲突的数量进行更新，否则该窗口内显示的还是上一次 DRC 检查的冲突结果。

更新 DRC 冲突数量后，可以通过菜单栏【Online】与【Batch】菜单对所有 DRC 冲突进行逐一检查，其中【Online】项目下为软件在走线时，实时检测出的冲突项（即不运行 Batch DRC 也可以检查到），【Batch】为运行【Batch DRC】命令后检查出来的冲突项，读者需要对所有检查出来的 DRC 冲突进行仔细甄别与修正。

差分线或信号完整性相关的 DRC 项需要在显示控制的【DRC】－【Online】中查看，查看方法请参见布线章节的差分布线部分。

根据编者多年的工程经验，DRC 冲突中，检查优先级最高的项目如图 14-8 所示，这几项都是工程中经常会出现的，并严重影响 PCB 的关键项。对于这几项中报出的 DRC 冲突，读者需要特别注意，必须最先检查。

如图 14-9 所示，在【Batch】的【Proximity】中，对冲突项逐一检查，首先就是 Placement Outline 到 Placement Outline 的间距违规。由于我们之前在设置中将其间距改为了 0.0001mm，超出了显示的小数位数，因此在"Clearance"中显示为 0.000mm，但读者需要知道此处的实际值为 0.0001mm。"Actual Distance"显示的是对象的实际间距，如图 14-9 中显示为 0.000mm，即该间距必然小于 0.0001mm，或是直接重叠了一部分，如图 14-9 左侧所示，实际上这两个器件的布局边界有非常细微的重叠。

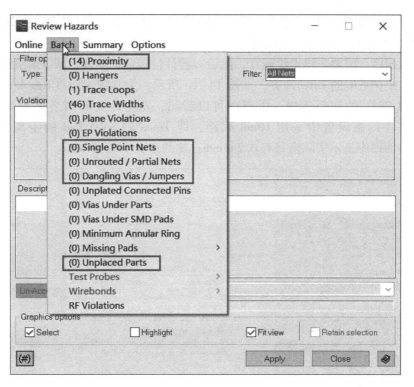

图 14-8　批量菜单下的重要检查项

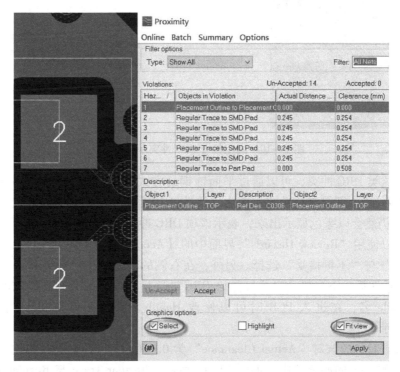

图 14-9　间距检查 DRC 冲突示例（1）

在检查时，勾选图 14-9 下方所示的 "Select" 与 "Fit view" 可以在双击 DRC 冲突项时快速转跳到该冲突处，并选中冲突对象。

对于此项问题，需要先将走线断开，然后对器件位置进行微调，即可解决该冲突。

对于第二个接近度的 DRC 冲突，如图 14-10 所示，为常规走线（Regular Trace）到表贴焊盘（SMD Pad）的间距违规。由图中可以看出，发生冲突的网络为 DGND 与 VCC5，DGND 的网络在约束设置中采用 10mil 间距，即 Trace 到 SMD Pad 的距离应该为 10mil（0.254mm），而图中显示实际值只有 0.245mm，比约束少了 0.009mm。

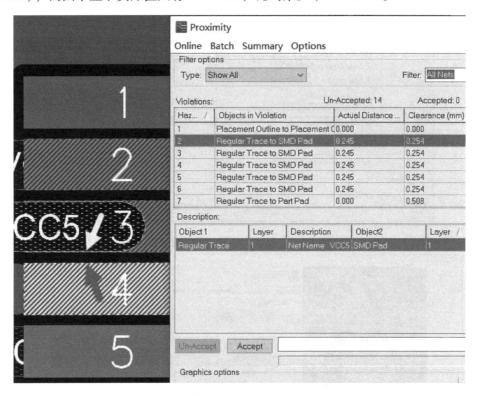

图 14-10　间距检查 DRC 冲突示例（2）

一般对于这类 DRC 冲突，可以通过平面铺铜的方式解决（删除走线），也可以对此类冲突使用 "Accept"，即接受该冲突，在之后的批量 DRC 检查时，再查到此处将不会统计至 DRC 数量，但仍然会以绿色显示出来，表示该项 DRC 冲突已经接受。

工程师可以使用 "Review Hazards" 界面中的【Accept】与【Un-Accept】按钮对冲突项进行 "接受" 与 "不再接受" 选择。另外，在右侧的输入框中可输入接受的理由，在单击【Accept】按钮后，下一栏会提示接受该 DRC 冲突操作发生的时间、操作电脑名与操作者名（即 Handle 名，在进入 PCB 时可以修改 Handle，默认为计算机的用户账户名），如图 14-11 所示。

读者在检查时，应该对 "Actual Clearance" 为 0.000mm 的对象重点关注，所有的短路必然出现在 0.000mm 的冲突项中，如图 14-12 所示，Regular Trace 与 Regular Trace 的实际间距是 0.000mm，而需要间距是 0.229mm，在图中能够直观地看到该处就是短路。

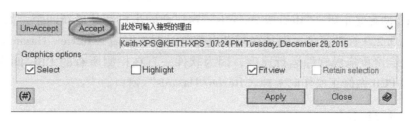

图 14-11　对 DRC 冲突执行 Accept（接受）操作

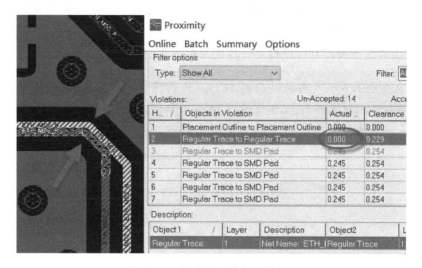

图 14-12　DRC 冲突中的短路示例

对于走线短路冲突的修正方法，一种是正常的推移走线，使其间距符合约束规则，另一种是使用软件的自动修复工具，如图 14-13 所示，选中 DRC 冲突的走线，单击鼠标右键执行菜单命令【Repair Selected】，即可得到如图 14-14 所示的修复结果。请读者注意，使用【Repair Selected】命令时需要解锁相应的 Trace，并最好在 Gloss On ／ Local 与 DRC On 模式下进行。

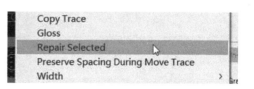

图 14-13　对走线进行修复

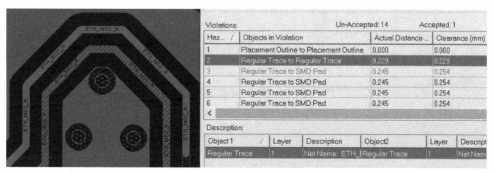

图 14-14　自动修复后的结果

一般 DRC 冲突修正后，"Review Hazards" 窗口会同步更新其最新间距，如图 14-14 中已经自动变为 0.229 标准间距。但是在复杂电路设计时，开着 "Review Hazards" 再对 PCB 做修改操作，会严重拖慢软件运行速度，因为软件一直在检测所有的 DRC 间距实时变化，所以建议大型 PCB 做修正操作时关掉 "Review Hazards" 窗口。

14.3 本章小结

通过本章的介绍，读者应该完全掌握如何检查一个设计，并结合布线操作中介绍的显示方法，快速灵活地定位 DRC 冲突对象，对约束违规处进行仔细、再仔细的检查，确保设计无任何电气连接属性冲突，方可进行下一步的工程出图操作。

> **注意：** 大型企业中，重要且复杂的 PCB 在出图前，一般会为 DRC 检查专门留出半天时间，并再请一两位未参与 PCB 设计的 EDA 工程师，对整板的所有 DRC 项再全部逐一检查一遍，以最大程度确保 PCB 的电气正确性。

第15章　工程出图

当工程的批量 DRC 检查完毕后，为保险起见，编者会将所有对象全选后使用 Fix（固定），然后再进入下一步的工程出图阶段，如此可以防止一些不经意的误操作（如 12.2.5 节提到过的方向键"换层"与"移动"问题）。

请读者朋友们千万不要小觑了出图阶段的工作，PCB Layout 的成败（包括是否能够正常贴片生产），完全取决于工程师输出的图纸质量，因此对待所有的图纸文件必须慎重再慎重，切勿离成功仅一步之遥时功亏一篑。

工程出图主要分为两部分：一是提供给 PCB 厂家的 PCB 制作文件，包括 PCB 所有相关层面的光绘（Gerber）、钻孔，以及 IPC 网表文件（用于检查开短路）；二是提供给 SMT 工厂的贴片用文件，包括 BOM 表、器件坐标、钢网光绘，以及装配图等相关文件。

15.1　丝印合成

关于 PCB 中常用的丝印，主要由 Silkscreen Outline（丝印层的绘图外形、自定义的丝印图形、丝印文字）与 Silkscreen Ref Des（丝印位号与测试点位号）组成，如图 15-1 所示。

Xpedition 生成丝印光绘文件有**两种**方式：一是直接采用 Outline 与 Ref Des 信息生成，但这种方法生成的光绘文件中，丝印与焊盘交叠的位置不会做出避让；二是将 Outline 与 Ref Des 的所有丝印提取出来，合成一个单独的丝印层（如图 15-1 中的 Generated 层），在合成时会自动删除丝印与焊盘冲突的部分，且合成层中所有位号都会被打散为图形，对合成的丝印层进行修改时，不会影响原有的丝印对象。

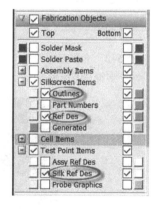

图 15-1　主要丝印信息所在层

这两种生成方法各有优劣，编者也不好下结论推荐哪一种方法，因此本书对这两种方法的介绍都比较详细，读者学习完毕后可以自行根据需要采用合适的方法（工程中一般多用第一种方法，能够避免遗漏丝印，交叠的问题交由 PCB 厂处理）。

无论采用哪种方法处理丝印，本节涉及的丝印调整相关内容都需要掌握。

15.1.1　丝印字体调整

处理丝印层的位号时，首先需将 PCB 显示界面进行调整，使其仅显示板边框、顶/底层的焊盘、顶/层丝印（包括测试点的丝印），将其他对象的显示都关闭，如图 15-2 所示，此时的丝印字符与焊盘交叠，所以必须进行调整，否则无法交给 PCB 厂进行丝印制作。

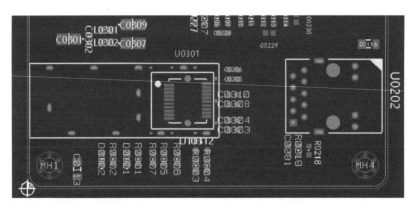

图 15-2　进行丝印调整前的 PCB 局部

在进行编辑前，Xpedition 必须勾选图 15-3 处所示的选项，允许丝印文字与图形编辑，该选项在 Xpedition 中默认是关闭的，若不选中则无法进行位号调整与极性符号的移动。

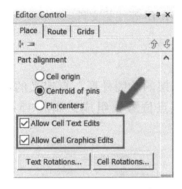

图 15-3　允许元件的丝印
字符与图形编辑

在编辑底层丝印时，读者可以在显示设置中搜索"Mirror View"项，勾选后，可将设计的显示界面左右镜像，使底层的查看更加直观。

读者可以从图 15-2 中看到，由于建库时未对位号的大小与字体进行统一（建库不规范所致），因此整板的字体非常紊乱，需要进行统一调节。此时需运用本书布线章节介绍过的选择与显示方法，关闭所有对象的显示（使用预设的 All Off 显示方案）后，仅打开丝印的位号显示，再使用框选或【Ctrl + A】组合键全选来选中所有的位号文字（Silkscreen Ref Designator），打开属性窗口，即可统一进行字体与大小更改，如图 15-4 所示。

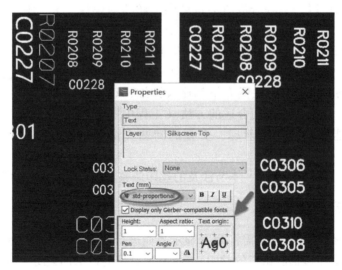

图 15-4　统一修改所有的位号的字体与大小、位置

> **注意：**全选 Ref Des 时，若没有将其他对象全部关闭干净，则全选会选中这些其他的元素，此时属性窗口中就无法对字符统一进行调整。

关于位号的字体选择，由于 Xpedition 中对丝印字体处理的特殊性，编者强烈建议读者选择图示默认的 "std – proportional" 字体，或在勾选 "Display Only Gerber – compatible fonts"（仅显示适配 Gerber 的字体）后，从下拉菜单中选择任一 "vf" 开头的字体。只有选择这些特定的 Stroke 字体，才会得到 PCB 编辑界面显示出来的字体效果。

若选择了非 Stroke 字体，如系统常见的 "Arial"、"黑体"、"微软雅黑" 等时，生成的丝印是以字体属性中设置的 Pen（描边笔宽度）大小对非 Stroke 字体进行描边的，如图 15-5 所示，对同一文字（"黑体" 的 "C0229"）使用不同的 Pen 设置生成丝印时，最后得到的字体效果。（请注意，在合成丝印时，不允许出现笔画宽度为 0mm 的字体或形状，软件会使用默认的 10mil，即 0.254mm 的笔画宽度对 0mm 宽度进行替代，因此将 Pen 设为 0mm 与 0.254mm 得到的效果是一致的。）

从图中可以看出，很难得到与显示的字体相同的效果。对位号和普通的英文字符来说，系统默认的 Gerber Compatible 字体足以满足需求，但是对于有中文丝印的 PCB 来说，就必须使用上图的方法来生成丝印，此时编者建议读者选择中文字体中的 "细线体"，对细线字体设置 0.1 的笔画宽度后，可以得到近似于正常字体的显示效果，如图 15-6 的右侧所示。

图15-5　使用非 Stroke 字体时，不同 Pen 宽度的丝印效果　　图 15-6　使用细线字体生成中文丝印

设置好丝印字体后，可在**选择模式**或**绘图模式**下，对丝印的位置逐个进行修改（使用鼠标移动位置，使用快捷键【F3】、【F4】旋转方向），修改时需要同时打开焊盘的显示，防止丝印被误放置在焊盘上，如图 15-7 所示。

> **注意：**若是不小心删除了丝印层的 Outline 或 Ref Des，可参考本书第 10 章 10.2.2 节图 10-21 所示的方法重置器件的所有丝印信息；另外，也可以保持丝印字符的位置与大小不变，仅重置封装的焊盘。

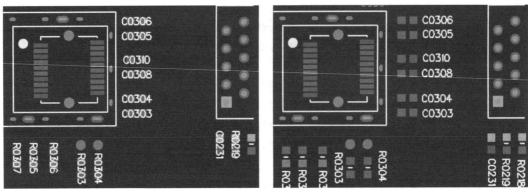

图 15-7   调整丝印位号的位置

15.1.2   自定义图形与镂空文字

除了封装本身的图形与文字外，读者还可以通过【Draw Create】工具栏的相关工具，自行在【Draw Object】 – 【Silkscreen Outline Top/Bottom】层添加图形或文字，如图 15-8 所示，使用【Add Text】（添加文本）、【Add Rectangle】（绘制矩形）及在铺铜平面中提到的【Subtract】（图形删减），得到图示中的常用丝印图形。

另外，在工程中，有时还需要使用镂空的丝印文字，如图 15-9 所示。

图 15-8   在 Silkscreen Outline 层添加图形与文字   图 15-9   镂空文字效果

在 Xpedition 中实现镂空文字或图形的方法比其他 EDA 软件要复杂，实现的方法主要有两种，第一种方法是使用软件"智能实用工具"【Smart Utilities】中的"矢量化字体"【Vectorize Text】与"剪切矢量化字体"【Cutout Text】工具，将字体从图形中减去。此种方法只能对英文字母进行操作，且矢量字体的可选择度极小，只有软件自带的 3 种矢量字体。

如图 15-10 所示，在【Smart Utilities】工具栏中启动矢量化字体工具。

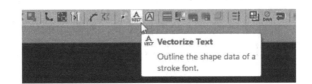

图 15-10   矢量化字体工具

设置窗口如图 15-11 所示，矢量化字体工具主要有"Input"（输入）与"Convert"（转化）两种方式，读者可以选择在下方"Text"栏输入字母与数字后，单击【Input】按钮将文本放置在 PCB 中，也可以在 PCB 中选择需要矢量化的文字后，使用【Convert text】按钮进行转化。

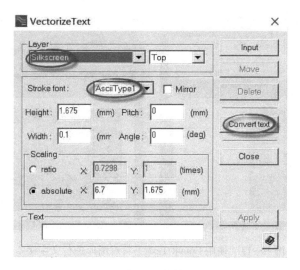

图 15-11 矢量化字体工具设置

在该设置窗口中设置文本的目标层，如图 15-11 中的丝印层 Silkscreen Top，即矢量字体会出现在 Silkscreen Outline Top 中；"Stroke font"栏设置矢量化使用的字体，该选项下默认只有 3 种字体可供选择，字体文件所在位置如图 15-12 所示。设置栏中"Height"（字体高度）的"Width"（笔画宽度）仅对 Input 有效，使用 Convert 时会自动继承原字体的笔画和高度。

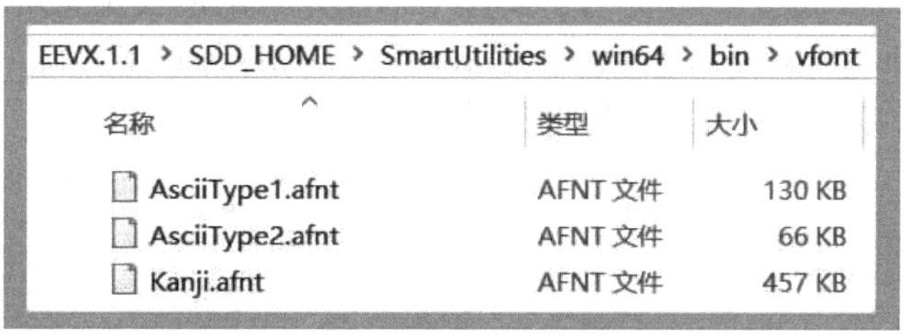

图 15-12 矢量化的 Stroke 字体所在位置

另外，对文本转换成功后，还可以使用该窗口的【Move】与【Delete】对矢量文本进行"移动"与"删除"操作。

将文本转换为矢量字体后，就可以使用如图 15-13 左侧所示的【Cutout Text】工具对图形进行镂空。单击运行命令后，再根据 PCB 编辑界面左下角的提示栏，依次选择矢量字体与需要镂空的图形，即可得到镂空效果，如图 15-13 右侧所示。

矢量字体工具仅支持英文。另外，因为字体有限，很难得到工程中想要的效果，如图 15-9 的镂空文字就无能为力了，此时我们就需要使用第二种方法。

第二种方法使用的是【Mask Generator】（官方译作"膜面生成器"），该生成器可以使用现有的任意层，进行层与层之间的图形计算，如图形的叠加、相减、取交集等，得到用户所需要的图形。

使用该工具需要先获取权限，如图 15-14 所示，在【Setup】菜单栏中进行获取。

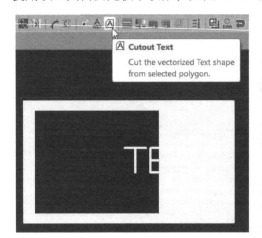

图 15-13　使用 Cutout Text 工具对图形进行文字镂空

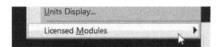

图 15-14　获取 xPCB Fablink 200 的许可

获取到权限后，执行菜单命令【Output】－【Mask Generator】，如图 15-15 所示。

由于 Mask Generator 是使用层与层进行计算的，因此在运行该命令前，我们还需要先执行命令【Setup】－【Setup Parameters】，新建用来计算的**用户自定义层**，如图 15-16 所示，新建两个用户层，即"Silkscreen_ User_ Layer1"与"Silkscreen_ User_ Layer2"。并在如图 15-17所示的显示控制中打开这两层的显示。

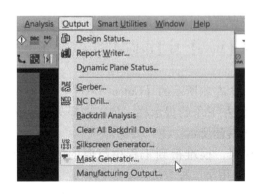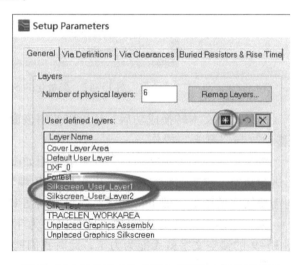

图 15-15　打开 Mask Generator 工具　　　图 15-16　新建用来生成镂空文字的自定义用户层

然后在绘图模式下，使用本书前面介绍的方法，分别在这两层其中的一个绘制矩形填充框，另一层添加一段文字，如图 15-18 所示，此处文字使用"汉仪特细等线简"字体。

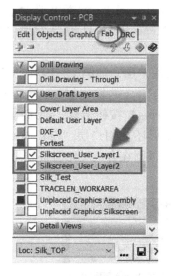

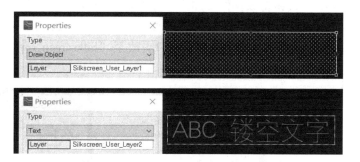

图 15-17　在显示控制中打开
　　　　　　自定义层的显示

图 15-18　在自定义的用户层绘制图形与文字

做好这一步后，就可以执行【Mask Generator】命令，按照如图 15-19 所示的设置进行 Minus（相减）操作。

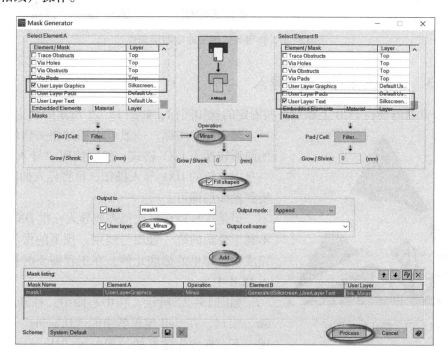

图 15-19　使用 Mask Generator 的 Minus（相减）功能

Mask Generator 的设置界面主要由**对象选择**与**命令选择**组成，在图 15-19 中的 Select Element 中，按照运算命令提示选择合适的元素，如"Minus"命令提示是从 A 元素减去 B 元素，因此元素 A 选择【User Layer Graphics】-【Silkscreen_User_Layer1】，元素 B 选择【User Layer Text】-【Silkscreen_User_Layer2】。运算命令选择【Minus】，并且需要勾选"Fill Shapes"。

最后在 Output 中可以设置输出的 Mask 名称，以及输出的用户层，如图 15-19 中，膜面名为 Mask1（默认），输出栏填写"Silk_Minus"（会生成自定义的输出层），然后使用【Add】按钮将该操作添加到下方的运算列表中，再单击【Process】按钮运算，即可得到如图 15-20 上方所示的效果，请读者注意，此时得到的镂空图形还在用户层"Silk_Minus"，一般需要全选后，通过属性窗口更改至"Silkscreen Top"层，否则在合成丝印时很容易造成遗漏。

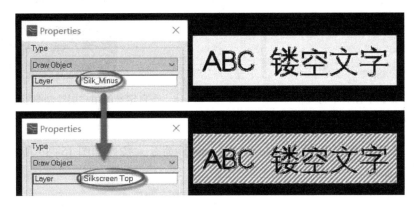

图 15-20　将得到的图形改变图层属性

15.1.3　丝印图标的建库与导入

工程中常常需要在 PCB 上添加一些固定的丝印图标，如图 15-21 所示的禁止触摸图标。

图 15-21　禁止触摸图标

对于此类图标，一般可以通过相关软件，将图标的图形转换为 DXF 格式，然后使用"导入设计数据"一章中介绍的 DXF 导入操作，再将导入的图形属性转换到丝印层即可。

但是这种操作每次都需要导入一次 DXF 图形，且不利于公司的统一管理与调用。规范的做法是将图标建成中心库里的标准元件，在工程需要时从中心库调入 PCB 中。

如图 15-22 所示，在中心库中，打开"Cell Editor"窗口，在 Cell 编辑器中的"Drawing"（绘图）选项卡下，在预先建好的绘图分区"Drawing-Cell"中新建绘图元件，如图 15-22 中的"NoTouch"。

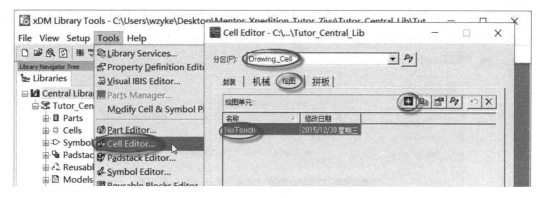

图 15-22　在中心库中新建绘图对象

进入 PCB，编辑该绘图元件，通过 DXF 导入，导入后全选对象，将其属性更改到 Silk-screen Outline 层，如图 15-23 所示。DXF 导入操作请参考本书 9.3.1 节的内容。

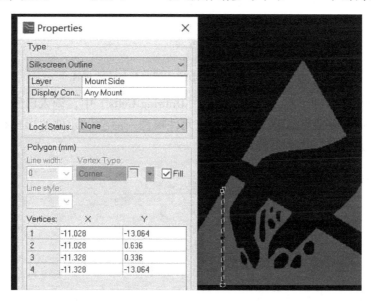

图 15-23　导入对象并修改属性

请读者注意，在中心库中建好绘图对象后，PCB 中并不会自动读取该对象，需要使用 PCB 中的【Library Services】菜单命令，如图 15-24 所示。

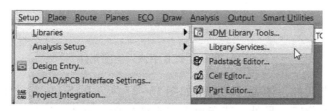

图 15-24　使用 PCB 中的 Library Services

通过 PCB 中的【Library Services】可以将中心库中的对象导入本地库中，如图 15-25 所示，该操作仅能从中心库往本地库导入，其中"CellDB"分区是本地的元件封装库。按照图示标记，将"NoTouch"导入本地库中。

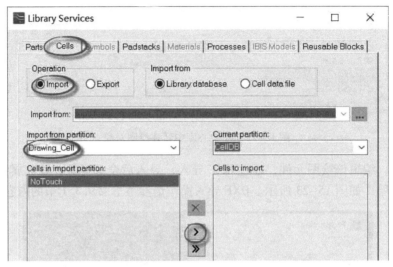

图 15-25 将中心库中的绘图对象导入本地库

完成导入操作后，即可在元件浏览器的"Drawing Cells"中，调入已经存在于本地库的绘图元件"NoTouch"，如图 15-26 所示。该元件被调入后会以元件的形式存在，因此可以在布局模式下，对元件整体进行移动。

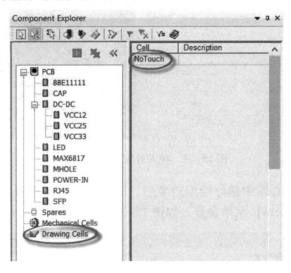

图 15-26 在 PCB 中调入绘图元件

对于调入的绘图元件，读者可以使用如图 15-27 所示的 Scale 缩放工具进行整体缩放，使其能放置到合适的位置。另外，读者也可以在建库时，在 DXF 导入对话框中设置缩放比例，规定该丝印图标的绝对大小，这样可以在 PCB 中不再进行缩放。编者建议采用后一种方法，便于管理与统一。

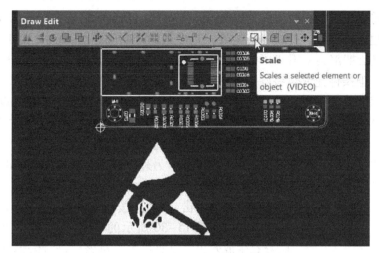

图 15-27　对绘图元件进行整体缩放

15.1.4　丝印层合成

当完成所有丝印的调整与编辑后，需要对丝印进行合成（若采用丝印直出 Gerber 也可不进行合成）。如图 15-28 所以，执行菜单命令【Output】–【Silkscreen Generator】（丝印层生成器）。

可使用图 15-29 所示的设置生成丝印，该窗口主要选择使用哪些层来合成丝印层，以及对与焊盘冲突的丝印处理方法，也就是"Break silkscreen"，选择是按照**焊盘大小**（Conductive Pads）进行丝印打断，还是按照**焊盘阻焊层大小**（Soldermask Pads）来打断。

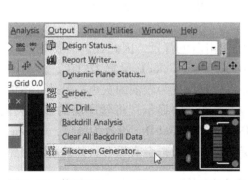

图 15-28　使用 Silkscreen Generator 对丝印合成　　　　图 15-29　丝印合成器推荐设置

请注意，需要在图中右侧勾选"Break graphics"（打断图形）与"Break Text"（打断文字）的**焊盘**与**过孔**选项后，打断才会生效，且默认的打断间距为 0mm。由于一般 PCB 中过孔都很密集，且后期都会采用"阻焊塞孔"工艺对过孔进行处理，因此丝印与过孔重叠时，影响并不太大（但条件允许时最好错开），所以一般仅勾选"Pad clearance"即可。

另外，在宽度设置一栏，可以设置默认的图形线宽与文字宽度，该处的设置影响原图层中所有线宽为 0 的对象，将使用此处设置的宽度对其进行替换，图 15-5 中 Pen 为 0mm 与 0.254mm 生成的丝印相同，就是因为此处的默认设置为 0.254mm。

需要合成的丝印层一般为 Ref Des 与 Outline。另外，最好将板边框 Board Outline 也添加进来，并且也可以使用自定义层。

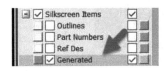

图 15-30　合成后的丝印所在层

设置好后单击【OK】按钮，即可完成丝印的合成，合成好的丝印位于图 15-30 所示的 Generated 层，读者可以打开该层查看生成效果。并且可手工对该层进行编辑修改。该层的文本对象将不再具有文本属性，均被转换为折线（Stroke 字体）或描边多边形（Ture Type 字体），可使用【Draw Edit】工具进行编辑。

当再次运行 Silkscreen Generator 时，会完全替代上一次的合成。

合成后的 Generated 丝印层可用于光绘文件的输出，通过该合成层输出的光绘，与直接使用丝印对象（Silkscreen Outline、Ref Des）生成的光绘，其优点在于可以对丝印进行打断与修改，并且输出时"所见即所得"，但缺点是多了一个中间的合成步骤，非常容易发生遗漏。

15.2　装配图与尺寸标注

15.2.1　装配图的设置与打印

PCB 在贴片生产时，需要提供给产线详细的装配图纸，以便贴片工程师与产线的同事进行物料核对与贴片焊接。在工程实践中，为产线提供装配层的 PDF 或 DXF 文档，比提供光绘文件更加方便产线进行相关核对。

DXF 的导出参考本书第 9 章相关内容，本节我们重点介绍 PCB 的 PDF 打印功能，将 PCB 的装配信息打印到 PDF 中（请读者自行安装虚拟 PDF 打印机，如 Adobe Acrobat 或 PDF Factory）。产线就可利用 PDF 文档进行查看或打印。

在打印 PDF 前，考虑到 PDF 与真实打印机均是使用白色背景，因此我们需要对 PCB 的颜色进行相关调整，在显示控制中，将背景色（Background Color）设置为白色，然后将所有过孔、走线、平面的显示关闭，仅保留焊盘，并将焊盘设置为较淡的灰色；另外，将板框的颜色设为黑色，关闭其他边框（如布线边界，机械边）的显示；将丝印层的显示关闭，仅保留装配层（Assembly Outline 与 Assembly Ref Des），并将 Ref Des 设置为黑色，Outline 设置为其他颜色，用来跟黑色区分开来，因为装配层的位号与边框会有重合，如此可以避免显示混淆。

设置好的装配图如图 15-31 所示，注意装配图与丝印图不同，装配图的位号（Ref Des）

需要位于元件的中心，以便生产时进行检查核对。此处也可使用根据器件大小自动调节的"Part Ref Des"字符进行装配图输出，读者可自行尝试效果。

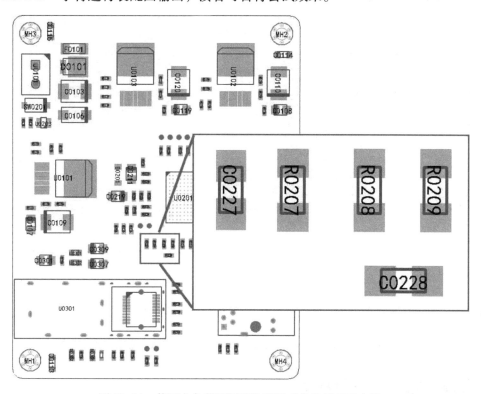

图 15-31　使用白色背景调整装配层对象以便 PDF 打印

　　另外，装配图中最重要的信息就是极性元件的极性标识，或芯片的方向标识，在装配图打印生成前一定要多加核对，保证装配图信息的清晰与准确。

　　对设置好的装配层可以保存为显示预设，可命名类似"Assmbly_PDF_Top"的名称，可以在日后需要打印时进行快速切换。

　　设置好装配层后，使用 PCB 的【Fit All】（鼠标笔画为右下划到左上），将 PCB 全屏显示在编辑界面中，再运行如图 15-32 所示菜单栏【File】－【Print Setup】与【Print】命令，选择相应的虚拟 PDF 打印机进行打印即可。

　　关于 PDF 打印的设置，建议使用 A3 大小的纸张，进行横向或竖向的打印（根据情况选择）。另外，可以适当提高打印的 DPI 精度（如 1200DPI），以防出现字体太小无法打印出字符的情况。

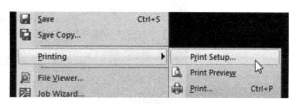

图 15-32　打印设置与打印

　　在获取了"xPCB Fablink 200"权限的情况下，也可以使用"Printing"菜单下的【Extended Print】（扩展打印）功能，将任意 PCB 对象直接输出为 PDF，该功能默认输出每层的铜皮数据（即每层的光绘数据），如图 15-33 所示。其设置界面与光绘输出界面类似，读者在了解光绘文件生成设置后，可自行尝试"扩展打印"功能，该功能使用难度不高，因此本书不再做详述，读者只需了解即可。

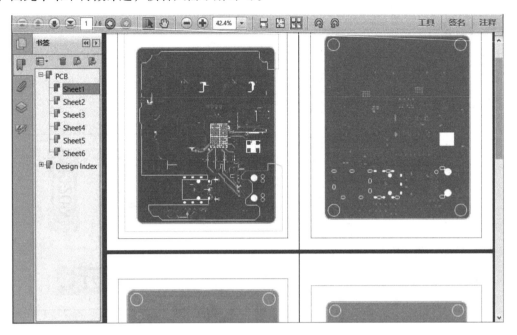

图 15-33　Extended Print 输出任意对象的 PDF（默认为光绘铜皮信息）

15.2.2　装配层的尺寸标注

Xpedition 的尺寸标注功能位于菜单栏【Draw】 -【Dimension】中，也可以在工具栏显示快捷图标，如图 15-34 所示，可根据图标的提示动画，了解标注的使用方法。由于添加尺寸标注的功能简单明了，读者通过动画提示，稍微了解即可快速上手，因此本书在此不再详述。

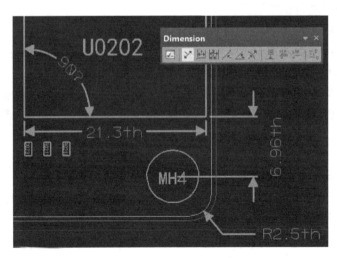

图 15-34　装配层的尺寸标注

所有的尺寸标注默认位于 Assembly Outline 层，并且可以随时对标注的长度或文字位置进行鼠标拖动，并在属性栏中对图形样式进行修改。

15.3　钻孔文件生成

Xpedition 中，【Output】菜单提供了工程文件输出的一系列命令，其中钻孔命令为【NC Drill】，如图 15-35 所示。

【NC Drill】命令执行后，产生的钻孔符号位于显示控制的"Drill Drawing"层，如图 15-36 所示。关闭其他所有对象的显示，仅显示钻孔符号层时的效果如图 15-37 所示，即在 PCB 中以不同的钻孔符号或字母指示需要钻孔的位置，然后在 PCB 下方放置钻孔说明表格（注意该表格以"元件"形式存在，因此可以在"布局模式"下进行整体移动，且该表不能被手工修改）。

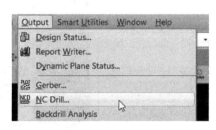

图 15-35　运行【NC Drill】钻孔命令

图 15-36　钻孔符号所在层

读者看到的图 15-37 中的钻孔图与表格，是编者设置好以后生成的，若未进行合理设置则输出效果非常紊乱。

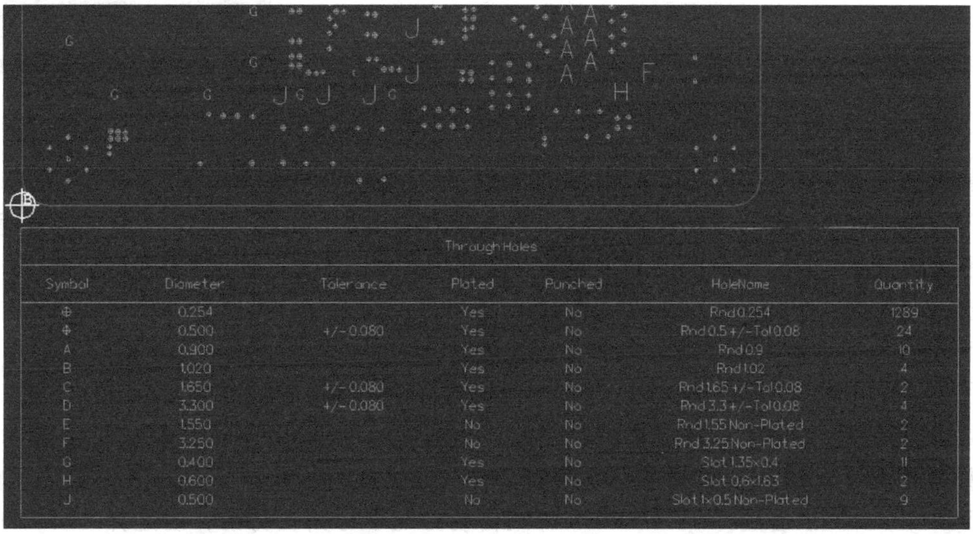

Symbol	Diameter	Tolerance	Plated	Punched	HoleName	Quantity
⊕	0.254		Yes	No	Rnd 0.254	1289
⊕	0.500	+/- 0.080	Yes	No	Rnd 0.5 +/- Tol 0.08	24
A	0.900		Yes	No	Rnd 0.9	10
B	1.020		Yes	No	Rnd 1.02	4
C	1.650	+/- 0.080	Yes	No	Rnd 1.65 +/- Tol 0.08	2
D	3.300	+/- 0.080	Yes	No	Rnd 3.3 +/- Tol 0.08	4
E	1.550		No	No	Rnd 1.55 Non-Plated	2
F	3.250		No	No	Rnd 3.25 Non-Plated	2
G	0.400		Yes	No	Slot 1.35 x 0.4	11
H	0.600		Yes	No	Slot 0.6 x 1.63	4
J	0.500		No	No	Slot 1 x 0.5 Non-Plated	9

图 15-37　设置好参数后输出的钻孔图与表格

运行【NC Drill】命令后，会弹出如图 15-38 所示的参数设置窗口。在该窗口中，绝大多数参数保持系统默认，工程师只需调整如图 15-38 和图 15-39 标识的位置即可。

图 15-38 中，"Drill chart options" 选项卡设置钻孔表格的属性，"Columns" 为钻孔表显示的栏，保持默认即可。"Auto assign drill symbols" 设置自动生成的钻孔符号，可以为字母（Character）或符号（Symbols），一般默认设为字母，读者可根据需要选择。

"Text settings" 的参数比较重要，将直接影响钻孔图与表格的可读性，编者建议按照如图 15-38 所示的参数进行设置，选择 "std - proportional" 字体，其中 "Pen width" 为 0.01mm 即可，太粗会造成符号难以辨认；另外，关于精度的选择，对于绝大多数的 PCB，选择小数点前 1 位，小数点后 3 位即可，因为 PCB 中很少有大于 10mm 的钻孔（如有则将精度改为小数点前 2 位），并且精度到 0.0001mm 的孔目前也不可能实现。

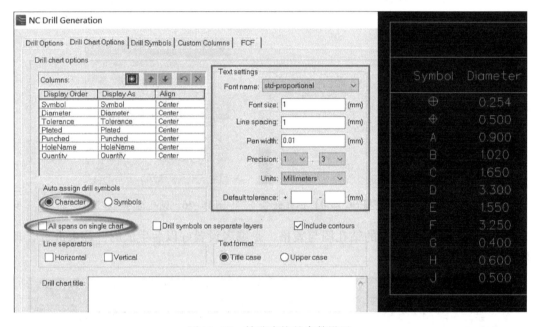

图 15-38　钻孔表格的参数设置

最后请读者注意 "All spans on single chart" 项，该项是针对含盲埋孔的 PCB 钻孔表格。若不勾选该项，则每类盲埋孔都会生成一个单独的钻孔表，如图 15-40 所示；当盲埋孔的类型很多时（如 8 层 2 阶叠孔的 PCB 就有 7 类盲埋孔和一类通孔），表格太过于分散，此时可根据需要勾选 "All spans on single chart"，即可得到如图 15-41 所示的单个表格，并在表格最后附加 Span 一栏提示盲埋孔的种类。

图 15-39 中的 "Drill Symbols" 选项卡可对所有钻孔的符号图形与大小进行设置，每个钻孔可以进行单独设置，选择表格中右侧的钻孔图形（Use drill symbol form list，即从列表中选择钻孔符号），也可以选择使用系统自动分配的钻孔符号，即图 15-38 中的 "Auto assign drill symbol" 项若选择 "character"，则自动分配字母钻孔符号；若选择 ".Symbols"，则自动分配图形钻孔符号。

请读者注意，无论手动分配还是自动分派，都必须自行指定钻孔符号的大小，若不指

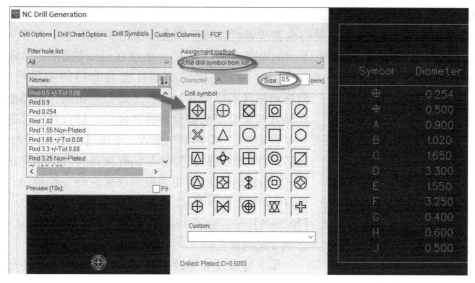

图 15-39 钻孔的符号设置

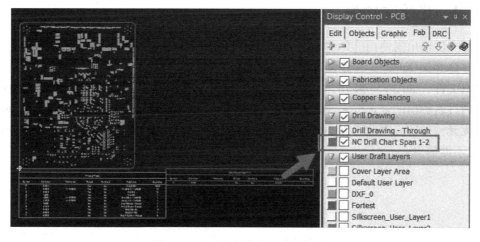

图 15-40 HDI 板卡盲埋孔的显示

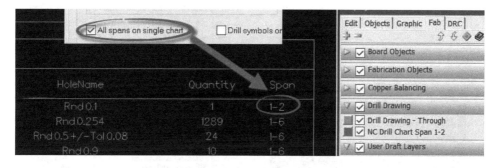

图 15-41 将盲埋孔表格合并至通孔表格内

定，则会出现默认 Size 为 2000mm 的巨型钻孔符号。一般钻孔符号可根据孔的大小设置

Size，最好是在建库的时候就指定好。

"NC Drill Generation"中其他的设置读者可以自行摸索，在此不再细述。

对于盲埋孔的钻孔图，如图 15-40 和图 15-41 所示，注意在显示控制的"Drill Draw-

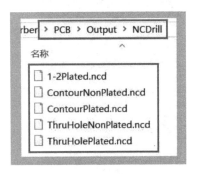

ing"中，每个不同的盲埋孔会有专门的图层进行显示，就算将钻孔表格合并，该层还是会存在的，该类型的盲埋孔**钻孔符号**并不会被合并到其他层，被合并的仅是表格。

设置好"NC Drill"参数，单击【Ok】或【Apply】按钮后，即可得到钻孔符号与钻孔文件，其中钻孔符号就是"Drill Drawing"中的相关层，用来进行光绘输出；钻孔文件（.ncd 文件）默认位于工程文件夹的【Output】-【NCDrill】中，如图 15-42 所示，其中 1-2Plated.ncd 为 1 层到 2 层的盲孔。

图 15-42 生成的钻孔文件位置

编者建议不要修改钻孔文件的输出路径，使用默认可以更方便后续的输出文件管理（详见本章 15.6 节）。

15.4 光绘文件生成

光绘文件输出需使用【Output】菜单栏的【Gerber】命令，如图 15-43 所示。

在"Gerber Output"参数设置中，主要通过"Parameters"与"Contents"来控制需要的光绘输出文件，如图 15-44 所示。在"Parameters"选项卡中，设置好需要生成光绘层的名称，并通过名称前的复选框来决定是否生成该层光绘，如图中的"SilkscreenBottom.gdo"因为底层无元件丝印，因此可以不做输出，并且由于底层不做贴片，助焊层"SolderPaste Bottom"也不做输出。

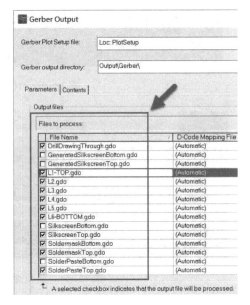

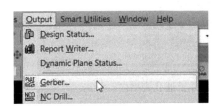

图 15-43 运行【Gerber】命令生成光绘命令　　图 15-44 对需要输出的光绘层进行设置

"Parameters"标签页中的所有光绘层的名称均可根据需要自行定义,其对应的内容需要在"Contents"中进行设置。

读者可以使用"Parameters"右侧的复制图标进行光绘层的快速创建,如图15-45所示,但是请读者注意,使用复制的方法添加并修改光绘层后,**必须**重新打开一次"Gerber Output"窗口进行初始化,否则直接运行光绘生成命令时会报错(软件机制所决定,且Expedition同样)。

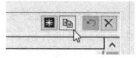

图15-45 使用复制按钮创建光绘层时注意要重开界面

读者可将常用的光绘参数设置好后,将光绘的生成方案保存起来,这样会在后续工程中节省非常多的时间,设置方案的保存方法与前文众多设置方案一致,读者在图15-44中的"Gerber Plot Setup file"栏进行操作即可,在此不再赘述。

15.4.1 信号层光绘

在"Parameters"中设置好需要生成的光绘层后,就要在"Contents"中对这些层进行逐一详细设置,将需要的元素添加到该层中。如图15-46所示,为标准信号层的光绘对象设置。

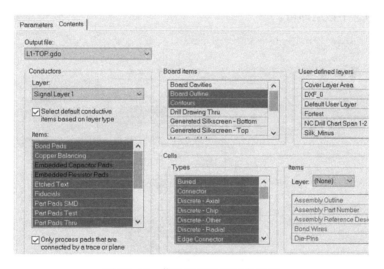

图15-46 信号层的光绘对象选择

"Output file"选择所设置的层,此处选择"L1 – TOP. gdo",即表示对表层(Signal Layer 1)光绘的对象进行设置。

"Conductors"选择生成光绘的铜皮对象,在"Layer"中选择对应的层,如"Singal Layer 1";编者建议勾选"Select default conductive items based on layer type",即根据层的类型,自动选择导电的铜皮对象,勾选该项后,再重新选择Layer,可以看到"Items"中会自动选择,一般建议全选。

"Only process pads that are connected by a trace or plane"项也建议勾选,即对内层没有连到走线或平面的悬空焊盘(包括过孔焊盘)进行删除,使焊盘在垂直方向的分叉减少,可有效提高信号质量。另外,对于高密度的PCB也可减少信号间的耦合,使铺铜的安全间距更大。该选项对顶层与底层的焊盘不会执行删除操作（请注意，在埋孔的首尾两层不要勾选）。

"Board items"选择板级对象，一般选"Board Outline"与"Contours"，即在所有的光绘层中都要清晰地看出 PCB 的**边框**与 PCB **掏空**区域。另外，请注意"Board Cavities"（腔体）是用作埋容埋阻等器件的挖腔，勿与 Contours 的"钻孔掏空"混淆。

"Cells"中可以选择生成光绘的封装类型，除了有特殊要求的 PCB，不然此处需要全部选中，即所有的封装类型的焊盘都要生成光绘。

"User-defined layers"与"Items"在信号层光绘中全部不选。

请读者按照上述方法，自行设置好其他信号层的光绘参数。

15.4.2　阻焊层光绘

阻焊层光绘设置与信号层略有差异，根据阻焊层所需对象，只需选择"Board items"中的边框、挖空与阻焊即可，"Cells"选择全部类型，其他默认均不选，如图 15-47 所示。

另外，对于有特殊区域露铜需求的 PCB，可直接在绘图模式下，使用图形工具直接在 Soldermask 层添加填充图形即可完成露铜。另外，也可在用户自定义层绘制，然后从"User-defined layers"中选中该层即可。

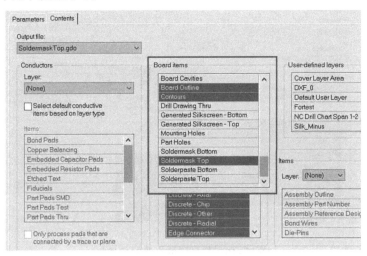

图 15-47　阻焊层的光绘对象选择

请读者参照上述设置，自行完成底层阻焊（Soldermask Bottom）的设置。

15.4.3　助焊层（钢网）光绘

助焊层，俗称钢网层，即通过该层的数据，在一块完整的钢片上开出窗格，用来批量给 PCB 均匀涂上助焊用的锡膏。

钢网层的设置与阻焊层类似，如图 15-48 所示，请读者自行完成底层钢网（Solderpaste Bottom）的参数设置，尽管在本设计中底层钢网不做输出，但光绘的设置还是需要做完整，以便日后设计修改或复用到其他项目。

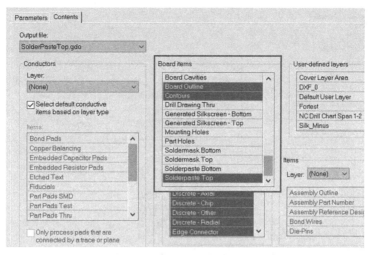

图 15-48　助焊层（钢网）的光绘对象选择

15.4.4　丝印层光绘

在本章 15.1 节中，曾对两种不同的丝印层输出方法做过详细介绍，在此不再赘述，仅说明这两种丝印输出方法的设置差异。

如图 15-49 所示，当不使用丝印合成层时，可直接在"Items"中选择需要的丝印对象直出光绘。另外，"Board items"中选择常规的板框与镂空，"Cells"全选即。输出的光绘文件是通过丝印层的对象（Outline 与 Ref Des）直接输出的，与合成层（Generated）没有任何关系。

若要使用丝印合成层输出光绘，则需按照图 15-50 所示的进行设置，"Items"中不要选择任何对象，在"Board items"中选择对应的合成层即可，其他设置不变。

请读者根据需要自行完成丝印层的设置，从两种方法中任选其一即可。另外，使用合成层输出丝印光绘时，**请务必确保合成层的数据是最新的！**

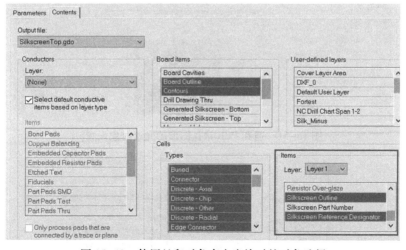

图 15-49　使用丝印对象直出光绘时的对象选择

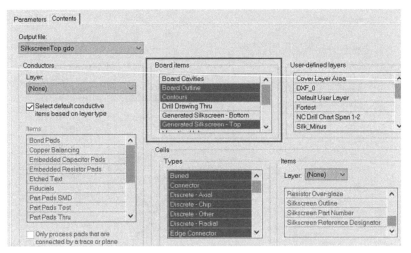

图 15-50　使用丝印合成层出光绘时的对象选择

15.4.5　钻孔符号层光绘

通孔 PCB 的钻孔层光绘设置与丝印层类似，在"Board items"中选择板框、挖空与"Drill Drawing Thru"即可，如图 15-51 所示。

另外，需要注意的是，生成盲埋孔的钻孔文件时，盲埋孔的钻孔图形层位于"User - defined layers"中，在设置参数时，需在该处进行选择，如图 15-52 所示。

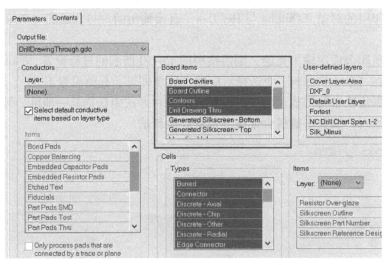

图 15-51　通孔 PCB 钻孔图形的光绘对象设置

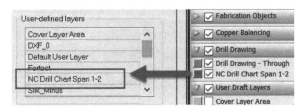

图 15-52　盲埋孔 PCB 钻孔图形光绘的对象设置

15.4.6 输出路径

在"Gerber Output"参数设置窗口的顶部，可以直接设置光绘文件的输出位置，如图 15-53 所示，此处编者建议使用默认位置进行输出。

在所有光绘参数设置完毕后，单击"Gerber Output"界面的【Ok】或【Apply】按钮，即可生成光绘文件，如图 15-54 所示，读者可在下一节介绍的报表文件生成完毕后，再对所有输出文件进行整理。

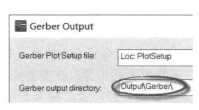

图 15-53 光绘文件默认输出位置

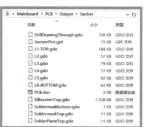

图 15-54 得到的光绘文件

15.5 报表文件生成

报表文件一般分为两类，一类是提供给工程贴片生产的坐标文件，另一类则是 IPC356 网表文件，网表文件可配合 Gerber 文件对 PCB 的开短路进行检查。这两个文件都需要使用 Xpedition 的 Report Writer 工具进行生成。

请读者注意，Mentor Xpedition 开始支持 64 位操作系统，然而 Report Writer 工具目前仅有 32 位版本，因此使用 64 位安装的 Mentor Xpedition 版本（包括 EEVX.1.2）的读者需要额外安装 Mentor 公司官方提供的 Report Writer 插件包，并切换流程后才能正常使用。

15.5.1 流程切换与数据导入

首先我们在 PCB 中执行菜单命令【Output】-【Report Writer】，如图 15-55 所示，根据图 15-56 弹出的对话框，我们选择输出物理数据（Physical board data），单击【OK】按钮后软件会提示生成的文件位置，至此在 64 位 Mentor Xpedition 中的操作已经完全结束。

图 15-55 使用 Report Writer
生成报表数据

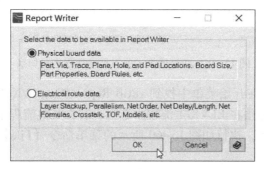

图 15-56 选择报表数据类型并生成文件

注意：物理数据中主要包含器件、过孔、平面等物理元素信息，而电气数据主要包含叠层、网络、Pin 脚顺序、拓扑、约束等信息。读者可根据需要生成不同的输出文件，再用本章后续介绍的方法提取所需数据。

接下来，针对 64 位的软件，需要安装如图 15-57 所示的 Report Writer 插件包，该插件包可在本教程的光盘文件中找到。

📁 EEVX.1_Addon_X64_ReportWriter.zip

图 15-57　安装 Report Writer 的 64 位版本插件包

使用 32 位 Xpedition 软件则不需要安装，运行图 15-56 的命令后会直接进入 Report Writer 输出界面（EE 7.9.x 版本也同样）。请读者注意，若按照上述步骤，在安装完毕该插件包后，Xpedition 的设计流程就已经被切换到了 EEVX.1 版本，若读者之前未安装过该版本，则该流程下仅有 Report Writer 与其他几个转换工具（32 位版本），读者可以在 Report Writer 使用完毕后，用图 15-58 所示的流程切换工具将设计流程切换回原版本。

图 15-58 中所示的是从 EEVX.1.1 切换到 EEVX.1 版本，即 Report Writer 所在流程，切换时选中该版本的安装路径即可，请读者注意，安装路径前带 "＊" 号的流程为当前流程。

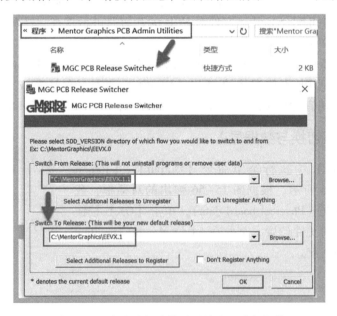

图 15-58　在生成报表前对设计流程进行切换

EEVX.1 流程下，可在开始菜单中找到 xPCB Report Writer VX.1，如图 15-59 所示，运行即可。请注意该程序必须在 EEVX.1 流程中运行，若在其他流程中运行会无法读取数据。

运行 Report Writer 后，执行如图 15-60 所示的菜单命令【File】–【Import Data】导入设计数据。

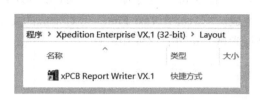

图 15-59 切换至 VX.1（32 位）流程后
从开始菜单中启动 Report Writer

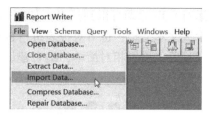

图 15-60 在 Report Writer 中
导入报表数据

导入的设计数据即图 15-56 中运行后得到的数据，默认位于 PCB 文件夹中 vbreport 的 work 文件夹内，如图 15-61 所示，选中该 ECF 文件后单击【OK】按钮，Report Writer 就完成了设计数据的导入，即可进行下一步的输出操作。

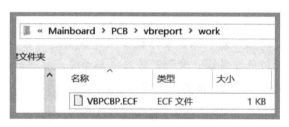

图 15-61 默认报表数据位置

15.5.2 贴片坐标文件生成

贴片坐标文件的输出，需使用交互式询问工具（Interactive Query），如图 15-62 所示。

在图 15-63 的界面中选择"TComp"，T 代表 Table，即输出器件属性表格。另外，在右侧选择需要输出的属性，一般要 Ref Designator（位号）、XY 坐标、Rot（旋转角度）、Side（TOP 层还是 BOTTOM 层）。按住【Ctrl】键多选即可，也可选择其他属性。选择完毕后，运行图 15-63 左上角的"Run SQL"。

图 15-62 使用交互式查询
（Interactive Query）命令生成坐标

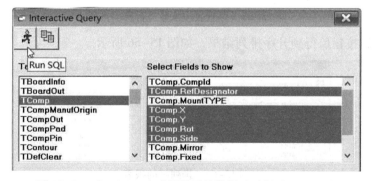

图 15-63 在 TComp 中选择需要的数据后运行"Run SQL"

运行 SQL 后即可得到报表，如图 15-64 所示，此时可以直接使用"Creat A Text File"图标生成文本文档，也可对报表进行排列后再生成。"Creat A Text File"可对生成的文本进行格式设置，设置相对简单，编者建议读者自行尝试，也可直接使用默认。

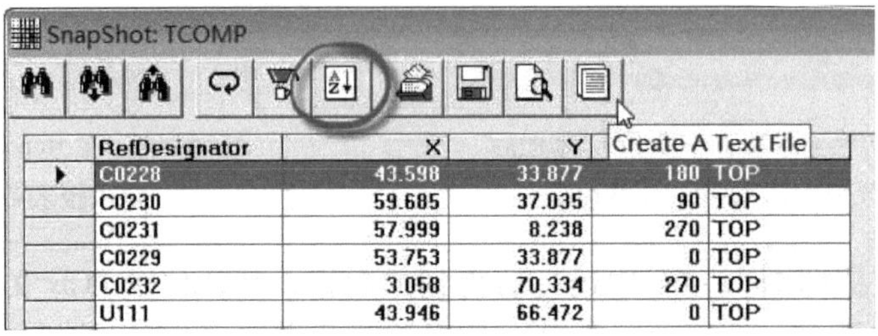

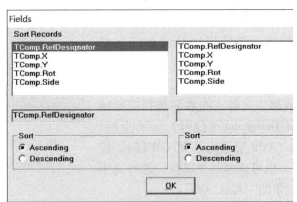

图 15-64　对生成的报表数据排序后创建文本文档

注意： Xpedition / Expedition 的器件坐标与旋转角度均是以设计时的顶视图与唯一的 PCB 原点进行生成的，因此贴片坐标并未根据顶层或底层进行区分，所以多数贴片机的编程需对底层器件的旋转角度做修正处理，否则很容易造成极性或方向错误。

该操作可以通过 Excel 或者其他脚本工具进行，具体还是要看 SMT 工厂的编程需求。

另外，在输出坐标文件前，可先对所有的器件按照一定的方式排序，如按照位号的字母顺序与数字顺序排列。单击如图 15-64 中所示的"Sort"图标，在图 15-65 所示的位置选择"Ref Designator"，选中"Sort"的"Ascending"，表示对所有器件按照位号进行升序排列。

图 15-65　对报表按位号进行升序排列

单击【OK】按钮后得到升序排列结果，如图 15-66 所示。

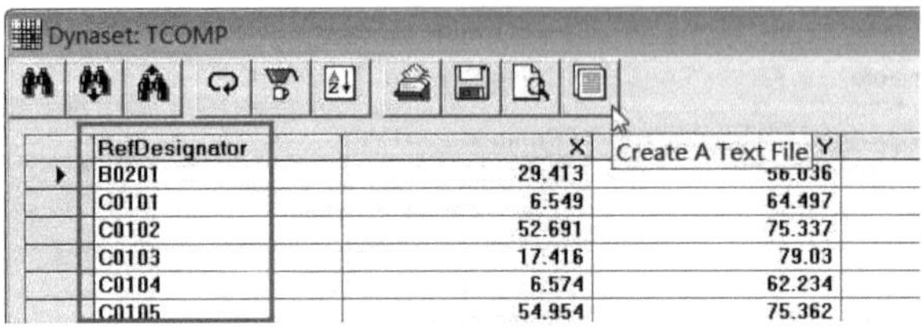

图 15-66　排列好的报表

如需要将其他元件信息（如器件的封装名，以方便焊接）也添加到报表中，则需要使用合并报表，如图 15-67 所示，在"Tables"一栏按住【Ctrl】键进行多选 TComp 与 TShape 后，单击"Join Tables"图标。

在"Join Tables"弹出框中，选择合并报表时的**自动匹配对象**，即两个报表的对象根据一个共同都有的**唯一值**进行匹配对应。如在本例中需要使用 CellID，即对 TComp 中 CellID 与 TShape 中 C_ID 相同的项进行合并。如图 15-68 所示，选择好后单击【Add】按钮。

当添加好匹配项后，即可在右侧的表格中多选 Tcomp 与 TShape 的对象，如图 15-69 所示，将图 15-63 中需要的项选中后，再添加上 TShape 的"CellName"即可。

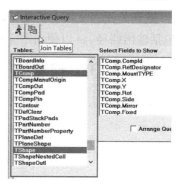

图 15-67　需要添加更多信息时使用合并报表（Join Tables）

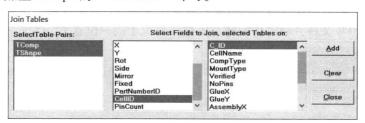

图 15-68　选择合并时的自动匹配对象

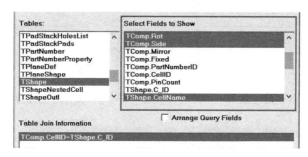

图15-69　在匹配对象存在的情况下，多选需要的报表项

如图 15-70 所示，"CellName"已经添加到报表中，排序后再生成文本文档即可。

	RefDesignator	X	Y	Rot	Side	CellName
▶	U0201	47.83	49.849	0	TOP	BGA117C100P9X13_10!
	J0101	6.531	86.247	270	TOP	HDR-1X2-5.08
	U0202	67.92	20.004	270	TOP	RJ45-HY911130A
	U0301	31.847	15.27	0	TOP	SFP
	C0201	59.635	65.429	0	TOP	CP1210M
	C0301	9.419	32.501	180	TOP	CP1210M
	C0107	5.151	42.385	270	TOP	CP1210M
	C0307	23.785	31.557	0	TOP	CP1210M
	C0108	74.803	73.939	0	TOP	CP1210M
	C0211	33.158	56.296	270	TOP	CP1210M
	C0309	23.785	35.681	0	TOP	CP1210M
	C0119	46.934	73.939	0	TOP	CP1210M
	C0219	29.4	50.136	180	TOP	CP1210M
	C0106	17.422	72.48	180	TOP	CP2917M
	C0103	17.416	79.03	180	TOP	CP2924M
	C0110	74.19	81.368	90	TOP	CP2924M
	C0109	12.58	42.998	0	TOP	CP2924M
	C0120	46.321	81.368	90	TOP	CP2924M
	C0228	43.598	33.877	180	TOP	C0603M

图 15-70　将封装名称成功合并至报表中

默认的报表文档名为 gridtext. txt，读者可根据需要进行重命名，但编者建议使用默认（包括输出路径），以便出图完成后，进行统一的输出文件管理。

15.5.3　IPC 网表文件生成

IPC356 网表文件生成需要用到【Tools】的【Launcher】工具，如图 15-71 所示。

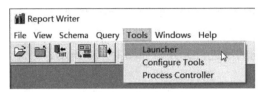

图 15-71　使用【Launcher】生成 IPC 网表文件

在图 15-72 中选择 "IPC - D - 356"，其他全部默认，单击【Run】按钮后，在图 15-73 中选择保存的文件名与路径。同样此处编者建议不要修改，全部使用默认，如此可以得到如图 15-74 所示的 IPC 文件，与默认的贴片坐标文件位于同一位置。

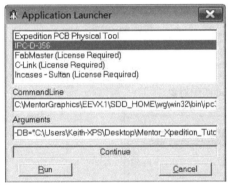
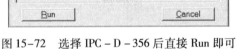

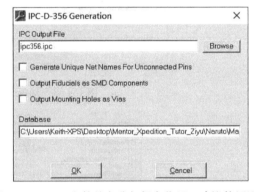

图 15-72　选择 IPC - D - 356 后直接 Run 即可　　图 15-73　IPC 文件的名称与保存位置，建议使用默认

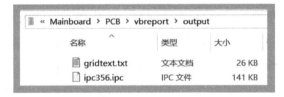

图 15-74　贴片坐标与 IPC 文件位置

15.6　输出文件管理

在做完上述文件的输出操作后，编者建议使用 CAM350 等第三方工具导入光绘与钻孔文件进行二次确认，尤其是确保**钻孔层**与**阻焊层**的正确，防止不当的阻焊开窗露出不需要的铜皮造成焊接时的短路风险。

确认完所有输出文件后，将图 15-74 所示位置的文件，以及前面生成的装配层 PDF 复制至 PCB 的 output 文件夹，如图 15-75 左侧所示，若对拼版有要求，则建议也在此处放上拼版图的 DXF 图纸（也可用 xPCB Fablink 进行拼版后再输出光绘，但一般建议由结构工程师确认拼版结构后提供 DXF 示意图，EDA 工程师仅负责单板光绘输出，可最大限度降低设计风险）。

此处也可附上原理图与 PCB 的 PDF 文档（PCB 中由 Extended Print 输出），根据需求而定，但在大多数情况下，出于保密原则，这两份文档不必复制进 output 文件夹，可就近放置以供参考（不用安装软件也可查看原理图与 PCB 光绘）。

另外，若工厂对装配层也提出光绘文件需求的话，可按照丝印层的生成方式，定义装配层的对象后进行 Gerber 输出即可，由于本教程采用 PDF 格式给出装配图，因此在光绘输出时就省略掉装配层的 Gerber 文件。装配图若需要 DXF 格式，可参考本书第 9 章 9.3.1 节相关内容。

所有输出文件整理完毕后，如图 15-75 左侧所示，此时可以将 output 文件夹**重命名**，编者推荐按照"项目名称—PCB 类型—日期"的规则，或直接使用"物料编码"，因为在中大型公司中，每块输出的 PCB 都是有对应的编号的，使用物料编码可以更准确地定位生产文件，方便工厂与公司内部进行管控。

最后将文件夹内的所有文件进行压缩，如图 15-75 右侧所示，该压缩包即最后完成的生产文件，可以加密后外发 PCB 工厂进行制板。

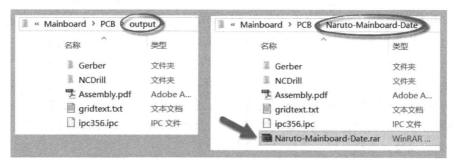

图 15-75　收集所有文件后重命名 output 文件夹并压缩

请读者注意，当把 output 文件夹重命名后，PCB 文件夹下就已经没有了 output 文件夹了，取而代之的是被工程师重命名的文件夹。这时若再运行 PCB 中的相关输出命令，会在一个新建的 output 文件夹中进行输出，并不影响原来的输出文件。

另外，所有 output 文件夹与被重命名的原 output 文件夹是不会被软件自动备份，若需要连 output 文件一同生成工程压缩包，需手工在原理图中运行 Archive 命令（参见原理图备份章节）。

15.7　本章小结

本章详细介绍了工程出图的相关步骤，请读者务必仔细了解每一个出图设置，因为图纸的质量直接关系到 PCB 的成败，切记不能马虎，并且在图纸输出给工厂后，也要积极跟进工厂提出的每一个工程问题，在回复问题后也一定要做好相关记录（建议在工程文件夹中另建一个"工程问题"文件夹，用来存放所有工程问题记录，用以追溯 PCB 状态），对于已经存在的问题多做总结，提高 PCB 设计水平。

第 16 章 多人协同设计

Mentor Xpedition 的多人协作模式，在 Expedition 时代就已经"笑傲群雄"了，通过先进的"服务器 – 客户端"模式，提供了高速可靠的协同设计平台，能够将复杂的 PCB 设计时间缩短一半甚至以上。

在 Xpedition 中主要有两种协同方式，分别是基于 RSCM 服务器的**实时协同**与基于分割工程的**静态协同**。

RSCM，全名 Remote Server Configuration manager，即"远程服务端配置管理器"。在本书 7.1 节已经给读者介绍过 iCDB（Intergrated Common Database，集成通用数据库），读者应该有印象，即单机运行的 Xpedition 工程，都是在本机开启一个 iCDB 数据库，然后通过工具对该数据库的数据进行读写，即工程师所有的操作其实是保存在数据库里的，而非单独的文件中，并且该 iCDB 数据库仅供本机的 Xpedition 软件使用。RSCM 服务器的作用就是将这个单独的 iCDB 数据库变成可以被多个工程师共同读写的数据库，即 iCDB 运行在配置了 RSCM 的服务器上（此"服务器"可以是专门的服务器，也可以是工程师的工作电脑，前提是必须位于同一个局域网内），各设计师可根据需要对原理图与 PCB 进行实时修改。

分割设计是先将 PCB 按照区域进行划分，然后根据区域，分割出多个独立的子工程文件夹，然后将子工程文件夹分发给不同的设计师，各自在自己的电脑上完成设计，最后由主设计师将所有的分割模块合并到主设计 PCB 中。分割设计的方法仅适用于 PCB，且分割与合并操作必须规范，否则很容易造成设计文件紊乱。

16.1 Team Server – Client 实时多人协作

16.1.1 RSCM 远程服务器配置

Mentor Xpedition 与 Mentor Expedition 的协同设计设置方法相同，首先需要对开启 RSCM 服务的电脑进行配置。注意，用来开启 RSCM 服务的电脑 CPU 性能越高越好，伴随着设计复杂度越来越高，以及同时开启协同的设计增多，或是加入的设计师变多，都会对 CPU 带来较大的考验。因此，在企业级别的协同应用时，建议采用高性能、服务器级别的 CPU（如英特尔的至强处理器）。若在小范围内开启协同设计（比如只有 2 ~ 3 人完成一个项目，且该 RSCM 服务仅处理这一个协同项目），则普通 CPU 也能完全胜任。

RSCM 服务可以运行在服务器上，也可运行在工程师自己的电脑上（推荐），配置方法是在 Mentor Xpedition 的开始菜单目录下，找到 System 文件夹中的 RSCM Configurator VX.1.1，如图 16–1 所示，由于编者在编辑本书时切换到了 Win10 操作系统，在该操作系统下，开始菜单不像 Win7 与 WinXP 提供树状视图，因此只能在开始菜单的快捷方式中进行查找，使用 Win7 的读者可无此顾虑。

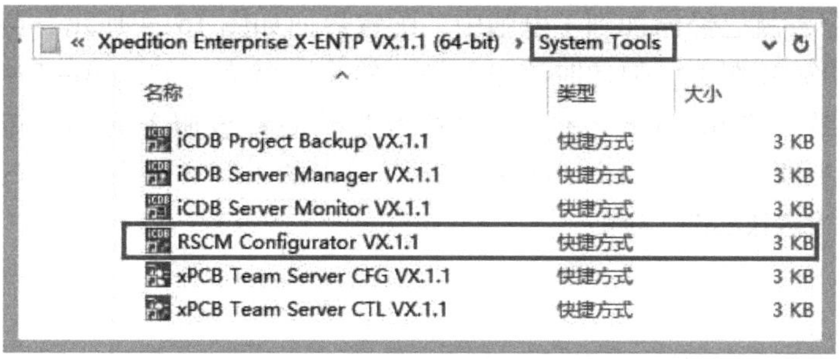

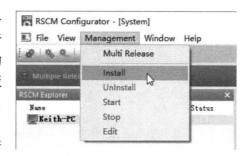

图 16-1　RSCM 服务配置的快捷方式

运行"RSCM Configurator"后，在【Management】菜单中，单击【Install】对 RSCM 服务进行安装，如图 16-2 所示。注意，在该菜单下的【Multi Release】若开启，则可以支持多个不同版本的工程，如 EE7.9.X、EEVX.1、EEVX.1.1 等，但该选项一般不建议开启，即进行协同设计前，所有安装 Mentor Xpedition 的电脑必须确保其软件版本一致，且安装的升级补丁包（Update）也必须一致。

图 16-2　安装 RSCM 服务

单击【Install】（安装）之后，会弹出如图 16-3 所示的"Add RSCM"（添加 RSCM）界面，此界面全部使用默认，不做任何修改，直接单击【OK】按钮即可。

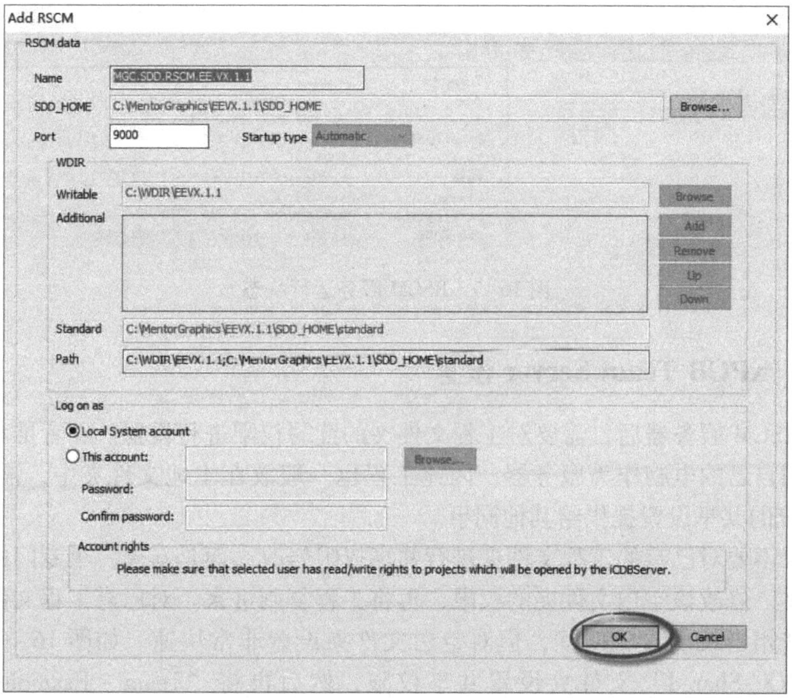

图 16-3　安装 RSCM 服务的选项

此时 RSCM 服务就已经添加到了电脑中，配置界面如图 16-4 所示，会在左侧的浏览器中显示刚添加的 RSCM 服务，但此时该服务是"停止"状态，如图 16-4 中的状态指示灯是灰色，且在右侧提示"Stopped"字样。读者需要手动将该服务开启，单击图 16-4 中的"Start RSCM"图标即可，如图 16-5 所示，运行起来的 RSCM 服务的状态指示灯会变为绿色，右侧会提示"Working"字样。

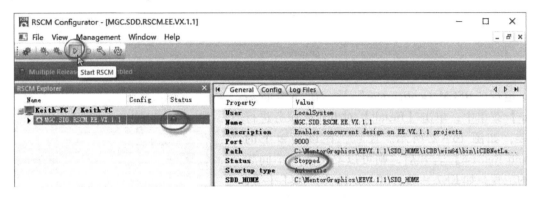

图 16-4　RSCM 服务添加成功后的界面（未运行状态）

请注意，RSCM 服务一旦添加，就会一直在电脑的后台运行，并且默认随系统启动，请读者切勿使用任何安全类软件将其禁止或删除。

请读者记录好配置了 RSCM 服务器的"计算机全名"或"IP 地址"，这点在后续设置中非常重要，如图 16-5 中，RSCM 浏览器中显示了计算机名与用户名均为"Keith - PC"，即编者使用的台式电脑。

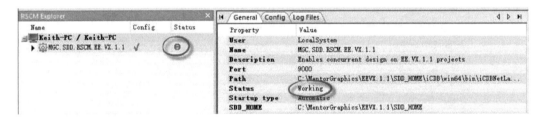

图 16-5　RSCM 服务运行状态

16. 1. 2　xPCB Team Server 设置

配置好 RSCM 服务器后，需要对工程文件夹的读写权限进行设置。编者推荐的协同方式是工程师使用自己的电脑作为服务器，因此工程也一般放在本地文件夹中，需要通过 Windows 操作系统的共享设置提供给其他同事。

编者建议不要对已有的工程文件夹进行共享权限修改，而是新建一个专门的、用作协同设计的文件夹，修改该空白文件夹的权限，再将工程复制进来。对已有工程文件夹的权限修改可能会耗费相当长的设置时间，但对空白文件夹设置非常快速。如图 16-6 所示，先对"Projects_EEVX_Shared"文件夹设置共享权限，然后再将"Team - Example"工程复制进去。

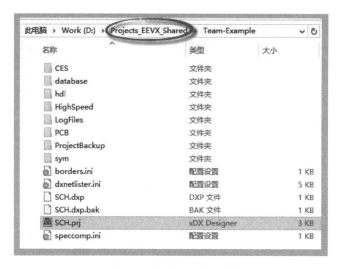

图 16-6　建立专门的共享文件夹

在"Projects_EEVX_Shared"文件夹的鼠标右键菜单中，执行菜单命令【共享】，然后在弹出的如图 16-7 所示的界面中，进行权限设置。请注意，一般在公司环境的局域网内，可以通过查找局域网内的特定用户来指定共享对象，但图 16-7 中，编者所处的小型网络环境中并不支持特定用户查找，因此只能使用 Everyone 对象，即所有的该局域网内用户均可访问，且访问权限必须是"读取/写入"（这点非常重要，仅读取是不能进行协同设计的）。

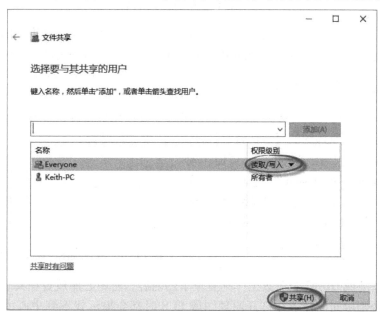

图 16-7　共享权限设置

设置好权限后，单击【共享】按钮即可。

另外，在配置了 RSCM 服务的电脑上，必须关闭 Windows 的防火墙，如图 16-8 所示，若使用其他软件开启了防火墙，也请一并关闭或自行摸索高级的防火墙规则。

图 16-8   关闭 RSCM 端的防火墙

除了防火墙，如图 16-9 所示的"管理高级共享设置"中的"密码保护"也必须关闭。

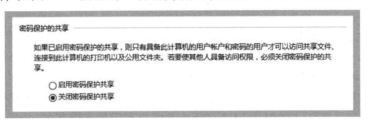

图 16-9   关闭 RSCM 端的高级共享设置的密码保护

至此 RSCM 服务的配置就完成了，该服务将一直运行在后台，随时为可能进行的协同设计提供服务。另外，对于其他工程师的电脑无须进行设置，仅需安装同版本软件即可。

16.1.3   原理图协同设计

工程的协同属性可以通过多种方式开启，编者建议使用最直观、最方便记忆的方法，即如图 16-10 所示，在原理图的【Setup】-【Settings】中进行设置。

如图 16-11 所示，在"Project"页面，勾选"Enable concurrent design"选项后，在"Server Name"中填入开启了 RSCM 服务的"计算机全名"或"IP 地址"，根据图 16-5 中的 RSCM 设置，此处填入计算机名"Keith-PC"即可。另外，关于中心库的位置，请读者

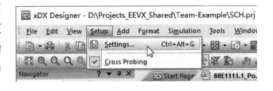

图 16-10   在原理图中设置工程的协同属性

参考本书建库章节或 ODBC 企业数据库配置章节的内容，将中心库放置在共享盘中，并映射相同的盘符，否则协同设计者在打开原理图或 PCB 时都会提示找不到中心库（如图中的 C 盘路径）。

单击【OK】按钮后，重新启动原理图时，该工程即运行在了远程服务端，哪怕 RSCM 在本机，该工程也是通过上文设置中的 9000 端口从 RSCM 的 iCDB 中读取设计数据，而非一般的本地工程直接从本地的 iCDB 中读取（不通过网络端口与 RSCM 服务）。

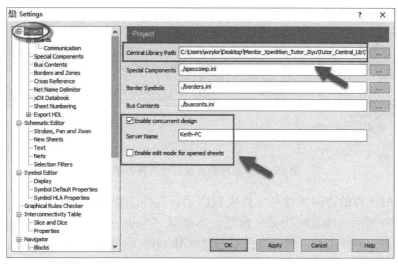

图 16-11　开启协同设计

　　"Enable edit mode for opened sheets" 建议不勾选，即默认打开协同设计的原理图页时，每一页需要工程师手工获取编辑权限。原理图协同设计与 PCB 协同设计不同，原理图不允许同一原理图同时被两位工程师编辑，即同一时间某一页原理图只能有一个编辑者，只有该编辑者关闭该页后，其他工程师才能打开编辑，否则为只读状态。若勾选了 "Enable edit mode for opened sheets" 选项，打开的每一页原理图都会自动获取编辑权限，而不是如图 16-12 所示的需要单击【Click to Edit】按钮手动获取，这种状态下，很容易在原理图与 PCB 都打开时，根据 PCB 中的选择对象自动打开图页并获取权限，造成其他协作者无法编辑的情况（如图 16-13 显示的 "该页被 Keith-PC 用户在 Keith-PC 电脑上锁定"）。因此，编者再次建议此处不要勾选，即不自动获取编辑权限。

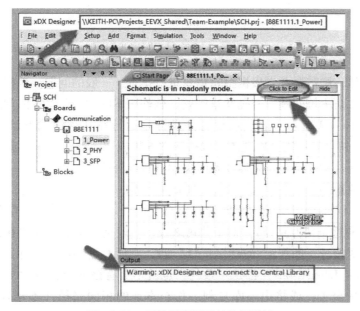

图 16-12　开始原理图页的协同设计

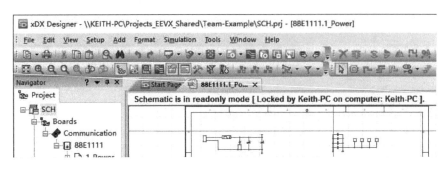

图 16-13　原理图页被其他工程师锁定

本地设置好工程的协同属性与文件夹权限后，其他工程师就能够通过网络访问到该工程，如图 16-14 所示，编者使用另一台笔记本电脑"Keith - XPS"对局域网进行查找，从共享文件夹中进入到该工程，然后直接双击"SCH. prj"即可进入协同原理图。

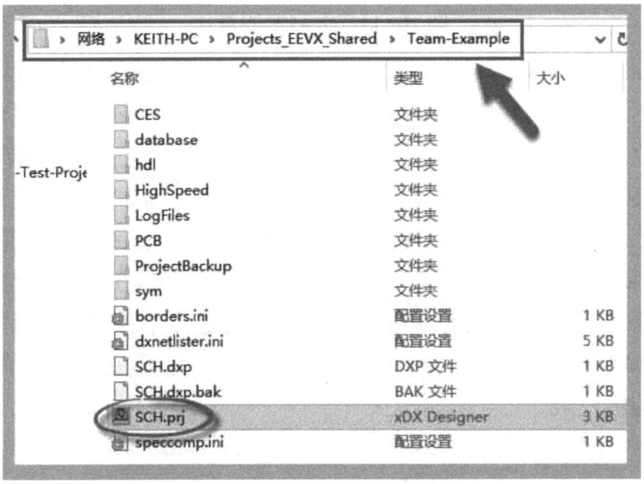

图 16-14　其他工程师从网络访问该共享工程

若进入时报错，则需要读者根据报错信息进行排查，一般的问题，严格按照上述的配置方法均可避免，如防火墙问题、密码共享问题、软件版本问题、共享权限问题等。

进入后如图 16-12 所示，通过顶栏可知设计是运行在共享模式下的，且原理图页的"Click to edit"按钮也表示该页原理图可以被获取编辑权限。此时工程师就可以进行正常的原理图绘制了。请注意绘制完毕后需要及时关闭该页以释放权限。

另外，需要注意的是，在图 16-12 的"Output"窗口中，显示无法打开中心库的警告，这是因为在图 16-11 的设置中，中心库的位置对于远程计算机来说并不存在（即远程计算机的 C 盘根本没有这个文件路径）。对于公司来说，一般是将中心库放置在公共盘，并规定了映射到本地的盘符号，如规定都映射为"L"盘，则所有电脑的中心库路径（如 L:\Central_Library\Central_Library. lmc）都是一致的，也就不会有该项警告，对于普通的小型局域网，则可忽略该项警告，或将中心库复制一份至本地的相同路径（不建议，仅临时使用，若中心库太大复制也不现实），读者可根据情况酌情处理。

16.1.4　PCB 协同设计

PCB 的协同设计是核心中的核心，可以说以上所有的设置，其实都是为了 PCB 协同做的准备。在配置好 RSCM 与原理图后，若直接按照常规运行 PCB，也能正常进入 PCB 进行编辑，并且也是通过 RSCM 进行通信，但这时的本质还是单机模式，并非协同。

PCB 的协同必须先打开如图 16-15 所示的 PCB 协同工具：xPCB Team Server VX.1.1，该工具在以前的版本中叫作 Xtreme Design Session，并且整套协同流程的名称为 XtremePCB，只是在 Xpedition 发布后改名为 xPCB Team Layout，读者可以从软件应用的界面中看到各种 Xtreme 字样，也就会明白该流程仅仅是换了个"马甲"，其内部的核心算法与界面并未发生变化，因此整套协同设计流程同样适用于 Mentor Expedition 版本。

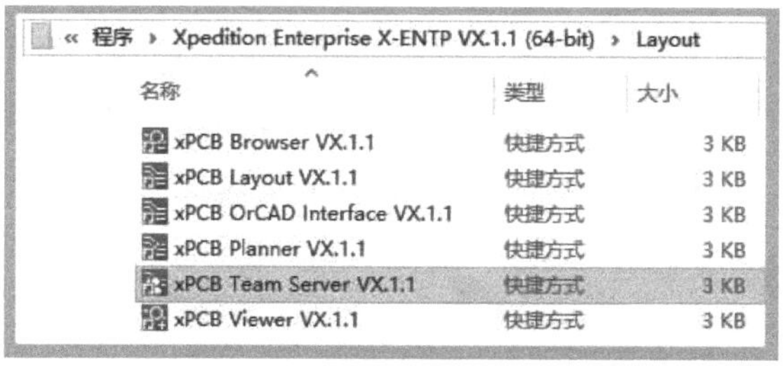

图 16-15　PCB 的协同工具 xPCB Team Server

> **注意**：xPCB Team Server 可以在局域网的任一有工程文件访问权限的电脑上打开。

运行 xPCB Team Server 后，在如图 16-16 所示的 Server 选项中，找到需要进行协同设计的 PCB 文件，单击【OK】按钮即可。若局域网速度欠佳，则"Compression"选"High"，表示会对传输数据进行较高程度的压缩，但一般公司的局域网速度远远高于软件需求，因此选择任一项（None、Low、Med、High）都不会有任何可察觉的区别。

成功开启 xPCB Team Server 后会显示如图 16-17 所示的提示窗口，读者可以看到，该窗口的名称还是为 XDS（Xtreme Design Session），并且下方的客户端提示也还是为"Xtreme Design Clients"。

图 16-16　选择需要开启协同设计的 PCB

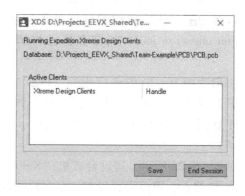

图 16-17　成功开启的 PCB 协同设计服务器 XDS

该界面会实时显示有哪些工程师加入了该 PCB 的设计，并且在没有任何工程师（客户端 Clients）加入时，能够手工单击【Save】按钮保存工程，与【End Session】按钮结束工程。

请注意，此处的【End Session】按钮与单击模式下关闭原理图和 PCB 有同样效果，会触发软件的"关闭时自动备份"（详见工程的新建与管理章节）。

当图 16-17 的窗口出现在服务器端时，任何一个工程师，包括服务器自己，就可以在 PCB 文件夹下双击该 PCB 进入协同设计，如图 16-18 所示。注意，只要 XDS 成功开启，PCB 就会被锁定，出现锁定文件（AutoActive.lck 与 .lck_dir），该锁定文件与单机设计状态时不同，恰好标志着设计已经开启了协同，工程师可放心地双击 PCB 图标。

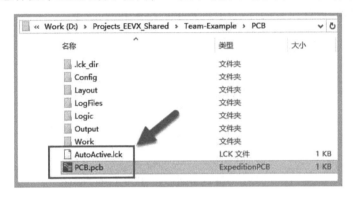

图 16-18　双击开启了 XDS 的 PCB 进入协同设计

PCB 协同设计的提示界面如图 16-19 所示，可在该界面修改"Handle"名，注意所有客户端的 Handle 名不能同名，否则无法加入设计。Handle 默认采用 Windows 系统的用户名，如图中的"Keith-PC"（编者台式电脑的计算机名与用户名一致）。

单击图 16-19 中的【OK】按钮后，会出现加入 XtremePCB 会话（即 Join XtremePCB Session 的中文）对话框，若加入过程中出错会在日志（Log）中进行提示。另外，读者也可在该窗口中看到服务器的状态，如"Server ready for clients to join"（服务器已就绪，等待客户端加入）。

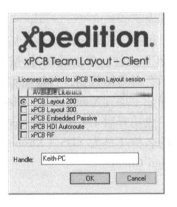

图 16-19　客户端进入 PCB
协同设计前的提示

一般等图 16-20 的进度走完，PCB 就已经准备就绪，可以开始设计了。进入 PCB 前，通常会弹出一些提示，读者按照平时的选择即可，若额外弹出了如图 16-21 所示的中心库缺失提示，则按照本书 16.1.3 节所示的方法重新映射库路径即可。

如图 16-22 所示，通过台式机"Keith-PC"，打开本地的协同 PCB，进入后的 PCB 界面与 XDS 界面，可以看到仅有一个客户端加入了 XDS，并且 PCB 编辑界面的显示控制也只有 4 个大项可控选择。

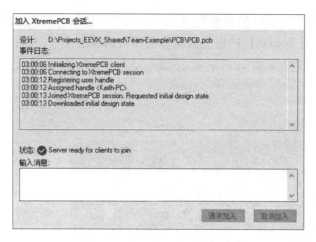

图 16-20　加入 PCB 协同设计进度提示

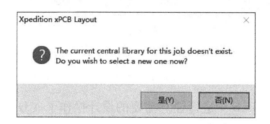

图 16-21　打开协同 PCB 时的中心库提示

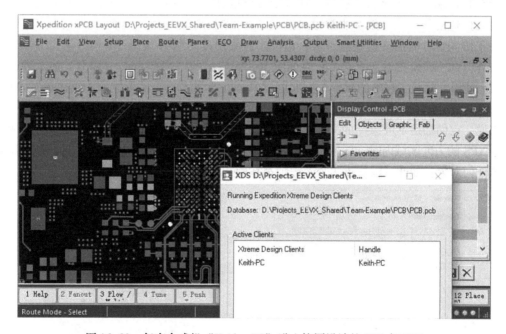

图 16-22　仅有台式机 "Keith - PC" 进入协同设计的 PCB 与 XDS

此时，笔记本 "Keith - XPS"，通过网络邻居或网络地址 "\\Keith - PC"，访问到了共享工程，通过双击 PCB 加入了 XDS，如图 16-23 所示，可以看到加入后的 PCB 显示界面与

图 16-22 一致，并且此时 XDS 的状态如图 16-24 所示，显示有两位工程师加入了协同设计，并且【Save】与【End Session】按钮变为灰色的不可选状态。

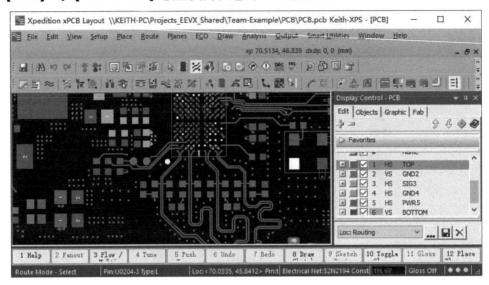

图 16-23　笔记本 "Keith – XPS" 通过网络加入协同设计的 PCB 界面

此时，工程师可以在 PCB 中进行任意需要的设计操作了（仅限连接性的设计操作，涉及叠层、结构与输出类的操作需要在单机模式下进行）。工程师的每一次鼠标单击的结果都会在所有客户端上同步显示。通过合理规划设计区域后，多个工程师可以对大型复杂的 PCB 进行多人快速合作拉线，效率非常惊人。

关于协同设计时的一些注意事项，请读者仔细研读本章 16.1.5 节。

另外，在协同模式下，读者可开启如图 16-25 所示的 "XDS Force Fields" 显示项，该项开启后，能够在每位工程师的鼠标上添加用户 Handle 名称与一个圆形的 "力度区域"，在力度区域内的对象，以及工程师鼠标上正在操作的对象（如图 16-26 左侧的走线）对于另一个工程师来说，它们都是不可选择的，即选择无效。如图 16-26 右侧，当 Keith – PC 的鼠标进入 Keith – XPS 的力度区域内时，区域圆圈会显示成红色（Force Field Conflicts），且在该区域内无法选中任何对象，如此可以防止两个工程师都在同一区域内进行操作带来的冲突。

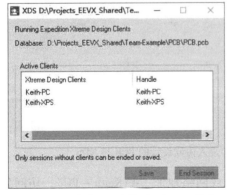

图 16-24　多个工程师加入后 XDS 状态

图 16-25　协同模式的辅助显示选项

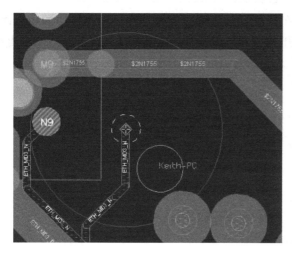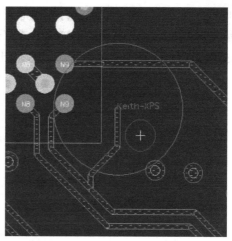

图 16-26　在 XDS Force Fields 开启后的显示画面

Force Field（力度区域）的圆形是根据工程师的鼠标单击次数决定的，即操作力度的大小决定区域的大小，如在某一位置附近，单击鼠标执行的操作越多，即力度越大，则力度区域圆越大，若鼠标离开该区域，则圆形减小。

若将"XDS Force Fields"显示关闭，则不再计算力度区域，仅被其他工程师选中的对象不能选择。

当设计完成后，工程师可在任何时刻保存并退出协同 PCB，只要工程还有设计师没有退出，那么之前退出的工程师，哪怕没有保存设计都没关系，只要最后一名工程师退出时，从图 16-27 的提示框中，单击【End】按钮后再单击【Save】按钮即可，或在图 16-27 中单击【Continue】继续 XDS 运行，然后在图 16-17 的界面中，手工【Save】并【End Session】即可关闭协同工程。

图 16-27　最后一位工程师退出
设计时的保存提示

16.1.5　协同设计注意要点

（1）协同时，任何对 CM 约束管理器的修改，以及 Forward 前标动作，都会自动通过中断的方式向所有设计师发出确认申请，除非所有设计师同意，否则该更改无效，如图 16-28 左侧所示，系统会在有修改动作时自动触发该申请窗口，工程师可以在该窗口填入修改理由，如图 16-28 中所示，并且设置等待时间，如图 16-28 中默认为 5min，即所有设计师收到该提示后，5min 内若未接受，则修改不会生效。其他设计师收到的提示窗口如图 16-28 的右侧所示。修改被所有工程师同意后，软件会自动同步，当设计师看到如图 16-29 所示的提示后，就可以开始继续设计了。

（2）根据工程实践，请切勿在协同的时候使用如图 16-30 所示的工具打开原理图，使用"Tools"工具栏提供的"Design Entry"方式打开后，进入的并不是服务器上的原理图，而是被缓存在本地临时文件中的工程，如图 16-31 所示，可从路径中看出，打开的原理图位于本地的临时文件中，对该原理图进行的修改仅在主原理图没有工程师操作的情况下才会被同步进去，若主设计原理图有工程师正在修改，则很可能发生冲突。同理，协同设计时，尽量也不要在原理图中通过链接的方式打开 PCB（单机设计时无影响），编者强烈建议直接通过网络位置双击 PRJ 或 PCB 文件来打开。

图 16-28　修改 CM 或 Forward 前标时的中断申请

图 16-29　修改并同步成功后的提示

图 16-30　不要使用链接的方式打开协同原理图

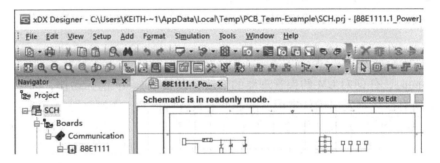

图 16-31　若使用"Design Entry"则会打开本地的临时工程

（3）运行在 RSCM 服务器端的工程，只要该 RSCM 服务器没有被关闭，则其他加入设计的客户端，无论遇到何种意外情况（如意外断电、断网、电脑蓝屏死机等），在 RSCM 里的设计都不会受到影响，设计师重新加入即可继续开始设计，并且 RSCM 中也会自动保存，当遇到 RSCM 的工程崩溃时（可能性极低），设计师也可以参照本书前文相关章节，通过自动备份或修复工具找回设计。

（4）协同下有两种方式划分并锁定区域，防止被他人意外改动，两种方式分别为 Xtreme 保护区域与 Sandbox 沙箱。如图 16-32 所示，在显示设计中打开其显示，然后在绘图模式下选好属性后，使用矩形或多边形工具绘制保护区域或沙箱区域，如图 16-33 和图 16-34 所示。请注意，图 16-33 所示的保护区域，关键在于属性窗口中的 Handle（s），只有在该栏出现的 Handle（操作句柄，使用空格隔开，可理解为设计师，即每次进入 PCB 时填写的 Handle 名，默认为计算机用户名），才可以对该区域进行操作，但是这种锁定并不是绝对

图 16-32　保护区域与
沙箱的显示

的，若是非 Handle 栏的设计师关闭了交互式 DRC，则该保护区域的作用就失效了，只要关闭交互式 DRC，就可以在保护区域强制走线。而沙箱则不同，沙箱是使用"激活"机制进行的保护控制，如在图 16-34 中对绘制的沙箱命名后，可以通过图 16-35 所示的菜单进入沙箱控制界面。如图 16-36 所示，此时设计师可通过"Active Realtime"对选择的沙箱进行激活，一旦激活任一沙箱，则该沙箱内的对象就只能被激活人（图 16-36 的 Owner）进行相应的选择与修改操作，并且此时激活人不能修改处于非激活状态或是被其他人激活的沙箱。沙箱的控制逻辑简单来说就是 3 条原则：①若我激活了沙箱，那我就只能编辑被我所激活的沙箱区域（此时非沙箱区域也无法编辑）；②若我没有激活任何沙箱，那我可以编辑所有处于"Inactive（非激活）"状态的沙箱（包括非沙箱区域）；③我永远无法编辑被别人激活的沙箱，除非该沙箱被该激活人解除激活状态。

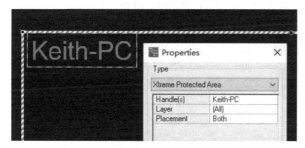

图 16-33　在绘图模式绘制保护区域

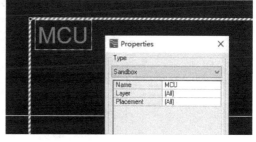

图 16-34　在绘图模式绘制沙箱区域

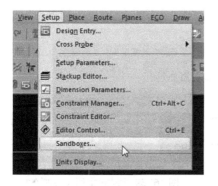

图 16-35　沙箱菜单

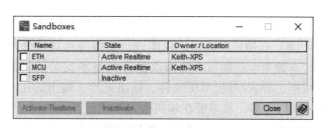

图 16-36　对沙箱进行实时激活

（5）当 RSCM 服务器无法访问时，如服务器电脑关机、断网、工程（自动备份）被复制到了其他没有访问权限的电脑上的情况，此时打开工程会出现如图 16-37 所示的提示窗口，意思为找不到 RSCM 服务器，需要读者重新指定或重新尝试连接。若是服务器没有开机，则启动服务器后再单击【OK】按钮即可连接；若该工程本就是要单机运行，则在图 16-37 所示的对话框中去掉图示的勾选项，即"不使用 RSCM 打开工程"，再单击【OK】按钮后，工程的协同属性就被重置为单机状态了，这与在原理图中去掉协同选项的效果相同。

（6）协同模式下，自动备份中也会带上协同属性，如需单机使用就要用上述方法去掉协同属性。

（7）协同模式下，"Pad Entry"中无法设置"允许在焊盘上添加过孔"选项，如图 16-38 所示，"Allow via under pad"项一直为灰色，因此盲埋孔设计在使用协同

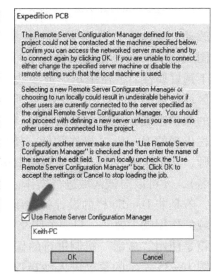

图 16-37　RSCM 无法访问时可以去掉该勾选项，进入单机模式

时有时会非常不便，一般有两种解决办法，一是在单机模式下设置好所有的 Pad Entry 后再进入协同模式，二是在协同模式时，使用智能实用工具栏中的"Pad Entry Assistant"进行设置，如图 16-39 所示，使用该工具虽然可以设置焊盘上打孔，但是在焊盘数过多的 PCB 中，该命令运行特别缓慢，因此编者还是建议使用第一种方式，即关闭协同模式设置。

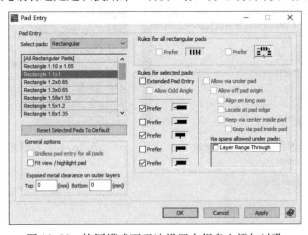

图 16-38　协同模式下无法设置在焊盘上添加过孔

（8）在协同模式下，仅能进行走线等连接性修改操作，一般对于任何板级的修改操作都是不支持的，如修改板框、导入/导出 IDF 文件、输出光绘、输出钻孔、输出 ODB＋＋等，都需要在单机模式下进行。

（9）在 Expedition 7.9.x 的协同模式中，有一个非常严重的问题，即多个工程师若都在关闭了交互式 DRC 的

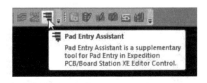

图 16-39　智能实用工具栏的
Pad Entry Assistant

情况下，对同一个网络进行操作，如最常见的同时对地网络打散热过孔，此时会非常容易出现因 DRC 错误数量与服务器不一致而被服务器拒绝一切操作的情况，必须重启 Xtreme 才能解决。规避此种问题的方法只能是工程师在设计时多加注意，尽量开启交互式 DRC，尽量避免同时打地孔。经测试，该问题在 Xpedition 的协同模式中有改善，但出于保险起见，读者可以多做尝试后再决定是否听从本条建议。

16.2　Team PCB 静态协作

xPCB Static Team Layout 为 Xpedition 的静态协作模式，需要先从 Licensed Modules 中获取权限，如图 16-40 所示。

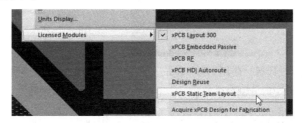

图6-40　在 PCB 中获取静态协作 Static Team Layout 权限

该应用模块需要额外购买 License，所有参与静态协同设计的工程师都需要，因此该功能与 Fablink 模块不同，静态协同时需要长期占用该 License，所以最好是在 PCB 软件打开时，从 Handle 命名栏的上方选中该模块 License 许可。

在 PCB 中，根据需要，在绘图模式下创建属性为"Reserved Area"的矩形或多边形，该区域即所需要的分割区域，并在属性的"Area Name"中命名，一般建议以分配的工程师名称来命名，如图 16-41 所示，以工程师"Eng1"与工程师"Eng2"命名后，绘制两个矩形区域。

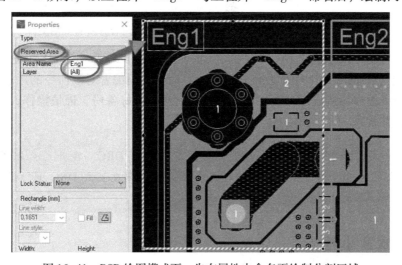

图 16-41　PCB 绘图模式下，先在属性中命名再绘制分割区域

请注意，该属性必须先在属性窗口中填写好命名后，才能正确绘制封闭的多边形或矩形。并且只有"完全"被包含在区域内的对象，才能在分割后进行编辑，不在区域内或部

分在区域内的对象，在分割后将被完全锁住（Locked）。

绘制好分割区域后，使用如图 16-42 所示的命令，执行菜单命令【File】-【Team Design】-【Split Design】分割设计。请注意，若设计曾经被分割过，即分割文件夹存在的情况下执行分割命令时，会弹出如图 16-43 所示的提示，单击【OK】按钮即可，意为需先将原有的分割文件删除，再建立新的分割文件。

分割完毕的文件如图 16-44 所示，在项目的 PCB 文件夹下，会生成一个 PCBSplit 文件夹。在该文件夹中，除了以"Reserved Area"命名的两个单独文件外，还会有一个"Unreserved"文件夹，该文件夹的内容无法编辑，请不要对其进行操作。

图 16-42　保存设计后，使用 File - Team Design 中的分割命令

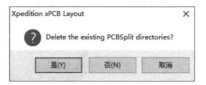

图 16-43　对设计重新分割时会弹出删除原分割文件的提示

主设计师可以将 PCBSplit 文件夹中的文件发送给相应的设计师，各设计师在自己的电脑上独立完成设计，最后发送给主设计师，将文件夹汇总到原位置，在 PCBSplit 文件夹下（名称与顺序需与分割后一致），然后在主设计中使用如图 16-45 所示的合并命令，对分割文件进行合并。

图16-44　分割后的文件位置

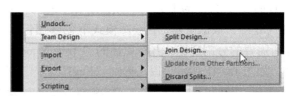

图 16-45　合并所有分割文件

另外，读者也可以尝试图 16-45 中的【Update From Other Partitions】（更新分割设计到主设计中）或【Discard Splits】（丢弃分割设计）命令，但编者对该命令的用法持保留意见，认为这两个命令很容易造成设计文件紊乱，使用时必须做好备份，谨慎操作，以免设计文件出现奇怪的合并状态。

> 注意：合并与分割前请先保存设置，最好运行一遍 DRC，在开启交互式 DRC 的情况下进行分割。另外，被分割的设计里，软件不允许关闭交互式 DRC 进行设计，需全程开启 DRC。

16.3　本章小结

多人协同设计是 Mentor Xpedition/Expedition 的一个极大优势，合理利用协同设计 PCB 可以非常有效地提高设计效率，缩短项目周期。熟悉协同设计环境，充分利用协同设计，可以达到"1 + 1 > 2"的效果。

第17章 设计实例1——HDTV_Player

17.1 概述

本章以目前国内流行的 HDTV 播放机为实例,主芯片采用 Sigma Designs 最新推出的高清解码芯片:SMP8654,如图17-1所示。

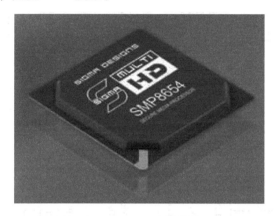

图17-1 SMP8654 多媒体处理器

Sigma Designs SMP8654 多媒体处理器提供了完整支持高清晰度视频解码的先进解码引擎,支持 H.264 标准(MPEG-4 part 10)、Windows Media ® Video 9、SMPTE 421M(VC-1)、MPEG-2 和 MPEG-4(part 2),以及新的 AVS 标准,支持高效能的图形加速,支持多标准音频解码和先进的显示处理能力,并可通过 HDMI 1.3 输出其多媒体内容。

SMP8654 强大的内容安全性是通过专用安全处理器、芯片内建闪存,以及一系列用于高速有效载荷解密的数字版权管理(DRM)引擎保证的。

SMP8654 还具有完整的系统周边设备接口,包括双千兆以太网控制器、双 USB 2.0 控制器、Nand Flash 控制器、红外 IR 控制器和 SATA 控制器等。

为应对新的消费电子产品低功耗要求,SMP8650 系列芯片还加入了几个待机功能,包括红外唤醒(Wake-on-IR)、网络远程唤醒(wake-on-LAN)和支持 DRAM 数据保存的睡眠/待机。

17.2 系统设计指导

17.2.1 原理框图

单板的信号流向图,即原理框图,如图17-2所示。

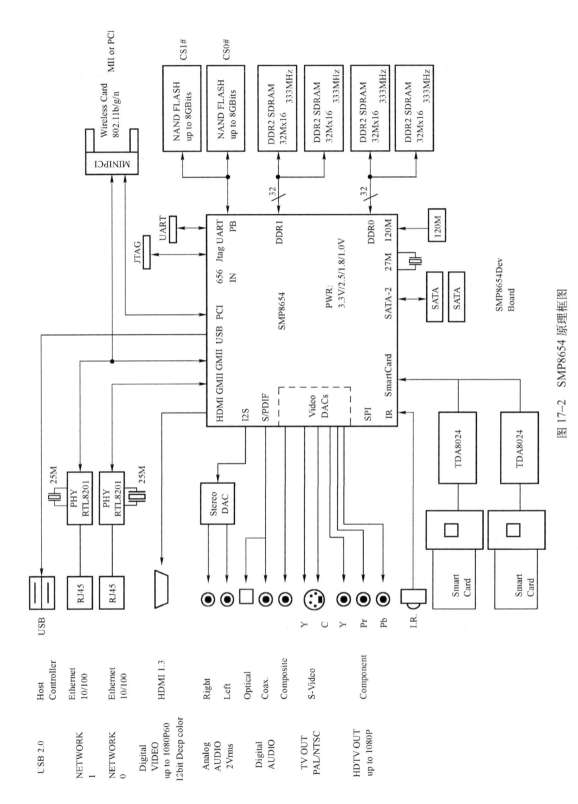

图 17-2 SMP8654 原理框图

17.2.2　电源流向图

单板的电源流向图如图 17-3 所示。

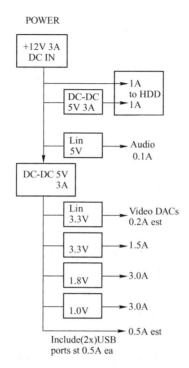

图 17-3　SMP8654 电源流向图

17.2.3　单板工艺

单板布线工艺主要取决于单板的高密度芯片的封装工艺（即 BGA 的间距），以及 PCB 成本和性能的考虑。推荐的单板工艺设计如下：

➢ 建议采用六层板设计：TOP、GND02、ART03、PWR04、GND05、BOTTOM
➢ 过孔规则：孔径 8mil/盘径 18mil（BGA 区域）、孔径 10mil/盘径 22mil（除 BGA 的其他区域）、孔径 12mil/盘径 24mil（电源模块）
➢ 最小线宽规则：4mil（BGA 局部区域）
➢ 最小线距规则：4.5mil（BGA 局部区域）

17.2.4　层叠和布局

1. 六层板层叠设计

单板采用六层的层叠设计如图 17-4 所示。

单板的布线情况如下：

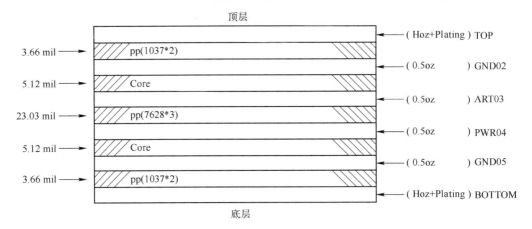

图 17-4　六层板层叠设计

➢ TOP 层作为主要元器件层，主要摆放芯片、电解电容、插座；BOTTOM 层相邻层也是地平面层，但由于结构上底层有限高，因此只用来摆放电阻、电容等高度较矮的元件；顶层和底层作为微带线布线层

➢ 第 3 层相邻层都是参考平面，为最优布线层，时钟等高风险线优先布在第 3 层

➢ 第 2 层和第 5 层作为完整的接地平面，为表层的元器件和布线提供屏蔽和最短电流返回路径的作用

➢ 第 4 层为主电源平面，为主要电源提供平面分割形式的电源网络

2. 单板布局

单板尺寸如图 17-5 所示。

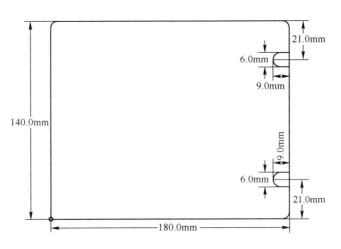

图 17-5　单板尺寸

单板分区布局规划如图 17-6 所示。

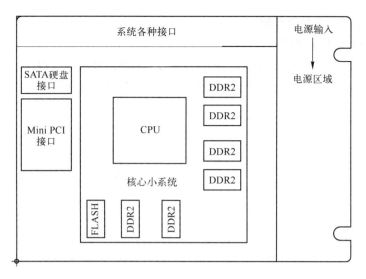

图 17-6 分区布局规划

17.3 模块设计指导

17.3.1 CPU 模块

1. 电源处理

PCB 设计时，对 SMP8654 芯片的相应电源引脚的处理，要综合考虑此电源的电流需求、电源敏感性、电源本身噪声等各个因素。

SMP8654 共有 6 种外部电源供电引脚，如表 17-1 所示。

表 17-1 SMP8654 芯片电源引脚的处理

电源供电分区	最大电流（A）	布 线 要 求
VCC1V5	2	必须划分电源平面
VCC3V3	3	必须划分电源平面
VCC1V8	2	必须划分电流平面
VCCPLL0	0.2	保证 PLL 电源通过 LC 滤波后供给电源，滤波电容尽可能靠近引脚走线放置
VCCPLL12	0.2	保证 PLL 电源通过 LC 滤波后供给电源，滤波电容尽可能靠近引脚走线放置
VREF0	0.5	参考电压，电源通过滤波后供给电源，滤波电容尽可能靠近引脚走线放置
VREF1	0.5	保证 PLL 电源通过 LC 滤波后供给电源，滤波电容尽可能靠近引脚走线放置

2. 去耦电容处理

芯片的电源引脚需要放置足够的去耦电容，推荐采用 0603 封装 0.1mF 的陶瓷电容，其在 20 ～ 300MHz 范围内非常有效。

去耦电容的处理规则如下：

> 尽可能靠近电源引脚，走线要求满足芯片的 POWER 引脚→去耦电容→芯片的 GND 引脚之间的环路尽可能短，走线尽可能加宽。去耦电容的两种不同放置方式如图 17-7 和图 17-8 所示

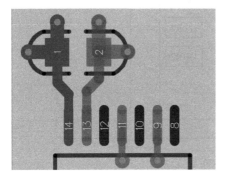

图 17-7　电容和 IC 放在同一面

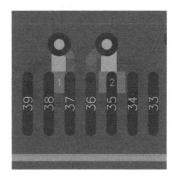

图 17-8　电容放在 IC 的背面

> 芯片上的电源、地引出线从焊盘引出后就近打 VIA 接电源、地平面。线宽尽量做到 8 ～ 12mil（视芯片的焊盘宽度而定，通常要小于焊盘宽度 20% 或以上）。VIA 的例子如图 17-9 所示

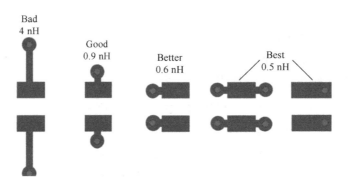

图 17-9　电容打 VIA 示例

> 每个去耦电容的接地端，推荐采用一个以上的过孔直接连接至主地，并尽量加宽电容引线。默认引线宽度为 20mil，如图 17 - 10 所示

3. 时钟处理

时钟电路的设计在电路设计中起着举足轻重的作用：时钟是所有电子设备的基本构成部分，同步数字系统中所有的数据传输、转换，都需要通过时钟进行精确控制。

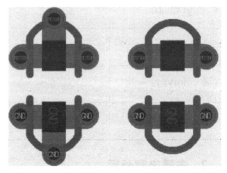

图 17-10　电容的 Fanout

由于时钟信号是电路中频率最高的信号，也是一个强辐射源，因此我们在 PCB 设计中需要重点考虑如何减少时钟的电磁辐射。

本例涉及的时钟器件是晶体谐振器、晶体振荡器。

接下来介绍这两种时钟电路的布局布线处理方法。

1）晶体谐振器

晶体谐振器俗称晶体，它所使用的谐振单元是一个石英切片，其频率温度漂移特性由石英的切割角度决定。由于石英具备天然高品质因子"Q"和高稳定性，它所产生的谐振信号，其频率的精确度和稳定性都很好，而且价格低廉。

常见的晶体谐振器是有两个引脚的无极性器件，一般外面包围金属外壳，用来跟其他器件或设备隔离。如图 17-11 所示是典型的晶体谐振器的实物图。

图 17-11　晶体谐振器的实物图

晶体谐振器自身无法振荡起来，需要借助时钟电路才能起振，如图 17-12 和图 17-13 所示。

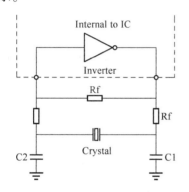

图 17-12　并联谐振电路

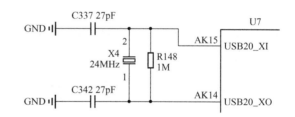

图 17-13　并联谐振原理图实例

晶体谐振器 PCB 设计要点如下：
- 时钟电路要尽量靠近相应的 IC。
- 晶体谐振器两个信号要适当加宽（通常取 10 ~ 12mil）。
- 两个电容要靠近晶体放置，并整体靠近相应的 IC。
- 为了减小寄生电容，电容的地线扇出线宽要加宽。
- 晶体谐振器底下要铺地铜，并打一些地过孔，充分与地平面相连接，以吸引晶体谐振器辐射的噪声，或者立体包地。

如图 17-14 所示是实际使用晶体的 PCB 布局布线的例子。

2）晶体振荡器

晶体振荡器俗称晶振，它是一个完整的振荡器，其内部除了有石英晶体谐振器外，还包括晶体管和阻容器件，内部其实就是一块小的 PCB，最外面一般用金属外壳封装。因为其内部有晶体管，所以还需要外部提供电源。

根据晶体振荡器的工作方式和性能指标的不同，常见的晶体振荡器有电压控制晶体振荡器（VCXO）、温度补偿晶体振荡器（TCXO）、恒温晶体振荡器（OCXO）及数字补偿晶体振荡器（DCXO）等。每种类型都有自己独特的性能，价格也相差很大。

如图 17-15 所示是典型的晶体振荡器的实物图。

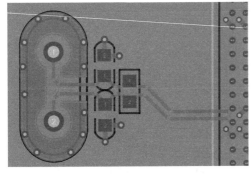

图 17-14　晶体谐振器底下铺地铜图

图 17-15　晶体振荡器的实物图

晶体振荡器 PCB 设计要点如下：

- 时钟电路要尽量靠近相应的 IC。
- 输出时钟信号要控制特性阻抗 50Ω。
- "π" 形电源滤波电路靠近晶振放置。
- 晶振器底下要铺地铜，并打一些地过孔充分与地平面相连接，以吸引晶体谐振器幅射的噪声。

如图 17-16 和图 17-17 所示是晶振实际使用 PCB 布局布线的例子。

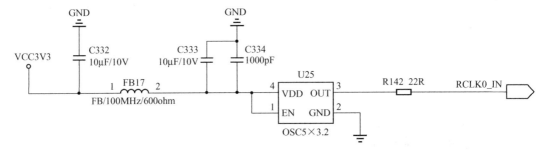

图 17-16　晶振的时钟电路

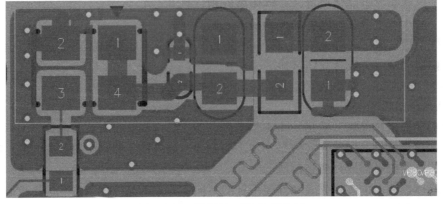

图 17-17　晶振的 PCB 处理实例

4. 锁相环滤波电路处理

锁相环（PLL，Phase – Locked Loop）滤波电路如图 17–18 所示。布局时，0.1mF 和 0.01mF 组合放置在相应的电源引脚附近。

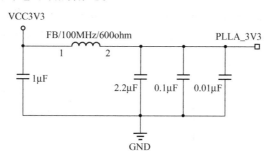

图 17–18 PLL 滤波电路

5. 端接

随着单板时钟频率的提高，PCB 上的互连线成为了分布式的传输线。由于传输线效应，如果设计者没有进行适当的端接匹配，信号传输过程中的反射、串扰将使信号的波形质量恶化，如过冲、振铃、非单调、衰减等现象，因此电路的端接匹配至关重要。

1）源端端接

源端端接是典型时钟电路最流行的端接方式，即在尽可能靠近信号源的地方串接一个电阻。电阻的作用是使时钟驱动器的输出阻抗与线路的阻抗匹配，这使得发射波在返回时被吸收。源端端接如图 17–19 所示。

图 17–19 源端端接

在进行 PCB 布局时，匹配电阻应靠近驱动端放置。

2）终端端接

终端端接是指在尽量靠近负载端位置加上拉和/或下拉阻抗以实现终端阻抗匹配的端接方式，使得很少甚至没有反射回到驱动端的信号上。

终端端接包括并联端接、戴维宁端接和交流端接 3 种类型。

并联端接如图 17–20 所示。由于多数 IC 接收端的输入阻抗比传输线的阻抗高得多，因此采用这种并联一个电阻的方式以实现接收端与传输线的阻抗匹配。采用此端接的条件是驱动端必须能够提供输出高电平时的驱动电流，以保证通过端接电阻的高电平电压满足门限电压要求。

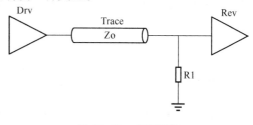

图 17–20 并联端接

戴维宁端接如图 17–21 所示。此端接方案降低了对源端器件驱动能力的要求，但却由于在电源和地之间连接了电阻 R1 和 R2，从而一直从系统电源中吸收电流，因此直流功耗较大。在 PCB 上表现为增加了器件和网络连接的数量。

交流端接如图 17-22 所示。此端接方案无任何直流功耗。原因在于端接电阻要小于或等于传输阻抗 Z_o，电容 $C1$ 必须大于 100pF，推荐使用 0.1mF 的多层陶瓷电容。电容有阻低频通高频的作用，故电阻不是驱动源的直流负载。串联的 RC 电路作为匹配网络，只能使用在信号工作比较稳定的情况下。这种方案最适合对时钟信号进行匹配。

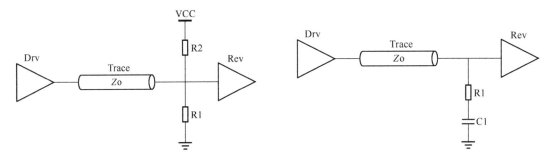

图 17-21　戴维宁端接　　　　　　　　　图 17-22　交流端接

PCB 设计要求：在进行 PCB 布局时，匹配电阻（或电容：交流端接）应靠近接收端（终端）放置。

17.3.2　存储模块

1. 模块介绍

本系统采用 DDR2 作为数据存储模块。下面简单介绍一下 DDR2 的特性。

DDR2 可以看作 DDR 的升级，DDR2 的 I/O 口速率最高可以提高至 400MHz。在信号引脚上变化的主要是将单端的 DQS 信号变成差分的 DQS 和 $\overline{DQS}$。

DDR2 采用 DQS 和 $\overline{DQS}$ 差分信号，其优势在于：可以减少信号间串扰的影响，减少 DQS 输出脉宽对工作电压和温度稳定性的依赖等。其采样的方式类似于时钟采样，在两根差分信号的交叉处采集数据，如图 17-23 所示。

2. 电源与时钟处理

1）VREF 电源

VREF 参考电压对电源供给要求较高，线宽尽可能加宽至 20 ～ 30mil。VREF 旁路电容要靠近 DDR2 的 VREF 引脚，如图 17-24 所示。

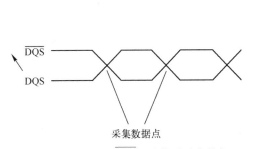

图 17-23　DQS 和 $\overline{DQS}$ 差分信号采集数据

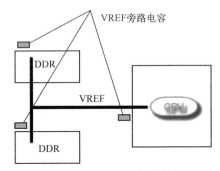

图 17-24　VREF 旁路电容

2）工作电源

DDR2 工作电压为 1.8V，去耦电容要靠近每个电源引脚。大电容均匀放置在 DDR2 周围。必须保证有完整的参考平面。

3）关键信号处理

DDR2 关键信号处理要点如表 17-2 所示。

表 17-2　DDR2 关键信号处理要点

信 号 名 称	功 能 描 述	设计注意事项
CLK、CLK_#	差分时钟	（1）差分线控制特性阻抗 100W：差分时钟和 DQS 差分，严格按照差分信号处理，严格等长，同一对差分之间的误差控制在 5mil。 （2）其余信号控制特性阻抗 50Ω （3）每 11 根数据线尽量走在同一层，等长误差控制在 100mil。 (DQ0~DQ7,　DQM0,DQS0_N,DQS0_P) (DQ8~DQ15, DQM1,DQS1_N,DQS1_P) (DQ16~DQ23,DQM2,DQS2_N,DQS2_P) (DQ24~DQ31,DQM3,DQS3_N,DQS3_P) （4）差分时钟线和地址、命令信号全部设为一组，误差控制在 +/-200mil
DQ0～DQ31	数据（输出）	
DQM	数据掩码	
DQS, DQS_#	数据选通	
CKE	时钟使能	
$\overline{CS}$	片选	
$\overline{WE}$	读写	
$\overline{RAS}$	列选	
$\overline{CAS}$	行选	
BA0～BA2	BANK 选择	
A0～A12	地址	

17.3.3　电源模块电路

1. 开关电源模块电路

TPS5430 是 TI（美国德州仪器公司）推出的一款性能优越的 DC/DC 开关电源转换芯片。TPS5430 具有良好的特性，其各项性能及主要参数如下。

➢ 高电流输出：3A（峰值 4A）

➢ 宽电压输入范围：5.5 ～ 36V

➢ 高转换效率：最佳状况可达 95%

➢ 内部补偿最小化了外部器件数量

➢ 固定 500kHz 转换速率

➢ 具有过流保护及热关断功能

➢ 具有开关使能脚

➢ 内部软启动

➢ -40 ～ 125℃ 的温度范围

TPS5430 12V 转 5V 应用电路如图 17-25 所示。

TPS5430 推荐 PCB 设计如图 17-26 所示。

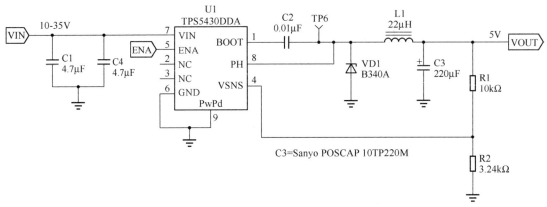

图 17-25　TPS5430 12V 转 5V 应用电路

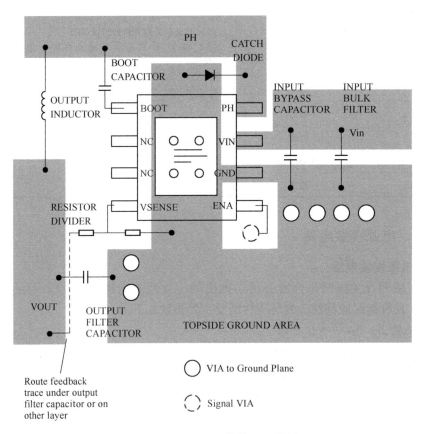

图 17-26　TPS5460 推荐 PCB 设计

本系统采用的电源原理图和布局布线图例如图 17-27 和图 17-28 所示。

开关电源模块设计要点如下：

◆ 输入 VIN，输出 OUT 的主回路明晰，并留出铺铜和打过孔的位置。

◆ VSENSE 路径：远离干扰源和大电流的平面上，不要直接将 Sense 线连接在开关电源引脚，一般采用 0.5mm 的线连到输出滤波电容之后。

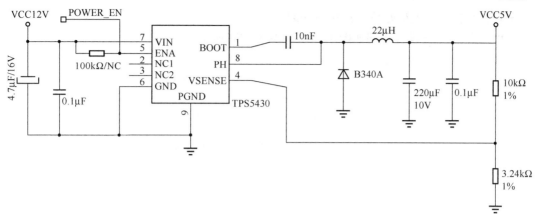

图 17-27　采用 TPS5430 芯片的电源原理图

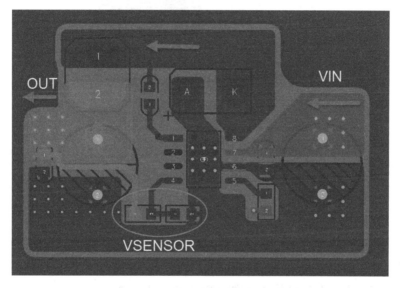

图 17-28　TPS5430 布局布线图例

◆ 对芯片的模拟地处理要特别注意，最好根据 Datasheet 上推荐的处理方法。

2. LDO 线性稳压器

LDO 线性稳压器是最基本的稳压电源变换器，它只能作为降压（如 3.3V 降至 1.2V）之用，是一种非常简单的方案。LDO 本身消耗的功率大，效率相对较低。所以，LDO 一般用于电流小于 2A 的电源电路。其优点是，成本低，电路简单易用，电压纹波小，较稳定，可靠性可以保证，上电快。

LDO 布局、布线设计要求如下所示。

◆ 输入和输出主回路的处理：滤波电容按先大后小的原则靠近电源芯片的输入、输出引脚放置。

◆ GND 主回路的处理：芯片的 GND 引脚应保证足够宽的铜皮和足够的过孔数量（与输入、输出的过孔数量相当）。

◆ 输入和输出的地最好单点汇接在一起。

LDO 线性稳压器设计实例如图 17-29 和图 17-30 所示。

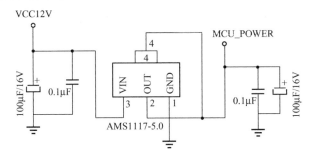

图 17-29　常见的 LDO 电路原理图

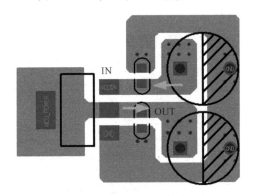

图 17-30　LDO 的 PCB 处理

17.3.4　接口电路的 PCB 设计

1. HDMI 接口

HDMI 是一种数字化视频/音频接口技术，可同时传送音频和影音信号，最高数据传输速度为 5Gbps。同时无须在信号传送前进行 D/A 或 A/D 转换。

HDMI 典型应用电路如图 17-31 所示。

HDMI 接口设计要点如下。

◆ ESD 保护器件和共模电感要靠近 HDMI 端子放置，如图 17-32 所示。

◆ 匹配电阻靠近插座并排放置，如图 17-33 所示。

◆ 同一对差分线之间误差为 5mil；对间误差为 10mil，如图 17-34 所示（w 为线宽，L 为差分对之间的间距）。四对差分线之间的间距要保证在 20mil 以上，如图 17-35 所示。

2. SATA 接口

SATA 接口发展阶段为 SATA→SATA II→SATA III，其最大速率为 1.5Gbit/s→3Gbit/s→6Gbit/s，而且其接口非常小巧，排线也很细，有利于机箱内部空气流动从而加强散热效果，也使机箱内部显得不太凌乱。与并行 ATA 相比，SATA 还有一些优点，就是支持热插拔、传输速度快、执行效率高。SATA 接口如图 17-36 所示。

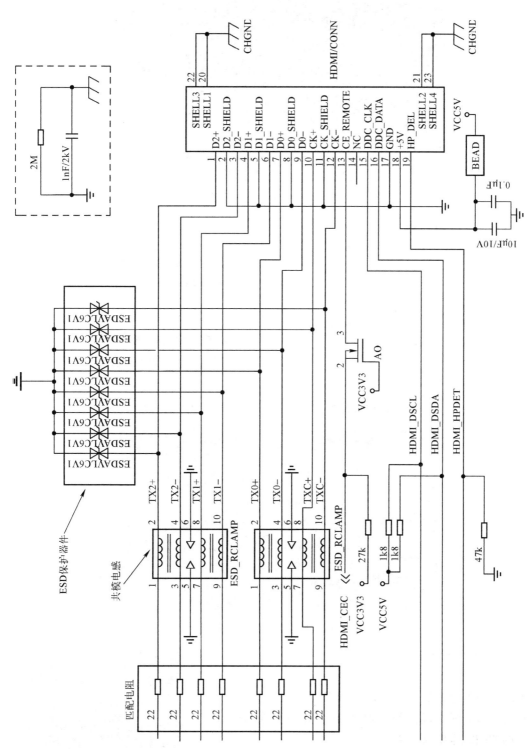

图 17-31　HDMI 典型应用电路

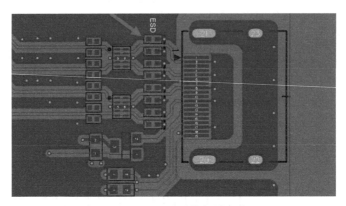

图 17-32　ESD 器件摆放示意

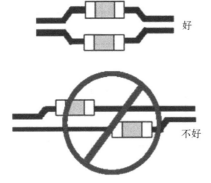

图 17-33　匹配电阻摆放示意

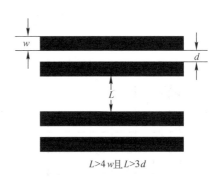

$L>4w$ 且 $L>3d$

图 17-34　差分线间距示意

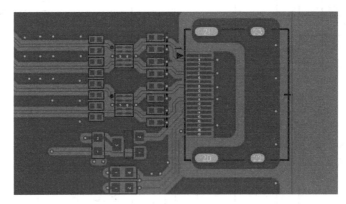

图 17-35　四对差分线之间的间距

SATA 接口设计要点如下：

- 尽量不打 VIA。
- 同一组差分线的长度误差为 5mil。
- 两组差分线之间的间距保持 4w，并与其他信号或灌铜的间距也要保证 4w。
- 优先邻近接地平面走线。
- 立体包地处理，走线远离时钟电路。

图 17-36　SATA 接口

SATA 典型应用电路如图 17-37 所示。

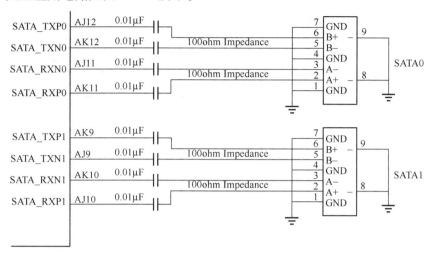

图 17-37　SATA 典型应用电路

SATA PCB 设计实例如图 17-38 所示。

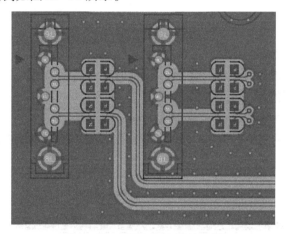

图 17-38　SATA PCB 设计实例

3. USB 接口

USB 用一个 4 针（USB3.0 标准为 9 针）的标准插头，采用菊花链形式可以把所有的外部设备连接起来，最多可以连接 127 个外部设备，并且不会损失带宽，如图 17-39 所示。

图 17-39　常见 USB 接口

USB 典型应用电路如图 17-40 所示。

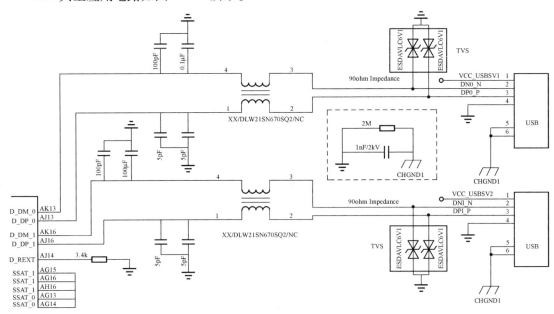

图 17-40   USB 典型应用电路

USB 接口设计要点如下：

◆ TVS 器件必须靠近插座放置，在 PCB 设计时要大面积接地。

◆ 布局保证信号流经 TVS 后再到共模电源。

◆ 差分线特性阻抗为 90W，等长误差为 5mil。

◆ 两组差分线之间的间距保持 4w，并与其他信号或灌铜的间距也要保证 47，如图 17-41 所示。

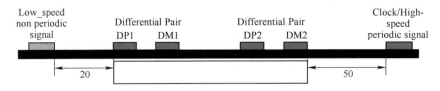

图 17-41   USB 布线间距

◆ 优先邻近接地平面走线。

USB PCB 设计实例如图 17-42 所示。

4. RCA 视频接口

RCA 俗称莲花头。它既可以用于音频信号，又可以用于普通的视频信号。常见 RCA 接口如图 17-43 所示。

RCA 布局、布线设计要求如下：

◆ TVS 器件必须靠近插座放置。

◆ 采用"一"字形或"L"形布局。

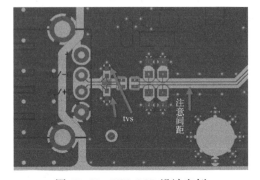

图 17-42   USB PCB 设计实例

◆ 布线加粗至 10mil，并且做包地处理。

RCA PCB 设计实例如图 17-44 所示。

图 17-43 RCA 接口

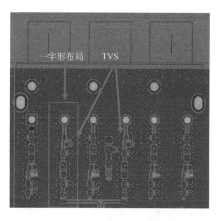

图 17-44 RCA PCB 设计实例

5. S – Video 接口

S – Video 引脚分别为 C、Y、YG、YC。常见 S – Video 接口如图 17-45 所示。

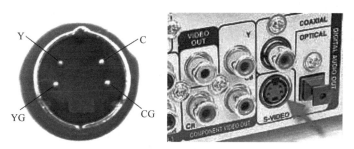

图 17-45 S – Video 接口

S – Video 典型应用电路如图 17-46 所示。

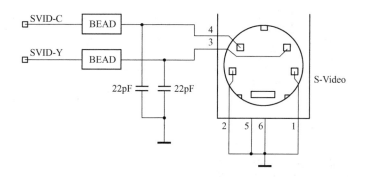

图 17-46 S – Video 典型应用电路

S – Video PCB 设计实例如图 17-47 所示。

6. 色差输入接口

色差输入接口管脚分别为 C、Y、YG、YC。常见 S – Video 接口如图 17-48 所示。

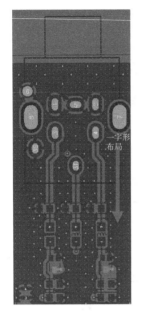

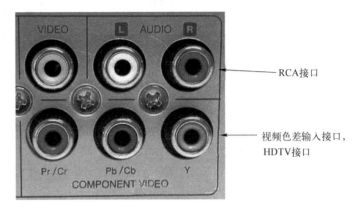

图 17-47　S – Video PCB 设计实例　　　　　　　　图 17-48　色差输入接口

色差输入接口典型应用电路如图 17-49 所示。

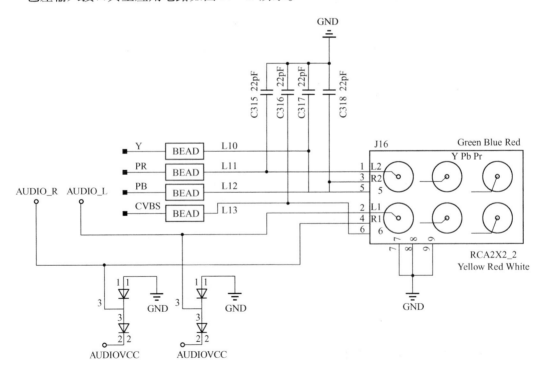

图 17-49　色差输入接口典型应用电路

色差输入接口 PCB 设计实例如图 17-50 所示。

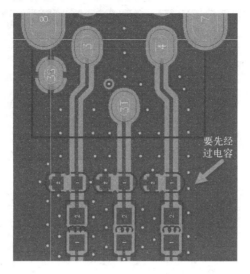

图 17-50 色差输入接口设计实例图

注意： 走线加粗至 10mil，并做立体包地处理。

7. 音频接口

音频接口如图 17-51 所示。

图 17-51 音频接口

音频接口典型应用电路如图 17-52 所示。

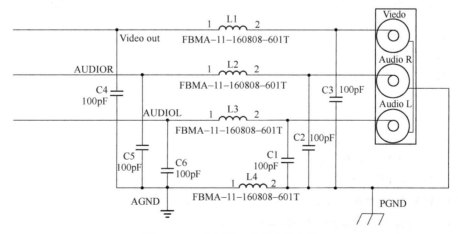

图 17-52 音频接口典型应用电路

音频接口 PCB 设计实例如图 17-53 所示。

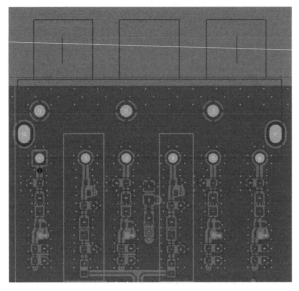

图 17-53　音频接口 PCB 设计实例

8. RJ-45 连接器

RJ-45 接口是一种只能沿固定方向插入并自动防止脱落的塑料接头，俗称"水晶头"，专业术语为 RJ-45 连接器（RJ-45 是一种网络接口规范）。常见 RJ-45 接口如图 17-54 所示。

RJ-45 接口引脚定义如图 17-55 所示。

图 17-54　RJ-45 接口

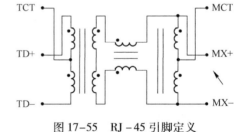

图 17-55　RJ-45 引脚定义

（1）TD+（发信号+）

（2）TD-（发信号-）

（3）TCT

（4）～（5）NC

（6）RCT \ MCT

（7）RD+ \ MX+（收信号+）

（8）RD- \ MX-（收信号-）

（9～12）LED 信号灯

（14～15）外壳地或固定脚

RJ-45 接口标准电路如图 17-56 所示。

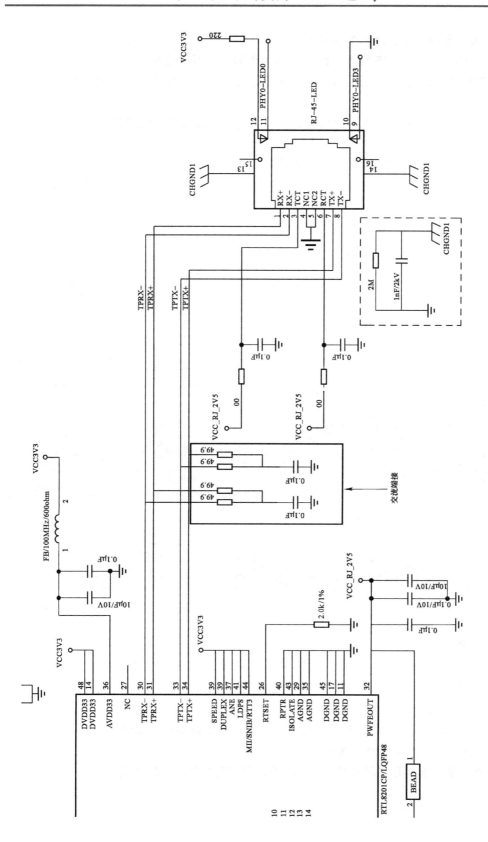

图 17-56 RJ-45 接口标准电路

RJ－45 接口布局、布线设计要求如下：

◆ 以太网芯片靠近 RJ－45 放置。两者之间的距离一般不超过 5inch。

◆ 交流端接器件放置在接收端，由于布局空间的限制，可以放在以太网芯片和 RJ－45 之间的中间位置。

◆ TX＋、TX－和 RX＋、RX－尽量走表层，这两组差分对之间的间距至少 4w 以上，对内的等长约束为 5mil，两组差分对之间不用等长。

外壳地与 GND 之间的桥接电容要靠近外壳地引脚放置，并且走线要做加粗处理。

◆ RJ－45 接口区域内做挖空处理。外壳地与 GND 之间的距离尽量做到 2mm 或最少 1mm 以上，如图 17-57 所示。

RJ－45 接口 PCB 设计实例如图 17-58 所示。

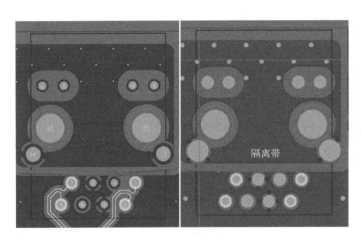
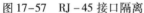
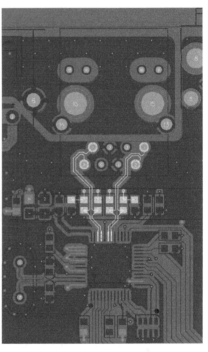

图 17-57　RJ－45 接口隔离　　　　　　　图 17-58　RJ－45 接口 PCB 设计实例

9. Mini－PCI 接口

目前使用 Mini－PCI 插槽的主要有内置的无线网卡、Model＋网卡、电视卡，以及一些多功能扩展卡等硬件设备。Mini－PCI 接口电路原理图和封装如图 17-59 所示。

Mini－PCI 接口 PCB 设计要求如下：

◆ Mini－PCI 除复位、中断和时钟信号外，其他数据线的布线长度要小于 1500mil。

◆ PCI 时钟信号长度要绕到 2500mil。

◆ 由于有长度要求，布局时要注意 Mini－PCI 接口与相关芯片的距离。

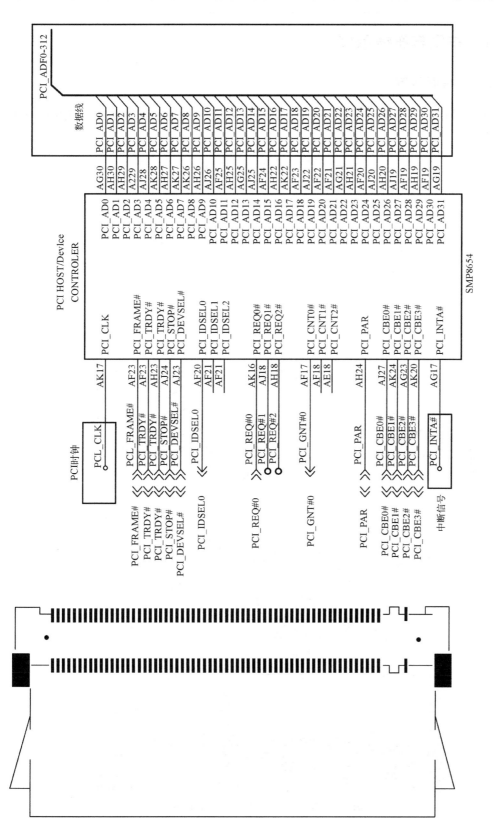

图 17-59　Mini-PCI 接口电路原理图和封装

17.4 布局与布线示例

17.4.1 布局示例

根据上述模块介绍与设计指导，以及安装结构需求，完成的 PCB 的布局如图 17-60 和图 17-61 所示。

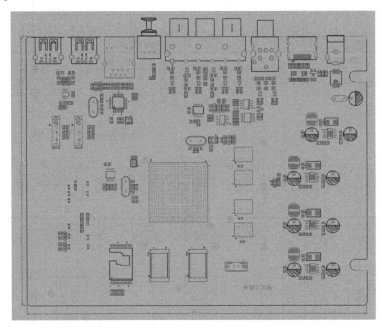

图 17-60　HDTV_Player PCB 布局图（Top 面）

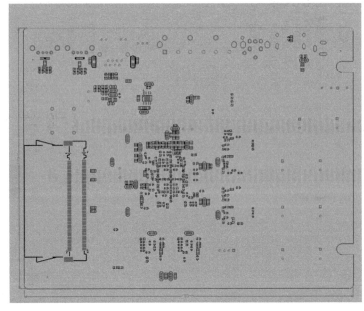

图 17-61　HDTV_Player PCB 布局图（Bottom 面）

请读者注意，布局是 PCB 设计中非常重要的环节，根据信号的流向与需求合理布局器件，是 PCB 性能的重要保障。

读者可以在随书附赠的光盘中打开 HDTV_Player_Placement 文件，仔细学习编者的布局方法，并尝试自己对该工程进行布局。

17.4.2　布线示例

PCB 根据需求布线完成后，每层的布线如图 17-62 至图 17-67 所示，读者可打开随书附赠的光盘，在 HDTV_Player_Done 中打开 PCB，逐一学习布线的精髓所在。

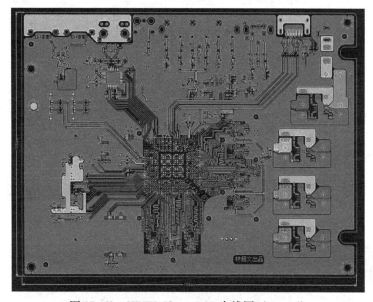

图 17-62　HDTV_Player PCB 布线图（Top 面）

图 17-63　HDTV_Player PCB 布线图（第二层）

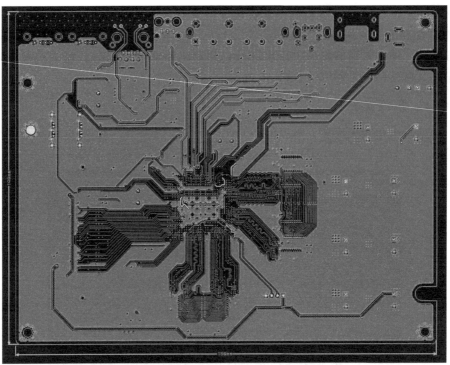

图 17-64　HDTV_Player PCB 布线图（第三层）

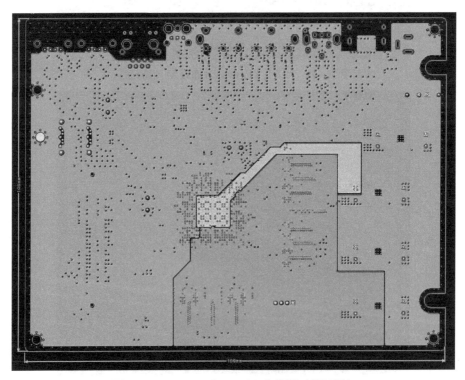

图 17-65　HDTV_Player PCB 布线图（第四层）

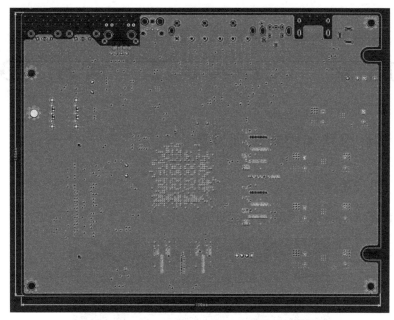

图 17-66 HDTV_Player PCB 布线图（第五层）

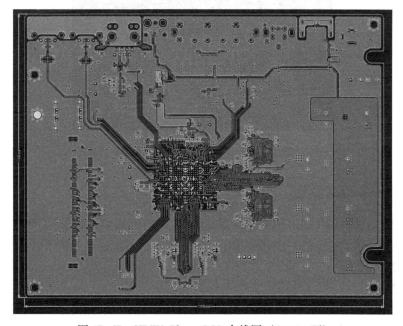

图 17-67 HDTV_Player PCB 布线图（Bottom 面）

17.5 本章小结

通过对 HDTV 各电路模块的介绍及 PCB 设计原则的示例，可以让读者熟悉 HDTV 产品特性及各电路模块的功能，知道如何在 PCB 设计阶段更好地进行布局和布线工作。该 HDTV _Player 中的两片与四片 DDR2 系统将在接下来的两章进行详细讲解。

第18章 设计实例2——两片DDR2

18.1 设计思路和约束规则设置

18.1.1 设计思路

两片DDR2的布线拓扑结构通常采用星形拓扑。星形拓扑示意如图18-1所示。

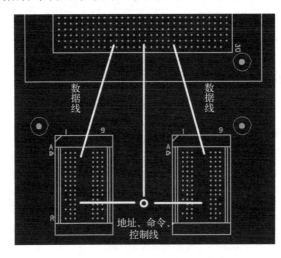

图18-1 星形拓扑示意

18.1.2 约束规则设置

在设计之前，我们需要先对DDR设置一系列的约束规则。执行菜单命令【Setup】-【Constraint Manager】，或者单击菜单栏中的"Constraint Manager"图标 。打开约束管理器，如图18-2所示。

1. 设置差分规则

首先根据差分线的特殊阻抗要求，一般都有特定的线宽和线间距。依次点开"Schemes"和"Master"，右键单击"Trace & Via Properties"，如图18-3所示，出现菜单，执行菜单命令【New Net Class】新建一组规则，可命名为"DIFF"，如图18-4所示。在该图右侧的圈中，可以设置差分线每层的线宽和差分对内间距。

2. 设置电源规则及分组

继续使用上述的方法，新建一个"POWER"的电源组，并设置好电源的通用线宽，如图18-5所示。

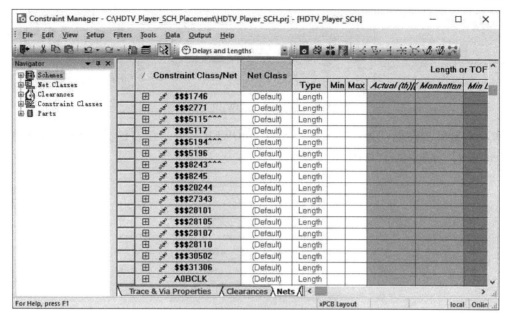

图 18-2 约束管理器

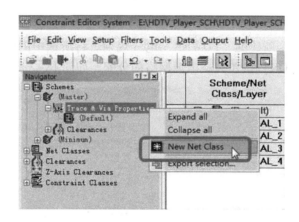

图 18-3 右键菜单

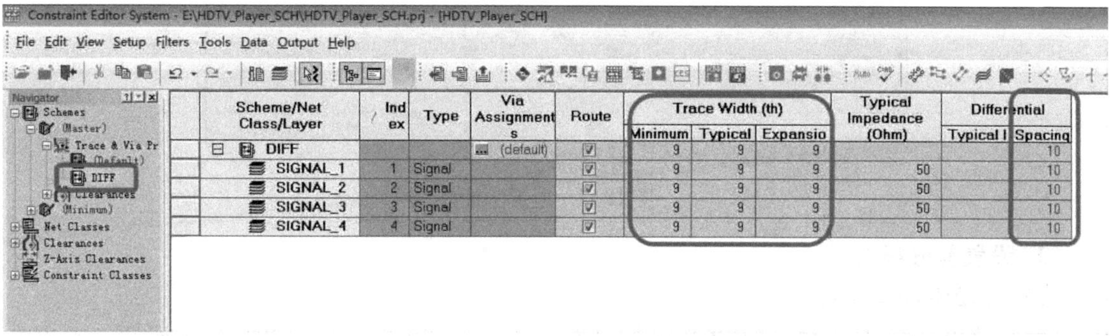

图 18-4 差分线宽及间距设置

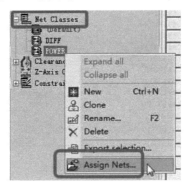

Scheme/Net Class/Layer	Index	Type	Via Assignments	Route	Trace Width (th)		
					Minimum	Typical	Expansio
⊟ POWER			(default)	☑	10	15	20
SIGNAL_1	1	Signal		☑	10	15	20
SIGNAL_2	2	Signal		☑	10	15	20
SIGNAL_3	3	Signal		☑	10	15	20
SIGNAL_4	4	Signal		☑	10	15	20

图 18-5　新建的"POWER"属性组

鼠标右键单击左侧"Net Classes"下的"POWER"组，在右键菜单中执行菜单命令【Assign Nets】分配网络，如图 18-6 所示。

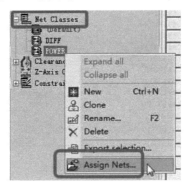

图 18-6　右键菜单

为电源网络指定这个新建的"POWER"电气规则。将所选中的电源网络移动到右侧的"POWER"中，单击【OK】按钮完成电源网络的分配，如图 18-7 所示。

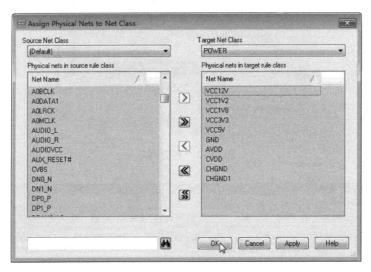

图 18-7　电源分配

3. 设置差分线对

1) 自动添加差分对

执行菜单命令【Edit】-【Diff Pairs】-【Auto Assign Diff Pairs】，如图 18-8 所示，或者单击菜单栏中的图标，弹出如图 18-9 所示的窗口。

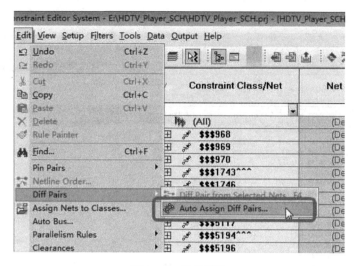

图 18-8 路径浏览

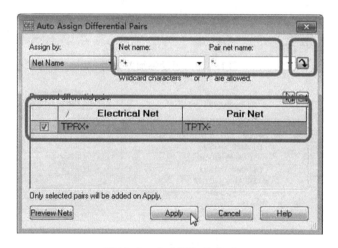

图 18-9 自动添加差分对

在"Net name"和"Pair net name"中，分别输入差分的特殊尾号，如常用的"＋"和"－"结尾、"N"和"P"结尾、"H"和"L"结尾等。特殊尾号的前面则以＊号代替，输入后，单击向下箭头，系统则会自动过滤出符合要求的差分网络，单击【Apply】按钮即可完成自动添加。如果在自动筛选时，误将"5V＋"和"5V－"这样的电源也过滤出来时，可以将图 18-9 中网络前的小勾去掉，即可剔除该网络。

2）手动添加差分对

如果某些差分系统无法自动识别，我们就必须手动来添加差分线，如图 18-10 所示。

如图 18-10 所示，以"DRAM0_DQS0 和 DRAM0_DQS0#"为例，一起选中两根网络后，单击鼠标右键，在右键菜单中，选择创建差分对命令【Creat Diff Pair】，或者直接单击创建差分图标，即可手动创建一对差分线，之后，还要在"Net Class"的下拉选项中，为已经是差分的网络，选择之前创建的"DIFF"属性，这样，所创建的差分，才会按照之前设定的线宽和间距布线，如图 18-11 所示。

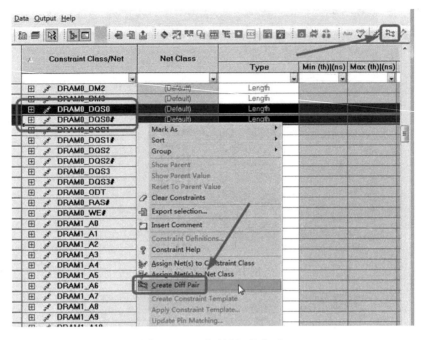

图 18-10　手动添加差分对

图 18-11　手动添加完成

4. 设置"Constraint Class"规则

接着，我们就要对 DDR2 的网络进行物理分类并归组。每片 DDR2 有两组数据线，分别为高位和低位。两片 DDR2 需要设置四组数据线的 Class。另外，将除数据线以外的时钟线、地址线、命令线全部设置为一组 Class，共需 5 组 Class。

5 组 Class 规则如下所示

- Data1_ 0 - 7：DRAM0_D0 ～ 7、DRAM0_DQS0、DRAM0_DQS0#、DRAM0_DM0。
- Data1_ 8 - 15：DRAM0_D8 ～ 15、DRAM0_DQS1、DRAM0_DQS1#、DRAM0_DM1。
- Data1_ 16 - 23：DRAM0_D16 ～ 23、DRAM0_DQS2、DRAM0_DQS2#、DRAM0_DM2。
- Data1_ 24 - 31：DRAM0_D24 ～ 31、DRAM0_DQS3、DRAM0_DQS3#、DRAM0_DM3。
- Addr1 _bus：DRAM0 _A0 ～ 13、DRAM0 _BA0 ～ 2、DRAM0 _WE #、DRAM0 _CS #、DRAM0 _ RAS #、DRAM0 _ CAS #、DRAM0 _ CLK、DRAM0 _ CLK #、DRAM0 _ CLKE、DRAM0_ODT。

（1）首先在"CM"界面中的"Constraint Classes"上，单击鼠标右键，执行菜单命令【New Constraint Class】新建约束归组，如图 18-12 所示。按照上述网络分组，依次建立相关的分组，如图 18-13 所示。

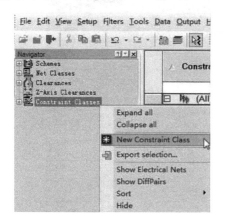

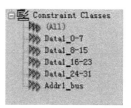

图 18-12　新建约束归组图　　　　　　　　　图 18-13　完成组的建立

（2）切换到 Xpedition PCB 界面，使用【Ctrl + F】组合键，或者单击查找图标。会调出"Find"对话框。在"Net"选项卡中，我们使用"Ctrl"命令，依次选中"Data1_0 – 7"中的 11 个网络。单击按钮【Apply】按钮，网络就会被选中如图 18-14 所示。

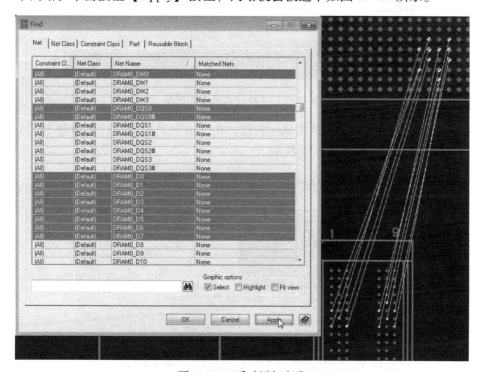

图 18-14　手动添加完成

（3）切换到"CM"界面，我们会发现，相关的网络也是处于被选中的状态，如图 18-15 所示。

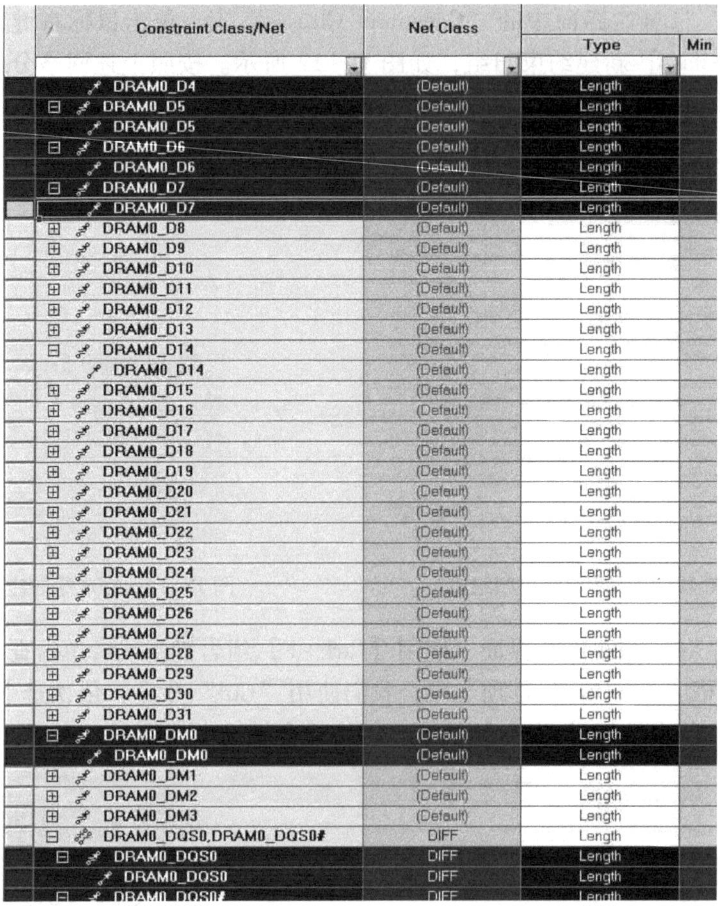

Constraint Class/Net	Net Class	Type	Min
DRAM0_D4	(Default)	Length	
⊟ DRAM0_D5	(Default)	Length	
DRAM0_D5	(Default)	Length	
⊟ DRAM0_D6	(Default)	Length	
DRAM0_D6	(Default)	Length	
⊟ DRAM0_D7	(Default)	Length	
DRAM0_D7	(Default)	Length	
⊞ DRAM0_D8	(Default)	Length	
⊞ DRAM0_D9	(Default)	Length	
⊞ DRAM0_D10	(Default)	Length	
⊞ DRAM0_D11	(Default)	Length	
⊞ DRAM0_D12	(Default)	Length	
⊞ DRAM0_D13	(Default)	Length	
⊟ DRAM0_D14	(Default)	Length	
DRAM0_D14	(Default)	Length	
⊞ DRAM0_D15	(Default)	Length	
⊞ DRAM0_D16	(Default)	Length	
⊞ DRAM0_D17	(Default)	Length	
⊞ DRAM0_D18	(Default)	Length	
⊞ DRAM0_D19	(Default)	Length	
⊞ DRAM0_D20	(Default)	Length	
⊞ DRAM0_D21	(Default)	Length	
⊞ DRAM0_D22	(Default)	Length	
⊞ DRAM0_D23	(Default)	Length	
⊞ DRAM0_D24	(Default)	Length	
⊞ DRAM0_D25	(Default)	Length	
⊞ DRAM0_D26	(Default)	Length	
⊞ DRAM0_D27	(Default)	Length	
⊞ DRAM0_D28	(Default)	Length	
⊞ DRAM0_D29	(Default)	Length	
⊞ DRAM0_D30	(Default)	Length	
⊞ DRAM0_D31	(Default)	Length	
⊟ DRAM0_DM0	(Default)	Length	
DRAM0_DM0	(Default)	Length	
DRAM0_DM1	(Default)	Length	
⊞ DRAM0_DM2	(Default)	Length	
⊞ DRAM0_DM3	(Default)	Length	
⊟ DRAM0_DQS0,DRAM0_DQS0#	DIFF	Length	
⊟ DRAM0_DQS0	DIFF	Length	
DRAM0_DQS0	DIFF	Length	
⊟ DRAM0_DQS0#	DIFF	Length	

图 18-15 CM 中被选中的网络

（4）在被选中的网络名处，单击鼠标右键，在弹出的菜单中执行菜单命令【Assign Net (s) to Constraint Class】，如图 18-16 所示。

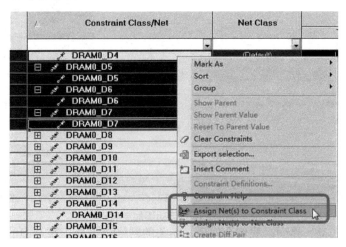

图 18-16 右键菜单

（5）软件会弹出选择分组的"Select Constraint Class"选项卡，选中"Data1 _0 – 7"组，单击【OK】按钮，如图 18–17 所示。

（6）单击左侧"Constraint Classes"下的"Data1_0 – 7"组，在界面右侧会显示出该组内的所有网络，如图 18–18 所示。到这，"Data1_0 – 7"组的网络就分配完成了。

（7）使用上述方法，完成两片 DDR2 五组网络的分配。

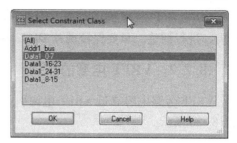

图 18–17　选择对应的分组

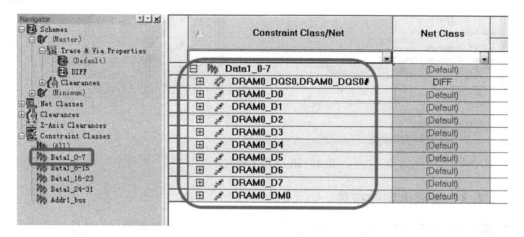

图 18–18　完成网络的归组

18.2　布局

18.2.1　两片 DDR2 的布局

两片 DDR2 与 CPU 的距离可以按照图 18–19 所示的进行放置。

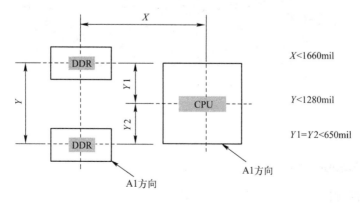

图 18–19　两片 DDR2 推荐布局距离

DDR2 和 BGA 之间的距离，不是一定的，可以根据自身设计的 PCB 尺寸和其他器件的布局，进行调整。只要保证两片 DDR2 横向放置并与 BGA 平行，且距离不要过大即可。

18.2.2　VREF 电容的布局

VREF 旁路电容靠近 VREF 电源引脚放置，放置在 Bottom 层，置于电源引脚的附近，如图 18-20 所示。

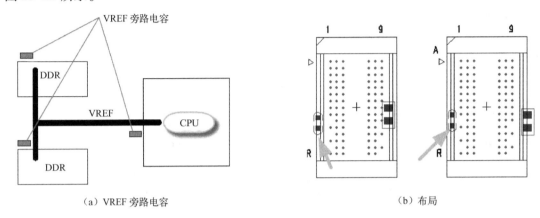

（a）VREF 旁路电容　　　　　　　　　　　　　（b）布局

图 18-20　VREF 电容的布局

18.2.3　去耦电容的布局

去耦电容靠近芯片的电源引脚放置，放置在 Bottom 层（放置前可将设计栅格设置为 0.2 或 0.4mm），如图 18-21 所示。

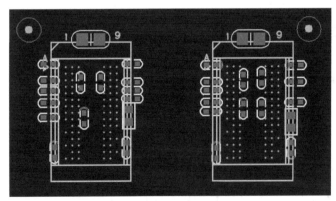

图 18-21　DDR2 及电容的布局

18.3　布线

18.3.1　Fanout 扇出

1. 设置区域规则

因为 DDR2 的 pin 脚间距为 0.8mm，所以这里我们需要使用小孔，对 DDR2 使用 8/16

过孔，即 8mil 孔径，16mil 盘径。局部使用，就必须新建区域规则。

切换到"CM"界面，鼠标右键单击"Schemes"，在右键菜单中，执行菜单命令【New Scheme】，然后命名为"0.8BGA"。展开"0.8BGA"后会发现，里面已经延续了之前在"Master"中的一套规则，如图 18-22 所示。

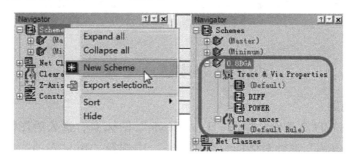

图 18-22　新建"0.8BGA"区域规则

因为本 PCB 设计，整板默认过孔为 8/18 过孔，所以"0.8BGA"区域规则内，过孔就要修改为小一些的 8/16 过孔。

打开"0.8BGA"中的"Default"规则，单击"Via Assignments"下的过孔修改，会弹出"Via Assignments"对话框，在"Net Class Via"下，将默认的 8/18 过孔，修改为 8/16，如图 18-23 所示。用同样的方法，将"0.8BGA"规则下"DIFF"和"POWER"的过孔也一起修改完成。

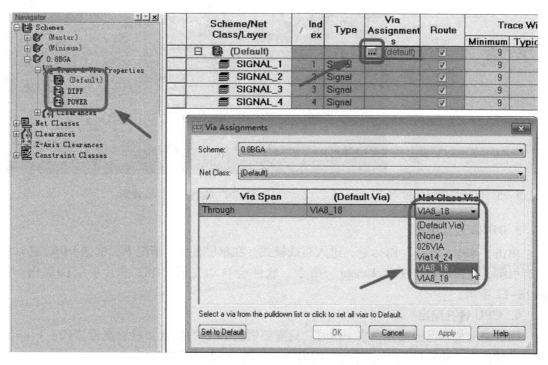

图 18-23　将默认过孔修改为 8/16 过孔

打开"0.8BGA"中的"ClearanCM"规则，设置通用的间距规则，如图18-24所示。

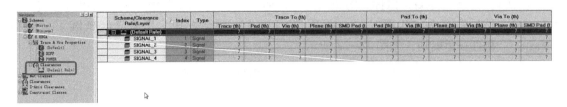

图18-24　区域规则的间距设置

2. 绘制区域规则

切换到 Xpedition PCB 界面，单击"Draw Mode"图标，进入绘图模式。在空白区域双击，调出"Properties"属性对话框，在"Type"中选择"Rule Area"区域规则。其他设置如图18-25所示的一样进行设置。

调整好属性后，在 DDR2 芯片开始绘制区域规则外形，如图18-26所示。

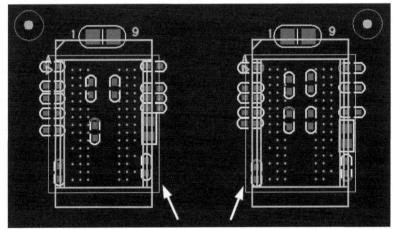

图18-25　区域规则对话框　　　　　图18-26　绘制好的区域规则

3. DDR2 过孔扇出

单击"Route Mode"图标，进入布线模式。在单层显示的情况下，框选 DDR2 芯片的所有引脚，然后执行"F2：Fanout"命令。软件会自动完成 DDR2 芯片的引脚扇出，如图18-27所示。

4. CPU 过孔扇出

因为之前规则已经设置完成。这时，只需要框选 CPU 的焊盘，然后执行"F2：Fanout"命令。软件会自动完成 CPU 芯片的引脚扇出，如图18-28所示。

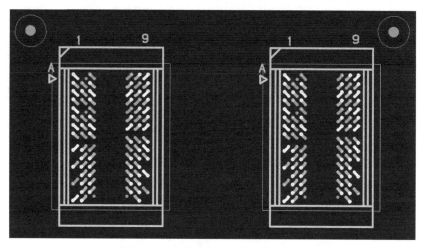

图 18-27　完成扇出的 DDR2 芯片

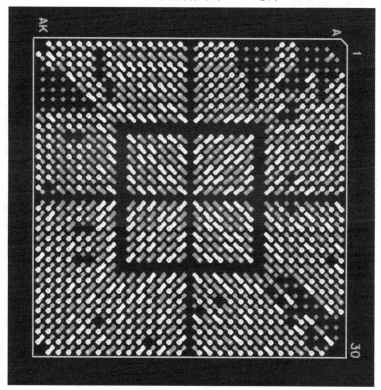

图 18-28　完成扇出的 CPU 芯片

18.3.2　DDR2 布线

由于地址、命令信号线与 CPU 之间的布线采用星形拓扑结构，因此需要保证从 CPU 到 B 点（也叫 T 点）再到两个 DDR2 之间的分支之间的走线长度相等，即所有的地址、命令线的总长度：AB + BC = AB + BD。如果我们在走线时，能够保证所有信号线的 BC 段长度和 BD 段长度相等，这样就可以减少绕等长的工作量了，如图 18-29 所示。

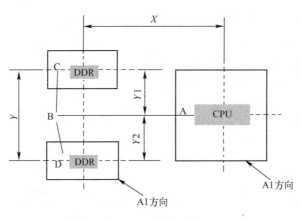

图 18-29　等长示意

1. "Addr1_bus" 组布线

首先将已经扇出的 DDR2 中 "Addr1_bus" 组的过孔用鼠标逐个选中之后，直接挪移，直到如图 18-30 所示的位置。

图 18-30　DDR2 的过孔引出

然后选择一个内布线层，将 "Addr1_bus" 组的线全部引出，布线到大概到两片 DDR2 的中间结点位置，这个结点位置，不用必须在最中间，只需要在大概的位置即可。布到中间后，双击鼠标左键，为每根线都放置下一个过孔，如图 18-31 所示。

> **注意**：该处的位置可以设置虚拟引脚，也可以不用设置，直接依靠过孔进行位置调整。

接着完成内层右半边 "Addr1_bus" 组的布线，如图 18-32 所示。

最后再完成 "Addr1_bus" 组中，CPU 到中间结点的布线，如图 18-33 所示。

2. "Data" 组布线

数据组的布线，简单了许多，只需要按照我们先前的分组，一组一组地连接上就可以了。但要注意的一点是，数据线的每一组尽量在同一层布完，如图 18-34 所示。

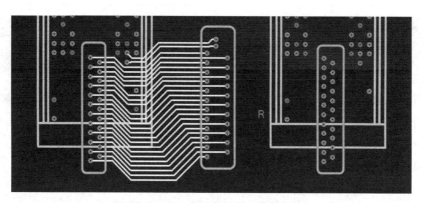

图 18-31　内层布线到中间位置

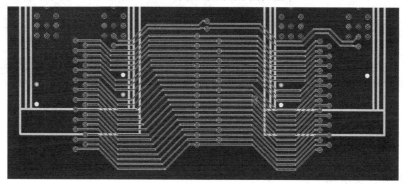

图 18-32　内层布线完成

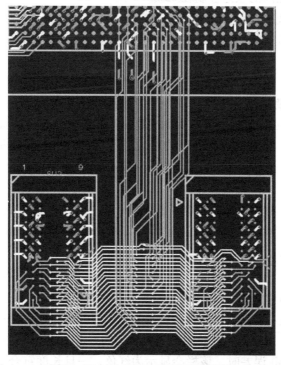

图 18-33　"Addr1_bus"组布线完成

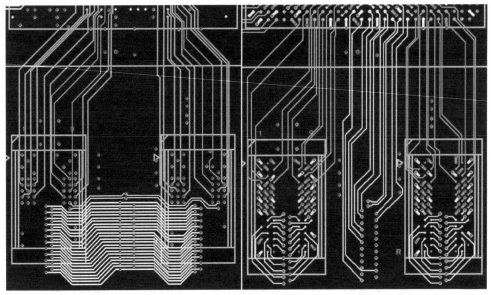

图 18-34 "Data"组布线完成

18.4 等长

该实例的等长要求如下：

（1）四组数据线之间的误差控制在 25mil

（2）地址、命令线根据时钟线的长度做等长，它们之间的误差控制在 200mil。

（3）数据组和地址组的误差控制在 500mil 之内，这个可以不设置，手动查看即可。

18.4.1 等长设置

1. 数据组的等长设置

切换至"CM"界面，鼠标单击左侧的"Data1_0－7"组，主界面就会显示出该组所包含的所有网络。在显示状态下拉菜单中，我们选择"Delays and Lengths"延迟和长度，这样一来，在主界面繁杂的选项当中，就会只显示我们做等长需要用到的信息，界面也会简洁一些，如图 18-35 所示。

网络的等长设置之前我们也详细地讲解过，有 3 种模式，分别是最大最小值、"Match"和公式。这里我们就选择最简单的"Match"来约束等长规则。给"Data1_0－7"组的"Match"命名为"Data1_1"，误差为 25mil，如图 18-36 所示。

执行菜单命令【Data】-【Actuals】-【Update All】，如图 18-37 所示。或者单击菜单栏中的图标 ，刷新所有网络的长度数据。

刷新后的网络长度，"Delta"栏中，显示为 0 的，就是"Data1_0－7"组中长度最长的网络，其他网络的值，意思为和最长网络长度之间的差值，软件会使用红色为警示色进行提示，如差值不满足 20mil 误差时，该栏会显示为红色，一旦长度符合要求，警示颜色会自动消除，如图 18-38 中"Delta"栏的深色。

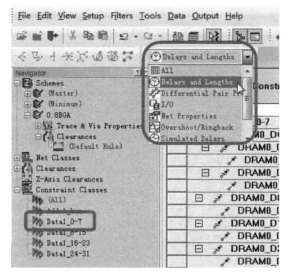

图 18-35　显示延迟和长度模式

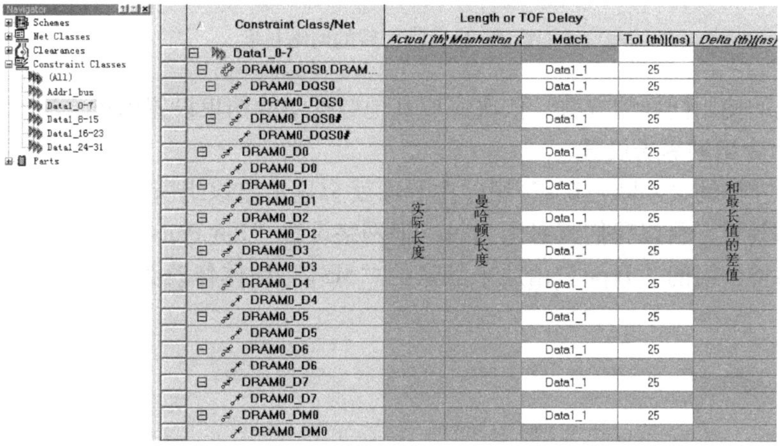

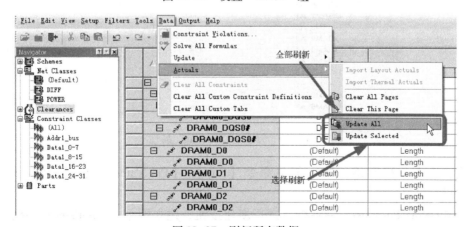

图 18-36　设置"Match"组

图 18-37　刷新所有数据

	Constraint Class/Net	Length or TOF Delay		Match	Tol (th)](ns)	Delta (th)](ns)
		Actual (th)	Manhattan (			
⊟	Data1_0-7					
⊟	DRAM0_DQS0,DRAM...			Data1_1	25	
⊟	DRAM0_DQS0	1,098.471	1,187.397	Data1_1	25	789.383
	DRAM0_DQS0	1,098.471	1,187.397			
	DRAM0_DQS0#	1,052.226	1,085.035	Data1_1	25	235.627
	DRAM0_DQS0#	1,052.226	1,085.035			
⊟	DRAM0_D0	1,200.509	1,344.878	Data1_1	25	87.344
	DRAM0_D0	1,200.509	1,344.878			
⊟	DRAM0_D1	1,215.586	1,376.374	Data1_1	25	72.267
	DRAM0_D1	1,215.586	1,376.374			
⊟	DRAM0_D2	1,247.41	1,329.13	Data1_1	25	40.443
	DRAM0_D2	1,247.41	1,329.13			
⊟	DRAM0_D3	1,243.637	1,376.374	Data1_1	25	44.216
	DRAM0_D3	1,243.637	1,376.374			
⊟	DRAM0_D4	1,225.964	1,360.626	Data1_1	25	61.889
	DRAM0_D4	1,225.964	1,360.626			
⊟	DRAM0_D5	1,197.419	1,305.507	Data1_1	25	90.435
	DRAM0_D5	1,197.419	1,305.507			
⊟	DRAM0_D6	1,287.853	1,455.114	Data1_1	25	0
	DRAM0_D6	1,287.853	1,455.114			
⊟	DRAM0_D7	1,088.015	1,203.145	Data1_1	25	199.839
	DRAM0_D7	1,088.015	1,203.145			
⊟	DRAM0_DM0	1,217.77	1,352.752	Data1_1	25	70.083
	DRAM0_DM0	1,217.77	1,352.752			

图 18-38　刷新后的网络长度

之后，我们使用同样的方法，依次完成其他数据组的约束设置即可。

2. 地址命令组的等长设置

鼠标单击左侧的"Addr1_bus"组，主界面就会显示出该组所包含的所有网络。因为这一组需要 T 型等长，所以我们就必须为每一根网络设置"Pin Pairs"。

首先，将整个组的"Type"由原来默认的"MST"整体修改为"Custom"，如图 18-39所示。

	Constraint Class/Net	Template		Top
		Name	Status	Type
⊟	Addr1_bus	(None)		MST
⊞	DRAM0_A0	(None)		MST
⊞	DRAM0_A1	(None)		Chained
⊞	DRAM0_A2	(None)		TShape
⊞	DRAM0_A3	(None)		HTree
⊞	DRAM0_A4	(None)		Star
⊞	DRAM0_A5	(None)		Custom
⊞	DRAM0_A6	(None)		Complex
⊞	DRAM0_A7	(None)		MST
⊞	DRAM0_A8	(None)		MST
⊞	DRAM0_A9	(None)		MST
⊞	DRAM0_A10	(None)		MST

图 18-39　修改为"Custom"属性

其次，选中一根网络，执行菜单命令【Edit】-【Pin Pairs】-【Ddd Pin Pairs】，如图 18-40所示。

弹出"Define Pin Pairs"对话框，选择新建按钮，建立两个"Pin Pairs"，分别是 CPU到两片 DDR2 的线段，如图 18-41 所示。

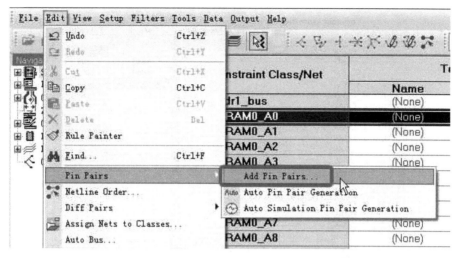

图 18-40　新建 "Pin Pairs"

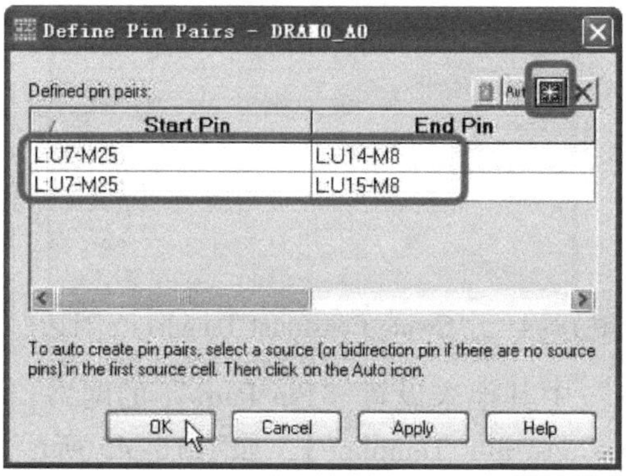

图 18-41　新建 "Pin Pairs"

展开网络 "DRAM0_A0"，为两段 "Pin Pairs" 添加同一组 "Match"，误差为 200mil，如图 18-42 所示。

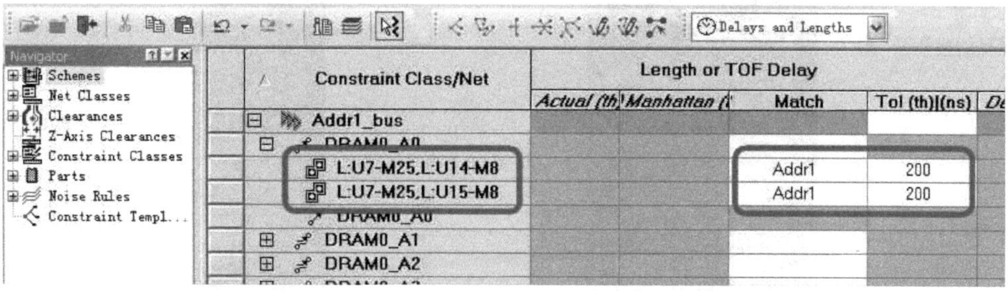

图 18-42　为 "Addr1_bus" 添加 "Match"

右键单击网络 "DRAM0_A0"，执行菜单命令【Create Constraint Template】，如图 18-43 所示。

在弹出的对话框中，为模板起一个名字，单击【OK】按钮即可，如图 18-44 所示。

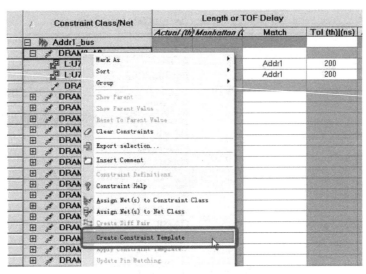

图 18-43　创建约束模板

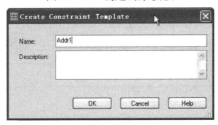

图 18-44　"Create Constraint Template" 对话框

全部选中"Addr1_bus"中其他未设置"Pin Pairs"的网络，单击鼠标右键，在弹出菜单中执行菜单命令【Apply Constraint Template】，如图 18-45 所示。

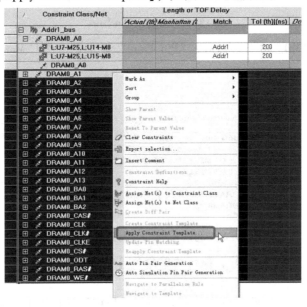

图 18-45　应用约束模板

在弹出的对话框中，选择之前新建的模板"Addr1"，如图 18-46 所示。

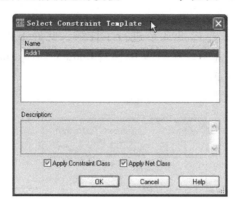

图 18-46　"Select Constraint Template"对话框

这样一来，就不用每根网络都去烦琐地设置了，使用模板，可以简单高效地完成一组网络设置工作，如图 18-47 所示。

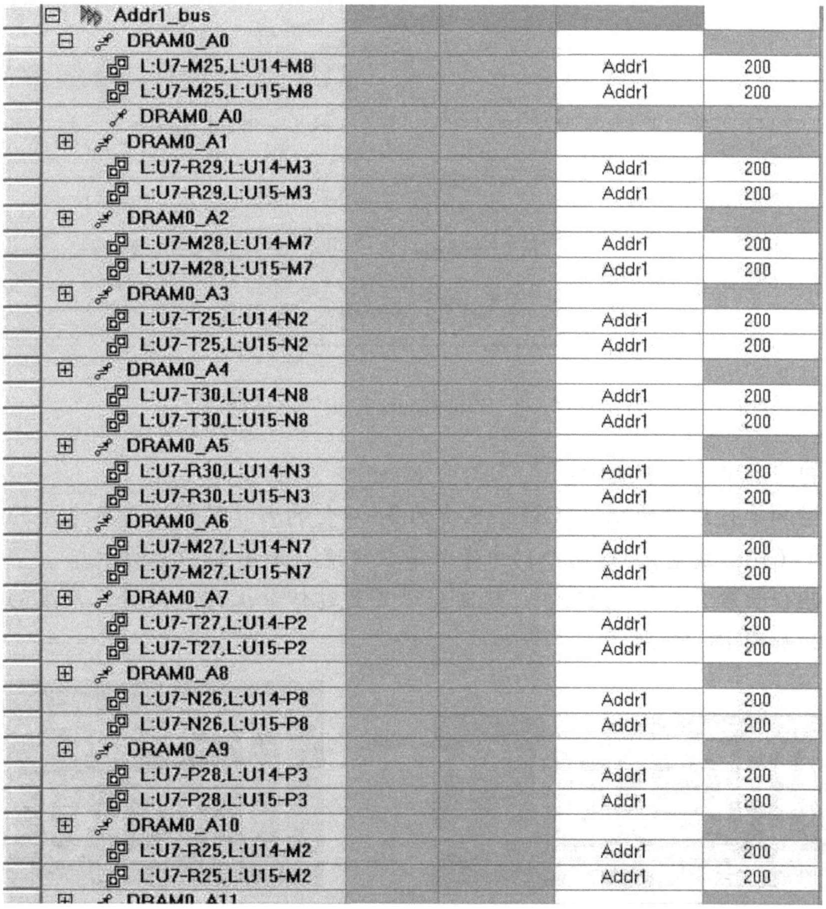

⊟ 🏴 Addr1_bus				
⊟ 🔑 DRAM0_A0				
🔲 L:U7-M25,L:U14-M8			Addr1	200
🔲 L:U7-M25,L:U15-M8			Addr1	200
🖋 DRAM0_A0				
⊞ 🔑 DRAM0_A1				
🔲 L:U7-R29,L:U14-M3			Addr1	200
🔲 L:U7-R29,L:U15-M3			Addr1	200
⊞ 🔑 DRAM0_A2				
🔲 L:U7-M28,L:U14-M7			Addr1	200
🔲 L:U7-M28,L:U15-M7			Addr1	200
⊞ 🔑 DRAM0_A3				
🔲 L:U7-T25,L:U14-N2			Addr1	200
🔲 L:U7-T25,L:U15-N2			Addr1	200
⊞ 🔑 DRAM0_A4				
🔲 L:U7-T30,L:U14-N8			Addr1	200
🔲 L:U7-T30,L:U15-N8			Addr1	200
⊞ 🔑 DRAM0_A5				
🔲 L:U7-R30,L:U14-N3			Addr1	200
🔲 L:U7-R30,L:U15-N3			Addr1	200
⊞ 🔑 DRAM0_A6				
🔲 L:U7-M27,L:U14-N7			Addr1	200
🔲 L:U7-M27,L:U15-N7			Addr1	200
⊞ 🔑 DRAM0_A7				
🔲 L:U7-T27,L:U14-P2			Addr1	200
🔲 L:U7-T27,L:U15-P2			Addr1	200
⊞ 🔑 DRAM0_A8				
🔲 L:U7-N26,L:U14-P8			Addr1	200
🔲 L:U7-N26,L:U15-P8			Addr1	200
⊞ 🔑 DRAM0_A9				
🔲 L:U7-P28,L:U14-P3			Addr1	200
🔲 L:U7-P28,L:U15-P3			Addr1	200
⊞ 🔑 DRAM0_A10				
🔲 L:U7-R25,L:U14-M2			Addr1	200
🔲 L:U7-R25,L:U15-M2			Addr1	200
⊞ 🖋 DRAM0_A11				

图 18-47　模板应用完成

18.4.2 等长绕线

【绕等长线的方法，本书第 12.3.2 节进行了详解，此处不再赘述，不过此处编者针对【Interactive Tune】命令进行说明。执行菜单栏【Route】－【Tune Routes】－【Interactive Tune】，设置界面如图 18-48 所示。

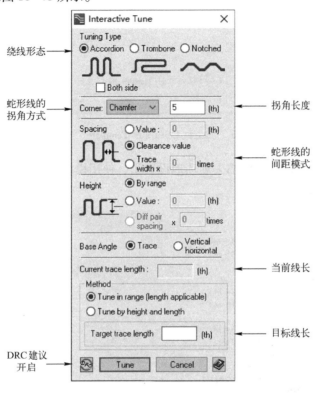

图 18-48 "Interactive Tune" 对话框

蛇形线的注意事项如下所示：

➢ 尽量增加平行线段的距离（S），至少为 3~4 倍的 H（蛇形线与参考层的间距），2~3 倍 W（蛇形线宽），这两个约束条件取较大者，如图 18-49 所示

➢ 减小耦合长度 L_p，当两倍的 L_p 延时接近或超过信号上升时间时，产生的串扰将达到饱和，如图 18-50 所示

图 18-49 推荐 3W 以上

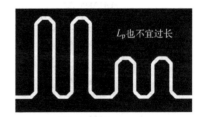

图 18-50 L_p 不宜过长

具体的使用细节，我们在第 12 章的绕线中，已经有详细的讲解，大家可以参照。等长绕线完成后的效果，如图 18-51 和图 18-52 所示。

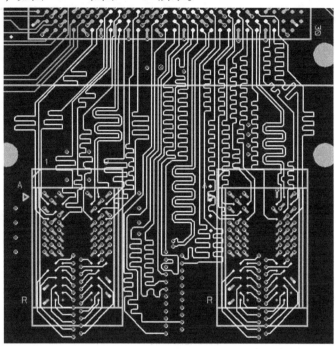

图 18-51　Top 层完成的等长处理

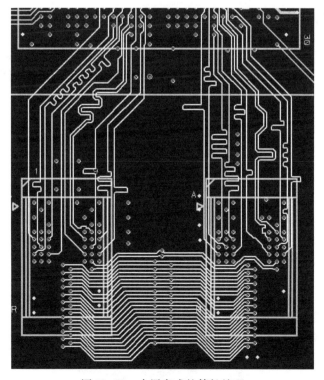

图 18-52　内层完成的等长处理

最后在"CM"界面中，在整体刷新一遍数据，确保没有报警出现，如图 18-53 所示。其他组我们就不一一列举了。

Constraint Class/Net	Length or TOF Delay				
	Actual (th)	Manhattan (t	Match	Tol (th)|(ns)	Delta (th)|(ns)
⊟ ≫ **Data1_0-7**					
⊟ ⚡ DRAM0_DQS0,DRAM...			Data1_1	25	
⊟ ⚡ DRAM0_DQS0	1,301.43	1,187.397	Data1_1	25	.052
⚡ DRAM0_DQS0	1,301.43	1,187.397			
⊟ ⚡ DRAM0_DQS0#	1,301.43	1,085.035	Data1_1	25	.052
⚡ DRAM0_DQS0#	1,301.43	1,085.035			
⊟ ⚡ DRAM0_D0	1,301.43	1,344.878	Data1_1	25	.052
⚡ DRAM0_D0	1,301.43	1,344.878			
⊟ ⚡ DRAM0_D1	1,284.33	1,376.374	Data1_1	25	17.153
⚡ DRAM0_D1	1,284.33	1,376.374			
⊟ ⚡ DRAM0_D2	1,294.859	1,329.13	Data1_1	25	6.624
⚡ DRAM0_D2	1,294.859	1,329.13			
⊟ ⚡ DRAM0_D3	1,301.005	1,376.374	Data1_1	25	.478
⚡ DRAM0_D3	1,301.005	1,376.374			
⊟ ⚡ DRAM0_D4	1,301.483	1,360.626	Data1_1	25	0
⚡ DRAM0_D4	1,301.483	1,360.626			
⊟ ⚡ DRAM0_D5	1,301.431	1,305.507	Data1_1	25	.052
⚡ DRAM0_D5	1,301.431	1,305.507			
⊟ ⚡ DRAM0_D6	1,301.431	1,455.114	Data1_1	25	.052
⚡ DRAM0_D6	1,301.431	1,455.114			
⊟ ⚡ DRAM0_D7	1,301.43	1,203.145	Data1_1	25	.052
⚡ DRAM0_D7	1,301.43	1,203.145			
⊟ ⚡ DRAM0_DM0	1,301.426	1,352.752	Data1_1	25	.056
⚡ DRAM0_DM0	1,301.426	1,352.752			

图 18-53　等长处理完后的"CM"约束管理器

18.5　本章小结

本章详细讲解两片 DDR2 的设计思路、布局、布线和等长的全过程。读者应熟悉 Mentor Xpedition PCB 的使用、DDR2 的等长处理及技巧，以及检查等长数据操作等内容。

第 19 章 设计实例 3——四片 DDR2

19.1 设计思路和约束规则设置

19.1.1 设计思路

四片 DDR2 的布线拓扑结构通常采用星形拓扑，星形拓扑示意如图 19-1 所示。

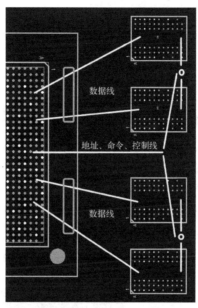

图 19-1　星形拓扑示意

19.1.2 约束规则设置

在设计之前，我们需要先对 DDR 设置一系列的约束规则。四片 DDR2 的约束与两片 DDR2 相比，多出了 2 组数据线，而时钟、地址与控制线共用，因此需要在命名上加以区别，即使用 "DRAM1" 与 "DATA2" 前缀（与上一节的 "DRAM0、DATA1" 前缀区别开来）。

四片 DDR2 的差分与电源约束和 DDR2 设置方法相同，读者可参考第 18 章的相关内容进行设置，在此不再赘述。

在对四片 DDR2 的网络进行物理分类并归组时，与两片 DDR2 有所区别。这次四片 DDR2 所选用芯片，数据只有 8 位，即每片 DDR2 只有一组数据线，分别为一组高位和一组低位。四片 DDR2 需要设置四组数据线的 Class。另外将除数据线以外的时钟线、地址线、命令线全部设置为一组 Class，共需 5 组 Class。

5 组 Class 规则如下所示。

- DATA2_0 – 7：DRAM1_D0 ~ 7、DRAM1_DQS0、DRAM1_DQS0#、DRAM1_DM0。

- DATA2_8 – 15：DRAM1_D8 ~ 15、DRAM1_DQS1、DRAM1_DQS1#、DRAM1_DM1。

- DATA2_16 – 23：DRAM1_D16 ~ 23、DRAM1_DQS2、DRAM1_DQS2#、DRAM1_DM2。

- DATA2_24 – 31：DRAM1_D24 ~ 31、DRAM1_DQS3、DRAM1_DQS3#、DRAM1_DM3。

- ADDR2_BUS：DRAM1 _A0 ~ 13、DRAM0 _BA1 ~ 2、DRAM1 _WE #、DRAM1 _CS #、DRAM1 _RAS #、DRAM1 _CAS #、DRAM1 _CLK、DRAM1 _CLK #、DRAM1 _CLKE、DRAM1_ODT。

（1）首先在"CM"界面中的"Constraint Classes"上，单击鼠标右键，弹出选项，执行菜单命令【New Constraint Class】新建约束归组，如图 19-2 所示。按照上述网络分组，依次建立相关的分组，如图 19-3 所示。

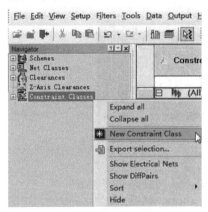

图 19-2　新建约束归组图　　　　　　　图 19-3　完成组的建立

（2）切换到 Xpedition PCB 界面，使用【Ctrl + F】组合键，或者单击查找图标。会调出"Find"对话框。在"Net"选项卡中，我们使用"Ctrl"命令，依次选中"Data2_0 – 7"中的 11 个网络。单击【Apply】按钮，网络就会被选中，如图 19-4 所示。

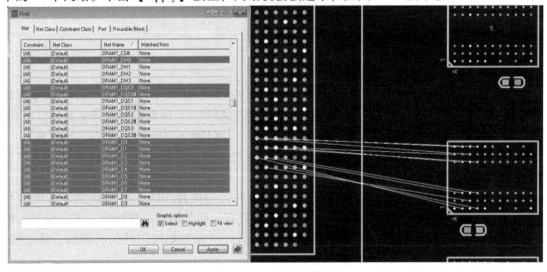

图 19-4　手动添加完成

（3）切换到"CM"界面，我们会发现，相关的网络也是处于被选中的状态，如图 19-5 所示。

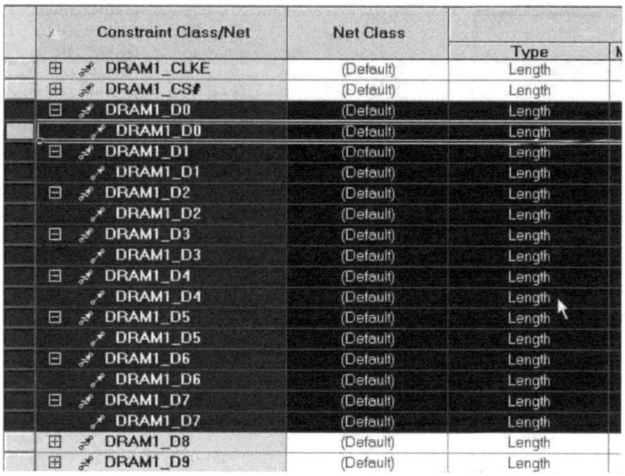

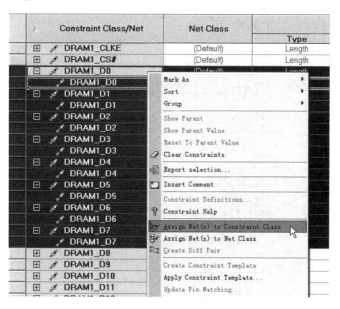

图 19-5　CM 中被选中的网络

（4）在被选中的网络名处，单击鼠标右键，在弹出的菜单中执行菜单命令【Assign Net (s) to Constraint Class】，如图 19-6 所示。

图 19-6　右键菜单

（5）软件会弹出选择分组的"Select Constraint Class"选项卡，选中"Data2_0－7"组，单击【OK】按钮，如图 19-7 所示。

（6）单击左侧"Constraint Classes"下的"Data2_0－7"组，在界面右侧会显示出该组内的所有网络，如图 19-8 所示，到这里，"Data2_0－7"组的网络就分配完成了。

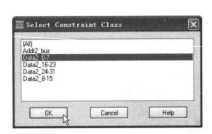

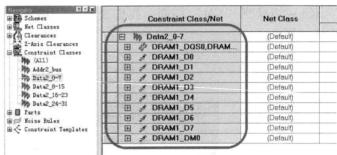

图 19-7　选择对应的分组　　　　　　图 19-8　完成网络的约束类归组

（7）使用上述方法，完成四片 DDR2 的 5 组网络的约束类分配。

19.2　布局

19.2.1　四片 DDR2 的布局

四片 DDR2 与 CPU 的距离可以按照图 19-9 所示的进行放置。

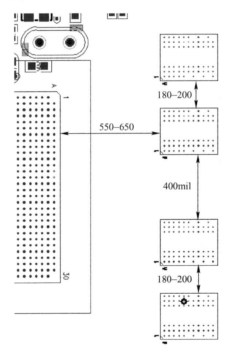

图 19-9　四片 DDR2 推荐布局距离

DDR2 和 BGA 之间的距离，不是一定的，可以根据自身设计的 PCB 尺寸和其他器件的布局进行调整。只要保证四片 DDR2 纵向放置并与 BGA 平行，且距离不要过大即可。

19.2.2 VREF 电容的布局

VREF 旁路电容靠近 VREF 电源引脚放置，放置在 Bottom 层，置于电源引脚的附近，如图 19-10 所示。

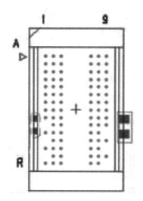

图 19-10 VREF 电容的布局

19.2.3 去耦电容的布局

去耦电容靠近芯片的电源引脚放置，放置在 Bottom 层（放置前可将设计栅格设置为 0.2 或 0.4mm），如图 19-11 所示。

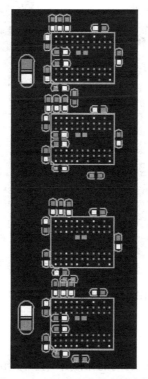

图 19-11 DDR2 及电容的布局

19.3 布线

19.3.1 Fanout 扇出

请读者根据第18章内容设置好扇出过孔与规则区域，调整好后，在 DDR2 芯片开始绘制区域规则外形，如图 19-12 所示。单击"Route Mode"图标 ✗，进入布线模式。在单层显示的情况下，框选住 DDR2 芯片的所有引脚，然后执行"F2：Fanout"命令。软件会自动完成 DDR2 芯片的引脚扇出，如图 19-13 所示。

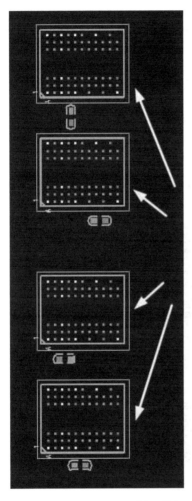

图 19-12　绘制好的区域规则图

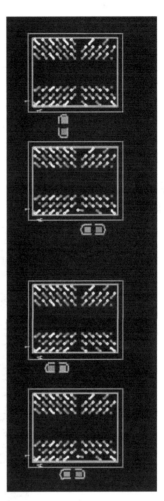

图 19-13　完成扇出的 DDR2 芯片

19.3.2 DDR2 布线

由于地址、命令信号线与 CPU 之间的布线采用星形拓扑结构，因此需要保证从 CPU 到中间结点，再到两侧的分结点，最后连到四个 DDR2 之间的分支之间的走线长度相等，如图 19-14所示。

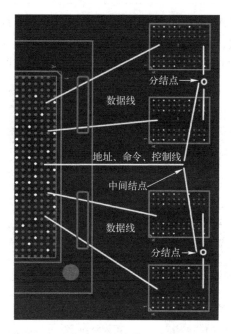

图 19-14 布线示意

1. "Addr1_bus" 组布线

首先，我们可以将四片 DDR2 看作两个两片 DDR2，分别完成各自两片之间的地址线。在已经扇出的 DDR2 中"Addr2_bus"组的过孔，用鼠标逐个选中之后，直接挪移，直到分结点的位置，然后选择一个内布线层，将"Addr2_bus"组的线全部引出，布线到大概到两片 DDR2 的分结点位置，这个结点位置，不用必须在最中间，只需要在大概的位置即可。布到中间后，双击鼠标左键，为每根线都放置下一个过孔，如图 19-15 所示。

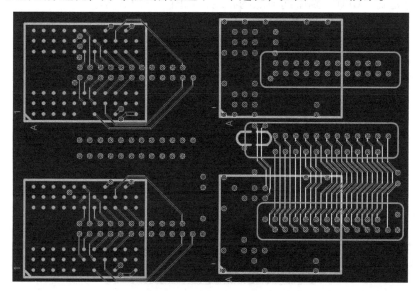

图 19-15 内层布线到中间位置

接着完成内层上半边"Addr2_bus"组的布线,如图 19-16 所示。

然后,使用同样的方法,完成另一个两片 DDR2 的地址线,如图 19-17 所示。

再完成"Addr2_bus"组中,分结点到中间结点的布线,如图 19-18 所示。

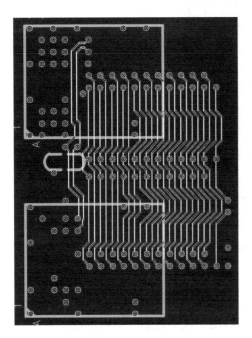

图 19-16 内层布线完成

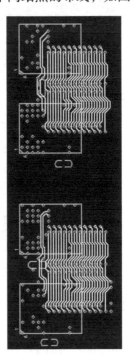

图 19-17 分别完成上下
两组地址的引出

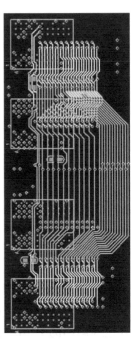

图 19-18 分结点到中间
结点的布线

最后,再完成"CPU"到中间节点的布线,如图 19-19 所示。

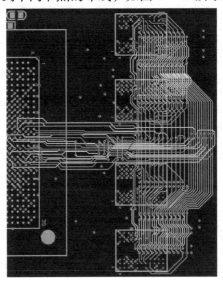

图 19-19 "Addr2_bus"组布线完成

2. "Data"组布线

数据组的布线，就相对简单了许多，只需要按照我们先前的分组，一组一组地连接上，就可以了。这里，我们就不多做介绍了。但要注意的一点是，数据线的每一组尽量在同一层布完，如图 19-20 所示。

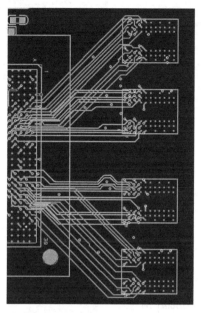

图 19-20 "Data"组布线完成

19.4 等长

该实例的等长要求如下：

（1）四组数据线之间的误差控制在 25mil；

（2）地址、命令线根据时钟线的长度做等长，它们之间的误差控制在 200mil。

19.4.1 等长设置

1. 数据组的等长设置

切换至"CM"界面，鼠标单击左侧的"Data2_0－7"组，主界面就会显示出该组所包含的所有网络。在显示状态下拉菜单中，我们选择"Delays and Lengths"延迟和长度，这样一来，在主界面繁杂的选项当中，就会只显示我们做等长需要用到的信息，界面也会简洁一些，如图 19-21 所示。

网络的等长设置之前我们也详细讲解过，有 3 种模式，分别是：最大最小值、"Match"和公式。这里我们就选择最简单的"Match"来约束等长规则。给"Data1_0－7"组的"Match"命名为"Data1_1"，误差为 25mil，如图 19-22 所示。

执行菜单命令【Data】–【Actuals】–【Update All】，如图 19-23 所示。或者单击菜单栏中的图标 ，刷新所有网络的长度数据。

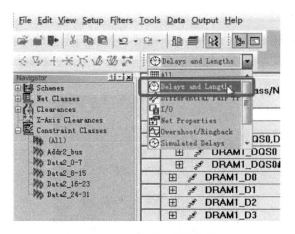

图 19-21　显示延迟和长度模式

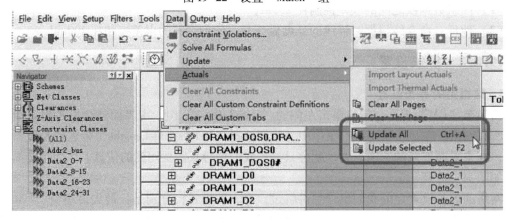

图 19-22　设置"Match"组

图 19-23　刷新所有数据

　　刷新后的网络长度，"Delta"栏中，显示为 0 的，就是这"Data2_0－7"组中长度最长的网络，其他网络的值，意思为和最长网络的长度之间的差值，软件会使用红色为警示色进

行提示，如差值不满足 20mil 误差时，该栏会显示为红色，一旦长度符合要求，警示颜色会
自动消除，如图 19-24 中 "Delta" 栏的深色。

Constraint Class/Net	Length or TOF Delay		Match	Tol (th)|(n	Delta (th)|(ns)	Range (th)|
	Actual (th)|(	Manhatta				
⊞ ▶ Data2_0-7						
⊟ ♪ DRAM1_DQS0,DRA...			Data2_1	25		
⊟ ♪ DRAM1_DQS0	759.525	791.212	Data2_1	25	234.507	716.774.994.
♪ DRAM1_DQS0	759.525	791.212				
⊟ ♪ DRAM1_DQS0#	716.774	688.85	Data2_1	25	277.258	716.774.994.
♪ DRAM1_DQS0#	716.774	688.85				
⊟ ♪ DRAM1_D0	994.032	948.693		25	0	716.774.994.
♪ DRAM1_D0	994.032	948.693				
⊟ ♪ DRAM1_D1	902.976	980.189	Data2_1	25	91.176	716.774.994.
♪ DRAM1_D1	902.976	980.189				
⊟ ♪ DRAM1_D2	908.883	932.945	Data2_1	25	85.149	716.774.994.
♪ DRAM1_D2	908.883	932.945				
⊟ ♪ DRAM1_D3	872.211	980.189	Data2_1	25	121.821	716.774.994.
♪ DRAM1_D3	872.211	980.189				
⊟ ♪ DRAM1_D4	869.509	964.441	Data2_1	25	124.523	716.774.994.
♪ DRAM1_D4	869.509	964.441				
⊟ ♪ DRAM1_D5	904.814	909.323	Data2_1	25	89.218	716.774.994.
♪ DRAM1_D5	904.814	909.323				
⊟ ♪ DRAM1_D6	979.421	1,058.929	Data2_1	25	14.611	716.774.994.
♪ DRAM1_D6	979.421	1,058.929				
⊟ ♪ DRAM1_D7	827.549	806.96	Data2_1	25	166.483	716.774.994.
♪ DRAM1_D7	827.549	806.96				
⊟ ♪ DRAM1_DM0	861.635	956.567	Data2_1	25	132.397	716.774.994.
♪ DRAM1_DM0	861.635	956.567				

图 19-24　刷新后的网络长度

之后，我们使用同样的方法，依次完成其他数据组的约束设置即可。

2. 地址命令组的等长设置

鼠标单击左侧的 "Addr2_bus" 组，主界面就会显示出该组所包含的所有网络。因为这
一组需要 T 型等长，所以我们就必须为每一根网络设置 "Pin Pairs"。

首先，将整个组的 "Type" 由原来默认的 "MST" 整体修改为 "Custom"，如图 19-25
所示。

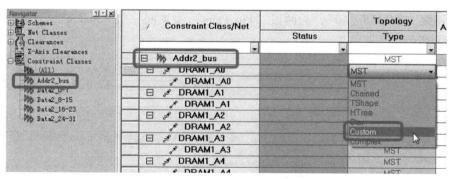

图 19-25　修改为 "Custom" 属性

其次，选中一根网络，执行菜单命令【Edit】-【Pin Pairs】-【Add Pin Pairs】，如
图 19-26 所示。

弹出 "Define Pin Pairs" 对话框，选择新建按钮，建立 4 个 "Pin Pairs"，分别是 CPU
到四片 DDR2 的线段，如图 19-27 所示。

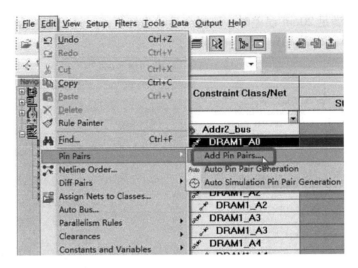

图 19-26 新建 "Pin Pairs"

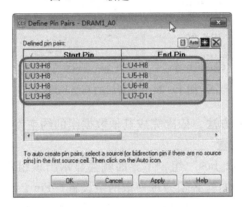

图 19-27 新建 "Pin Pairs"

展开网络 "DRAM0_A0"，为两段 "Pin Pairs" 添加同一组 "Match"，误差为 200mil，如图 19-28 所示。

图 19-28 为 "Addr1_bus" 添加 "Match"

右键单击网络 "DRAM1_A0"，在菜单中执行菜单命令【Create Constraint Template】创

建约束模板，如图 19-29 所示。

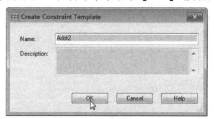

图 19-29　创建约束模板（1）

在弹出的对话框中，为模板起一个名字，点击【OK】按钮即可，如图 19-30 所示。

图 19-30　创建约束模板（2）

全部选中"Addr2_bus"中其他未设置"Pin Pairs"的网络，单击鼠标右键，执行菜单命令【Apply Constraint Template】，如图 19-31 所示。

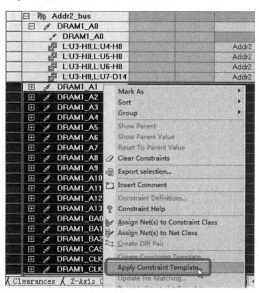

图 19-31　应用约束模板（1）

397

在弹出的对话框中，选择之前新建的模板"Addr1"，如图 19-32 所示。

图 19-32　应用约束模板（2）

这样一来，就不用每根网络都去烦琐地设置，使用模板，可以简单高效地完成一组网络设置工作，如图 19-33 所示。

	Addr2_bus				
	DRAM1_A0				
	DRAM1_A0				
	L:U3-H8,L:U4-H8			Addr2	200
	L:U3-H8,L:U5-H8			Addr2	200
	L:U3-H8,L:U6-H8			Addr2	200
	L:U3-H8,L:U7-D14			Addr2	200
	DRAM1_A1				
	L:U3-H3,L:U7-A15			Addr2	200
	L:U3-H3,L:U4-H3			Addr2	200
	L:U3-H3,L:U5-H3			Addr2	200
	L:U3-H3,L:U6-H3			Addr2	200
	DRAM1_A2				
	L:U3-H7,L:U7-E16			Addr2	200
	L:U3-H7,L:U4-H7			Addr2	200
	L:U3-H7,L:U5-H7			Addr2	200
	L:U3-H7,L:U6-H7			Addr2	200
	DRAM1_A3				
	L:U3-J2,L:U7-F18			Addr2	200
	L:U3-J2,L:U4-J2			Addr2	200
	L:U3-J2,L:U5-J2			Addr2	200
	L:U3-J2,L:U6-J2			Addr2	200
	DRAM1_A4				
	L:U3-J8,L:U7-B15			Addr2	200
	L:U3-J8,L:U4-J8			Addr2	200
	L:U3-J8,L:U5-J8			Addr2	200
	L:U3-J8,L:U6-J8			Addr2	200
	DRAM1_A5				
	L:U3-J3,L:U7-E17			Addr2	200
	L:U3-J3,L:U4-J3			Addr2	200
	L:U3-J3,L:U5-J3			Addr2	200
	L:U3-J3,L:U6-J3			Addr2	200
	DRAM1_A6				
	L:U3-J7,L:U7-C15			Addr2	200
	L:U3-J7,L:U4-J7			Addr2	200

图 19-33　模板应用完成

19.4.2 等长绕线

具体的使用细节，在前述章节中已经有详细讲解，读者可以自行查阅。等长绕线完成后的效果，如图 19-34 所示。

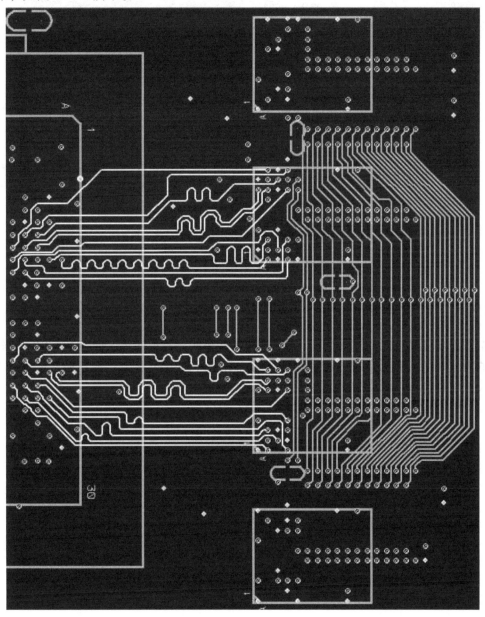

图 19-34 内层完成的等长处理

最后在"CM"中，再整体刷新一遍数据，确保没有报警出现，如图 19-53 所示。其他组我们就不一一列举了。

Constraint Class/Net	Length or TOF Delay				
	Actual (th)|(	Manha	Match	Tol (th)|(n	Delta (th)|(ns,
▶▶ Data2_0-7					
DRAM1_DQS0,DRA...			Data2_1	25	
DRAM1_DQS0	963.068	791.212	Data2_1	25	1.903
DRAM1_DQS0	963.068	791.212			
DRAM1_DQS0#	960.498	688.85	Data2_1	25	4.473
DRAM1_DQS0#	960.498	688.85			
DRAM1_D0	946.607	948.693	Data2_1	25	18.364
DRAM1_D0	946.607	948.693			
DRAM1_D1	958.985	980.189	Data2_1	25	5.986
DRAM1_D1	958.985	980.189			
DRAM1_D2	954.539	932.945	Data2_1	25	10.432
DRAM1_D2	954.539	932.945			
DRAM1_D3	960	980.189	Data2_1	25	4.971
DRAM1_D3	960	980.189			
DRAM1_D4	954.89	964.441	Data2_1	25	10.081
DRAM1_D4	954.89	964.441			
DRAM1_D5	960	909.323	Data2_1	25	4.971
DRAM1_D5	960	909.323			
DRAM1_D6	964.971	1,058.929	Data2_1	25	0
DRAM1_D6	964.971	1,058.929			
DRAM1_D7	960	806.96	Data2_1	25	4.971
DRAM1_D7	960	806.96			
DRAM1_DM0	960	956.567	Data2_1	25	4.971
DRAM1_DM0	960	956.567			

图 19-35　等长处理完后的"CM"

19.5　本章小结

本章详细讲解四片 DDR2 的设计思路、布局、布线和等长的全过程。读者在熟悉本书第 18 章两片 DDR2 的布局布线方法后，本章的内容学习理解起来会非常容易，重点在 DDR2 的等长处理及技巧，以及检查等长数据操作等内容。

第 20 章　企业级的 ODBC 数据库配置

在本书前面的章节中，为读者介绍了 Xpedition 中心库的管理与调用方式。对于小型的设计，使用原生态调用的方式（CL View）即可满足需求，但对于企业来说，尤其是大型企业（跨区域、跨国），这种简单原始的管理与调用方式就远远无法满足需求了。

另外，就算是小型的设计，当项目增多，涉及的器件增多时，工程师往往也会发现，后期较难在中心库中根据需要筛选到特定器件，如需要找特定精度与功耗的器件，或者直观地查看一系列元件的高度、详细说明书等。

Mentor Expedition/Xpedition 系列很早开始就支持并推荐企业使用 ODBC 数据库来对器件进行管理与筛选。根据中心库的分区，xDX Databook 可以链接到额外对应的数据库中，从中提取丰富的字段信息，以及与其他系统（如 PLM）进行无缝对接，方便企业级别的物料管理与生产管理。

ODBC（开放数据库互连，Open Database Connectivity）是微软公司提出的数据库访问接口标准，应用软件（如 DxDesigner 的 xDX Databook）可以通过该标准，访问位于公司或网络上的数据库（如 Access、Oracle 等数据库）。

编者将使用 Access 数据库（Oracle 与之类似），对 ODBC 数据源的配置与 xDX Databook 的调用进行详细说明，读者若时间允许，编者强烈建议使用本章介绍的方法来管理并使用中心库，这也是公司开始规范设计、走向标准与强盛的必经之路。

另外，请读者朋友先了解一个概念，即企业级的库管理与仅用 Value 值区别器件是两种完全不同的方式，企业级的管理会涉及海量的元器件，其管理必须规范，相应的建库步骤也会复杂（使用数据库），但带来的好处是不可估量的，也是规范管理的必然。而仅用 Value 值区别器件（如本书前文介绍的建库与调用）的方法在小型项目中会非常方便，但隐患也非常明显，一旦公司规模扩大，EDA 软件使用人数增多，最初"兼职"负责建库的 EDA 工程师就会从此深陷物料管理的乱麻之中。

编者再次强调，本书前文介绍的中心库的 Part 建立与调用的方法，仅适用于初学者熟悉软件，或是小型项目，一旦涉及企业层面，则必须一开始就使用本章介绍的内容，使用 ODBC 数据源管理器件。

20.1　规范中心库的分区

在使用 ODBC 数据源之前，我们首先需要对中心库的分区进行重新规范。

中心库的 CELL 与 Symbol 分区保持原格式即可，不需要任何变动，使用 ODBC 数据库最主要是对 Part 分区进行修改，需要规范命名所有 Part 的 Part Number。如图 20-1 所示，使用库管理工具的"Partition Editor"，根据公司的需要，重新建立分区，如图 20-1 中将器件分为 10 类，并在分区名中加序号与下画线，类似阻容感等器件必须每类各单独新建一个分区。分区名前加上序号是为了分区排列的顺序，以及与数据库中的顺序对应起来。

另外，编者再强调一次，**请不要在分区名中使用空格或中文字符。**

每类分区下的器件将严格按照物料编码进行编号，如图 20-1 中，可使用类似"AXXXXX00001"的编码方式对其进行编号，如本例中 A 代表分区的序号 01，后续的字符可由公司需求自行定义，最后加上顺序编号或者其他字符串。

由于所有物料都将使用这一套编码方式进行编号，因此请尽量多地考虑各种实用情况，尽可能预留编号字符串与编号位数，以防同类器件编号溢出，否则届时又将花费巨大的人力物力去升级整个公司的编码系统。

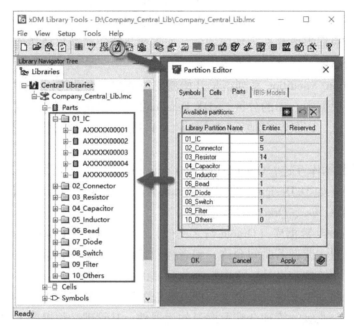

图 20-1　重新规整库分区与器件命名

20.2　Access 数据库的建立

在建立 Access 数据库之前，读者首先需要非常了解自己的操作系统、Mentor Xpedition 软件、Microsoft Office Access 软件的版本，一定要清楚其是 32 位还是 64 位。由于主流的操作系统与设计软件都逐渐转型为 64 位，因此本书所有设置与操作都是以 64 位软件进行的。

请读者注意，原 Expedition 及以下所有版本均为 32 位，因此在 Expedition 中的相关设置需要按照 32 位进行。

打开 Access 软件后，新建一个空白的数据库文件，注意数据库文件内的数据可以是中文，但是关于该数据库的名称与存放路径，编者再次友情提醒，不要包含任何中文、空格或小数点。编者使用 64 位的 Access 2013，在 D 盘新建的数据库，文件路径如图 20-2 所示，为"D:\Company_Lib_DxDatabook.accdb"。请注意，该".accdb"数据库文件仅支持 64 位的 Xpedition，若 32 位的 Xpedition 软件（或所有 Expedition 系列）需使用".mdb"数据库，读者可在 Access 2013 的"另存为"中将数据库任意转换格式。

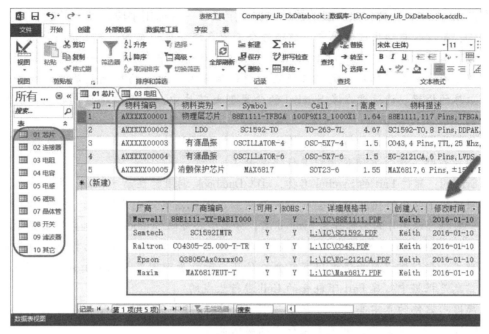

图 20-2　在 Access 数据库中的物料数据表

在图 20-2 中，读者可以根据图 20-1 的分区信息新建表，对各表进行重命名，如"01 芯片"，请注意，Access 数据库内的所有数据均支持中文与空格，因此在数据库里可大胆使用中文对数据进行管理，以便对数据的查找与调用，如图 20-2 所示，并且这些中文能够被映射到 Xpedition 中。

对于每个分区的表，如"01 芯片"表，读者在图 20-2 左侧可以使用鼠标右键菜单来新建并命名，然后在编辑区域内，根据需要添加表头字段，建议使用中文，如"物料编码"、"物料类别"等。建议读者通过如图 20-3 所示，即在表的名称上单击鼠标右键，进入"设计视图"，在设计视图下对表头字段进行定义，如图 20-4 所示，当 Xpedition 读取 Access 数据库的内容时，默认是以图 20-4 的顺序进行显示，因此需要在此处对表头顺序进行调整。

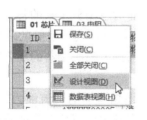

图 20-3　使用设计视图
调整表头顺序

图 20-4　在设计视图中编辑与
调整表头字段顺序

在图 20-4 中，编者按照一般的器件数据库定义了一些通用字段，其含义如下：

➢ ID：Access 自动生成的编号，该项每个表中系统会自动添加，无法进行修改

➢ **物料编码**：即中心库的 Part Number，元件在数据库中存在的唯一编号，编号规则根据公司需要进行制定，需保证所有物料的编码唯一性，物料编码是沟通数据库与中心库的桥梁。请注意在多 Symbol 的分离型大芯片中，物料编码可以相同，使用不同的 Symbol 名来区别

➢ **物料类别**：表明该物料的基础属性，如"物理层芯片"、"LDO"、"有源晶振"、"电阻－表贴"等，方便对物料进行快速辨认

➢ Symbol：器件 Part 的 Symbol 名称，xDX Databook 调用时显示 Symbol，需与中心库该物料编码下包含的 Symbol 完全对应，否则原理图无法通过打包编译。另外，按照前文，一般推荐以芯片的名称作为 Symbol 名，分离型芯片的 Symbol 名可加数字或字母后缀

➢ Cell：器件 Part 的 Cell 名称，该 Cell 名称与 Symbol 不同，不影响打包与真实的 Cell 数据，但仍建议与物料编码下包含的 Cell 一致，原理图在调用与打包时，封装的 Cell 信息是根据中心库 Part 下包含的 Cell 进行生成的

➢ **高度**：器件的真实高度，一般取器件详细规格书中的最大高度，再添加 0.05mm 或 0.1mm 的焊锡厚度，即代表装配中的极限高度

➢ **物料描述**：该字段可根据需要详细描述物料的特性，方便在调用器件时精确筛选

➢ **厂商**：该物料的生产厂商名称

➢ **厂商编码**：即 MPN，该物料在生产厂商内部的唯一编号，是物料采购时使用的编码

➢ **可用**：一般作为管控物料是否可以调用的标识，会根据物料的成本、采购周期、是否还在生成等因素，由采购部门定义该状态，如"Y"为设计时可以使用，"N"为不可使用

➢ ROHS：是否是满足 ROHS 标准的器件

➢ **详细规格书**：该字段需定义为超链接，即可通过单击该字段直接打开物料的详细规格书，请读者注意，**该字段是数据库中重要性仅次于物料编码的字段**，其对应的规格书，可以是公司 PLM 系统的超链接，也可以是公司公共盘中的特定地址，但一定是一个唯一确认的、核签过的 PDF 文件，建库工程师需保证器件的 Cell 与该规格书完全对应，如此方能确保数据库的完整性与可验证性

➢ **创建人**：记录该器件的创建者或最后一位修改者姓名

➢ **修改时间**：记录该器件的创建或最后一次修改时间

请注意，上述的通用字段在各个表中都应存在，然而对于细分出来的各个分区，又有各个不同的字段需要添加，如电阻分区，如图 20-5 所示，在原有表头字段的基础上，额外增加了"**阻值**"、"**精度**"与"**功耗**"，这 3 个表头字段是筛选电阻类物料的重要特性，因此必须进行添加。

其他分区可以按照各自的属性，对其表头进行定义，如磁珠的**过流能力**，电容的**容值**、**耐压值**、是否有**极性**等，以及一些通用字段，如工控类产品关注得比较多的**器件等级**、**高低温承受值**等。所有的字段都是根据实际需要定制出来的，对于一些几乎用不到的字段，也可大胆舍弃。

图 20-5　电阻数据库表中的新加字段

使用数据库后，每一颗物料，小到每一个阻值的电阻，都必须重新建库，不仅是中心库，而且还包括数据库。但对于这种封装通用的器件，中心库与数据库都可以通过复制的方式建立，然后稍微修改下参数即可，真正建起来也不是很困难，只有前期规范了库数据，才能在日后支撑起百万，甚至千万、上亿级产品的工业设计流程。

编者在此仅通过 IC 与电阻表的建立，演示了数据库的设计流程，建议读者按照上述方法，自行新建一个 Access 数据库，补全分区后，再来进行下一步操作。

另外，对于企业级的应用环境，一般多使用 Oracle 数据库，毕竟 Access 数据库是面向桌面级别中的的产品，而 Oracle 是面向企业推出的专业数据库。在 Oracle 中的数据建立与管理跟 Access 大同小异，本质就是对表头字段设置好后逐行添加数据，有需求的企业可以找专门的 Oracle 工程师转移本章建立的 Access 数据库内容，本书在此不再赘述，读者只需了解即可。

20.3　ODBC 数据源的配置

建立好 Access 数据库后，就可以开始配置本机的 ODBC 了。在 Windows 操作系统中，进入"控制面板"，选择"管理工具" - "ODBC 数据源（64 位）"。若使用 Expedition 或 32 位的 Xpedition 软件，则需选择"ODBC 数据源（32 位）"，如图 20-6 所示。

图 20-6　选择 ODBC 数据源

由于本例使用的是 64 位操作系统与 Xpedition 软件，因此选择 64 位的 ODBC 数据源后，在如图 20-7 所示的操作界面中，添加 Microsoft Access Driver 至用户 DSN 中，单击【OK】按钮后，会进入图 20-8 所示的安装界面，在该界面中选择之前建立的 Access 数据库（D:\Company_Lib_DxDatabook.accdb），并对其"数据源名"进行自定义，包括说明，都可以使用中文。

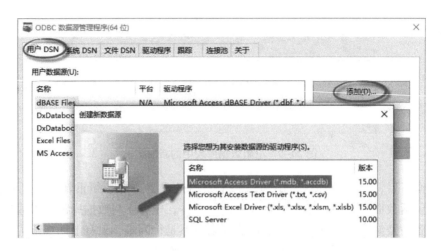

图 20-7　添加 Access 数据源至用户 DSN

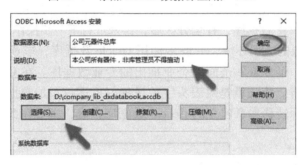

图 20-8　在安装界面选择数据库并命名

设置好后的 ODBC 数据源会出现在用户 DSN 中，如图 20-9 所示。

图 20-9　ODBC 数据源配置完毕的状态

　　至此，64 位的 ODBC 配置已经完毕，该数据库可以被 Xpedition 的 DxDatabook 辨认读取。32 位的 ODBC 配置方法也与此类似，有需要的读者可自行完成配置。

20.4　中心库与数据库的映射

　　数据库与数据源驱动准备好后，就需要对中心库进行配置，使其与 Access 数据库一一映射起来，好将数据库内定义的字段带入到原理图设计中以方便器件查找与调用。

首先进入到中心库中，如图 20-10 所示，在库的根目录下单击鼠标右键，执行菜单命令【Edit xDX Databook Configuration】。

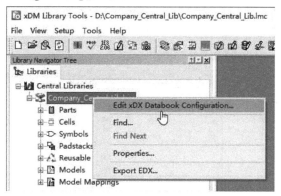

图 20-10　编辑中心库的 xDX Databook 配置

若中心库以前没有进行过数据源配置，则会弹出如图 20-11 所示的提示窗口，此时选择创建一个新的配置文件。读者若有以前配置过的文件，也可选择第二项，直接从原有配置中复制。由于配置工作并不复杂，因此编者建议读者都进行手工配置。

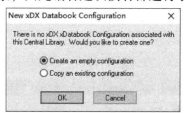

图 20-11　创建一个空白的中心库 DBC 配置

单击【OK】按钮后，会弹出如图 20-12 所示的通用项设置对话框，该对话框前两项都会根据软件自动填好，如中心库位置与设计流程，第三项 "Symbol Attribute for PDB Part Number" 一栏可填 Part Number 或 Device，即数据源中的器件与中心库 Part number 对应的表头字段，但由于该属性后期会在表中进行设置，因此该处可随意填写。

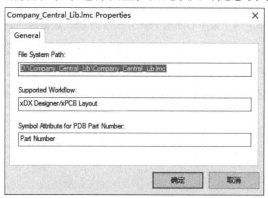

图 20-12　设置通用属性

确认后，会进入如图 20-13 所示的配置界面，左侧以树状列表列出该中心库的所有 Part 分区，右侧是属性表区域，由于该表没有配置任何数据源，因此没有任何数据。

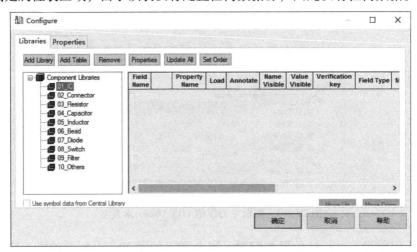

图 20-13　中心库配置页面

如图 20-14 所示，在分区名称上单击鼠标右键，执行菜单命令【Add Table】，用来将数据库的表对应至 Part 分区的器件。

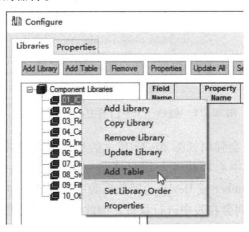

图 20-14　为中心库的 Part 分区添加 DSN 数据源的表格

执行菜单命令【Add Table】后，会弹出如图 20-15 所示的对话框，由于之前没有添加过数据源，因此此项为空，需要单击【New】按钮添加新的数据源，单击后弹出如图 20-16 所示的窗口，在该窗口先单击【Add】按钮，再选择 "ODBC" 项，从列表中找到本章第 20.2

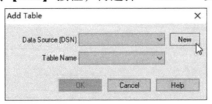

图 20-15　选择新的 DSN 数据源

节设置的数据源名称，如图中的"公司元器件总库"。选择后单击【Apply】按钮即可，之后会弹出如图 20-17 所示的窗口。

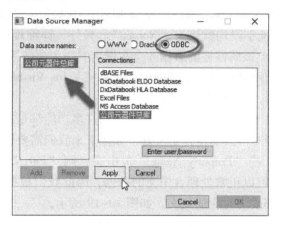

图 20-16　单击【Add】按钮后，
在 ODBC 中找到前面设置的 Access 数据库

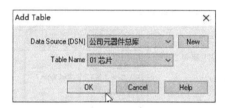

图 20-17　从 DSN 数据源中选择表格

当为 01_IC 分区选定匹配的数据源表格"01 芯片"后，可以看到如图 20-18 所示的分区状态，读者可以发现，左侧树状列表里已经显示出了对应的表格，右侧的属性栏里读入了全部数据库中的表头字段。

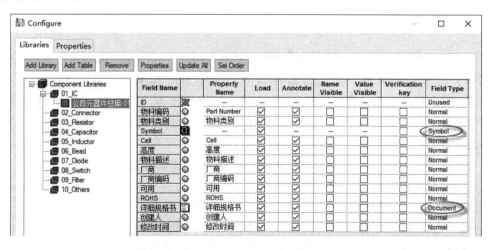

图 20-18　插入表格后的默认状态

请读者注意，"Field Name"是数据库中的表头字段，在映射到中心库中时，会自动将其添加到"Property Name"中，如图 20-18 右侧所示。软件会自动对名为"Symbol"的属性进行识别，将其与原理图符号对应起来，因此属性栏中不允许设置，且"Field Type"会默认变为"Symbol"，其他字段均默认为"Normal"。另外，详细规格书的"Field Type"需要改为"Document"，如此该属性栏的数据才会在调用时变为超链接。

对于该属性是否在调用时显示在原理图中，是靠"Value Visible"栏控制，默认通过数据表引入的数据均不显示，如图 20-18 所示。

请读者特别注意，由于 xDX Designer 软件内核的许多功能都是在英文环境下开发的，因此许多深层次的应用可能对中文支持并不友好，如接下来我们需要使用自定义字段生成包含丰富信息的 BOM 表时，若"Property Name"含中文，则"Part List"工具无法正常生成 BOM，但是"Part List"可以正常处理含中文的数据，因此我们根据软件的一贯特点，需要将"Property Name"全部改为对应的英文，如图 20-19 所示，一一将属性改写。

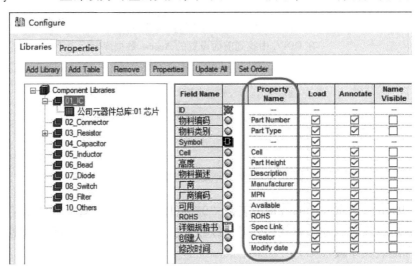

图 20-19　将 Property Name 改为对应的英文

其中比较重要的是将"物料编码"改为"Part Number"，"Part Number"是整张表最重要的属性，必须有该属性，才能将器件与中心库中对应起来。另外，高度一栏不要填"Height"，因为软件已经包含了"Height"属性，所以需改为"Part Height"或其他英文。

请读者注意，在此处改为英文后，但实际的中心库中是并没有这些属性字段的，需要按照本书建库章节提到的属性定义功能，将这些属性字段定义为"用户属性"，如图 20-20 所示，在中心库的"Tools"-"Property Definition Editor"中，添加这些字段。

对于阻容感类的器件，需将"阻/容/感值"一栏改为"Value"，并打开其"Value Visible"属性，使其在原理图中显示。另外，当设好"Part Number"后，该设置界面左下角的"Use Symbol data from Central Library"（使用中心库中的 Symbol 数据）栏变为可选，如图 20-21所示，勾选后，Symbol 属性栏会被禁止，表示直接读取中心库 Part 中的 Symbol 数据，该项的详细作用请参见本章下一节内容。

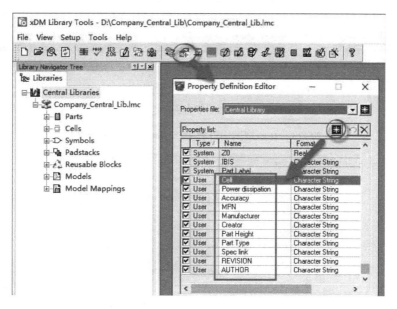

图 20-20　在中心库中添加对应的英文属性

图 20-21　阻容感的 "Value" 值显示设置与 Symbol 显示设置

中心库配置好 DBC 后，在中心库的文件夹中，会生成与中心库同名的 .dbc 文件，如图 20-22 所示。

Company_Central_Lib.cfg	CFG 文件	1 KB
Company_Central_Lib.dbc	DBC 文件	21 KB
Company_Central_Lib.lmc	Mentor G...	62 KB

图 20-22　自动生成的数据库配置文件

20.5　原理图中筛选并调用器件

在项目原理图的设置页面，"xDX Databook" 一栏选择如图 20-23 所示的 DBC 配置文件，即完成了原理图中的配置。

配置完毕后，原理图的 xDX Databook 窗口的 "Search" 标签页将变为可用，如图 20-24 所示，在该界面下，可从 "Library" 中选择分区。

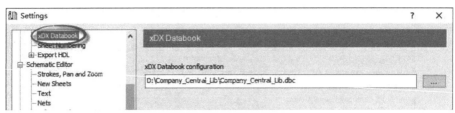

图 20-23　在原理图中设置 xDX Databook 的配置文件

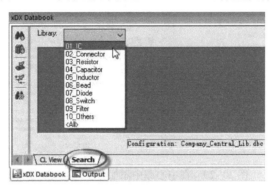

图 20-24　设置好 DBC 后可使用 Search 模式选择中心库分区

如图 20-25 所示，当选择"01_IC"分区后，可以得到如在 Access 数据库中一致的效果，可以非常方便工程师进行器件选型调用。请读者注意，该界面显示的中文是数据库中对应的表头字段，当将器件调入到原理图中时，是会根据图 20-19 中所做的映射，一一将其转为英文，但转换的仅是属性名，不涉及属性的数据内容，因此数据内容可以任意使用中文字符，如"Part Type"（物料类别）一栏。

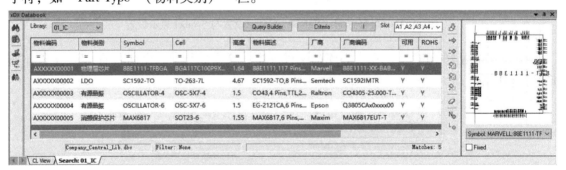

图 20-25　IC 类器件使用 Search 界面搜索的结果

另外，图 20-25 的右侧会显示 Symbol 的预览，以及可以从下拉菜单中选择封装。请注意，该处的预览与图 20-21 中的"Use Symbol data from Central Library"选项有非常大的关系，当分区的该选项被勾选时，此时预览及放置的 Symbol 会严格从中心库的 Part 中读取；若该项未勾选，则从读者填在数据库中的"Symbol"栏数据，一一在中心库的 Symbol 分区进行比对查找，显示其找到的第一个同名 Symbol。但无论以哪种方式查找，原理图在打包时，均以"Part Number"为准，若中心库的 Part 中不存在该 Symbol，则打包肯定无法通过。

鉴于此，编者建议该项勾选，即 Access 数据库中哪怕 Symbol 与 Cell 数据都填错了也没关系，只要中心库的 Part 建对了，则设计肯定是不会出问题的。

阻容感类的器件如图 20-26 所示，详细区分的各项数值能够精确地对物料进行筛选。

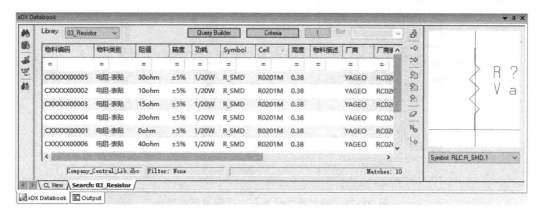

图 20-26 阻容感类器件使用 Search 界面搜索的结果

如图 20-27 所示，读者可以在筛选条件中选择对应的运算符，若选择"＝"，则表示筛选完全相同的数据，而"like"是查找类似数据，如图 20-27 右侧，使用 like ＊10＊（＊为通配符），可快速筛选库所有阻值数据里包含了"10"字符的数据。通过对条件的灵活运用可以实现非常强大的查找功能，这与在 xDX Databook 的 CL View 界面进行全局模糊搜索相比，效率与准确度差异相当明显。

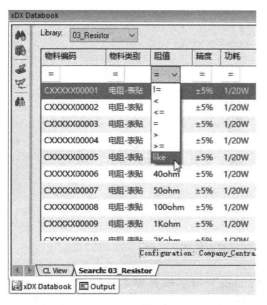
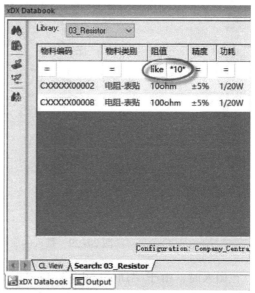

图 20-27 使用条件精确过滤搜索数据

另外，还请读者注意，尽量在调用器件时使用如图 20-28 所示的按钮进行调用，该按钮的含义为在调入器件时将所有属性全部添加进来，只有用该方法调入的器件，才可以在打开其属性窗口后，查看到被添加的数据库字段信息，如图 20-29 和图 20-30 所示，并且这些字段都根据前文的定义，会自动转换为英文名称，并带入 PCB 中。

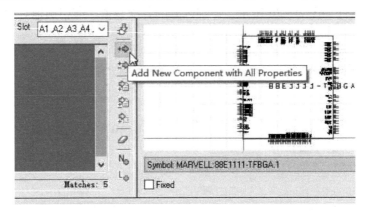

图 20-28　添加器件时务必选择附带所有属性

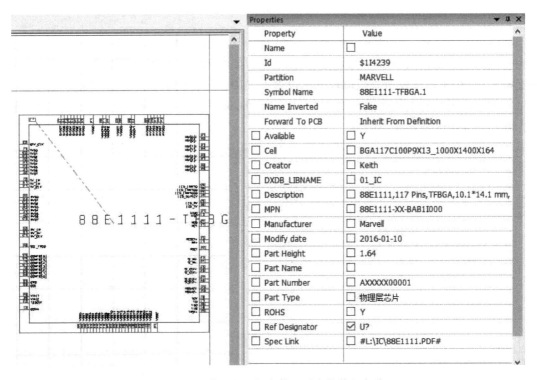

图 20-29　带入的属性会使用对应的英文名称

在调入时，由于"Description"与"Part Number"等字段是原本软件中已经存在的属性，因此会使用数据库中的数据进行替代，PCB 中会将没有在中心库中定义的属性（定义方法见本书第 8.1.2 节），添加一个"NotCommonProperty"的前缀，但对设计不会造成任何影响。

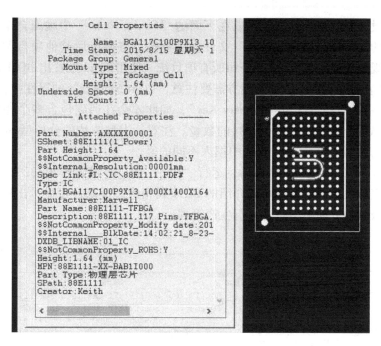

图 20-30 打包后带入 PCB 中的属性

20.6 标准 BOM 的生成

前面之所以对库进行了非常繁杂的设置，目的就是为了最后能够生成包含丰富信息的 BOM 表，以便公司对项目进行物料管理、成本核算等工作。

按照前文所述的方法，在 "Tools" 中打开 "Part Lister"，在 "Columns" 一栏添加新的属性，如图 20-31 所示，添加一般 BOM 表要求的 "Part Type"、"MPN"、"Description" 等。请读者注意，在真实工程中，往往需要更多的属性添加到 BOM 表中，读者只需按照需求在此添加即可。添加时不要忘了在右侧选择各自对应的 Property，如图 20-31 中将 "Part Type" 表头的 Type（类型）定义为 "Property"，在 Property 下拉列表中选中先前在中心库定义的 "Part Type"。

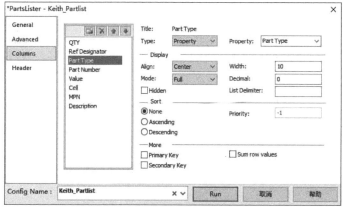

图 20-31 修改相应的 Part lister 配置

415

对于选择设置好的格式，读者可以在下面的"Config Name"中输入自定义名称，可在运行后将生成的如"Keith_Partlist. ipl"文件保存起来，方便以后其他项目调用。也可按公司标准做一个规范的 ipl 文件，规定公司所有项目统一使用该 ipl 配置出 BOM 表。

关于 BOM 表的配置，还有一个地方需要注意，"Part Number"的属性中，需将"Mode"设置为"Compress"，并勾选为"Primary Key"，如此才会在遇到包含多个相同物料编码的器件时，只输出一个物料编码及该物料的数量。注意，大型芯片的分离型 Symbol 需在数据库中使用相同的物料编码，在 Symbol 中填入不同的值。

选择好 Part list 的其他相关属性后，运行"Run"接口得到如图 20-32 的 BOM 表，读者可以看到，该表的信息同本书第 8 章介绍的 BOM 表相比，可以自定显示出所有 ODBC 数据库内的信息，极大地方便大型企业进行生产管理。

	QTY	Ref Des	Part Type	Part Number	Value	Cell	MPN	Description
2	1	U1	物理层芯片	AXXXXX00001		BGA117C100P	88E1111-XX-BAB1I000	88E1111, 117 Pins, TFBGA, 10.
3	1	U2	LDO	AXXXXX00002		TO-263-7L	SC1592IMTR	SC1592-TO, 8 Pins, DDPAK, 5A
4	1	U3	有源晶振	AXXXXX00003		OSC-5X7-4	CO4305-25.000-T-TR	CO43, 4 Pins, TTL, 25 Mhz, 5*
5	1	U4	有源晶振	AXXXXX00004		OSC-5X7-6	Q3805CAx0xxxx00	EG-2121CA, 6 Pins, LVDS, 125
6	1	U5	消颤保护芯片	AXXXXX00005		SOT23-6	MAX6817EUT-T	MAX6817, 6 Pins, ±15kV ESD,

图 20-32　带入数据库中属性的 BOM 表

20.7　本章小结

本章详细介绍了企业级的数据库管理，可与 Mentor Xpedition 的中心库完美配合起来，为硬件设计插上腾飞的翅膀，大大增强企业的竞争力。

第 21 章　实用技巧与文件转换

21.1　多门（Gate）器件的 Symbol 建库

在很多原理图设计中，常常会需要用到类似图 21-1 所示的多门（Gate）器件，即该器件是按照逻辑运算的"门"（Gate）或实现相同功能的"块"来进行重复的，如果按照常规的 Symbol 建库，会在绘制原理图时让电路变得非常难以辨认，因此需要将各个 Gate 单独提取出来，建成分离式的 Symbol，以方便绘图。

在图 21-1 所示的器件中，将 Gate 单独提取出来后，只需绘制一个与门 Symbol 与一个电源 Symbol 即可，而不用将与门的 Symbol 绘制 4 次。

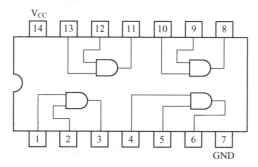

图 21-1　常见的多门器件（4 路双输入与门 74LS04）

如图 21-2 所示，在中心库中分别建立一个与门 Symbol、电源 Symbol，以及使用 LP_Wizard 生成一个标准的 14 引脚对应封装。注意，对于这种多门器件，在建 Symbol 时就可以不用赋"Pin Number"值，需要在 Pin Mapping 时手工指定。

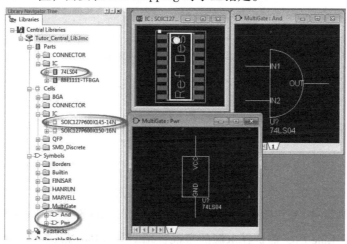

图 21-2　分别建立 Gate 与 Power 的 Symbol 以及 Cell

如图 21-3 所示，在导入 Gate 的 Symbol 时，根据需要选择导入的**重复 Gate 数量**，如图中填写的数量为 4，电源 Symbol 的数量为 1。请特别注意不要勾选"Include pin number mapping"项。

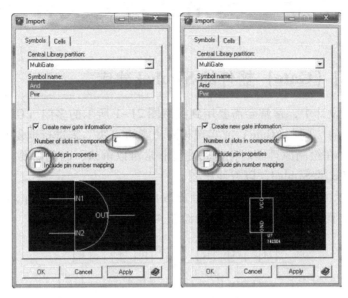

图 21-3　Pin Mapping 中导入 Symbol 时不带入"Pin Number"属性

在"Pin Mapping"窗口中，如图 21-4 所示，在"Physical"标签页根据器件说明书填入 Gate 的"Pin Number"，若读者在图 21-3 中也未勾选"Include pin properties"选项，则需先在"Logical"标签页填写 Slot 的名称，即"Pin Name"。请注意，所有的"Pin Name"必须与 Symbol 中的"Pin Name"一致。

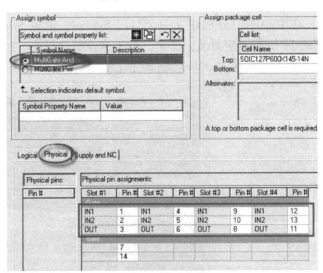

图 21-4　在"Physical"标签页手工输入与门 Gate 的"Pin Number"

填写完与门的 Gate 后，需选择电源的 Gate，填写其"Pin Number"，如图 21-5 所示。

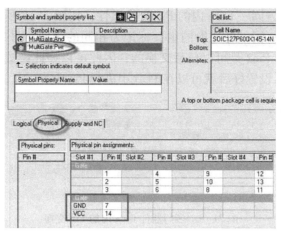

图 21-5　在"Physical"标签页手工输入电源 Gate 的"Pin Number"

上述建立好的器件，在原理图中就可以正常调用了，如图 21-6 所示，展开器件的 Slot 后，可以分别调入各个门的 Symbol。

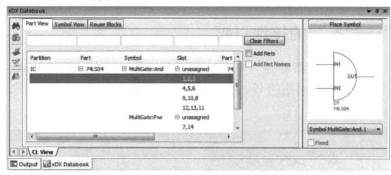

图 21-6　从中心库中调入器件

将器件放入原理图后如图 21-7 所示，注意跟前文所述的多 Symbol 器件一样，同一器件的位号（Ref Designator）在原理图中必须一致，如图 20-6 中均为 U1，如此才能保证其导入 PCB 时是一个完整的器件。

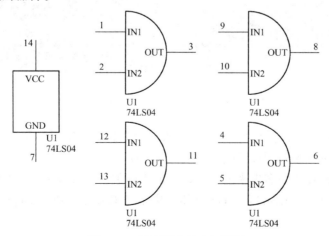

图 21-7　原理图中的多门器件

多门器件还可以设置同一 Gate 内的 Pin 交换属性，如图 21-8 所示，选中 Pin 后使用图示的图标添加交换属性，同一可交换的组会标记为相同的交换符号，如图 21-8 中的方块。因为本例的与门 Pin1 与 Pin2 是可以任意交换的，因此可以如此设置。Gate 内的 Pin 交换多应用于 FPGA 的 IO 口。设置好后就可以在 PCB 中进行 Pin Swap 了。

图 21-8　多门器件 Gate 内的 Pin 交换

> **注意**：若使用 ODBC 数据源的方式实现的中心库，则不建议使用此种方法，而是仿照大型分离芯片的建库方式，即同一 "Part Number" 对应多个单独的 Symbol。

21.2　"一对多" 的接地引脚

建库时，EDA 软件一般都遵循 "一个 Symbol Pin 对应一个 Cell Padstack" 的规则，如图 21-9所示，同一 EARTH 网络的 Pin 在该规则下，重复出现了 11 次，用来对应 Cell 中的接地引脚。

图 21-9　Pin 与 Symbol 一一对应的 SFP 封装

在 Xpedition 中，可以使用 "一对多" 的方式建立封装，不用再在 Symbol 中绘制重复的引脚。如图 21-10 的 Symbol 中，只绘制一个 EARTH 引脚。然后再在 Cell 编辑器中，复制一个原来的 Cell，将新 Cell 中多出来的 Pin22 ~ Pin31 的编号全部改为 21，如图 21-11 所示。

上述两步设置好后，就可以在 Part Editor 中组建 Part 了，Pin Mapping 完成后，预览图如图 21-12 所示。

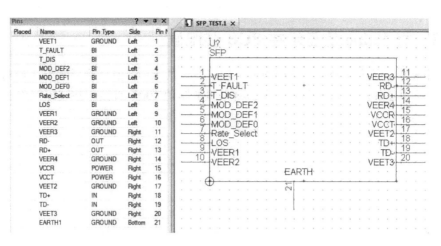

图 21-10 将 EARTH 引脚减少到只有一个

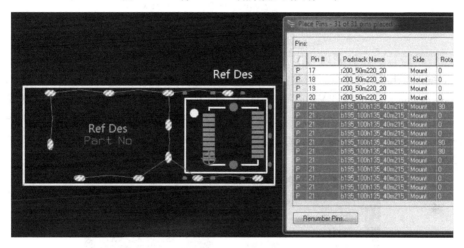

图 21-11 Copy 一个 SFP 的 Cell，修改 EARTH 的 "Pin Number" 都为 21

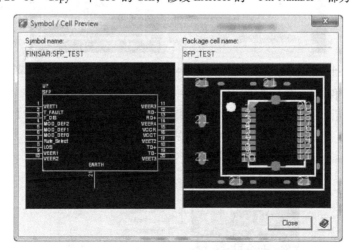

图 21-12 一对多的封装建立成功

21.3　将 Value 值显示在 PCB 装配层

许多依靠手工焊接的 PCB，工程师常希望将器件的 Value 值直接显示出来或打印在装配图上，以方便手工焊接。如图 21-13 中，将电阻的阻值 100K 直接印在装配图中。

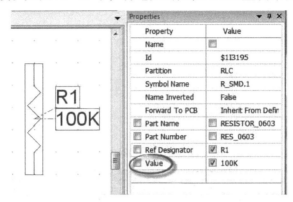

图 21-13　原理图的 Value 值

在库中编辑该电阻的 Cell，为其添加**属性文字**对象"Property Text"，如图 21-14 所示，在"Property Name"中选择"Value"，与图 21-13 的 Value 对应起来，Layer 建议选择"Assembly Mount"（装配层的器件面），Layer 只能在几个有限的自带层中选择，请读者不要选默认的走线层。另外，**建议最好不要放在丝印层**，否则出丝印光绘时会出现在 Silkscreen Outline 中。

图 21-14　在 Cell 中新建"Property Text"属性字符，层属性为装配层安装面

处理好 Cell 后保存，在原理图中 Update Library，然后打包时选择"删除本地库并重建"，前标至 PCB 后，打开装配层的 Outline 即可看到 Value 值，如图 21-15 所示，注意下 Value 的文字位置，接下来可以使用前文介绍的方法生成所需的装配图。

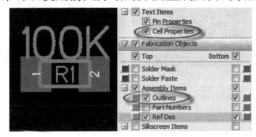

图 21-15　打包后可以看到 Value 值传递到了 PCB 中

21.4　利用埋阻实现任意层的短路焊盘

随着电子产品的发展，电路的集成度越来越高，对电源的需求也越来越严苛。现阶段的密集型电子产品一般都会使用一块专门的**电源管理芯片**（Power Management Unit，PMU）来对系统的电源进行管理与分配。电源管理芯片的输出一般使用开尔文连接的方式对负载端电压进行精确控制，消除传输路径上的线路电阻影响，因此需要从远端的负载处单独走回一根反馈线。

一般在原理图中，会将用于开尔文连接的反馈线命名为 * _FB（Feedback）网络，如 VCC 的反馈线网络为 VCC_FB，虽然这两个网络的网络名不同，线宽约束不同（反馈线电流几乎为 0，越细越好），但实际上却是同一网络（PDN 仿真中需对反馈线的传输电阻进行仿真，因此必须用不同的网络名来加以区分，并且反馈线需要包地线以抗干扰），因此在 Xpedition 或是其他 EDA 工具中，都会使用短路跳线焊盘来实现这一特殊需求。

如图 21-16 所示，在 Cell 中将两个焊盘紧贴在一起，主动使两个焊盘短路即可。

图 21-16　特殊的短路跳线焊盘

> **注意：** 由于这种短路处理法无论在哪个软件中都是违反 DRC 规则的，并且工厂在做 Gerber 检查时也会报 Short（短路）错误，因此若使用该方法，必须在接受 DRC 错误的情况下，认真检查工厂报的每一个短路，确保是因为短路跳线焊盘所引起的才可以忽略。

由于短路跳线焊盘不是真实器件，并且在实际应用中常将其放置在内层，所以在建立封装时需将其 Cell 属性改为 Buried，如图 21-17 所示，将其当作埋阻器件处理。

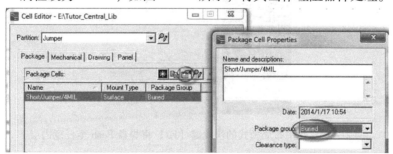

图 21-17　短路跳线焊盘的 Cell 需设置为 Buried 类型

短路跳线焊盘的 Symbol 可以如图 21-18 所示，根据图示 Symbol 与 Cell 组建 Part，并在命名中标注焊盘的宽度。

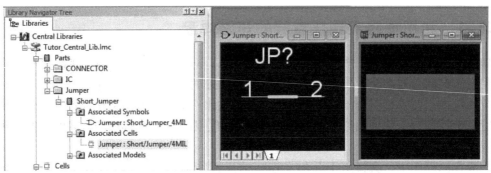

图 21-18　短路跳线焊盘的 Part 组建示意

建好后的 Part 就可以当作"埋阻"被原理图正常调用了。当这个"埋阻"被同步到 PCB 中时，还需要在 PCB 里开启埋阻设置，本书前文 PCB 设置章节有过详细介绍，如图 21-19 所示，勾选"允许埋阻"即可。在允许后，具有 Buried 属性的埋阻 Cell 就可以被 Push（布局模式下的快捷键【F5】）到任意的内层，如图 21-20 所示。

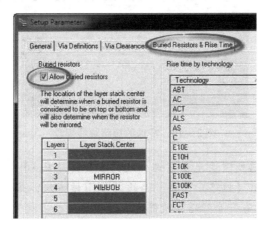

图 21-19　在 PCB 中允许使用埋阻

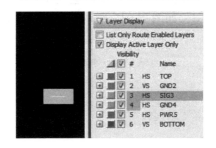

图 21-20　使用布局模式的快捷键【F5】将焊盘 Push 至任意内层

另外，在反馈时不仅仅是电源线，连地线也要同样使用此方法进行处理，如图 21-21 所示，将电源线与地线一起，通过短路焊盘后，反馈至 PMU 处。注意连接短路焊盘时需关闭交互式 DRC，并将报错处锁定，并在 Batch DRC 中 Accept 这一特殊违规。

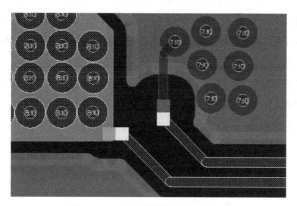

图 21-21 短路跳线焊盘的应用

21.5 原理图转换与 Symbol 提取

当遇到仅有工程文件，却没有中心库的情况时，Xpedition 工程原理图 Symbol 的提取与导入可使用 Orcad Capture 进行辅助，通过 EDIF 格式中转实现。

首先打开 Xpedition 的工程原理图，执行菜单命令【File】-【Export】-【EDIF Schematic】，如图 21-22 所示，将原理图转换为后缀为 .eds 的 EDIF Schematic 文件，请注意选择好输出文件的位置，建议新建一个纯英文路径的转换文件夹，以方便文件管理，因为转换过程会产生很多零碎的文件。

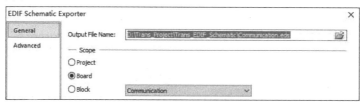

图 21-22 在 xDX Designer 中导出 EDIF 原理图

得到后缀为 ".eds" 的 EDIF 文件后，就需要使用 Orcad Capture 来导入了，打开 Cadence 的 Orcad Capture，执行菜单命令【File】-【Import Design】，如图 21-23 所示，选择 "EDIF" 选项卡，在 "Open" 中填入上一步生成的 EDS 文件，"Configuration" 文件位于 Cadence 的安装目录中（路径如 C:\Cadence\SPB_16.6\tools\capture\EDI2CAP.CFG）。

图 21-23 使用 OrCAD Capture 导入 Xpedition 输出的 EDIF 原理图

导入时忽略报错信息，将文件导入完成后，得到一个标准的 OrCAD Capture 原理图。

由于目前 Xpedition 只支持 16.2 版本的 OrCAD Capture 原理图，因此在重新导入前，需要将目标 DSN 文件另存为 16.2 版本。

保存好 16.2 版本的 DSN 文件后，回到 Xpedition 中，新建一个全新的工程与中心库，如图 21-24 所示，因为导入的 Symbol 与 Part 数据会自动写入中心库中，为了维护原中心库的数据有序性，导入时最好使用一个专门用作中转的临时库。

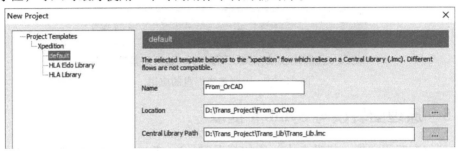

图 21-24　在 xDX Designer 中新建一个空白工程，并指定一个空白的中心库

在新建的原理图中，执行菜单命令【File】-【Import】，如图 21-25 所示，可以看到 Xpedition 支持多种格式的原理图导入（但是导出仅有 EDIF 格式），所有格式的导入操作大同小异，读者了解 Orcad 格式后，其他工具的原理图导入均可触类旁通。

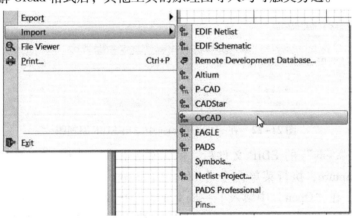

图 21-25　原理图的导入支持多种格式

在如图 21-26 所示的导入设置窗口中，在"Schematic"标签页中添加要转换的 DSN 文件后，直接单击【Translate】按钮即可。

转换时，默认将原理图的所有 Part（仅包含 Symbol，无 Cell）与 Symbol 自动添加到对应的中心库中，另外，若勾选了图 21-26 中的"Create ASCII symbols"项，则会在生成的工程文件夹中，额外新建一个"IndependentLibraries"文件夹，将所有 Symbol 单独生成一个".1"后缀的 ASCII 文件，可在 Symbol Editor 中单独导入，如图 21-27 所示。

图 21-26 中还可以添加 Orcad 的 OLB 库文件进行单独的库转换，编者在此不再赘述，读者可根据界面提示进行设置。

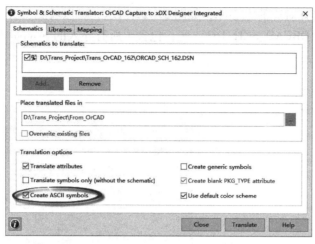

图 21-26　导入 OrCAD 16.2 的设计文件

名称 ^	类型	大小
2N2222.1	xDX Designer Design File	2 KB
8_HEADER.1	xDX Designer Design File	3 KB
22HP037A.1	xDX Designer Design File	2 KB
88E1111.1	xDX Designer Design File	38 KB
CAP_NP.1	xDX Designer Design File	1 KB
CAP_POL.1	xDX Designer Design File	2 KB

图 21-27　勾选 "Create ASCII Symbols" 后会单独创建 Symbol 文件

打开导入后的原理图，如图 21-28 所示，原 Orcad 中的原理图导入成功。

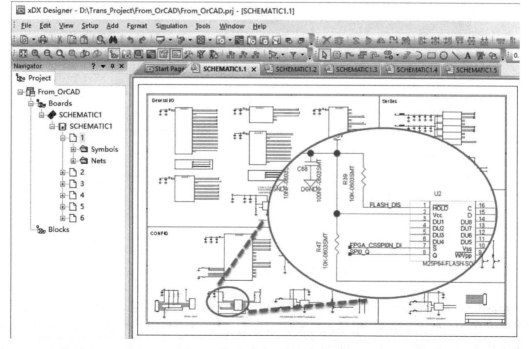

图 21-28　成功导入的原理图示例

427

导入成功后，打开对应的中心库，如图 21-29 所示，可以看到 Parts 分区与 Symbol 分区均自动新建了一个"ORCAD_SCH_162"区，包含了所有导入的 Symbol 与 Part 数据。

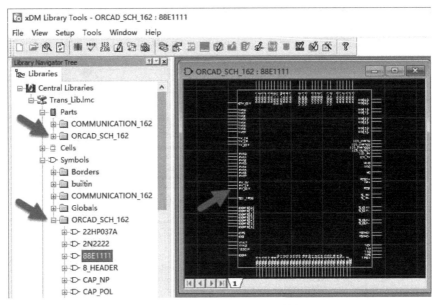

图 21-29　中心库的自动导入数据

请读者注意，通过上述方法导入的 Symbol 内，是不包含"Pin Number"信息的，所有的"Pin Number"包含在 Part 的"Pin Mappings"表格中，如图 21-30 中下方所示。

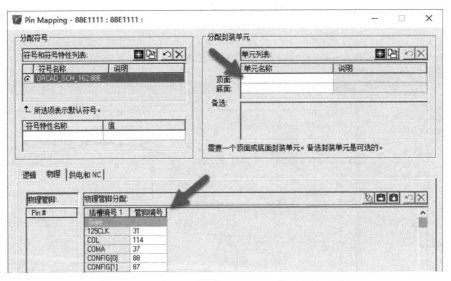

图 21-30　在 Part 的"Pin Mapping"中添加 Cell

Expedition 版本的 Orcad 原理图导入设置中，尚可通过直接新建"Netlist"类型原理图的方式（图 21-24 的步骤），使导入的 Symbol 保留"Pin Number"。但是 Xpedition 版本已经不再支持 Netlist 原理图新建，因此导入 Symbol 的"Pin Number"只能在"Pin Mappings"中添加与修改。

读者可通过本书建库章节示范的"Library Services"工具，对中转库中需要的 Part 进行提取，稍作优化修改（字体、管脚长度等），添加对应的 Cell 后（图 21-30 中所示位置，中文菜单中译作"单元"），再将其保存到常用库中。

21.6　从 PCB 中提取 Cell

打开 PCB 后，执行菜单命令【File】-【Export】-【Design Data】对焊盘栈 Padstacks、封装 Cell、器件 Part 进行导出，如图 21-31 所示，将"Library"一栏的 3 项选项全部勾选，即可将这 3 个文件输出到指定目标文件夹中。

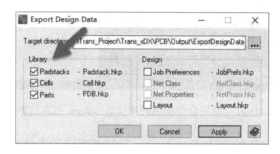

图 21-31　从 PCB 中导出焊盘栈与 Cell 封装

读者可使用建库章节所述的"Library Services"工具对生成的数据进行导入操作，导入到需要的中心库中，具体请参照本书第 5 章第 5.4.4 节内容，在此不再赘述。

请读者注意，此处导出的 Parts 是不含原理图 Symbol 的，若是将 Parts 也导入，则需要在中心库中重新映射，因此不建议导入 Parts，而是直接将 Cell 用 Pin Mappings 的方式添加到上一节导入的 Symbol 的 Parts 中。

21.7　导入 Allegro PCB 文件

Xpedition 软件自身有提取 Allegro PCB 文件的功能，但是使用起来并不方便，并且设置繁杂。另外，64 位版本的 Xpedition 并没有集成该转换插件（同 Report Writer 一起，均在 Addon 插件包内），并且经过验证发现，该 EEVX.1 插件包的转换软件有兼容性问题，无法正常运行，因此，无论是 Xpedition 还是原来的 Expedition 版本，工程中都推荐使用第三方转换软件进行转换。

最常用的第三方软件是 Mentor 公司的 CAMCAD 软件，CAMCAD 一般集成在 PADS 套件中，安装 PADS9.5 或 PADS VX 等版本的软件后，可在开始菜单栏内找到该工具。

使用 CAMCAD 转换 Allegro PCB（.brd 文件）时，需要电脑安装了可运行的 Cadence 软件。在安装过 Cadence 的电脑上，将 CAMCAD 安装目录下的 valext5.txt 文件复制到需要转换的 PCB 文件夹内，使用 CMD 命令提示符，依次运行如图 21-32 所示的命令，进入 PCB 文件夹所在路径后，执行 extracta 提取命令，输入 brd 的名称与 txt 名称后按【Enter】键，可以得到图 21-32 所示的 5 个 txt 文件（1.txt，2.txt，3.txt，4.txt，5.txt）。

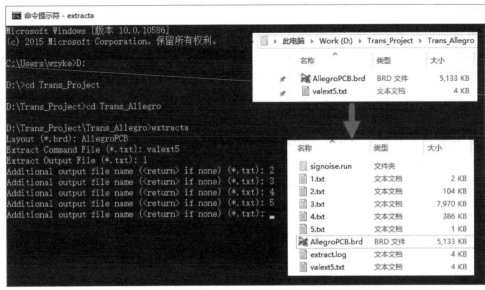

图 21-32　使用命令提示符来提取 Allegro PCB 的数据

　　然后需要打开 CAMCAD 的 PCB Translator，此时需要读者先使用流程切换工具（参考本书第 15.5.1 节图 15-58），将设计流程切换到对应的 PADS 流程下，再将 CAMCAD 的快捷图标复制到桌面来，在其属性栏内将"/Professional"改为"/PCB_Translator"。注意"/"符号前有一个空格，如图 21-33 所示，再双击该快捷方式可进入 CAMCAD 的 PCB Translator 模式。

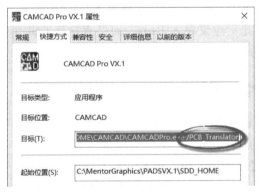

图 21-33　修改 CAMCAD 的启动属性

　　在 CAMCAD PCB Translator（窗口顶栏图标中会显示）模式下，执行菜单命令【File】-【Import】，如图 21-34 所示，选择"PCB Allegro Extract Read"格式，再选中上一步生成的 5 个 txt 文件，打开即可。

　　导入成功后可在 CAMCAD 中看到 PCB 的所有数据，此时需要执行菜单命令【File】-【Export】命令数据进行导出，格式选择"PCB Expedition Write"，如图 21-35 所示，选择导出路径后，可得到导出数据如图 21-36 所示。

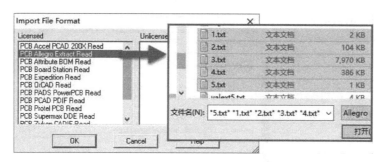

图 21-34　导入提取的 Allegro PCB 数据

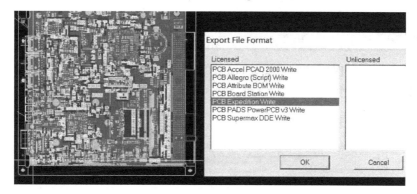

图 21-35　将 PCB 数据导出为 Expedition 格式

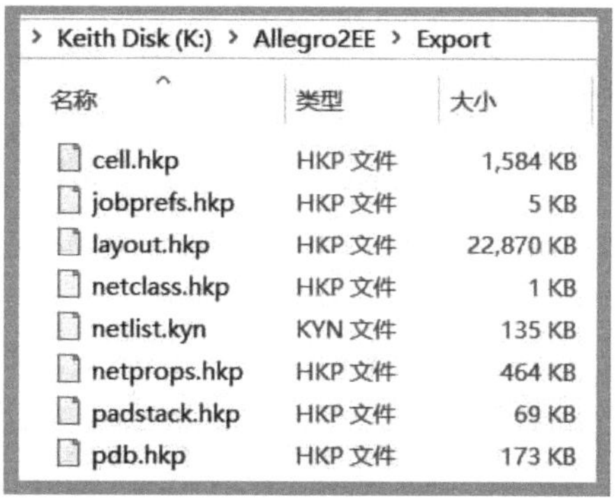

图 21-36　Expedition 格式的导出数据

　　得到如图 21-36 所示的 8 个文件后，从开始菜单打开 Xpedition xPCB Layout 程序，如图 21-37所示，新建一个全新的 Xpedition 工程 PCB 文件，在 Create 中指定新建的路径，单击【下一步】按钮，在图 21-38 所示的窗口中，为新建工程指定临时的转换中心库，在图 21-39所示的位置为新建工程指定 Keyin Netlist 网表文件，即上一步生成的 Netlist. kyn。

　　填好后单击【OK】按钮，按照本书第 9 章的内容完成新建 PCB 的后续步骤，此时会得到一个全新的 PCB 文件。在该 PCB 文件中，执行菜单命令【File】-【Import】-【Design Data】，如图 21-40 所示，然后在弹出的窗口中，选中图 21-36 所示的导出文件夹，该窗口就会自动识别并勾选所有导入项，如图 21-41 所示，再单击【OK】按钮即可完成导入，导入后如图 21-42 所示。

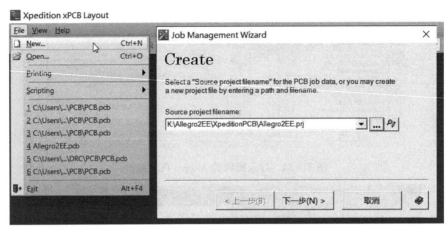

图 21-37　在 Xpedition xPCB Layout 中新建一个工程

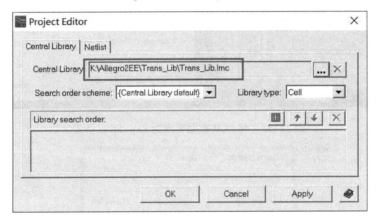

图 21-38　为新建的工程指定临时的转换中心库

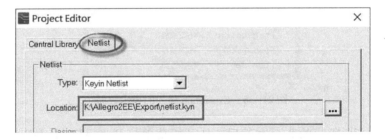

图 21-39　为新建的工程指定 Keyin Netlist 网表文件

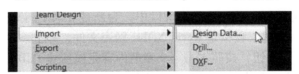

图 21-40　为 PCB 导入所有设计数据

　　导入后读者可根据项目需要对各层数据进行修改与修正（尤其是铺铜数据）。请注意，此时所有的元件数据都是导入到了 PCB 的**本地库**中，临时中心库中并没有元件数据。

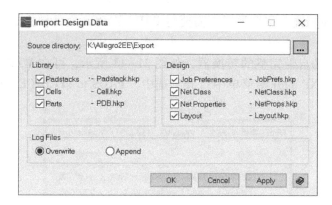

图 21-41　选中导出文件所在文件夹后，软件会自动识别所有导入文件

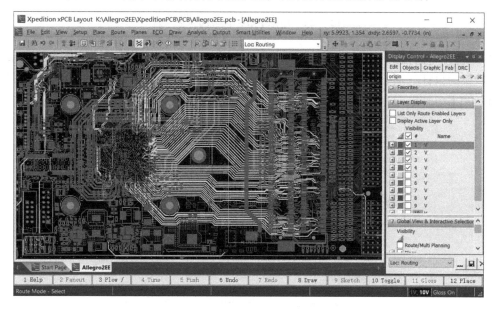

图 21-42　Allegro PCB 导入 Xpedition 成功

注意：读者可根据本书第 5.4.4 节的内容，通过 Library Services 工具依次对 Padstacks、Cell、Parts 数据进行临时中心库的导入。请注意此时 Parts 中并没有 Symbol 数据，因此建议仅导入 Padstacks 与 Cell 即可，再将其用 Pin Mapping 是的方式对应到前文提取的原理图 Symbol 中。

若需要将导入的 PCB 与导入的原理图对应，则需参考本书第 9 章的第 9.5 节内容，使用模板的方式对 PCB 进行整体替换，或使用电路复制的方式将 PCB 所有对象拷贝至原理图完整的工程中（参考本书第 12.2.15 节）。

21.8　导入 PADS PCB 文件

PADS 是 Mentor Graphics 公司的另一著名 EDA 软件，在工业上得到了广泛应用，尤其是中小型公司，采用率极高。很多情况下需要将 PADS 的 PCB 文件转换到 Xpedition 中进行修改或参考。

PADS 的各版本均自带完整的转换器，如图 21-43 所示，可在 Win10 的开始菜单中搜索，或在 Win7、WinXP 的开始菜单中打开，选中"PADS to xPCB（Expedition）Translator"工具。

图 21-43　使用 PADS 自带的转换工具

打开后界面如图 21-44 所示，图中所示的位置分别选择"转换后的文件存放位置"与"需要转换的设计"后，单击【Translate】按钮，即可在选择的位置得到如图 21-45 所示的 Xpedition（Expedition）设计文件。

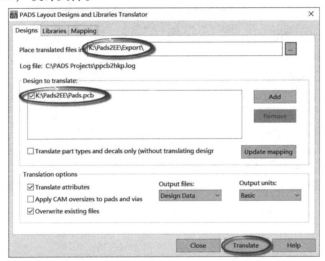

图 21-44　PADS 转换工具的使用

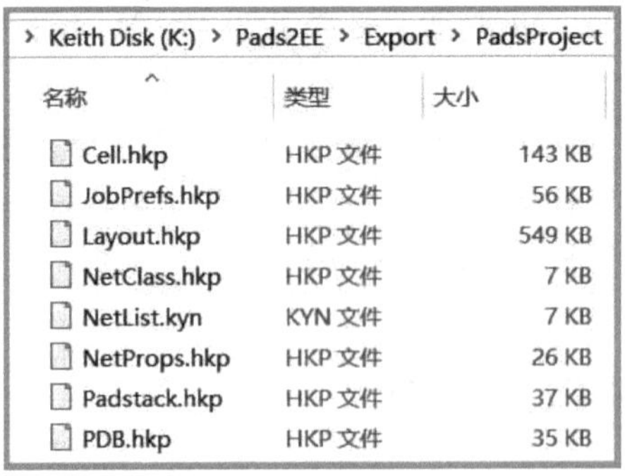

> Keith Disk (K:) > Pads2EE > Export > PadsProject		
名称	类型	大小
Cell.hkp	HKP 文件	143 KB
JobPrefs.hkp	HKP 文件	56 KB
Layout.hkp	HKP 文件	549 KB
NetClass.hkp	HKP 文件	7 KB
NetList.kyn	KYN 文件	7 KB
NetProps.hkp	HKP 文件	26 KB
Padstack.hkp	HKP 文件	37 KB
PDB.hkp	HKP 文件	35 KB

图 21-45　通过转换工具得到的数据文件

读者会发现，该套文件的构成与上一节图 21-36 的构成一致，因此后续步骤也与上一节一致，读者可以参考上一节转换操作，对本节的设计进行 PCB 导入或中心库导入，编者在此不再赘述。

　　导入成功后如图 21-46 所示。请读者注意，Allegro 与 PADS 中的平面铺铜，在导入后都均需要进一步的修改与确认，手工转换成 Xpedition 独有的动态铜皮，尤其是原设计使用了负片的，在导入后必须手工进行修正。

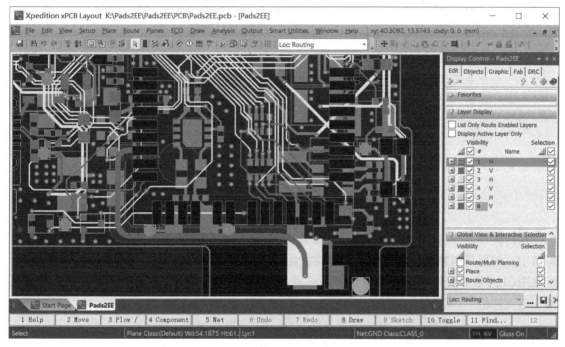

图 21-46　PADS PCB 导入 Xpedition 成功

> **注意**：PADS 的原理图文件（LOGIC 原理图）转换可参考本章第 21.5 节相关内容，转换步骤大同小异，难度不大，读者可以自行尝试。

21.9　排阻类阵列器件的电气网络实现

　　在工程应用中，有时会用到排容、排阻、排感等阵列器件以减小 PCB 的面积，如图 21-47 所示，RS1 为排阻，如 Pin 1 与 Pin 8 为其中一个电阻的两个引脚，因此 NET1 与 NET8 应该位于同一电气网络内。

　　若不做设置，则读者会发现 NET1 与 NET8 并没有任何关联。此时需要在原理图中，打开 CM 约束管理器，在"Setup" - "Settings"中，找到分立器件前缀（Discrete Component Prefixes）页，在电阻的"RefDes Prefixes"中，用逗号分隔原有前缀后，添加"RS"（图 21-47 中的排阻前缀为 RS），如图 21-48 所示。

　　添加完前缀后，即可在约束管理器的 Parts 中，找到 RS，在编辑区域使用鼠标右键菜

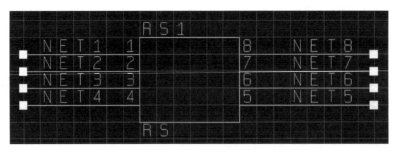

图 21-47　排阻的原理图连接示意图

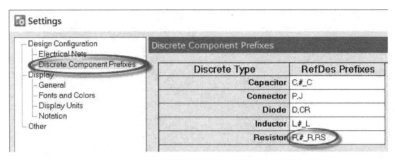

图 21-48　在原理图的约束管理器中设置排阻前缀

单，执行菜单命令【Create Component Pin Pairs】，如图 21-49 所示，然后在图 21-50 的弹出窗口中，根据排阻特性设置电阻的引脚对，如 1 对应 8、2 对应 7 等。单击【OK】按钮后，可在图 21-51 中看到，排阻的电气网络已经成功建立，如 "NET1" 与 "NET8" 合并进了同一电气网络 "NET1⌒⌒"。

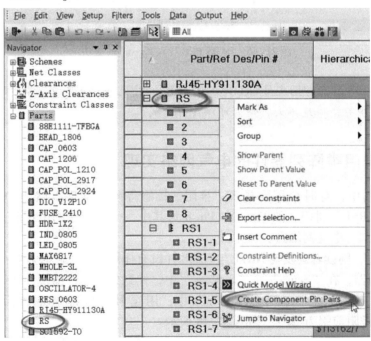

图 21-49　在 Parts 中找到排阻后添加器件引脚对

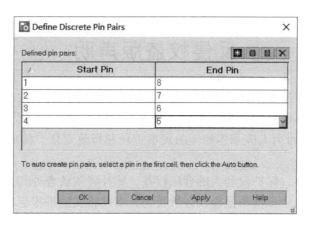

图 21-50　器件引脚对的一一对应

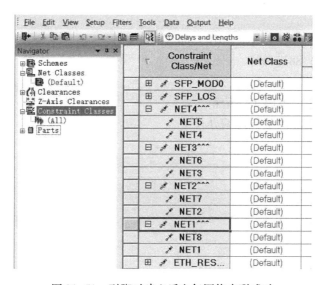

图 21-51　引脚对建立后电气网络串联成功

21.10　本章小结

本章通过 8 个工程实例，为读者进一步演示了 Mentor Xpedition 建库与软件数据转换的相关功能，这些操作都是在结合软件的特点后，根据工程需要所做出的妥协或改进。类似的技巧还有很多，编者在此就不一一列举了，读者可在学习的过程中大胆探索，小心求证。遇到困难时多查看软件自带的帮助文档，也可在 EDA365 论坛本书讨论区或本书讨论 QQ 群中大胆提问，总会有不一样的收获。

反侵权盗版声明

电子工业出版社依法对本作品享有专有出版权。任何未经权利人书面许可，复制、销售或通过信息网络传播本作品的行为；歪曲、篡改、剽窃本作品的行为，均违反《中华人民共和国著作权法》，其行为人应承担相应的民事责任和行政责任，构成犯罪的，将被依法追究刑事责任。

为了维护市场秩序，保护权利人的合法权益，我社将依法查处和打击侵权盗版的单位和个人。欢迎社会各界人士积极举报侵权盗版行为，本社将奖励举报有功人员，并保证举报人的信息不被泄露。

举报电话：(010) 88254396；(010) 88258888

传　　真：(010) 88254397

E-mail：dbqq@phei.com.cn

通信地址：北京市万寿路173信箱
　　　　　电子工业出版社总编办公室

邮　　编：100036